# Dictionary of Aeronautical Terms
# 航空用語辞典

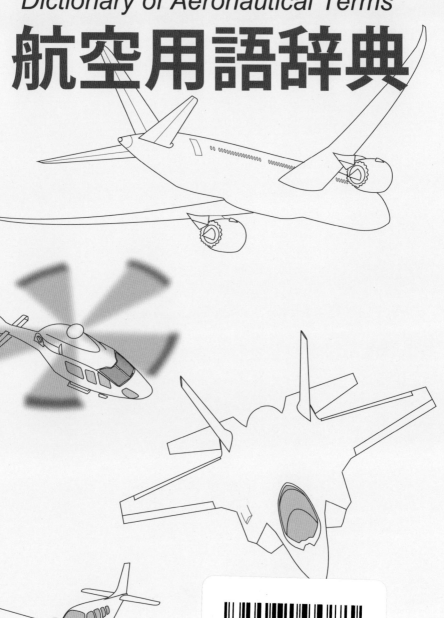

鳳文書林出版販売

# 目 次／索 引

## 【ア】

アーク　arc .................................................39
アールナブ　RNAV .....................................40
ILS ゾーン　ILS zone................................159
アイシング　icing：ICE ............................157
アイソバー　isobar....................................168
アイドリング　idling.................................158
アイドル・パワー　idle power...................158
アイ・ビーム　I beam................................157
アイラン　IRAN ........................................167
アウター・フィックス　outer fix..............215
アウター・マーカー　OM；outer marker...215
亜音速　subsonic ........................................280
アキュムレイター　accumulator,pressure
　　accumulator.......................................3,229
アクシデント　accident................................3
アクセサリー　accessory...............................2
アクセス・ドア　access door........................2
アクセス・パネル　access panel...................2
アクチュエーター　actuator..........................5
アクノーレッジ　acknowledge .....................4
アクリル樹脂　acrylic resin...........................4
アクロバット・チーム　acrobat team...........4
浅底水槽　shallow water tank....................261
足掛け穴　foot hole...................................131
アジマス　AZM；azimuth,azimuth angle......47
アスペクト比，アスペクト・レシオ　aspect
　　ratio......................................................42
亜成層圏　sub-stratosphere........................280
頭上げ現象　pitch up (phenomena) ...........223
圧縮機　compressor .....................................82
圧縮機失速　compressor stall.......................82
圧縮機ローター　compressor rotor..............82
圧縮小骨　compression rib............................82
圧縮性　compressibility................................81
圧縮性失速　compressibility burble.............81
圧縮比　compression ratio............................82
圧縮ピストン・リング　compression piston
　　ring.......................................................81
アッパー・サーフェス・ブローイング　upper
　　surface blowing → boundary layer control...58
圧力給油　pressure fueling.........................229
圧力抗力　pressure drag.............................229
圧力中心　center of pressure........................68
圧力中心係数　center of pressure coefficient....68
アドバース・ヨー　adverse yaw ...................7
アドバイザリー　aeronautical station for
　　common traffic advisory .........................14

アドバイザリー空域　advisory airspace .........7
アトモスフィア　atmosphere.......................43
アナフロント　anafront................................33
アナログ式表示計器　analog indicator.........33
アニュラー型燃焼室　annular type combustion
　　chamber..................................................34
亜熱帯高気圧　sub-tropical high.................280
亜熱帯ジェット気流　sub-tropical jet stream.280
アネモメーター　anemometer.......................33
アネロイド気圧計　aneroid barometer.........33
アビーム　abeam ......................................... 1
アビオニクス　avionics...........................20,46
アブガス　AVGAS；aviation gasoline..........46
アフターバーナー　afterburner.....................16
アフタックス　AFTAX..................................15
アフターバーニング　afterburning...............16
アプローチ　approach control facility..........37
アプローチ・ゲート　approach gate............38
アプローチ・ビーコン　approach beacon.....37
雨　rain.....................................................240
アライメント　alignment............................29
アラウンド・パイロン　around pylon..........40
アルーマナム　aluminum.............................32
アルクラッド　alclad..................................29
アルティチュード　altitude..........................32
アルティメーター　barometric altimeter......51
アルノット　ALNOT；alert notice..............30
アルファ・ヒンジ　α -hinge → drag hinge....107
アルマイト　Almite......................................30
アルミ青銅　aluminum bronze.....................33
アルミニウム　aluminum.............................32
アルミニウム合金　aluminum alloy.............32
アレスティング・ギアー　arresting gear......41
合わせ板　clad metal...................................74
アンカー　sea anchor................................257
暗視装置　night vision goggle...................209
安全区域　safety area.................................255
安全証明書　certificate of airworthiness
　　for export................................................70
安全線　safety wire...................................255
安全帯　safety belt....................................255
安全引返し点　PSR；point of safety return....224
安全率　factor of safety.............................118
安全離陸速度　$V_2$；take-off safety speed........288
アンダーシュート　undershoot..................306
アンチ・アイサー　anti icer........................36
アンチ・コリジョン・ライト　anti collision
　　light.......................................................35
アンチ・スキッド装置　anti skid device.......36
アンチノック性　anti-knock quality............36
アンチノック性向上剤　anti-knock agent......36
アンチ・バランス・タブ　anti balance tab

目次／索引

→ tab......285
安定性　stability......272
安定性増強装置　SAS：stability augumentation system......255
安定板　stabilizer......272
アンテナ　ANT：antenna......35
鞍部　col......77
アンペア　ampere......33
アンフェザー　unfeather......306
アンロック　unlock......306

## 【イ】

イアサ　EASA：Europian Aviation Safety Agency......111
イアタ　IATA：international air transport association......157
E合金　E alloy......111
イーエフビー　EFB：electonic flight bag......112
イートップス　ETOPS......116
イーパー　EPR:engine pressure ratio......115
イーフィス　EFIS:electoronic flight information system......111
イールド・ポイント　yield point......325
イエロー・アーク　yellow arc......325
以遠権　beyond right......53
イカオ　ICAO：international civil aviation organization......157
錨　sea anchor......257
移管機関　transferring facility or controller...299
イグニッション・スイッチ　ignition switch...158
異常接近　near miss......204
異常爆発　detonation......100
移送機能　handoff function......145
イソオクタン　iso-octane......168
イソプロピル・アルコール　isopropyl alcohol......168
一元推進剤　monopropellant......198
一元推進剤ロケット　monopropellant rocket 198
位置誤差　position error......225
1次空気　primary air......229
一次構造　primary structure......230
1次操縦装置　primary flight control......229
著しい高速の飛行　flight of extremely high speed......127
位置通報　position report......226
位置通報点　reporting point......245
位置灯　position light......226
位置の線　LOP：line of position......183
溢光灯　flood light......129
一般航空運航　general aviation operation......137
一体構造　integral construction......164
一元推進剤　monopropellant......198

一時的視力喪失　black out......54
1次レーダー　primary radar → radar......235
移転登録　transfer registration → registration certificate......243
緯度　latitude......176
移動開始予定時刻　EOBT：estimated off-block time......115
移動区域　movement area......199
移動性高気圧　traveling high......300
移動目標指示装置　MTI：moving target indicator......200
異物による損傷　FOD......130
移流霧　advection fog......7
陰極線管　CRT：cathode ray tube......92
インコネル　inconel......160
インジェクション　fuel injection,injection carburetor......134,162
インシデント　incident......159
インター　INTER......165
インターセクション　intersection......166
インターセクション・デパーチャー intersection departure......166
インターナリー・ブロウン・フラップ internally blown flap → boundary layer control......58
インディケーター線図　indicator diagram......160
インテグラル・タンク　integral tank......164
インナー・コーン　inner cone......162
インナー・マーカー　IM：inner marker......162
インバー　invar......166
インバーター　inverter......167
インパルス　impulse......159
インメルマン反転（ターン）　immelmann turn......159
インライン・エンジン　in-line engine......162
インレック　INREQ：request for information......162
インレット・ガイド・ベーン　inlet guide vanes......162

## 【ウ】

ウイスキー航空路　whisky airway......319
ウィング・コード　wing chord......321
ウィング・ドロップ　wing drop......321
ウィングレット　winglet......321
ウィング・ローディング　wing loading......321
ウィング・ロード　wing load......321
ウインチ離陸　winch launching......319
ウィンド・シアー　WS：wind shear......320
ウィンド・ティー　wind T......320
ウインド・ミリング　wind milling......320
ウエイク・タービュランス　wake

2

| | |
|---|---|
| turbulence ..................................................315 | エアプロックス air-prox ..............................25 |
| ウェイポイント waypoint .........................317 | エア・ベース air base ................................18 |
| ウエット・ウイング wet wing ..................319 | エア・ポケット air pocket ........................24 |
| ウェーバー weber：Wb .............................318 | エア・リポート AIREP：air report ...........22 |
| ウォーター・ループ water loop ...............316 | エア・ルート air route ..............................25 |
| ウォーム・アップ warm up .......................315 | エアメット AIRMET ..................................24 |
| 魚口継ぎ fish mouth splice ......................122 | 曳航 towing ...............................................297 |
| 内側無線位置標識 IM：inner marker .........162 | 衛星航法補助施設 SBAS： |
| 内滑り slip ...............................................265 | Satellite Based Augmentation System....256 |
| 宇宙飛行士 astronaut ...................................43 | A 章、A バッジ A badge ...............................1 |
| 雨氷 clear ice ..............................................74 | A2A 発射 A2A emission ..............................44 |
| 雲形 cloud form ...........................................76 | ATS 経路 ATS route ...................................44 |
| 雲高 CEIL：ceiling,cloud height ..........67,76 | ATC トランスポンダー ATC transponder ........43 |
| 運航管理 operational control ...................214 | エイティス ATIS：automatic terminal |
| 運航管理者 flight dispatcher ...................125 | information service ................................43 |
| 運航規程 operation manual .....................214 | エイト・オン・パイロン eight on pylon .....112 |
| 運航飛行計画 operational flight plan ........214 | 液体アンモニア liquid ammonia ...............180 |
| 運航用飛行場予報 TAF：terminal airport | 液体酸化剤 liquid oxidizer .......................181 |
| forecast ...............................................285 | 液体推進剤 liquid propellant ....................181 |
| 運動荷重倍数 maneuvering load factor..........189 | 液体水素 liquid hydrogen ........................181 |
| 運動性 maneuverability ............................188 | 液体燃料ロケット liquid propellant rocket ...181 |
| 運動包囲線 maneuvering envelope ............188 | 液冷エンジン liquid cooling engine ..........181 |
| 運輸安全委員会 Japan Transport Safety Board..170 | エクスキュート・ミスト・アプローチ excute |
| 運輸多目的衛星 MTSAT .............................200 | missed approach ...................................116 |
| 運用荷重 applied operating load ..................37 | エクスターナリー・ブロウン・フラップ |
| 運用荷重倍数 applied operating load factor ....37 | externally blown flap → boundary layer |
| 運用限界等指定書 designation for operating | control ....................................................58 |
| limitation ..............................................99 | エクストラ・フューエル extra fuel ...........117 |
| 運用自重 operating empty weight ...............214 | エコノマイザー economizer .....................111 |
| 運用上昇限度 operational ceiling ...............214 | S-N 曲線 S-N curve ..................................267 |
| 雲量 cloud amount ........................................75 | SCN 装置 SCN device ...............................257 |
| | X 軸 X-axis → longitudinal axis ...............183 |
| **【エ】** | X 線検査 X-ray inspection .........................324 |
| | エッフェル式風洞 Eiffel type wind tunnel ....112 |
| エー・アイ・エム・ジャパン AIM-j ...........17 | エヌ・ツー N2 ...........................................202 |
| エーカーズ ACARS ........................................1 | NPL 風洞 NPL type wind tunnel ...............208 |
| エース ace ......................................................3 | エヌ・ワン N1 ...........................................202 |
| エーワックス AWACS ...................................47 | エプロン apron ............................................39 |
| A＆P 資格整備士 A＆P mechanic ...................1 | エプロン管理業務 |
| エア・インテイク air intake .........................23 | apron management service.......................39 |
| エアコン air conditioning system .................18 | エプロン誘導路 apron taxiway → taxiway.....289 |
| エアサイド airside .......................................26 | エム・アール・オー MRO..........................200 |
| エア・シックネス air sickness ......................26 | エリア・ナビゲーション area navigation ........40 |
| エア・シャトル air shuttle ...........................26 | エリア・ルール area rule ...........................40 |
| エア・スタート air start ...............................26 | エルー式電気炉 Heroult electric furnace.......149 |
| エア・タクシー air taxi .................................26 | LDP：landing decision point .....................174 |
| エア・デンシティ air density .......................21 | エルナブ lateral navigation ......................176 |
| エアバス airbus ............................................18 | エルロン aileron ..........................................17 |
| エア・フィルター air filter ...........................22 | エルロン・リバーサル aileron reversal ..........17 |
| エアフォイル airfoil .....................................22 | エレクトリック・スターター direct |
| エア・ブレーキ air brake ...............................18 | electric starter ......................................101 |
| エアフレーム airframe ..................................22 | エレクトロン Electron ...............................112 |
| エアプレーン airplane ..................................24 | |

目次／索引

エレベーション　ELEV：elevation ...................113
エレベーター　elevator ....................................113
エレベーター・アングル　elevator angle ........113
エレボン　elevon .............................................113
遠隔空港対空通信施設　RAG：remote
　air-ground facility .......................................239
遠隔操作無人航空機　RPV：remotely piloted
　vehicle........................................................250
遠隔対空通信施設　RCAG：remote center
　air-ground communication...........................243
エンコーディング高度計
　encoding altimeter .....................................114
エンジェルス・エコー　angels echo.................34
援助業務　radar advisory service.....................235
エンジン圧力比　EPR：engine pressure
　ratio ...........................................................115
遠心過給機　centrifugal supercharger.............69
遠心式圧縮機　centrifugal-flow type air
　compressor .................................................69
遠心式クラッチ（ヘリコプター用）
　centrifugal clutch of helicopter...................69
遠心式ターボジェット・エンジン
　centrifugal-flow turbojet engine ................69
遠心式ターボプロップ　centrifugal-flow
　turboprop ...................................................69
エンジン停止　flame out .................................123
エンジン停止着陸　dead stick landing ............96
エンジンの運転行程　engine cycle..................114
エンジン分析装置　engine analizer ................114
延長駆動軸　extention drive shaft..................117
エンテ　Ente ..................................................114
円板面荷重　disk loading ................................103
円板面積　disk area ........................................103
エンペナージ　empennage...............................114
エンベロープ　envelope ...................................115
煙霧　haze......................................................147

# 【オ】

追い風　tail wind............................................287
追い風着陸　down-wind landing......................106
オイル・クーラー　oil cooler.............................212
オイル・タンク　oil tank...................................213
オイル・フィルター　oil filter............................212
オイル・ポンプ　oil pump.................................212
オイル・リング　oil ring....................................212
応急支柱　jury strut........................................170
欧州共同航空局　JAA：Joint Aviation
　Authorities .................................................169
欧州航空安全機関　EASA.................................111
横転　roll........................................................249
応答機　transponder .......................................300
応力　stress....................................................279

応力外皮構造　stressed skin construction .......279
大型飛行機　large airplane..............................176
大型噴流　macroburst .....................................186
オーギュメント・チューブ　augment tube........44
オーグメンタ・ウィング　augmentor wing
　→ boundary layer control ...........................58
オージー翼　ogee wing ...................................211
オートクレーブ　autoclave...............................44
オートジャイロ　autogyro.................................44
オート・スロット　auto-slot .............................45
オートスロットル・システム　autothrottle
　system.........................................................45
オート・パイロット　automatic pilot
　system, auto pilot .......................................45
オートローテーション　autorotation..................45
オーニソプター　ornithopter............................215
オーバー・コントロール　over control ..............216
オーバー・ザ・トップ　over the top..................217
オーバー・シュート　over shoot ......................217
オーバーヘッド・アプローチ　overhead
　approach ....................................................216
オーバーホール　overhaul ...............................216
オーバーホール時間間隔　TOB：time between
　overhaul .....................................................290
オーバーライド　override .................................216
オーバーラン　overrun.....................................216
オーバー・ロード　over load............................216
オーパイ　automatic pilot sysytem..................45
オービット飛行　orbit flight.............................215
オープン・コックピット　open cockpit..............213
オープン・ローター　open rotor ......................214
オーム　ohm: Ω...............................................212
オール・フライング・テイル　all flying tail .....29
覆止め金具　panel fastner ..............................218
オクタン価　octane number.............................211
押し引き棒　push pull rod...............................233
音の壁　sound barrier......................................268
尾根　ridge......................................................247
オフ・ザ・シェルフ　off the shelf....................211
オプション・アプローチ　option approach .....215
オメガ航法装置　omega navigation system ....213
オルタネーター　alternator..............................30
オレオ緩衝支柱　oleo strut → hydraulic
　shock absorber............................................154
オン・コース　on course ..................................213
オン・コンディション方式　OC：on-condition
　system.........................................................213
音速　sound velocity.......................................268
温暖型閉塞前線　warm type occluded front ...315
温暖高気圧　warm high ...................................315
温暖前線　warm front......................................315
温度風　thermal wind......................................293

4

オン・パイロン　on pylon ....................................213

# 【カ】

カーボン・ファイバー強化プラスチック
　　CFRP：carbon fiber reinforced plastic............70
カーボン付着　carbon deposit ........................65
カーム（wind）calm...........................................63
外気温度　outside air temperature .................210
概況気象図　synoptic weather chart ..............283
回転計　tachometer ........................................285
回転式エンジン　rotary engine ......................249
回転羽根　rotor blade .....................................249
回転翼　rotor ..................................................249
回転翼円板　rotor disk ...................................250
回転翼航空機　rotorcraft ................................250
回転翼支柱　rotor mast ..................................250
回転翼失速　rotor stall ...................................250
回転ループ空中線　rotating loop aerial .........249
外套冷却方式　cooling jacket system ..............87
海抜高度　elevation,sea level altitude ...... 113,258
外部荷重　external load ..................................117
開放型操縦席　open cockpit ...........................213
開放噴流風洞　open jet wind tunnel ..............213
開放路風洞　open circuit wind tunnel ...........213
回遊飛行　round robin ....................................250
海霧　sea fog ..................................................257
外翼　outer wing .............................................215
界雷　frontal thunderstorm ...........................133
海里、浬　nautical mile ..................................202
海里／時　knot ...............................................172
海陸風　land and sea breezes ........................173
海陸風霧　land and sea breeze fog ...............173
回廊　corridor ...................................................88
回路遮断器　circuit breaker .............................73
カウリング　cowling .........................................89
カウル・フラップ　cowl flap .............................89
カウンター・ローテーション
　　counter rotation ...........................................88
カウントダウン　countdown ..............................88
加鉛効果　lead susceptibility ........................177
火炎保持器　flame holder/stabilizer ..............123
化学切削　chemical milling ..............................71
化学燃料　chemical fuel ...................................71
火器管制装置　fire control system .................121
過給機　supercharger .....................................280
過給機圧力計　supercharger gauge ...............280
過給機付きエンジン
　　supercharged engine ................................280
確認票　certification tag ...................................70
格納庫　HGR：hangar .....................................146
隔壁　bulkhead .................................................60
下降気流　descending current .........................99

下降噴流　down burst ......................................106
下降流　down draft ..........................................106
過呼吸　hyperventilation .................................156
火災警報装置　fire warning system ...............122
笠雲　cap cloud .................................................64
風見安定　weathercock stability ....................317
過酸化水素　hydrogen peroxide......................155
華氏　fahrenheit .............................................118
可視信号　light gun signal ..............................179
下死点　bottom dead center ............................58
荷重試験　load test .........................................182
荷重倍数　load factor ......................................181
ガスタービン・エンジン
　　gas turbine engine .....................................136
ガスト　gust ....................................................143
ガスト・ロック　gust lock ................................143
ガス嚢（のう），ガス袋　gasbag.....................136
風　wind ...........................................................319
過積載状態　overload .....................................216
過走　overrun ..................................................216
下層雲　low cloud ...........................................184
下層ジェット気流
　　low level jet stream ....................................184
過走帯灯　overrun lights .................................217
過走帯標識　overrun area marking ................216
加速・減速度上昇
　　accelerate & decelerate climb .......................2
加速度計　accelerometer ....................................2
加速度誤差　acceleration error ...........................2
加速停止距離　accelerate-stop distance............2
加速ポンプ　accelerating pump ..........................2
ガソリン　gasoline ..........................................136
肩掛け安全帯　shoulder belt ...........................262
片側吸込圧縮機
　　single-entry compressor ............................264
型式限定　type rating .....................................304
型式証明　type certification ............................303
型式証明取得済み航空機
　　certificated aircraft ......................................69
型式証明仕様書　TCDS ..................................291
カタパルト　catapult .........................................66
カタフロント　katafront ...................................171
片持単葉機　cantilever monoplane ...................64
片持翼　cantilever wing ....................................64
肩翼　shoulder wing ........................................262
偏揺れ　yaw,yawing ........................................325
滑空　glide ......................................................138
滑空角　gliding angle ......................................138
滑空機　glider .................................................138
滑空距離　gliding distance ..............................138
滑空比　glide ratio ..........................................138
滑翔　soaring ..................................................267

目次／索引

滑昇霧　up slope fog.....................306
滑水底面　planing bottom.....................224
滑走着陸　running landing.....................251
滑走路　RWY：runway.....................251
滑走路移設末端　displaced threshold.....................103
滑走路距離灯　DML：
　runway distance marker lights.....................252
滑走路視距離
　RVR：runway visual range.....................254
滑走路進入端　threshold.....................293
滑走路端安全区域　RESA：
　runway end safety area.....................252
滑走路中央標識　runway center marking
　→ runway marking.....................252
滑走路中心線灯　RCLL：
　runway centerline light.....................251
滑走路中心線標識　runway centerline
　marking → runway marking.....................252
滑走路灯　runway light.....................252
滑走路標識　runway marking.....................252
滑走路縁標識　runway edge marking
　→ runway marking.....................252
滑走路末端　runway threshold.....................254
滑走路末端識別灯　runway threshold
　indication lights.....................254
滑走路末端灯
　runway threshold lights.....................254
滑走路末端標識
　runway threshold marking
　→ runway marking.....................252
滑走路末端補助灯　wing bar lights.....................321
滑油圧力計　oil pressure indicator.....................212
滑油圧力警報装置
　oil pressure warning system.....................212
滑油温度計
　oil temperature indicator.....................213
滑油温度調節器
　oil temperature regulator.....................213
滑油系統　oil system.....................212
滑油タンク　oil tank.....................213
滑油放熱器　oil radiator → oil cooler.....................212
滑油ポンプ　oil pump.....................212
滑油冷却器　oil cooler.....................212
滑油濾過器　oil filter.....................212
カテゴリーⅠ・Ⅱ・Ⅲ運用
　operational performance category
　Ⅰ／Ⅱ／Ⅲ.....................214
カテゴリーⅠ精密進入
　category Ⅰ precision approach.....................67
カテゴリーⅡ精密進入
　category Ⅱ precision approach.....................67
カテゴリーⅢ精密進入　category Ⅲ precision

approach.....................67
カテゴリーⅠ精密進入滑走路　precision
　approach runway,category Ⅰ.....................228
カテゴリーⅡ精密進入滑走路　precision
　approach runway,category Ⅱ.....................228
カテゴリーⅢ精密進入滑走路　precision
　approach runway,category Ⅲ.....................228
カナード機　canard airplane.....................63
かなとこ雲　anvil cloud, incus.....................36,160
カバレージ　coverage.....................89
下反角　cathedral angle.....................67
過負荷状態　over load.....................216
可変キャンバー翼
　variable camber wing.....................309
可変後退翼
　variable sweep-back wing.....................309
可変取付角翼
　variable incidence wing.....................309
可変ピッチ・プロペラ
　variable pitch propeller.....................309
可変面積推進ノズル　variable area
　propelling nozzle.....................309
可変面積翼　variable area wing.....................309
カム従動子　cam follower.....................63
貨物　cargo.....................65
貨物室　cargo compartment.....................65
貨物飛行機　cargo airplane.....................65
貨物輸送機　freighter.....................132
カモメ翼　gull type wing.....................142
ガラス繊維　glass fiber.....................138
仮支柱　jury strut.....................170
渦流発生装置　vortex generator.....................314
ガル・ウィング　gull type wing.....................142
カルマン渦列　karman vortex street.....................171
ガロン　gallon.....................136
緩横転　slow turn.....................266
簡易式進入灯　simple approach lighting
　system.....................263
簡易方向指示施設　SDF：simplified directional
　facility.....................257
環型燃焼室　annular type combustion
　chamber.....................34
罐型燃焼室　can type combustion chamber.....................64
管轄区域境界線　boundary.....................58
ガン・カメラ　gun camera.....................142
寒気団　cold air mass.....................77
関係方位　relative bearing.....................244
ガン・サイト　gun sight.....................143
艦載機　carrier-based aircraft.....................65
患者輸送機　ambulance aircraft.....................33
艦上機　carrier-based aircraft.....................65
緩衝区域　buffer area.....................60

| | | |
|---|---|---|
| 干渉抗力 interference drag | 165 |
| 緩衝ゴム索 shock chord | 261 |
| 緩衝支柱 shock strut | 261 |
| 緩衝装置 shock absorber | 261 |
| 管制間隔 separation | 260 |
| 管制機関 air traffic control facility | 27 |
| 管制業務 air traffic contorol service | 27 |
| 管制許可 clearance | 74 |
| 管制区 CTA：control area | 85 |
| 管制空域 controlled airspace | 86 |
| 管制区管制業務 area control service | 39 |
| 管制区管制所 ACC：area control center | 1,39 |
| 管制区航法経路 area navigation route | 40 |
| 管制圏 CTR, CTZ：control zone | 87 |
| 慣性基準装置 inertial reference system | 161 |
| 慣性航法装置 inertial navigation system | 161 |
| 管制指示 instruction | 163 |
| 慣性始動機 inertial starter | 161 |
| 管制承認 ATC clearance, clearance | 43,74 |
| 管制承認限界点 clearance limit | 74 |
| 管制通信機関 air traffic communication facility | 27 |
| 管制通信業務 air traffic communication service | 27 |
| 管制塔 control tower | 86 |
| 管制飛行 controlled flight | 86 |
| 慣性方式 inertial system | 161 |
| 間接運航費 indirect operation cost | 160 |
| 関節羽根回転翼 articulated rotor | 41 |
| 完全オーバーホール complete overhaul | 80 |
| 完全流体 perfect fluid | 220 |
| 乾燥断熱 dry adiabatic | 108 |
| 緩速運転 idling | 158 |
| 観測機 observation aircraft | 210 |
| 観測気球 pilot baloon | 221 |
| 緩速出力 idle power | 158 |
| 寒帯気団 polar air | 224 |
| 寒帯前線 polar front | 225 |
| 寒帯前線ジェット気流 polar front jet stream | 225 |
| カンデラ candela：cd | 64 |
| カンパニー・フライト・プラン company flight plan | 79 |
| 寒冷型閉塞前線 cold type occluded front | 78 |
| 寒冷前線 cold front | 77 |

## 【キ】

| | |
|---|---|
| 気圧計 barometer | 51 |
| 気圧傾度力 pressure gradient force | 229 |
| 気圧高度 pressure altitude | 229 |
| 気圧高度計 barometric altimeter | 51 |

| | |
|---|---|
| 気圧等変化線 isallobar | 167 |
| 気圧の谷 trough | 301 |
| 気圧の峰 ridge | 247 |
| 気圧配置飛行 pressure pattern flying | 229 |
| キール keel | 171 |
| キール線 keel line | 171 |
| 気温の逆転 inversion | 166 |
| 機械効率 mechanical efficiency | 192 |
| 気化器 carburetor | 65 |
| 気化器着氷 carburetor icing | 65 |
| 気化性 volatility | 313 |
| 気球 balloon | 50 |
| 危険区域 danger area | 95 |
| 危険航空灯台 HBN：hazard beacon | 147 |
| 危険半円 dangerous semicircle | 95 |
| 危険物 dangerous goods | 95 |
| 危険物インシデント dangerous goods incident | 95 |
| 危険物事故 dangerous goods accident | 95 |
| 気候学 climatology | 75 |
| 機首上げ nose up | 208 |
| 機首下げ nose down | 207 |
| 機首重 nose heavy | 207 |
| 機首真方位 true heading | 301 |
| 機首方位 aircraft heading | 20 |
| 技術通報 SB：service bulletin | 256 |
| 気象解析記号 weather analysis symbol | 317 |
| 気象観測機 weather observation aircraft | 317 |
| 気象記号 weather symbol | 317 |
| 気象警報 weather warning | 318 |
| 機上作業練習機 crew trainer | 90 |
| 気象主官庁 meteorological authority | 192 |
| 気象情報 meteorological information | 193 |
| 気象図 synoptic weather chart, weather chart | 283 |
| 気象通報 weather information | 317 |
| 気象予報 weather forecast | 317 |
| 気象レーダー meteorological radar | 193 |
| 気象レーダー・エコー強度 radar weather echo intensity levels | 237 |
| 基準線 datum line | 95 |
| 軌跡 track | 297 |
| 季節風 monsoon | 199 |
| 季節風霧 monsoon fog | 199 |
| 基礎旋回 base turn | 51 |
| 機体 airframe | 22 |
| 機体洗浄剤 aircraft surface cleaner | 21 |
| 気体力学 aerodynamics | 11 |
| 気団 air mass | 23 |
| 気団雷 air mass thunderstorm | 24 |
| 既知の航空機 known traffic | 172 |
| 機長 PIC：pilot in command | 222 |

7

## 目次／索引

キック・バック　kick back ...................................171
喫水　draft ...........................................................106
喫水線　water line ..............................................316
岐点　stagnation point .......................................273
岐点圧　stagnation pressure .............................273
機動性　maneuverability ....................................188
起動装置　starting system .................................275
機内調理室　galley ..............................................136
気嚢（きのう）　envelope, gas bag .............115,136
技能証明書　competence certificate ..................80
揮発性　volatility .................................................313
揮発油　gasoline ..................................................136
気泡六分儀　bubble sextant ................................60
基本運航自重　basic operating weight .................52
基本計器飛行模擬装置　basic instrument
　flight trainer → synthetic flight trainer .........283
基本最低運用基準　MMEL：master minimum
　equipment list ..................................................190
基本飛行規程　basic flight manual → flight
　manual ...............................................................127
気密室　sealed cabin → pressurized cabin .......229
脚　undercarriage ...............................................306
逆回転　counter rotation ......................................88
逆回転プロペラ　counter-rotating propeller ......85
逆偏揺れ　adverse yaw ........................................... 7
逆効き　reversal effect ........................................246
逆効き速度　reversal speed ................................246
逆食い違い　negative stagger ............................204
脚支柱　leg ...........................................................177
客室　cabin .............................................................62
客室乗員長　purser ..............................................233
客室高度　cabin altitude → pressure cabin
　altitude ..............................................................229
客室乗務員　cabin crew ........................................62
逆推力装置　thrust reverser ...............................294
逆宙返り　outside loop ........................................215
逆転　inversion ....................................................166
逆転層　inversion layer .......................................166
逆ピッチ　reversal pitch .....................................246
逆ピッチ・プロペラ　reversible pitch
　propeller ............................................................246
逆貿易風　anti-trade wind .....................................36
逆Ｕ字飛行　cartwheel ..........................................66
逆流燃焼室　reverse flow combustion
　chamber .............................................................246
逆流範囲　reverse flow region ............................246
キャス　CAS：calibrated air speed .....................62
キャス　CAS：control augmentation system ....85
キャット　clear air turbulence：CAT ..................74
キャデット　student pilot ...................................280
キャニュラー燃焼室　canular combustion
　chamber ...............................................................64

キャノピー　canopy ...............................................64
キャビン　cabin .....................................................62
キャビン・アテンダント　cabin attendant .........62
キャビン・クルー　cabin crew .............................62
キャビン高度　pressure cabin altitude .............229
キャブオーケー　CAVOK：
　ceiling and visivility OK ....................................67
キャブレター　carburetor .....................................65
キャブレター・アイシィング
　carburetor icing ..................................................65
キャリー・スルー　carry through ........................65
キャリブレーション　calibration ........................62
ギャレー　galley ..................................................136
キャンバー　camber ...............................................63
急横転　flick roll, snap roll .......................125,266
急角度進入　steep approach ...............................276
吸気圧力　MAP：manifold air pressure ...........189
吸気温度計　inlet air temperature indicator ...162
吸気行程　intake stroke .......................................164
吸気系統　induction system ...............................161
吸気弁　intake valve ............................................164
救急用具　emergency and first-aid equipment,
　survival equipment ....................................113,282
急降下　dive .........................................................104
急降下引き起こし　pull out ................................233
急降下フラップ　dive flap ...................................104
急上昇方向変換　chandelle ...................................70
急性高空病　acute altitude sickness ..................... 5
急性航空病　acute flying sickness ........................ 5
急旋回　steep turn ...............................................276
急な　RAPID .........................................................241
救難調整本部　RCC：
　rescue co-ordination center ............................245
急半横転　half snap roll ......................................145
救命イカダ　life raft ............................................178
救命具　emergency floatation gear ....................113
救命胴衣　life jacket ............................................178
給油孔蓋　filler cap .............................................120
キュリー　curie：Ci ..............................................93
境界層　boundary layer .........................................58
境界層制御　boundary layer control ...................58
境界層板　boundary layer fence ..........................58
境界灯　boundary light .........................................59
境界誘導灯　range lights .....................................240
強化積層材　reinforced laminated wood ..........244
強化木材　reinforced wood ................................244
共振試験　resonance test ...................................245
共通記号　common mark ......................................79
共通記号登録局　common mark
　registering authority ..........................................79
協定世界時　UTC：coordinated universal
　time, Z ......................................................307,326

8

目次／索引

強力縦通材　longeron.................................183
極気団　arctic air......................................39
曲技飛行　acrobatic(aeroberic) flight......4,8
曲技飛行チーム　acrobat team ....................4
極線図　polar curve ...................................224
極前線　arctic front ....................................39
極地航法　polar navigation ........................225
魚口継ぎ　fish mouth splice ......................122
極地立体平画法図
　polar stereographic chart.....................225
極夜ジェット気流　polar night jet stream ...225
距離　DIST：distance..................................103
距離　range ...............................................240
距離測定装置　DME：distance measuring
　equipment ............................................104
許容応力　allowable stress ..........................29
許容搭載量　ACL：allowable cabin load......4
霧　fog ......................................................130
切替点　COP：change over point .........71,87
霧雨　drizzle .............................................107
キリモミ　spin ..........................................270
キリモミ風洞　spinning tunnel ..................271
気流　air current .........................................21
霧雪　snow grain .......................................267
緊急位置発信器　ELT：emergency locater
　transmitter ...........................................113
緊急迎撃発進　scramble ............................257
緊急迎撃発進専用通路　scramble corridor......257
緊急信号　PAN...........................................218
緊急脱出　bail out .......................................49
緊急段階　emergency phase ......................113
緊急フロート　emergency floatation gear...113
禁止区域灯　unserviceable area lights.......306
近接方式　homing system .........................152
金属接着剤　metal to metal adhesive.......192
金属プロペラ　metal propeller ..................192

## 【ク】

クイック・リリース　quick release ...........234
クイック・ルック　quick look ..................234
空域気象情報　SIGMET：significant
　meteorological information .................263
空域最低高度　AMA：area minimum altitude...40
空域制限　airspace restriction ....................26
空間識失調
　spatial disorientation,vertigo.........269,311
空気圧系統　pneumatic system ................224
空気駆動ジャイロ　air driven gyro .............22
空気吸込みエンジン　air breathing engine...18
空気制動機　air brake .................................18
空気静力学　aerostatics ..............................15
空気調和装置　air conditioning system.......18

空気取入口　air intake.................................23
空気ブレーキ　air brake .............................18
空気房　ballonet ........................................50
空気密度　air density ..................................21
空気力学　aerodynamics .............................11
空気濾過器　air filter ..................................22
空虚重量　empty weight ............................114
空軍基地　AB：air base ..............................18
空港　AP：airport .......................................24
空港監視レーダー　ASR：airport surveillance
　radar ......................................................42
空港管制塔　airport control tower .............24
空港コード　airport code ............................24
空港ターミナルビル
　airport terminal building........................25
空港灯台　airport beacon → aerodrome
　beacon：ABN ..........................................8
空港面探知レーダー　ASDE：airport suface
　detection equipment .............................42
空重　true weight .....................................301
空対空ミサイル　AAM：air to air missile ....26
空対地ミサイル　ASM：air to surface missile...26
空地通信　air-ground communication........22
空中給油装置　refueling system ...............243
空中魚雷　aerial torpedo ..............................8
空中（再）始動　air start ............................26
空中最小操縦速度　$V_{MCA}$：minimum control
　speed air ..............................................194
空中線　ATN：antenna ................................35
空中早期警戒　AEW：airborne early warning..15
空中早期警戒管制システム　AWACS：airborne
　warning and control system ..................47
空中待機　holding ....................................151
空中待機経路　holding pattern ................151
空中待機燃料　holding fuel ......................151
空中停止　hovering ...................................153
空中電気　atmospherics ..............................44
空中誘導路　air taxiway ..............................26
空調系統　air conditioning system ............18
空電空中障害　XS：atmospherics ...............44
空力加熱　aerodynamic heating .................11
空力干渉　aerodynamic interference ..........11
空力弾性（一学）　aeroelasticity .................11
空力中心　aerodynamic center ...................10
空力平均翼弦　mean aerodynamic chord......191
空冷発動機　air-cooled engine ...................19
クーラント　coolant ...................................87
空路　air route ...........................................25
クーロン　coulomb：C .................................88
クォート　quart .........................................234
区間所要時間　block time ...........................56
矩形翼　constant chord wing......................84

9

目次／索引

串型翼飛行機　tandem wing airplane..............288
クッタ・ジューコフスキーの定理　kutta-
　joukowsky's law.....................................172
組立治具　assembly jig.................................42
組立調整　rigging.......................................247
雲　cloud.....................................................75
グライダー　GLD：glider..........................138
グライド・スロープ　glide slope → ILS..........158
グライド・パス　GP：glide path..................138
グライド・パス角度　glide path angle...........138
グライド・パス幅　glide path width...............138
グラウンド・エフェクト　ground effect.........141
グラウンド・ループ　ground loop...............141
クラス A エアスペース　class A airspace..........74
クラス B エアスペース　class B airspace..........74
クラス C エアスペース　class C airspace..........74
クラス D エアスペース　class D airspace..........74
クラス E エアスペース　class E airspace..........74
クラス G エアスペース　class G airspace..........74
グラス・コクピット　glass cockpit...............137
グラス・ファイバー　glass fiber..................138
グラデュー　GRADU...................................139
クラブ飛行　crabbing....................................89
クランク（軸）シャフト　crank shaft..............90
クランク室　crank case...................................90
クリアー・アイス　clear ice............................74
クリア・ウェイ　CWY：clear way....................75
クリアランス　air traffic control clearance.....27
クリーン形態　clean configuration.................74
グリーン航空機　green aircraft....................140
グリス　grease...........................................140
繰り出し橋　extention bridge.......................117
グリニッチ標準時　GMT：
　greenwich mean time.............................139
クリノメーター　clinometer...........................75
クルーガー・フラップ　krueger flap.............172
クルーズ　cruise...........................................92
グルービング　grooving.............................140
グレイ　gray：Gy.......................................140
クレーム・タグ　baggage claim tag................49
クローム鋼　chromium steel..........................72
クローム・モリブデン鋼
　chromium-molybdenum steel....................72
クロスウィンド・レッグ
　crosswind leg.............................................92
グロス・ウエイト　gross weight...................141
クロス・カントリー　cross country flying.......91
クロスチェック　cross-check..........................91
軍用機、軍用航空機　military aircraft...........193
軍用標準（規格）　MIL standards.................194
訓練／試験空域　training/testing area..........299
訓練機　trainer airplane.............................299

【ケ】

警戒警報、警戒通知　ALNOT：alert notice......30
警戒の段階　ALERFA：alert phase.................29
迎角　angle of attack/incidence.....................34
計画外整備　unscheduled maintenance.........306
迎角張線　stagger wire → incidence wire.......159
計器　INST：instrument.............................163
計器滑走路　instrument runway..................164
計器気象状態　IMC：instrument
　meteorological condition.........................159
計器航法　instrument navigation flight........164
計器出発経路　IDR：
　instrument departure route.....................158
計器進入　instrument approach...................163
計器進入方式　IAP：instrument approach
　procedure...............................................163
計器着陸装置　ILS：instrument landing
　system...................................................158
計器板　instrument panel...........................164
計器飛行　instrument flight.......................163
計器飛行証明
　instrument flight certification.................163
計器飛行方式　IFR：instrument flight rules...158
警急業務　alerting service............................29
迎撃戦闘機　intercepter fighter...................165
軽航空機　aerostat, lighter than air
　aircraft............................................15,179
軽航空機操縦術　aerostatics.........................15
警告パネル　annunciator panel.....................35
傾斜　bank.................................................51
傾斜計　clinometer, inclinometer...........75,159
形状抵力　form drag → pressure drag..........229
軽双発機　light twin...................................180
形態　configuration.....................................83
継電器　relay.............................................244
傾度風　gradient wind................................139
軽飛行機　light airplane.............................179
警報灯　warning light.................................315
軽油　gas oil.............................................136
繋留気球　captive balloon.............................64
軽量スポーツ航空機　LSA：
　light sport aircraft..................................180
経路　leg..................................................177
桁　spar....................................................269
決心高　decision height..........................96,97
決心高度　decision altitude..........................96
ゲッチンゲン式風洞　gottingen type wind
　tunnel...................................................139
ケミカル・ミル　chemical milling..................71
煙　smoke.................................................266
煙風洞　smoke tunnel................................266

10

目次／索引

蹴り返し　kick back ......................................171
ケルビン　kelvin：K ....................................171
ケロシン　kerosene .....................................171
けん引　towing ..............................................297
牽引式飛行機　tractor airplane ................298
巻雲　Ci：cirrus ...............................................73
圏界面　tropopause .....................................301
限界気象状態　marginal weather condition ....189
限界速度　limiting speed ...........................180
減格　derate .....................................................99
原型エンジン　prototype engine ............232
原型機　prototype ........................................232
現行飛行計画通報　CPL：current flight plan.....93
原子力飛行機　nuclear powered airplane........209
原子力施設上空の飛行規制　flight restriction
　over atomic energy facilities ...............128
減衰率　damping factor ...............................95
巻積雲　Cc：cirrocumulus .............................73
巻層雲　Cs：cirrostratus .................................73
減速エンジン，減速歯車付きエンジン　geared
　engine ............................................................137
減速歯車付きターボファン
　geared turbofan .........................................142
減速度誤差　decceleration error ................96
原飛行規程　original flight manual → flight
　manual ..........................................................127

【コ】

コア・エンジン　core engine ......................88
コアンダ効果　coanda effect .....................76
高圧圧縮機　high pressure compressor
　→ high pressure turbine ........................150
高圧タービン　high pressure turbine.............150
高圧風洞　compressed-air wind tunnel.....81
広域航法　area navigation ...........................40
拘引柵　arresting barrier...............................41
後縁　trailling edge.....................................298
後縁渦　trailing vortex ..............................298
降下　let down ...............................................177
光学的現象　optical phenomenon .........214
降下速度　descending speed.......................99
降下率　rate of descent ..............................242
鋼管溶接胴体　welded steel tube fuselage.......318
高気圧　high ...................................................149
高気圧圏　anticyclone ..................................35
高級鋳鉄　high grade cast iron ..............149
航空移動業務　AMS：aeronautical mobile
　service..............................................................13
航空運送業者　air carrier.............................18
航空運送事業　air transport service .......28
航空エンジン　aero engine.........................11
航空会社　airline ............................................23

航空学　aeronautics.......................................14
航空ガソリン　aviation gasoline ............46
航空貨物　air freight(air cargo) ..............22
航空管制官　air traffic controller ...........27
航空機　ACFT：aircraft ..............................19
航空機運航記録　aircraft operation record........21
航空機関士　FE：flight engineer.............126
航空企業　airline ............................................23
航空機気象観測　aircraft weather observation.....21
航空機構造　aircraft structure..................21
航空気象学　aeronautical meteorology ....13
航空気象官署　aeronautical meteorological
　office...............................................................13
航空気象観測所　aeronautical meteorological
　station ...........................................................13
航空気象業務　aviation weather service ...........46
航空機使用事業　aerial work .................... 8
航空気象測候所　aviation weather station.....46
航空気象台　AWS：aviation weather service ....46
航空機衝突防止装置　ACAS：airborne
　collision avoidance system........................ 1
航空機衝突防止装置　TCAS：traffic alert and
　collision avoidance system.....................291
航空気象放送　aviation weather broadcast ....46
航空機装備品　aircraft equipment ..........20
航空機駐機場　aircraft stand.....................21
航空機駐機場誘導通路　aircraft stand
　taxiline → taxiway....................................289
航空機電子機器　aircraft avionics ...........20
航空機乗組員　flight crew member .......125
航空機登録記号　registration mark .......244
航空機登録証明書　aircraft registration
certificate,registration certificate .....21,243
航空級無線通信士　aeronautical class radio
　operator ........................................................12
航空局　civil aviation bureau ....................62
航空魚雷　aerial torpedo ............................. 8
航空計器　instrument for aircraft ..........164
航空交通　air traffic .....................................26
航空交通管制　ATC：air traffic control ....27
航空交通管制官　air traffic controller ....27
航空交通管制機関　air traffic control unit.........28
航空交通管制業務　air traffic control service ....27
航空交通管制区　air traffic control area ....27
航空交通管制圏　air traffic control zone....28
航空交通管制承認
　air traffic control clearance ...................27
航空交通管制部　ACC：area control center ........ 1
航空交通管制用自動応答装置　ATC
　transponder ..................................................43
航空交通管理センター　Air Traffic
　Management Center ....................................28

11

目次／索引

航空交通業務　ATS：air traffic service................28
航空交通業務機関　air traffic services unit........28
航空交通業務通報所　air traffic services
　　reporting office.................................................28
航空交通情報システム　CADIN：common
　　aeronautical data interchange network...........62
航空交通助言業務　air traffic advisory service..27
航空固定業務　AFS：
　　aeronautical fixed service................................15
航空作業　aerial work............................................8
航空士　flight navigator......................................127
航空実況気象通報（式）　aviation routine
　　weather report（式）......................................46
航空写真　aerial photography................................7
航空写真機　aerial camera....................................7
航空従事者　air man..............................................23
航空障害灯　aeronautical obstruction
　　light, obstruction light............................13,211
航空情報　NOTAM：notice to airmen...............208
航空情報サーキュラー　AIC：aeronautical
　　information circular..........................................16
航空神経症　aeroneurosis......................................14
航空身体検査証明　medical certification.........192
航空心理学　aeronautical psychology.................14
航空整備士　aircraft engineer/mechanic...........20
航空図　aeronautical chart....................................12
航空通信業務　aeronautical telecomunication
　　service...............................................................14
航空通信局　aeronautical telecommunicaion
　　station..............................................................14
航空通信士　flight radio operator......................128
航空灯　aircraft light............................................20
航空灯火　aeronautical light................................13
航空灯台　aeronautical beacon............................12
航空日誌　air logs.................................................23
航空燃料　aviation fuel........................................46
航空病　air sickness..............................................26
航空保安施設　air navigational aid....................24
航空保安無線施設　air navigational radio aid....24
航空法　civil aeronautics law（of Japan）.........73
航空母艦　aircraft carrier....................................20
航空無線局　aeronautical station........................14
航空無線通信士　aeronautical radio operator....12
航空力学　aerodynamics........................................11
航空路　AWY：airway..........................................28
航空路監視レーダー　ARSR：air route
　　surveillance radar.......................................25,41
航空路管制業務　air route control service.........25
航空路誌　AIP：aeronautical information
　　publication......................................................17
航空路誌改訂版　AIP amendments.....................17
航空路誌補足版　AIP supplements......................18

航空路情報提供業務　AEIS：aeronautical
　　enroute information service.............................7
航空路線　air route...............................................25
航空路灯台　airway beacon..................................28
航空路予報　ROFOR：route forecast...............250
航空路レーダー情報処理システム　RDP：
　　radar data processing system.....................243
航行援助施設　NAVAID....................................202
航行灯（航法灯）　navigation light → aircraft
　　light.................................................................20
黄砂　yellow sand...............................................325
交差滑走路　cross runway,
　　intersecting runways..............................91,166
硬式飛行船　rigid airship...................................248
高周波焼入れ　induction quenching.................161
降水　precipitation.............................................227
降水霧　precipitation fog..................................227
降水空電　precipitation static...........................227
降水空電妨害
　　precipitation static interference.................227
較正　calibration..................................................62
合成ゴム　synthetic rubber...............................284
硬性試験　hardness test.....................................146
合成樹脂　synthetic resin...................................284
較正対気速度　CAS：calibrated air speed.........62
高性能航空機　high performance aircraft.......150
合成油　synthetic oil..........................................284
航跡　track..........................................................297
航跡雲　trail.......................................................298
高積雲　Ac：altocumulus.....................................32
高層雲　As：altostratus.......................................32
航続距離　range..................................................240
航続時間　endurance...........................................114
高速進入／急停止着陸　high speed approach/
　　quick stop.....................................................150
高速度鋼　high speed steel................................150
高速度風洞　high speed tunnel..........................150
高速離脱誘導路
　　rapid exit axiway → taxiway......................289
後退角　sweep back angle.................................282
後退羽根　retreating blade................................246
航宙力学　astrodynamics.....................................42
抗張力　tensile strength.....................................292
交通情報　traffic information............................298
行程　stroke........................................................279
航程線航路　rhumb line.....................................247
交点，交差点　intersection.................................166
高度　altitude.......................................................32
口頭説明　briefing................................................60
高等飛行　advanced maneuver..............................6
高等練習機　advanced trainer...............................6
高度記録計　altitude recorder............................32

12

目次／索引

高度計　altimeter.................................30
高度計規正　altimeter setting.................31
高度計規正方式　altimeter setting procedure ...31
高度下げ　let down.............................177
硬度試験　hardness test......................146
高度制御　altitude control ...................32
高度変更禁止空域　prohibition of changing
　VFR cruising altitude.......................231
硬被アルミニウム　hard filmed aluminium.....146
公表距離　declared distance....................97
公表距離（ヘリポート）declared
　distance-heliport.............................97
後部エンジン　rear engine....................243
降伏点　yield point............................325
鉱物性潤滑油　mineral lubricating oil.............194
航法　NAV：navigation........................203
航法援助施設　NAVAID：navigation aid..........202
航法援助施設の分類／等級　NAVAID
　classification................................203
航法間隙　navigational gap....................203
航法計算盤　navigation computer................203
航法性能要件値　RNP：Required Navigation
　Performance type.............................248
航法定規　navigation plotter....................203
航法データ表示装置　ND:navigation display..203
航法灯　aircraft light............................20
航法用計器　navigational instrument.............203
後方乱気流　wake turbulence....................315
高揚力装置　high lift device....................149
高翼単葉機　high wing monoplane.................150
後流　back wash.................................49
交流発動機　alternator..........................30
抗力　drag....................................106
抗力係数　drag coefficient.....................107
抗力支柱　drag link.............................107
抗力張り線　drag wire..........................107
抗力ヒンジ　drag hinge.........................107
航路　course line...............................89
抗捩前縁　tortion nose.........................296
ゴー・アラウンド　go around...................139
コース　CRS：course............................89
コース・スキャロッピング
　course scalloping..............................89
コースト状態　coast.............................76
コースの維持　track............................297
コース偏向指示器　CDI：course deviation
　indicator......................................67
コース・ベンド　course bend.....................89
コース・ライン・コンピューター　course
　line computer.................................89
コース・ラフネス　course roughness.............89
コード　beacon code.............................52

コーニング　coning.............................83
コーニング角　coning angle.....................83
氷あられ　soft hail.............................267
コール・サイン　call sign........................63
コースルマン・ウインドウ
　Kollsman window.............................172
コールド・セクション　cold section...............77
小型航空機　small aircraft......................266
小型噴流　microburst...........................193
呼吸過多　hyperventilation.....................156
国営航空　national carrier......................202
国際滑空記章　international soaring badge ....165
国際空港　international airport..................165
国際航空運送協会　IATA：
　international air transport association...157
国際航空交通情報処理中継システム，国際
　テレタイプ自動中継システム　AFTAX：
　aeronautical fixed telecommunication
　automatic exchange...........................15
国際航空固定通信網、国際テレタイプ通信網
　AFTN：aeronautical fixed telecommunication
　network......................................16
国際航空連盟　FAI：............................118
国際対空通信局　international air-ground radio
　station.......................................165
国際標準時　GMT(greenwich mean time),Z.....139
国際民間航空機関　ICAO：international
　civil aviation organization....................157
極超音速輸送機　HST：
　hypersonic transport.........................154
極超短波　UHF：ultra high frequency...........305
国内航空交通情報処理中継システム，国内テレ
　タイプ自動中継システム　DTAX：domestic
　telecommunication automatic exchange.......108
国有航空　national carrier......................202
故障発生間隔　MTBF............................200
コスパス・サーサット　COSPAS-SARSAT..........88
固体酸化剤　solid oxidizer.....................268
固体推進剤　solid propellant...................268
固体推進ロケット　solid propellant rocket.....268
国家運輸安全委員会　NTSB：national
　transportation safety board...................208
コックピット　cockpit.......................76,222
コックピット・クルー　cockpit crew..............77
コックピット・スモーク　smoke in cockpit...266
固定型回転翼機構　rigidly mounted rotor.......248
固定脚，固定式降着装置　fixed landing gear..122
固定タブ　fixed tab → tab.....................285
固定ピッチ・プロペラ
　fixed pitch propeller.........................123
固定翼機　fixed wing aircraft..................123
弧度　rad：radian..............................238

13

# 目次／索引

コニカル・キャンバー conical camber...............83
コネクティング・ロッド connecting rod.........83
木の葉落とし falling leaf.......................119
コパイ co-pilot........................................88
小舟 dinghy/dingey............................101
個別飛行規程 individual flight manual
　→ flight manual ...............................127
コミューター機 commuter aircraft....................79
ゴム索離陸 shock chord launching.................261
ゴム・タンク bag tank............................49
コリドー corridor.....................................88
コレクティブ・ピッチ・コントロール
　collective pitch control.........................78
コレクティブ・ピッチ・レバー collective
　pitch lever ...........................................78
コロナ空電 precipitation static...........................227
混合比 air fuel ratio, mixing ratio.............22,196
混合比計 fuel-air ratio indicator.......................134
混合比制御 mixture control.........................197
コンソール console.....................................84
コンター contour.......................................85
コンタクト contact.....................................84
コンディション・モニタリング方式 CM：
　condition monitoring.............................82
コンディション・レバー condition lever.......82
コントラ・プロペラ contra-rotating
　propeller ...............................................85
コントレール condensation trail.....................82
コントロール・スラッシュ control slash.........86
コントロール・タワー aerodrome control
　tower ...................................................... 9
コントロール・ホーン control horn.................85
コンパス compass.....................................79
コンパス誤差 compass errors .........................80
コンパス自差 compass deviation → compass
　errors....................................................80
コンパス修正台 swinging base.......................283
コンパス・ボウル compass bowl....................80
コンパス・ローズ compass rose...................80
コンピューター・エイデット・マニュファク
　チャリング，コンピューター支援製造
　computer aided manufacturing....................63
コンピューター・ジェネレイテット・イメー
　ジ CGM：computer generated image............70
コンピューター支援設計 CAD...................62
コンプレックス・エアプレーン complex
　airplane .................................................80
コンプレッサー compressor.........................82
コンプレッサー・ストール compressor stall...82
混流圧縮機 mixed-flow compressor.................196

# 【サ】

サーキット circuit..............................73,298
サーキット・ブレイカー circuit breaker.........73
サーキュラー circular...............................73
サークリング・アプローチ
　circling approach...................................72
サージング surging..................................281
サービス・ブレティン service bulletin.........260
サーボ・タブ servo tab → tab ...................285
サーマル・ソアリング thermal soaring.........293
サーモグラフ thermograph.........................293
サイクリック・スティック cyclic stick.............94
サイクリック・ピッチ・コントロール
　cyclic pitch control...............................94
サイクル cycles........................................94
サイクロン cyclone....................................94
再生冷却 regenerative cooling.......................243
最終進入 FNA：final approach .................121
最終進入コース final approach course...........121
最終進入フィックス／点 FAF, FAP：final
　approach fix/point.................................121
最終進入部分 final approach segment............121
最終進入・離陸区域 FATO：final approach
　and takeoff area....................................121
最小アンスティック速度 minimum unstick
　speed:$V_{MU}$...............................................196
最小操縦速度
　minimum control speed：$V_{MC}$...................194
最少燃料 minimum fuel.............................195
最大キャンバー maximum camber.................190
最大質量 maximum mass............................191
最大出力 maximum power...........................191
最大巡航 maximum cruise...........................190
最大上昇 maximum climb............................190
最大ゼロ燃料重量
　maximum zero fuel weight.......................191
最大着陸重量 maximum landing weight.........190
最大矢高 maximum camber...........................190
最大ランプ重量 maximum ramp weight..........191
最大離陸重量 maximum take-off weight..........191
最低IFR高度 MIA：minimum IFR altitude ...195
最低安全高度 minimum safe altitude...............195
最低運用許容基準 MEL：minimum
　equipment list.......................................195
最低扇形別高度 MSA：minimum sector
　altitude..................................................196
最低気象条件 minima/minimum,weather
　minimum..........................................194,317
最低気象条件以下 below weather minimum....53
最低経路高度 MEA：minimum enroute(IFR)
　altitude ................................................194

14

目次／索引

最低降下高度　MDA：minimum descent
　　altitude...........................................................194
最低障害物間隔高度　MOCA：minimum
　　obstruction clearance altitude.............195
最低受信可能高度　MRA：minimum reception
　　altitude...........................................................195
最低待機高度　MHA：minimum holding
　　altitude...........................................................195
最低通過高度　MCA：minimum crossing
　　altitude...........................................................194
最低誘導高度　MVA：minimum vectoring
　　altitude...........................................................196
再着火　relighting.............................................244
サイドスティック　sidestick............................262
サイドステップ・マニューバー　sidestep
　　maneuver.....................................................262
サイド・スリップ　side slip............................262
サイド・バイ・サイド　side-by-side............262
再燃焼装置　afterburner....................................16
細氷　ice crystal.................................................157
最良滑空速度　best gliding speed....................53
最良上昇角速度
　　best angle of climb speed:V x.....................53
最良上昇率速度
　　best rate of climb speed：V Y.....................53
サウンド・バリアー　sound barrier................268
先細翼　tapered wing.......................................288
サギング　sagging............................................255
下げ翼　flap.......................................................123
砂じんあらし　dust storm, sand storm....109,255
座席型落下傘　seat pack parachute................258
ザップ・フラップ　zap flap...........................326
作動装置　actuator...............................................5
作動筒　actuating strut........................................4
差動補助翼　differential aileron.....................100
砂のう　ballast....................................................50
左右傾斜計　ball inclinometer...........................50
左右軸　lateral axis...........................................176
サルス　standard approach lighting system....274
三角形落下傘　triangular parachute................300
山岳性降雨　orographic rain...........................215
山岳波　MTW：mountain wave......................199
三角翼機　delta wing airplane..........................98
酸化剤　oxidizer...............................................217
酸化防錆処理　parkerizing..............................219
30分間出力定格
　　rated 30-minute(OEI)power......................242
酸素吸入　oxygen inhalation...........................217
酸素系統　oxygen system.................................217
酸素マスク　oxygen mask...............................217
暫定許容重量　provisional weight..................233
3点着陸　normal landing,

three point landing..................................207,293
サンドイッチ構造　sandwich construction.....255
三分力天秤　three component balance.............293
三葉機　triplane.................................................300
三輪式着陸装置　tricycle landing gear
　　→ nose-wheel landing gear......................208

## 【シ】

シアー線、シアー・ライン　shear line............261
CRT表示装置　CRT display................................92
C章, Cバッチ　C badge......................................67
Gスーツ　anti-G suit..........................................36
シーソー・ローター　seesaw rotor.................258
シーフィット　CFIT............................................70
Gフォース　G-force...........................................137
Gメーター　accelerometer...................................2
ジーメンス　siemens.........................................263
シーラント　sealant..........................................257
シーリング　ceiling............................................67
シール　seal.......................................................257
シール剤　sealant...............................................257
ジー・ロック　G-loc.........................................139
シーロメーター　ceilometer.............................67
試運転　run up...................................................251
自衛隊訓練／試験空域　training/testing
　　area(for JSDF aircraft).............................299
JTST：jet stream................................................170
四エチル鉛　tetra ethyl lead...........................292
ジェット・エンジン　jet engine.....................169
ジェット駆動回転翼　jet reaction rotor..........169
ジェット・ストリーム，ジェット気流
　　JTST：jet stream.........................................170
ジェット燃料　jet fuel......................................169
ジェット燃料添加剤
　　additive agents for jet fuel...........................5
ジェット・バリアー　arresting barrier............41
ジェット・フラップ　jet flap → boundary
　　layer control.................................................58
ジェット・ルート　jet route............................170
ジェネレーター　generator.............................137
シエラ波　sierra wave......................................263
視界　angular range of view..............................34
自家用操縦士　private pilot.............................230
時間旋回　timed turn........................................295
時間（回数）制限付き部品　life limited part..178
自記温度計　thermograph.................................293
自記高度計　self-recording altimeter.............259
磁気コンパス　magnetic compass...................186
自記湿度計　hygrograph...................................155
磁気赤道　magnetic equator............................187
識別板　identification plate.............................158
磁気偏差　magnetic deviation.........................187

15

目次／索引

磁気誘導コンパス induction compass ............161
事業用航空機 commercial aircraft ....................79
事業用操縦士 commercial pilot ...........................79
地霧 ground fog ..........................................................141
治具，ジグ jig ............................................................170
軸距 wheel base .........................................................319
軸馬力 shaft horsepower .......................................261
シグメット SIGMET：significant
　meteorological information ..........................263
軸流式圧縮機 axial-flow compressor .................47
事故 accident ................................................................. 3
指向信号灯 directional signalling lights,
　light gun ...........................................................102,179
磁航路 magnetic course ........................................187
事故報告 accident report ........................................ 3
自差 deviation,magnetic deviation .........100,187
試作原型機 prototype ............................................232
自作航空機 homebuild aircraft ........................151
支持架 pylon ...............................................................233
指示高度 indicated altitude .................................160
指示対気速度
　IAS：indicated air speed ..........................157,160
指示標識 runway designation marking
　→ runway marking .............................................252
自重 empty weight .................................................114
磁針偏差 QDM：magnetic variation ................187
磁針路 magnetic heading ......................................187
姿勢指示器 attitude (director) indicator,
　artificial horizon ...............................................5,42
自然吸気エンジン
　naturally aspirated engine ..........................202
自蔵航法 SCN：self contained navigation ......256
支柱 strut .....................................................................279
支柱付き翼 braced wing .........................................59
湿潤断熱 saturation adiabatic ...........................256
湿舌 moist tongue ...................................................197
失速 stall ......................................................................273
失速回復 stall recovery ........................................273
失速角 angle of stall .................................................34
失速警報装置 stall warning .................................273
失速指示速度 indicated stalling speed ............160
失速速度 stalling speed .........................................273
失速着陸 stall landing ...........................................273
失速反転 hammer-head stall .............................145
失速フラッター stall flutter ..............................273
実地試験飛行 check ride .........................................71
実飛行時間 (使用時間) time in service .........295
実物大模型 mock up .................................................197
実物風洞 full-scale wind tunnel .......................135
実務訓練 OJT：on the job training .................213
実用上昇限度 service ceiling .............................260
視程 visibility ............................................................312

指定維持高度 mandatory altitude ....................188
指定特別航空実況通報式 SPECI：special
　observation .............................................................269
自動回転着陸 autorotation landing ...................45
自動回転飛行 autorotation ...................................45
自動高度応答装置 automatic altitude
　reporting device ......................................................44
自動出力 (推力) 制御装置
　autothrottle system ..............................................45
自動従属監視 -B ADS-B ............................................ 6
自動操縦装置 automatic pilot system ..............45
始装置 starting system ........................................275
自動隙間翼 auto-slot ................................................45
自動着陸装置 automatic landing system ..........45
自動飛行場情報業務 ATIS：
　automatic terminal information system ..........43
自動飛行制御システム AFCS：
　automatic flight control system .....................15
自動方向探知器 ADF：automatic direction
　finder ...................................................................5,45
始認用燃料注入装置 primer .............................230
視認区域 visual segment ......................................313
視認進入 visual approach ....................................312
シノップ SYNOP：international synoptic
　surface observation ............................................283
自発火 detonation ..................................................100
四半弦点 quarter-chord point ...........................234
磁方位 magnetic bearing ......................................186
死亡事故 fatal accident ........................................119
磁北 magnetic north ..............................................187
絞り弁 throttle valve .............................................294
絞り弁レバー throttle lever ...............................294
シミー・ダンパー shimmy damper .................261
シミュレーター simulator ..................................263
霜 frost .........................................................................133
ジャイロ gyro ...........................................................143
ジャイロ計器 gyro instrument ........................144
ジャイロ磁気コンパス gyro-magnetic
　compass ....................................................................144
ジャイロシン・コンパス gyrosyn compass ..144
ジャイロスコープ gyroscope → gyro ...........143
ジャイロ旋回計 gyro turn indicator ..............144
ジャイロダイン gyrodyne ..................................144
ジャイロ・パイロット gyro pilot
　→ automatic pilot system ..................................45
ジャイロプレーン gyroplane ...........................144
視野角 angle of visibility .......................................34
射撃照準装置 gun sight ........................................143
射手 gunner ...............................................................143
射出座席 ejection seat ..........................................112
射出フック launching hook ..............................176
写真銃 gun camera .................................................142

16

## 目次／索引

射爆場　range......240
ジャミング　jamming......169
斜面下降風　katabatic wind......171
斜面上昇風　anabatic wind......33
斜流圧縮機　diagonal flow compressor......100
車輪覆い　spat......269
車輪格納庫　wheel well......319
車輪ブレーキ　wheel brakes......319
シャンデル　chandelle......70
ジャンプ・シート　jump seat......170
ジャンボ・ジェット航空機　jumbo jet
　aircraft......170
しゅう雨　shower......262
縦横比　aspect ratio......42
銃架　turret......303
自由気球　free balloon......132
周回進入　circling approach......72
周回飛行　round robin......250
周期的ピッチ制御　cyclic pitch contorl......94
周期灯　period light......221
終極荷重　ultimate load......305
終極荷重倍数　ultimate load factor......305
自由気球　free baloon......132
自由キリモミ風洞　free spinning
　tunnel → spinning tunnel......271
重航空機
　aerodyne,heavier-than-air aircraft......11,148
集合落下傘　cluster parachute......76
重心位置　CG：center of gravity......68
修正高度　corrected altitude......88
修正対気速度　RAS：rectified air speed......243
収集センター　collecting center......78
収束　convergence......87
重大傷害　serious injury......260
縦通材　longeron......183
12か月検査　(annual)inspection......162
重爆撃機　heavy bomber......148
自由飛行風洞　free flight tunnel......132
重要地点　significant point......263
修理改造検査
　inspection of repair or alteration......163
重量軽減穴　lightenning hole......179
重量重心計算　weight and balance......318
重力　gravity......136
重力式タンク　gravity tank......140
重力風　gravity wind......140
ジュール　joule：J......170
主回転翼　main rotor......188
縮尺模型　scale model......256
熟成　ageing, aging......16
主桁　main spar......188
主軸受　main bearing......188

受信通知　acknowledge......4
主スイッチ　main switch,master switch......190
主ステップ　main step......188
女性客室乗務員　stewardess......277
首線　lubber line......185
主操縦翼面　main contol surface......188
主着陸装置　main landing gear......188
出域（発）管制　departure control......99
出発前の確認　confirmation before departure..83
出発予定時刻　ETD：estimated time of
　departure......116
樹氷　rime ice, soft rime......248,268
寿命　service life......260
主翼　wing......321
主翼荷重　wing load......321
ジュラルミン　duralumin......109
受理機能　accepting unit......2
潤滑油　grease, lubricating oil......140,185
瞬間風速　instantaneous wind velocity......163
巡航　cruise, cruising......92
巡航高度　cruising altitude,cruising level.....92,93
巡航最大推力　maximum cruise thrust......190
巡航出力　cruising power......93
巡航上昇　cruise climb......92
巡航上昇限度　cruising ceiling......93
巡航速度　cruising speed......93
巡航段階　en-route phase......114
準事故　incident......159
准定期運送用操縦士　MCP(multi crew pilot)..191
純フェザリング軸　axis of no feathering......47
純フラッピング軸　axis of no flapping......47
障害物　OBST：obstacle......210
障害物クリアランス限界　OCL：obstacle
　clearance limit......211
障害物クリアランス表面　OCS：obstacle
　clearance surface......211
じょうご雲　funnel cloud......135
消火装置　fire extinguisher system......122
使用滑走路　active(using) runway......4
蒸気霧　steam fog......276
蒸気閉塞　vapour lock......308
商業航空輸送運航　commercial air transport
　operation......79
上空のエコー　elevated echo......112
上空の前線　upper front......306
衝撃試験　impact test......159
衝撃波　shock wave......261
上下軸　Z-axis → axis of airplane......47
象限　QUAD：quadrant......234
条件付不安定　conditional instability......82
昇降計　rate of climb indicator......242
昇降舵　elevator......113

目次／索引

昇降舵角　elevator angle.........................113
昇降調整小気嚢　ballonet.........................50
硝酸　nitric acid.........................205
使用時間　time in service.........................295
上死点　top dead center.........................296
場周経路　traffic pattern.........................298
上昇気流　ascending current.........................42
上昇限度　ceiling.........................67
上昇最大推力　maximum climb thrust.........190
上昇速度　climbing speed.........................75
上昇飛行　climbing flight.........................75
上昇率　rate of climb.........................242
上層雲　high cloud.........................149
上層風　upper wind.........................306
状態曲線　ascent current.........................42
衝突警告灯　collision warning light
　　→ anti collision light.........................35
衝突防止灯　anti collision light.........................35
蒸発　evaporation.........................116
上反角　dihedral angle.........................101
傷病者輸送機　ambulance aircraft.........................33
使用不能燃料　unusable fuel.........................306
情報圏　information zone.........................161
正味推力　net thrust.........................204
照明灯　flood light.........................129
初期進入区域　initial approach area.........162
初期進入フィックス　initial approach fix.........162
初期突風　first gust.........................122
初級滑空機　primary glider.........................230
初級練習機　primary trainer.........................230
助言業務　advisory service.........................7
助言空域　ADA：advisory airspace.........................7
助言経路　ADR：advisory route.........................7
除氷装置　de-icer system.........................98
除氷用ブーツ　de-icer boot.........................98
ショック・アブソーバー　shock absorber.......261
ショック・ウェーブ　shock wave.........................261
ショルダー　shoulder.........................262
ショルダー・ベルト　shoulder belt.........................262
自力発航式滑空機　self launch glider.........259
自立航法装置　SCN.........................257
尻振り滑空　fish tailing.........................122
シリンダー・バンク（列）　cylinder bank.........94
シリンダー・ヘッド温度　cylinder head
　　temperature.........................94
シリンダー・ヘッド温度計　cylinder head
　　temperature indicator.........................94
時効　ageing, aging.........................16
指令誘導方式　command system.........................78
新規登録　new registration → registration
　　certificate.........................243
真空式ジャイロ　air driven gyro.........................22

人工感覚装置　artificial feeling device.........41
信号区域　signal area.........................263
人工降雨　artificial rainfall.........................42
真高度　true altitude.........................301
上死点　top dead center.........................296
人工水平儀　artificial horizon.........................42
真針路　heading, true heading.........147,301
陣（じん）旋風　dust devil,squall line.... 109,272
真対気速度　TAS：true air speed.........................301
真対気速度計　true air speed indicator.........301
進入角指示灯　PAPI(APAPI)，VASIS........218,309
進入管制業務　approach control service.........38
進入管制所　APP：approach control facility.....37
進入区域　approach area.........................37
進入地点　approach fix.........................38
進入・着陸段階（ヘリコプター）　approach
　　and landing phase.........................37
進入灯　approach light.........................38
進入灯台　ALB：approach light beacon.........38
進入表面　approach surface.........................38
進入復行　missed approach.........................196
進入復行点　MAPt：missed approach point...196
真方位　QTE：true bearing.........................301
真北　TN：true north.........................301
進入無線標識　approach beacon.........................37
進入予定時刻　EAT：
　　expected approach time.........................116
進入類別　approach category.........................37
進入路指示灯　approach guidance light.........38
針路　HDG：heading.........................147
進路権　right of way.........................247

## 【ス】

垂下空中線　trailing antenna.........................298
水上荷重　water load.........................316
水上滑走路　channel.........................71
水上機，水上飛行機　seaplane.........................258
水蒸気圧　vapour pressure.........................308
水上境界灯　water boundary lights.........................315
水上境界誘導灯　water range lights.........................316
水上グライダー　water glider.........................316
水上トリム　seaplane trim.........................258
推進効率　propulsive efficiency.........................232
推進剤　propellant.........................231
推進式飛行機　pusher airplane.........................233
推進ノズル　propelling nozzle.........................232
水線　water line.........................316
推測航法　DR：dead reckoning.........................96
水中舵　water rudder.........................316
水中対空ミサイル　UAM：underwater to air
　　missile.........................306
水中対水中ミサイル　UUM：underwater to
　　underwater missile.........................306

18

| | |
|---|---|
| 水中対地ミサイル　USM：underwater to surface missile......................306 | スコール・ライン　squall line.............272 |
| 水中翼　hydrofoil................................155 | スターター・ジェネレータ starter generator.................................275 |
| 垂直安定板　fin, vertical stabilizer............ 121,310 | スタティック・シール　static seal..........275 |
| 垂直アンテナ , 垂直空中線　vertical antenna..310 | スタビライザー　stabilizer..................272 |
| 垂直降下　nose dive.............................207 | スタビリティー　stability.....................272 |
| 垂直航法　vertical navigation................310 | スタビレーター　stabilator..................272 |
| 垂直衝撃波　normal shock wave............207 | スチュワーデス　stewardess.................277 |
| 垂直旋回　vertical turn.........................310 | スティープ・アプローチ　steep approach.......276 |
| 垂直尾翼　vertical tail.........................310 | スティープ・ターン　steep turn............276 |
| 垂直風洞　vertical wind tunnel.............310 | スティック　stick................................277 |
| 垂直離着陸　VTOL.............................314 | ステップ　step...................................277 |
| 垂直離着陸機 vertical take-off and landing plane...........310 | ステップダウン・フィックス　stepdown fix...277 |
| 水平安定板　horizontal stabilizer..........152 | ステライト　stellite.............................277 |
| 水平位置指示器　HSI：horizontal situation indicator.........................154 | ステラジアン　steradian：sr.................277 |
| 水平キリモミ　flat spin........................125 | ステルス機　stealth aircraft................276 |
| 水平対向ピストン・エンジン　opposed piston engine..................214 | ステレオ・ルート　stereo route............277 |
| 水平着陸　level landing........................177 | ステンレス鋼　stainless steel................273 |
| 水平表面　horizontal surface...............152 | ストール　stall...................................273 |
| 水平尾翼　horizontal tail plane............153 | ストール・ストリップ　stall strip..........273 |
| 水陸両用機　amphibian aircraft.............33 | ストップ・アンド・ゴー　stop and go...........277 |
| 推力荷重　power loading, thrust loading weight per thrust.......................227,294,318 | ストップ・ウェイ　SWY：stop way.........278 |
| 推力軸　thrust axis.............................294 | ストップ・エンド RVR　stop end RVR.......278 |
| 推力線　thrust line.............................294 | ストラクチャー　structure....................279 |
| 推力馬力　thrust horsepower...............294 | ストラット　strut................................279 |
| 推力偏向　vectored thrust....................310 | ストリップ　strip................................279 |
| 推力燃料消費率　TSFC：thrust specific fuel consumption.........................294 | ストリンガー　stringer........................279 |
| 水冷エンジン　water cooled engine.......316 | ストレーキ　strake..............................278 |
| スウィング・テイル　swing tail.............283 | ストローク　stroke..............................279 |
| スウィング・ノーズ　swing nose............283 | スナップ・ロール　snap roll..................266 |
| スーパーアロイ　superalloy...................280 | スノータム　SNOWTAM.....................267 |
| スーパー・クリティカル翼型　supercritical airfoil............................280 | スパー　spar.....................................269 |
| スーパーチャージャー　supercharger........280 | スパーク・プラグ　spark plug................269 |
| ズームアップ　zoom-up........................326 | スパイラル　spiral...............................271 |
| ズールー　Z.......................................326 | スパッツ　spat...................................269 |
| スカッド　scud...................................257 | スピード・ブレーキ　speed brake............270 |
| スキー着陸装置　ski landing gear...........265 | スピナー , スピンナー　spinner..............270 |
| スキッド　skid...................................264 | スピン　spin......................................270 |
| 隙間フラップ slotted flap.....................266 | スプール　spool..................................272 |
| 隙間翼　slot......................................266 | スプリット・フラップ split flap → flap.................... 123,271 |
| スキャン　scan...................................256 | スプリング・タブ　spring tab → tab..........285 |
| スクラムジェット　scramjet....................257 | 滑り計　ball inclinometer.....................50 |
| スクランブル　scramble........................257 | スポイラー　spoiler.............................271 |
| スケール・モデル　scale model...............256 | スポット　spot...................................272 |
| スコーク　aquawk...............................272 | スポンソン　sponson...........................271 |
| スコール　squall.................................272 | スモーク　smoke................................266 |
| | スモーク・イン・コックピット　smoke in cockpit............................266 |
| | スモール・エンド　small end.................266 |
| | スモッグ　smog.................................266 |
| | スラッシュ　slash...............................265 |

目次／索引

スラット　slat......................................265
スラント距離　slant line distance......................265
スラント・レンジ　slant line distance...............265
摺り合わせ運転　green run...........................140
スリップ　slip......................................265
スリップ・ストリーム
　slip stream → back wash .........................49
スロット　slot......................................266
スロット・フラップ　slot flap......................266
スロットル・バルブ　throttle valve................294
スロットル・レバー　throttle lever................294
スワッシュ・プレート　swash plate ...............282
寸法効果　scale effect.............................256

## 【セ】

静圧　static pressure...............................275
静圧口　static vent................................275
静圧システム　static system.......................275
静安定　static stability............................275
静穏　（wind）calm.................................63
静荷重試験　static load test.......................275
整形　fairing.......................................119
整形小骨　false rib................................119
制限荷重　limit load...............................180
制限荷重倍数　limit load factor....................180
制限速度　limiting speed..........................180
静止推力　static thrust............................276
脆弱性　frangility.................................131
静上昇限度　static ceiling.........................275
成層圏　stratophere...............................279
精測進入レーダー　PAR：precision approach
　radar............................................228
精測レーダー進入　PAR approach → radar
　approach........................................235
正対風　head wind.................................147
静電気放出装置　static discharger.................275
晴天乱気流　CAT：clear air turbulence ..............74
制動効果　braking action...........................59
制動傘　dragchute.................................107
制動用抵抗傘　brake parachute.....................59
性能　performance.................................220
性能試験　performance test........................220
性能準拠型航法　PBN..............................219
性能チャート　performqnce chart .................220
整備　maintenance.................................188
整備規程　maintenance manual.....................188
セイフティ・ベルト　safety belt....................255
セイフティ・ワイヤー　safety wire.................255
静浮力　aerostatic force, aerostatic lift,
　buoyancy.....................................15,60
精密オートローテーション　accuracy
　autorotation......................................3

精密進入　precision approach......................227
精密進入方式
　precision approach procedure....................227
生命維持系統　life support system.................178
静翼　stator vane → rotor blade...................249
静力学的浮力　static buoyancy → buoyancy .....60
セールプレーン　sailplane.........................255
背負型落下傘　back type parachute................49
世界気象機関　WMO：world meteorological
　organization....................................323
セカンダリー・ストール　secondary stall.......259
積雲　Cu：cumulus.................................93
積載チャート　loading chart.......................181
積載量　useful load...............................307
積雪離陸区域標識　edge markers for snow
　covered runway → runway marking...............252
積送品　consignment...............................84
赤道トラフ　equatorial trough.....................115
赤道無風帯　doldrums belt........................105
積乱雲　Cb：cumulonimbus.........................93
セコンド　second..................................258
設計最小重量　design minimum weight...........99
設計最大重量　design maximum weight...........99
設計単位重量　design unit weight.................99
設計着陸重量　design landing weight.............99
設計離陸重量　design take-off weight .............99
摂氏温度　celsius temperature......................68
雪上着陸装置　ski landing gear...................265
絶対温度　kelvin：K...............................171
絶対高度　absolute altitude...........................1
絶対高度計　absolute altimeter.......................1
絶対湿度　absolute humidity..........................1
絶対上昇限度　absolute ceiling.......................1
接地　touchdown..................................297
接地・上昇区域　TLOF：touch-down and
　lift-off area.....................................297
接地帯　touchdown zone..........................297
接地帯灯　touchdown zone lights.................297
接地帯標識　touchdown zone marking
　→ runway marking...............................252
接地帯標高　TDZE：
　touchdown zone elevation.......................297
接地点　touchdown point,TDP：touchdown
　zone point..................................291, 297
接地点標識　fixed distance marking → runway
　marking.........................................252
接着剤　adhesive....................................5
Z軸　Z axis → axis of airplane.....................47
Zマーカー、Z無線位置標識
　ZM：Z marker..................................326
セットリング・ウィズ・パワー
　settling with power..............................261

目次／索引

切離高気圧　cut-off high..................93
切離低気圧　cut-off low..................93
背びれ　dorsal fin..................105
セミモノコック構造　semi-monocoque
　construction..................259
セミ・リジッド・ローター
　semi rigid rotor..................260
セラミック被覆, セラミック・コーティング
　ceramic coating..................69
セラミック複合材料　CMC:ceramic matrix
　composites..................76
セルコール装置　SELCAL system..................259
セル・タンク　cell tank..................68
セルフ・ロック・ナット　self locking nut..................259
零燃料重量　zero fuel weight..................326
零揚角　zero-lift angle..................326
ゼロ・リーダー・フライト・ディレクター
　zero reader flight director
　→ flight director..................125
遷移点　transition point..................299
前縁　leading edge..................177
前縁うず発生板
　leading edge fence → dog tooth..................104
前縁小骨　nose rib..................207
前縁張り出し　strake..................278
前縁フラップ　leading edge flap..................177
遷音速　transonic..................299
旋回　turn..................302
旋回オートローテーション　turning
　autorotation..................303
旋回計　bank indicator,turn indicator........51,302
旋回灯　CGL：circling guidance light..................72
旋回砲塔　turret..................303
旋回腕　whirling arm..................319
前脚　nose landing gear..................207
扇形無線位置標識　fan marker..................119
前後軸　longitudinal axis,X-axis..................183
戦術機　tactical airplane..................285
戦術航空士　TACO：tactical coordinator..................285
戦術航法装置　TACAN：UHF tactical air
　navigation aid..................285
前進角　sweep-forward angle..................282
前線　front..................133
前線霧　frontal fog..................133
前線帯　frontal zone..................133
前線面　frontal surface..................133
前線雷　frontal thunderstorm..................133
船体　hull..................154
全地球航法　GPS：
　global positioning system..................139
全地球的航法衛星システム　GNSS：global
　navigation satellite system..................139

全長　over-all length..................216
浅底水槽　shallow water tank..................261
全天候着陸装置　all weather landing system....30
戦闘機　fighter..................120
戦闘上昇限度　combat ceiling..................78
戦闘定格　combat rating..................78
戦闘用機　combat airplane..................78
先尾翼飛行機　canard airplane..................63
旋風　whirlwind..................319
前方監視赤外線装置　FLIR：forward looking
　infrared..................128
全翼機　flying wing..................130
戦略機　strategic airplane..................278
洗流　downwash..................106
洗流角　downwash angle..................106
セントラル・エア・データ・コンピューター
　CADC：central air data computer..................62
前輪式着陸装置　nose-wheel landing gear..................208
前輪操向装置　nose gear steering system........207

# 【ソ】

ソアラー　soaring plane..................267
ソアリング　soaring..................267
層雲　St：stratus..................279
騒音基準証明　noise certificate..................205
騒音軽減　noise abatement..................205
騒音軽減運航方式　noise abatement
　operating procedures..................205
騒音抑制装置　noise-suppressor..................206
双回転翼式ヘリコプター　laterally disposed
　dual rotor type helicopter..................176
早期着火　preignition..................228
総合航空情報パッケージ　integrate
　aeronautical information package..................164
走行試験水槽　model basin..................197
走行地域　maneuvering area..................188
総合飛行訓練装置　synthetic flight trainer..................283
捜索救難業務機関　search and rescue service
　unit..................258
捜索救難区　SRR：
　search and rescue region..................258
捜索レーダー　surveillance radar..................282
捜索レーダー進入　surveillance
　approach → radar approach..................235
操縦教官　flight instructor..................126
操縦系統　control system..................86
操縦士　pilot..................221
操縦室　cockpit,pilot compartment........76,222
操縦室音声記録装置　CVR：cockpit voice
　recorder..................77
操縦室乗組員　cockpit crew..................77
操縦性　controllability..................85

21

操縦性増強装置　CAS：control augmentation system.................................85
操縦装置　controls.........................86
操縦翼面　control surface.........................86
操縦輪（桿）　control column, control stick, control wheel,joy stick.................85,86,170,277
総重量　gross weight.........................141
操縦練習生　student pilot.........................280
総推力　gross thrust.........................140
層積雲　Sc：stratocumulus.........................279
増速排気管　augment tube.........................44
相対湿度　relative humidity.........................244
相対方位　relative bearing.........................244
増大離陸推力定格　rated take-off augmented thrust.........................241
増大連続最大推力定格　rated maximum continuous augmented thrust.........................241
相当軸馬力　ESHP：equivalent shaft horsepower.........................115
遭難信号　distress signal,MAYDAY.........103,191
遭難の段階　DETRESFA：Distress phase 100,103
造波抗力　compressibility drag.........................81
造波失速　compressibility stall
→ compressibility burble.........................81
造波抵抗　wave resistance.........................316
総浮力　gross lift.........................140
総浮力中心　center of buoyancy.........................68
掃油環　oil ring.........................212
層流境界層　laminar boundary layer.........................173
層流翼　laminar airfoil.........................173
ソー・カット　saw cut.........................256
ソープ　SOAP.........................267
速度制限　aircraft speed limitation.........................21
速度調整　speed adjustment.........................270
測量機　survey airplane.........................282
底勾配　angle of deadrise.........................34
阻止柵　arresting barrier.........................41
外側無線位置標識　OM：outer marker.........215
外側翼　outer wing.........................215
外滑り　skid.........................264
ソナー　sonar.........................268
ソニック・ブーム　sonic boom.........................268
祖氷　hard rime.........................146
ソフト・ライム　soft rime.........................268
粗暴な操縦　rude operation.........................251
空酔い　air sickness.........................26
橇（そり）　skid.........................264
ソロ・フライト　solo flight.........................268
損益分岐点　break even point.........................59

## 【タ】

ターゲット・シンボル　target symbol.........288

ターニング・パッド　turning pad.........................303
タービン入口温度
　turbine inlet temperature.........................295
タービン・エンジン　turbine engine.........302
タービン・ヘリコプター
　turbine helicopter.........................302
ターボジェット　turbojet.........................302
ターボファン・エンジン　turbofan engine.....302
ターボプロップ　turboprop.........................302
ターボプロペラ　turboprop.........................302
ターミナル管制機関　terminal air traffic control facility.........................292
ターミナル管制所　radar approach control facility.........................235
ターミナル・コントロール・エリア
　TCA：terminal control area.........................291
ターミナル・レーダー　terminal radar.........292
ターミナル・レーダー管制業務　terminal radar control service.........................292
ターミナル・レーダー情報処理システム
　ARTS：automated radar terminal system.......42
ターン　turn.........................302
第1補正燃料　contingency fuel.........................84
第1級性能ヘリコプター　performance class
　I helicopter.........................220
大圏　great circle.........................140
耐火性材料　fireproof material.........................122
耐加速度服　anti-G suit.........................36
大気　atmosphere.........................43
待機　holding.........................151
大気環流　circulation.........................73
待機区域　holding area.........................151
対気速度　air speed.........................26
対気速度計　air speed indicator.........................26
待機フィックス　holding fix.........................151
待機方式　holding procedure.........................151
対空管制通信局
　air-ground control radio station.........................23
耐空検査　(annual)inspection.........................162
耐空検査員　designated airworthiness inspector.........................99
耐空証明書　airworthiness certificate.........29
耐空性　airworthiness.........................29
耐空性改善通報
　AD：airworthiness directive,
　TCD：ministry of land, infrastructure transport, civil aviation bureau directive.........................5,291
耐空性管理所　controlled office of airworthiness.........................86
滞空旋回圏　holding pattern airspace area.....151
耐空類別　category of aircraft.........................66
退行羽根　retreating blade.........................246

目次／索引

対向ピストン・エンジン　opposed piston engine..............214

第3級性能ヘリコプター　performance class Ⅲ helicopter..............220

耐食アルミニウム合金　aluminum anti corrosion alloy..............32

代替空港　alternate airport..............30

代替燃料　alternate fuel..............30

代替飛行場　ALTN：alternate aerodrome..............30

対地速度　GS：ground speed..............142

対地速度計　ground speed meter..............142

ダイナミック・ロールオーバー　dynamic rollover..............110

第2級性能ヘリコプター　performance class Ⅱ helicopter..............220

第2補正燃料　extra fuel..............117

耐熱材料　heat resistant material..............147

ダイブ　dive..............104

台風　TYPH：typhoon..............304

ダイブ・フラップ　dive flap..............104

タイプ・レイティング　type rating..............304

耐油性ゴム　oil resisting rubber..............212

大陸間弾道弾　ICBM：inter continental ballistic missile..............157

大陸性寒帯高気圧　continental cold high..............84

対流　convection..............87

対流雲　convective cloud..............87

対流圏　troposphere..............301

対流不安定　convective instability..............87

ダイレクト・リフト・コントロール　DLC：direct lift control..............102

タウネンド・リング　twonend ring..............297

ダウンウォッシュ　downwash..............106

ダウン・ドラフト　down draft..............106

ダウン・バースト　down burst..............106

ダウン・ロック　down lock..............106

高い逆転層の霧　high inversion fog..............149

高い地吹雪　blowing snow..............56

高さ　height..............148

タカン　TACAN：UHF tactical air navigation aid..............285

卓越圏界面　predominant tropopause..............228

卓越視程　prevailing visibility..............229

多区画翼　multicellular wing..............200

タキシー　taxi..............289

タキシング　taxiing..............289

多機能表示装置　multi function display..............193

ダクテッド・ファン・エンジン　ducted fan engine..............109

凧式気球　kite balloon..............171

タコメーター　tachometer..............285

多重星型エンジン　multi-row radial engine..............201

タス　true air speed：TAS..............301

多段ロケット　multi-stage rocket..............201

タック・アンダー　tuck under..............302

タッチ・アンド・ゴー：TGL　touch and go.....297

タッチダウン　touchdown..............297

タッチダウン RVR　touchdown RVR..............297

ダッチ・ロール　dutch roll..............109

竜巻　tornado, water spout..............296,316

縦安定　longitudinal stability..............183

縦隔壁　longitudinal bulkhead..............183

縦揺れ　pitching..............223

谷風　valley breeze..............308

多発機　multi-engine aircraft..............201

タフ　TAF：terminal airport forecast..............285

タブ　tab..............285

W 型エンジン　arrow engine, W-type engine..............41,323

ダブル構造　double construction → fail safe construction..............118

ダブル・トラック　double track..............106

多葉機　multiplane..............201

垂れ下がり止め　droop stop..............108

タレット　turret..............303

タワー　control tower..............86

段階的な分解検査　progressive overhaul..............231

単回転翼式ヘリコプター　single rotor helicopter..............264

暖気運転　warm up..............315

暖気団　warm air mass..............315

短距離離着陸　STOL：short field takeoff/landing..............261

短距離離陸・垂直着陸　STOVL：short takeoff and vertical landing..............278

単桁翼　mono-spar wing..............198

短縮垂直間隔　RVSM..............254

単純フラップ　plain flap,simple flap..............223,263

探測気球　sounding balloon..............268

炭素残留　carbon deposit..............65

タンデム式プロペラ　tandem propeller..............288

タンデム式ヘリコプター　tandem rotor helicopter..............288

単独飛行　solo flight..............268

断熱　adiabatic..............6

断熱図　adiabatic chart..............6

断熱冷却　adiabatic cooling..............6

短波　HF：high frequency..............149

単排気管　exhaust stack..............116

単発機　single engine aircraft..............264

単フロート　single float..............264

断面積法則　area rule..............40

断面図　cross section chart..............91

単葉機　monoplane..............198

目次／索引

短翼　stub plane → sponson .................................271

# 【チ】

地域航空会社　regional airline ...................243
チェース機　chase aircraft .........................71
チェックイン　check-in...............................71
チェック・ポイント　check point ..............71
チェック・ライド　check ride ...................71
チェック・リスト　check list .....................71
チェンジ・リバーサル率　rate of change
reversal...............................................242
地霧　ground fog ........................................141
蓄圧器
accumulator,pressure accumulator ...........3,229
蓄電器放電灯　capacitor discharge light ...........64
地形性降雨　orographic rain ....................215
地形性低気圧　orographic depressions...........215
地衡風　geostrophic wind ..........................137
地上移動　movement on the ground ...........200
地上荷重　ground load ...............................141
地上型補償システム　GBAS....................136
地上滑走　taxi .............................................289
地上滑走停止位置　taxi holding position ...........289
地上滑走用燃料　taxi fuel .........................289
地上機器　ground equipment ....................141
地上共振　ground resonance .....................142
地上高　AGL：above ground level...........16
地上航空灯火　aeronautical ground light ...........13
地上最小操縦速度　$V_{MCG}$：minimum control
speed ground .....................................194
地上実況気象通報式　SYNOP：international
synoptic surface observation ...........283
地上視程　ground visibility .......................142
地上接近警報装置　GPWS：ground proximity
warning system...................................141
地上走行　taxiing........................................289
地上動力　ground power
→ ground power unit ........................139
地上動力装置、地上動力車　GPU：ground
power unit ..........................................139
地上風　surface wind .................................281
地上誘導着陸方式　GCA：ground controlled
approach ...........................................136
地測航法方式　terrestrial reference system ....292
地対空通信　ground-to-air communication ....142
地対空ミサイル　SAM：surface to air
missile ..........................................255,281
地対地ミサイル　SSM：surface to surface
missile ...............................................281
チタニウム，チタン　titanium ...................295
チップ・ディテクター
(magnetic) tip detector ........................72

地標航空灯台　land mark beacon .......................176
地表物標　land mark ...................................176
地方時，地方平均時間　LMT：
local mean time ..................................182
地面効果　ground effect .............................141
地面効果外　OGE .......................................211
地面効果内　IGE .........................................158
地文航法，地文飛行　contact flight,
pilotage........................................84,221
チャイン　chine...........................................72
着水路灯　channel lights ...........................71
着水路末端灯　channel threshold lights ...........71
着氷　ice accretion, icing：ICE ...............157
着氷性の雨　freezing rain .........................132
着氷性の霧　freezing fog ...........................132
着氷性の霧雨　freezing drizzle .................132
着陸角　landing angle..................................173
着陸荷重　landing load...............................175
着陸滑走　landing roll................................175
着陸滑走距離　landing run........................175
着陸距離　landing distance ........................174
着陸区域　landing area ...............................173
着陸区域照明灯
LAFL：landing area flood light .......174
着陸決心点　LDP：landing decision point......174
着陸最低気象条件　landing minima...........175
着陸索　landing rope ..................................175
着陸時特定点　defined point before landing......98
着陸重量　landing weight...........................176
着陸順位　landing sequence .....................175
着陸進入　landing approach ......................173
着陸装置　landing gear ...............................174
着陸装置警報装置
landing gear warning device .............174
着陸装置下げ速度　$V_{LE}$：landing gear extended
speed ..................................................174
着陸装置操作速度　$V_{LO}$：landing gear operation
speed ..................................................174
着陸装置扉　landing gear door .................174
着陸速度　landing speed ............................175
着陸帯　landing strip ..................................175
着陸帯標識　landing strip marking ...........175
着陸張線　landing wire ...............................176
着陸灯　landing light ...................................174
着陸表面　landing surface ..........................176
着陸復行　go around ...................................139
着陸方向指示器　LDI：landing direction
indicator..............................................174
着陸方向指示灯　landing direction indicator
lights ...................................................174
着陸誘導管制　GCA：ground controlled
approach .............................................136

24

着陸誘導管制業務　radar control service........236
着陸誘導管制所
　　ground controlled approach....................141
着陸用飛行場予報　TREND.............................300
チャフ　chaff................................................70
チャンネル　CH：channel...............................71
中緯度高気圧帯　horse latitude.....................153
中央標準時　JST：Japan standard time...........170
中央無線位置標識　middle marker
　　beacon, middle marker............................193
中央翼　center wing.......................................68
宙返り　loop................................................183
中間気象状態　marginal weather condition....189
中間射程弾道ミサイル　IRBM：intermidiate
　　range ballistic missile.............................167
昼間障害標識　day obstruction marker...........95
中間進入フィックス
　　intermidiate approach fix........................165
中級滑空機　secondary glider.......................258
中距離射程弾頭ミサイル　MRBM：
　　middle range ballistic missile..................193
中層雲　medium cloud, middle cloud............192
鋳造用アルミニウム合金　aluminum alloy for
　　casting.....................................................32
中分経度　ML(LM)：mid longitude...............193
中翼単葉機　mid-wing monoplane...............193
超音速　supersonic......................................281
超音速飛行空域　supersonic flight area........281
超音速風洞　supersonic wind tunnel.............281
超音速輸送機　SST：supersonic transport.....281
超音速流　supersonic flow............................281
鳥害防護　bird proof......................................54
チョーク・タイム　chalk time.........................70
超軽量動力機　ULP：ultra light plane............305
超ジュラルミン　super duralumin................281
調整式安定板　adjustable stabilizer..................6
調整タブ　fixed tab → tab............................285
調節板　baffle plate.......................................49
調整ピッチ・プロペラ　adjustable-pitch
　　propeller...................................................6
超断熱減率　super adiabatic lapse rate..........280
超短波全方向式無線標識　VOR：VHF omni
　　directional radio range............................313
超々ジェラルミン　extra super duralumin.....117
長波　standing wave.....................................274
頂部分解手入れ　top overhaul......................296
直上進入　overhead approach......................216
直接運航費　DOC：direct operation cost.......102
直接揚力制御　DLC：direct lift control..........102
直線進入　STA：straight-in approach...........278
直線着陸　straight-in landing......................278
直流電源　DC power,direct current power......96

直流発電機　generator..................................137
直行経路　direct route..................................102
直行通過区域　direct transit area.................102
直行通過制度　direct transit arrangements...102
ちり煙霧　dust haze......................................109
チルト　tilt.................................................295
チルト・ローター　tilt rotor.........................295
沈下速度　sinking speed..............................264

# 【ツ】

追加型式証明　STC......................................276
追加飛行規程　additional flight manual
　　→ flight manual......................................127
2サイクル・エンジン
　　two cycle engine.....................................303
通常運用速度　normal operating speed.........207
通常滑空　normal glide................................207
通常上昇　normal climb...............................206
作り付けタンク　integral tank......................164
つむじ風　whirlwind....................................319
釣り合い錘　balance weight,mass balance......50
釣り合い滑走路長　balanced field length........50
釣り合い昇降舵　balanced elevator................50
釣り合い操舵面,釣り合い操縦翼面
　　balanced control surface...........................49
釣り合い方向舵　balanced rudder..................50
釣り合い補助翼　balanced aileron..................49
つり柱　cabane.............................................62

# 【テ】

テアードロップ方式旋回　teardrop procedure
　　turn.......................................................291
低圧圧縮機　low pressure compressor
　　→ high pressure turbine.........................150
低圧タービン　low pressure turbine
　　→ high pressure turbine.........................150
DMEフィックス　DME fix.............................104
T型尾翼　T-tail............................................301
TCAアドバイザリー業務　TCA advisory
　　service...................................................291
ディーゼル・エンジン　diesel engine.............100
ディープ・ストール　deep stall......................97
定格高度　rated altitude → critical altitude.......90
定格出力　rated output................................241
定格馬力　rated horsepower.........................241
低気圧　depression, low..........................99,184
低気圧家族　cyclone family............................94
定期運送用操縦士　ATR：airline transport
　　pilot rating..............................................23
定期検査　periodic inspection......................220
定期航空運送事業　scheduled air transport
　　service...................................................256

定期整備　scheduled maintenance......................256
低空進入　low approach.....................................184
低空通過　low pass...............................................184
抵抗　resistance....................................................245
低高度ウインド・シアー
　low level wind shear.........................................184
偵察機　reconnaissance aircraft........................243
低酸素症　hypoxia................................................156
定時航空実況気象通報式　METAR：
　aviation routine weather report......................192
停止位置　taxi-holding position.........................289
停止位置標識　taxiway holding position
　marking → taxiway markings...........................289
停止線灯　stop bar light.......................................277
定針儀　DG：directional gyro.............................102
ディスク・ローディング　disk loading............103
ディストリビューター　distributor.....................103
ディスパッチャー　flight dispatcher.................125
低層ウインド・シアー　LLWS：low level wind
　shear...................................................................184
低層ウインド・シアー警報装置　LLWSA：low
　level wind shear alert system..........................184
定速駆動装置　CSD................................................93
定速プロペラ　constant-speed propeller............84
艇体　hull..............................................................154
停滞前線　stationary front..................................276
ディップスティック　dipstick.............................101
停泊灯　riding light..............................................247
ディフューザー　diffuser.....................................101
ディフューザー・ノズル　diffuser nozzle........101
ディマー　dimmer.................................................101
低翼単葉機　low-wing monoplane......................184
テイル・スキッド　tail skid................................286
テイル・パイプ　tail pipe....................................286
テイル・ブーム　tail boom..................................286
テイル・ヘビー　tail heavy.................................286
テイル・ホイール　tail wheel............................287
テイル・ローター　tail rotor..............................286
ディレクショナル・ジャイロ　DG：directional
　gyro.....................................................................102
ディレクション・ファインダー
　direction finder.................................................102
ディンギー　dinghy/dinghey..............................101
データ・ブロック　data block..............................95
テーパー翼　tapered wing...................................288
適合証明書
　certificate of conformity for export..................70
デジタル電子式燃料管制装置　full
　authority digital engine control......................118
デジタル・モード　digital mode.........................101
テスト・ホップ　test hop.....................................292
テスラ　tesla：T...................................................292

デッド・エンジン　dead engine............................96
デッド・ヘッド　dead head....................................96
デッドマンズ・カーブ　deadman's curve...........96
デッド・レコニング
　DR：dead reckoning............................................96
デトネーション　detonation................................100
テトラヒドロン　tetrahedron..............................292
手荷物　baggage......................................................49
デビエーション　deviation..................................100
デルタ翼機　delta wing airplane..........................98
テルミック　thermic.............................................293
テレメータリング　telemetering........................291
転移経路　transition route..................................299
転移表面　transition surface...............................299
転移揚力　translational lift.................................299
転回灯　TPIL：
　turning point indicator lights..........................303
点火順序　firing order..........................................122
点火スイッチ　ignition switch............................158
点火栓　ignitor plug,spark plug..............158,269
点火装置　ignition system...................................158
転換式航空機　convertiplane................................87
天球の極　celestial pole.........................................67
点検扉　access door...................................................2
点検表　check list...................................................71
電子式飛行計器装置　EFIS：electronic flight
　instrument system.............................................111
電子飛行カバン　electronic flight bag..............112
テンション・パッド　tension pad.......................292
天測窓，天体観測窓　astrodome..........................42
天体方位　azimuth of a celestial body.................48
伝導　conduction.....................................................83
電動スターター　direct electric starter.............101
電波高度計　RA：radio altimeter........................238
電波探知機　radar..................................................235
電波妨害　jamming................................................169
テンポ　TEMPO......................................................291
電離層　ionosphere................................................167

## 【ト】

動圧　dynamic pressure........................................109
等圧線　isobar........................................................168
等圧面天気図　constant pressure chart...............84
動安定　dynamic stability.....................................110
凍雨　ice pellets.....................................................157
等温位線　isentrope...............................................168
等温線　isotherm...................................................168
投下，投棄　jettison..............................................170
等価軸馬力　equivalent shaft horsepower.........115
等価対気速度　EAS：
　equivalent air speed...................................111,115
導管ジェット　athodyd............................................43

26

目次／索引

等高線　contour ...........................................85
同時 ILS 進入
　　simultaneous ILS approaches ...........................264
等時間飛行可能点　ETP：equal time point ......116
同軸ローター　coaxial rotor ...................................76
通し羽根回転翼　seasaw rotor ...............................258
投射　incidence ...........................................159
搭乗橋　extension bridge ...............................116
胴体　body, fuselage ...........................56,135
到着時間 (時刻)　ATA：actual time of arrival..43
到着予定時刻
　　ETA：estimated time of arrival ...........115
導通　bonding ...........................................57
動的荷重試験　dynamic load test ...........................109
動的空気力　aerodynamic force ...............................10
動的ソアリング　dynamic soaring ...........................110
導入期間　lead time ...............................177
動粘性係数
　　kinematic coefficient of viscosity ...................171
等風向線　isogon ...............................168
等風速線　isotach, isovel ...............................168
導風板　baffle plate ...........................................49
灯油　kerosene ...............................171
動翼　rotor blade ...............................249
倒立エンジン　inverted engine ...............166
動力滑空機　motor glider ...............................199
動力急降下　power dive ...........................226
動力キリモミ　dive power spin ...............104
動力操縦装置　powered flight control ...........226
動力装置　power plant, power unit ...................227
動力失速　power(on) stall ...........................227
動力着陸　power landing ...........................227
登録記号　registration mark ...............244
トーイング　towing ...............................297
ドーサル・フィン　dorsal fin ...............105
トーション・チューブ　torsion tube ...........296
トーション・ボックス　torsion box ...........296
ドープ　dope ...............................105
特殊航空機 X　X：experimental ...........................324
特定点 (離陸時, 着陸時)　defined point
　　(after takeoff/before landing) ...........97,98
特別管制区　PCA：positive control area ...........226
特別燃料　extra fuel ...............................117
特別有視界気象状態　special VFR condition...270
特別有視界飛行方式　special VFR ...........269
ドック　dock ...............................104
ドッグ・ツース　dog tooth ...............105
突風　bump, gust ...........................60,143
突風荷重　gust load ...............................143
突風荷重倍数　gust load factor ...........................143
突風風洞　gust tunnel ...............................143
突風包囲線　gust envelope ...............143

トップ・オーバーホール　top overhaul ...........296
ドップラー・ライダー　doppler radar ...........105
ドップラー・レーダー　doppler lidar ...........105
ドップラー・レーダー航法装置　doppler radar
　　navigation system ...............................105
トラス　truss ...............................301
トラッキング　tracking ...............................297
トラック　TR：track ...............................297
ドラッグシュート　dragchute ...............107
ドラッグ・ヒンジ　drag hinge ...............107
トラフ　trough ...............................301
トラフィック・パターン　traffic pattern...........298
トランスポンダー　transponder ...............300
鳥衝突　bird strike ...........................................54
取付角　angle of attachment ...............................34
取付金具　fitting ...............................122
ドリフト・ダウン　drift down ...........................107
トリム・タブ　trim tab → tab ...............285
トルク　torque ...............................296
トルクの反作用　torque reaction ...........................296
トルク・レンチ　torque wrench ...............296
トルネード　tornado ...............................296
トレール　trail ...............................298
トレッド　tread → track ...............297
トレンド　TREND ...............................300
ドローグ　drogue ...............................108
ドローン　drone ...............................108
ドロップ・タンク　drop tank ...............108
とんぼ返り　nose over ...............................207

## 【ナ】

ナイト・フライト　night flight ...............205
ナイフ・エッジ　knife edge ...............171
内部円錐　inner cone ...............................162
内部吹出しフラップ　internally blown
　　flap → boundary layer control ...........................58
NACA カウリング　NACA cowlling ...........202
ナセル　nacelle ...............................202
斜め視程　slant visibility ...............265
斜衝撃波　oblique shock wave ...........210
斜め飛行　crabbing ...........................................89
斜めヒンジ補助翼　skew aileron ...........264
斜め翼　oblique wing ...............................210
ナビ　navigation ...............................203
ナビゲーター　flight navigator ...............127
鉛青銅　lead bronze ...............................177
波板　corrugated sheet ...........................................88
軟式飛行船　dirigible ...........................................103

## 【ニ】

ニア・ミス　near miss ...............................204
肉抜き穴　lightenning hole ...............................179

目次／索引

2元推進剤　bipropellant.................................................54
2元推進剤ロケット　bipropellant rocket..........54
2次監視レーダー　SSR：secondary
　　surveillance radar...............................................272
2次空気　secondary air..........................................258
2軸エンジン　twin spool engine.......................303
2次失速　secondary stall.......................................259
2次の操縦装置　secondary flight control........258
2重構造　double construction → fail safe
　　construction............................................................118
2重三角翼
　　double delta wing → ogee wing..................211
2重反転プロペラ
　　counter(contra)-rotating propeller...............85
2重星型エンジン
　　double-row radial engine, two rank radial
　　engine ...................................................... 106,303
2次レーダー　secondary radar → radar..........235
2次レーダー個別コード　discrete code ..........103
2次レーダー・ターゲット　secondary radar
　　target.........................................................................259
2速過給機　two phase supercharger...............303
2段過給機　two stage supercharger...............303
ニッケル・クローム鋼
　　nickel-chrome steel...........................................204
ニッケル・クローム・モリブデン鋼
　　nickel-chrome-molybdenum steel..............204
日誌　log......................................................................182
ニトラロイ　nitralloy.............................................205
2分30秒間出力定格　rated 2 1/2-minute OEI
　　power.........................................................................242
日本標準時　JST(I)：Japan standard time........170
荷物室　cargo compartment.................................65
入射　incidence........................................................159
ニュートン　newton................................................204
尿素樹脂　urea resin...............................................307

【ネ】

捩じり上げ　wash-in..............................................315
捩じり下げ　wash-out............................................315
熱上昇気流　thermic...............................................293
熱上昇気流滑翔　thermal soaring.....................293
熱処理　heat treatment.........................................147
熱帯収束帯　ITCZ：inter tropical convergence
　　zone............................................................................166
熱帯前線　tropical front........................................301
熱帯低気圧　TC：tropical cyclone....................300
熱単位　british thermal unit..................................60
熱低気圧　thermal low...........................................293
燃圧計　fuel pressure indicator.........................135
燃焼室　combustion chamber................................78
燃焼室容積　combustion chamber volume........78

燃焼装置、燃焼器　burner.....................................60
粘性　viscosity.........................................................311
粘性係数　coefficient of viscosity......................77
粘着物、粘着性接着剤　adhesive......................... 5
粘度指数　viscosity index....................................311
燃料移送装置　fuel crossfeed system...............134
燃料基準面　fuel level............................................134
燃料計
　　fuel level gauge,fuel quantity gauge ............134
燃料昇圧ポンプ　fuel booster pump..................134
燃料消費率　specific fuel consumption...........270
燃料消費量　fuel consumption...........................134
燃料多岐管　fuel manifold...................................135
燃料タンク　fuel tank.............................................135
燃料噴射　fuel injection........................................134
燃料投棄（放出）装置　fuel dump system......134
燃料ポンプ　fuel pump...........................................135
燃料流量計　fuel flow gauge...............................134
燃料濾過器　fuel strainer.....................................135

【ノ】

濃厚消炎　rich blowout.........................................247
ノーシグ　NOSIG....................................................208
ノージャイロ誘導　no-gyro vectoring..............205
ノーショー　no-show..............................................208
ノーズ・ギア　nose landing gear .......................207
ノーズ・ダイブ　nose dive...................................207
ノーズ・ヘビー　nose heavy................................207
ノータム　NOTAM.................................................208
ノーティカル・マイル　nautical mile................202
ノード　NORDO：no-radio..................................206
鋸刃状切欠　saw cut..............................................256
ノッキング　knocking............................................172
ノット　knot.............................................................172
乗組員　crew member.............................................90
乗組員室　crew compartment..............................90
ノンレーダー経路　non-radar route..................206

【ハ】

パーカーライジング　parkerizing......................219
パーサー　purser....................................................233
パーセント回転数　percent RPM.......................219
バーティカル・スタビライザー　vertical
　　stabilizer.................................................................310
バーティカル・テイル　vertical tail...................310
バーティゴ　vertigo................................................311
ハード・タイム方式　HT：hard time................146
ハード・ポイント　hard point............................146
バーナー　burner......................................................60
ハーフ・ロール　half roll......................................145
パーマネント・エコー　permanent echo..........221
梅雨前線　baiu front................................................49

28

煤煙　haze......147

排気ガス温度
　EGT：exhaust gas temperature......111
排気集合管　exhaust collector ring......116
排気ノズル　exhaust nozzle......116,232
排気弁　exhaust valve......116
排気マニフォールド　exhaust manifold......116
排除容積　air volume......28
配電器　distributor......103
バイト　BITE：built in test equipment......54
ハイドロ・プレーニング　hydroplaning......155
ハイドロマチック・プロペラ　hydromatic
　propeller......155
ハイパーソニック　hypersonic......156
ハイパーベンチレーション
　hyperventilation......156
バイパス・エンジン　bypass engine......61
バイパス比　bypass ratio......61
ハイポキシア　hypoxia......156
背面逆宙返り　inverted outside loop......167
背面キリモミ　inverted spin......167
背面宙返り　inverted normal loop......167
背面飛行　inverted flight......166
パイレップ，パイロット・リポート　PIREP：
　pilot report......222
パイロッテージ　pilotage......221
パイロット　pilot......221
パイロット・オペレーティング・ハンドブック
　POH......224
パイロン　pylon......233
パイロン・エイト　eight on pylon......112
破壊　divergence......104
破壊応力　breaking stress......59
破壊試験　destructive test......100
爆撃機　bomber......57
白霜　hoar frost......151
爆弾　bomb......56
爆弾架　bomb rack......57
爆弾倉　bomb bay......57
剥離　separation......260
剥離点　separation point......260
歯車ポンプ　gear pump......137
箱桁　box spar......59
バシシス　VASIS：visual approach slope
　indicator system......309
波状雲　billow cloud......53
バス　bus......60
パスカル　pascal......219
肌焼き　case hardening......66
8の字飛行　eight around pylon......112
蜂の巣状芯材　honey-comb core......152
蜂の巣状冷却器　honey-comb radiator......152

バックアップ構造　back-up construction
　→ fail safe construction......118
バック・ウォッシュ　back wash......49
（出力曲線の）バック・サイド　back side(of
　the power curve)......49
パッケージ・タグ　baggage claim tag......49
発散　divergence......104
ハッド　HUD：head-up display......147
発動機覆　cowling......89
発動機補機　engine accessories......114
発熱量　calorific value......63
波動低気圧　wave cyclone......316
ハニカム・コア　honey-comb core......152
ハニカム・ラジエター
　honey-comb radiator......152
羽根厚比　blade thickness ratio......55
はね返り　kick back......171
羽根角　blade angle......54
バネ緩衝装置　spring shock absorber......272
羽根断面　blade section......55
羽根取付角　blade setting angle......55
羽根のフラッピング　blade flapping......55
羽根幅比　blade-width ratio......55
羽ばたき角　flapping angle......124
羽ばたき機　ornithopter......215
羽ばたきヒンジ　flapping hinge......124
パピ　PAPI：
　precision approach path indicator......218
羽布　fabric......118
バフェッティング　buffeting......60
パフォーマンス・ナンバー　performance
　number......220
早い　RAPID......241
パラシュート　parachute......218
バラスト　ballast......50
パラレル・オフセット・ルート　parallel offset
　route......219
バランス・ウエイト　balance weight......50
バランス・タブ　balanced tab → tab......285
バリアブル・ノズル　variable area propelling
　nozzle......309
バリエーション　variation......309
バリオ・メーター　vario meter......309
馬力荷重　power loading.weight per
　horsepower loading......227,318
ハリケーン　HURCN：hurricane......154
張り出し釣り合い　horn balance......153
ハル　hull......154
バルーニング　ballooning......50
バルクヘッド　bulkhead......60
パルス・ジェット　pulse jet......233
バルブ　valve......308

目次／索引

バルブ・スプリング valve spring .................308
バレット barrette ........................................51
バロネット ballonet .................................50
バロメーター aneroid barometer,
　barometer .............................................33,51
パワー・オフ・ストール
　stall without power ....................................274
パワー・オン・ストール power on stall .......227
パワード・リフト powered lift .......................226
パワー・ランディング power landing ............227
パワー・ローディング power loading ............227
パン PAN .....................................................218
バン・アレン帯 Van Allen radiation belt .......308
半横転 half roll ..........................................145
ハンガー hangar：HGR .............................146
半片持単葉機 semi-cantilever monoplane .....259
半関節羽根回転翼 semi-articulated rotor ......259
バンク bank ..................................................51
バンク角 angle of bank ..................................34
ハング・グライダー hang glider ..................146
ハング・スタート hung start .......................154
半硬式飛行船 semi-rigid airship ...................260
ハンプ hump ...............................................154
バンプ bump .................................................60
ハンプ速度 hump speed ...............................154
反方位針路 heading,reciprocal ......................147
ハンマー・ヘッド・ストール
　hammer-head stall .......................................145
伴流 wake ...................................................315

【ヒ】

ピー・アイ・オー PIO:pilot induced
　oscillation ..................................................222
ピー・エヌ・エフ PNF:pilot not flying ........224
ピー・エフ PF:pilot flying ..........................221
B章 B badge .................................................52
ビーコン BCN：beacon ...............................52
ヒート・エンジン heat engine .....................147
Pファクター P-factor ...................................221
Bバッジ B badge .........................................52
ビーム誘導方式 beam rider system ................52
飛雲 scud ...................................................257
尾管 tail pipe ...............................................286
ピギー・バック piggy back .........................221
引き起こし flare, pull up ................124,233
引き起こし点 rotation point ..........................249
引き込み機構 retracting mechanism ...............245
引込み脚，引込み式降着装置 retractable
　landing gear ...............................................245
引込み装置 retracting system ........................246
尾脚 tail undercarriage .................................286
低い地ふぶき drifting snow .........................107

非計器滑走路 non-instrument runway ...........206
飛行援助センター flight service center ..........133
飛行援助用航空局 aeronautical station
　for common traffic advisory ..........................14
飛行荷重 flight load ....................................126
飛行荷重倍数 flight load factor ....................126
飛行管理装置 FMS：flight management
　system .......................................................127
飛行機 aeroplane, airplane .....................15,24
飛行機雲 condensation trail,trail ............82,298
飛行機実用U類 utility airplane ...................305
飛行規程 flight manual ................................127
飛行機の軸 axis of airplane ...........................47
飛行機普通N類 normal airplane ..................206
飛行教官 flight instructor .............................126
飛行記録装置 flight data recorder .................125
飛行記録集積装置 AIDS：
　airborne integrated data system .....................16
飛行禁止区域 flight prohibited area ..............127
飛行勤務時間 flight duty period ...................126
飛行訓練装置 FTD .....................................133
飛行計画 flight plan .....................................127
飛行計画情報処理システム FDP：flight data
　processing system .......................................119
飛行経路 flight path .....................................127
飛行検査 facility check .................................125
非交差滑走路 non-intersecting runways ........206
飛行時間 flight time .....................................128
飛行視程 flight visibility ..............................128
飛行場 AD：aerodrome, airfield ......................8
飛行場アドバイサリー業務
　airport advisory service .................................24
飛行乗員 flight crew ....................................125
飛行場管制業務 aerodrome control service .......9
飛行場管制塔 aerodrome control tower, control
　tower ......................................................9,86
飛行場管制所 airport traffic control tower ......25
飛行場気候概要 aerodrome climatological
　summary .......................................................8
飛行場気候表 aerodrome climatological table... 8
飛行場気象台
　aerodrome meteorological office .....................10
飛行場基準点
　ARP：aerodrome reference point ...................10
飛行場警報 aerodrome warning ......................10
飛行場交通 aerodrome traffic .........................10
飛行場交通圏，飛行場周辺飛行区域 ATZ：
　aerodrome traffic zone ..................................10
飛行場最低運用限界 aerodrome operating
　minima .........................................................10
飛行場情報放送業務 ATIS：automatic terminal
　information service .......................................43

30

目次／索引

飛行場対空通信局　air-ground radio station......23
飛行場灯火　aerodrome light .................................10
飛行場灯台　ABN：aerodrome beacon...................8
飛行場標高
　aerodrome elevation,field elevation ...........9,120
飛行場標識施設　aerodrome marking..................10
飛行情報業務
　FIS：flight information service...................126
飛行情報区（地区）　FIR：flight information
　region .................................................121,126
飛行情報出版物　FIP／Flip：flight information
　publication ............................................126
飛行情報センター　FIC：flight information
　center ....................................................126
飛行場名標識　aerodrome identification sign......9
飛行場予報　aerodrome forecast ......................9
飛行制限区域　flight retricted area ..............128
飛行船　airship ...............................................25
飛行船の排除容積　airship displacement .........26
飛行速度　flying speed ................................130
飛行方式訓練装置　flight procedure
　trainer → synthetic flight trainer........283
飛行前機体点検　preflight check........................228
飛行前説明（指示）　preflight briefing ..........228
飛行前点検　(preflight) inspection ..................163
飛行張線　flying wire .................................130
飛行艇　flying boat........................................130
飛行データ記録装置
　FDR：flight data recorder..............125
飛行点検　flight check...............................125
飛行模擬装置　flight simulator → synthetic
　flight trainer.........................................283
比湿　specific humidity.................................270
ビジネス機　business plane........................61
ヒジュミニウム　hiduminium ......................149
非常浮き装置　emergency floatation gear ...113
非常脱出口　emergency exit.........................113
非常用滑走路灯　emergency runway light...114
比推力　specific impulse................................270
ピストン・エンジン　piston engine ..................222
ピストン・ピン　piston pin...........................222
ピストン・リング　piston ring .....................222
歪み　strain..................................................278
非精密進入
　non-precision approach(procedure)...........206
非精密進入滑走路　non-precision approach
　runway.....................................................206
尾橇（ソリ）tail skid........................................286
ピッチ・アップ　pitch up ...............................223
ピッチ角　angle of pitch................................34
ピッチ同時制御　collective pitch control...........78
ピッチング　pitching .....................................223

必要着陸距離　landing distance required.........174
必要離陸中止距離　RTODR：rejected take-off
　distance required ....................................244
尾筒　tail pipe...............................................286
ピトー静圧系統　pitot-static system....................223
ピトー・ヒーター　pitot heater.........................223
ヒドラジン　hydrazin ................................155
ヒドロナトリウム　hydronatlium....................155
非破壊検査　nondestructive testing.............206
尾部　empennage ........................................114
尾部エンジン　rear engine ........................243
尾部回転翼　tail rotor..................................286
尾部過重　tail heavy...................................286
尾部支材　tail boom.....................................286
ビフノー　VIFNO(void clearance)............311
尾部フロート　tail float..................................286
比プロペラント消費率　specific propellant
　consumption ...........................................270
飛沫止め　spray strip...................................272
180度回転部　turning pad...........................303
ビューフォート風力階級
　beaufort wind scale.................................52
雹（ひょう）hail........................................145
標高　ELEV：elevation............................113
標示　marker ...............................................189
標識　marking..............................................190
標準計器出発方式　SID：standard instrument
　departure ................................................262
標準計器到着方式　STAR:standard instrument
　arrival.....................................................274
標準式進入灯　standard approach lighting
　system.....................................................274
標準旋回　standard rate turn......................274
標準旋回比　rate turn..................................242
標準大気　standard atmosphere..................274
標準到着経路　STAR：standard terminal
　arrival route............................................274
標準率旋回
　rate turn,standard rate turn..............242,274
秒　second....................................................258
氷晶　ice crystal...........................................157
氷霧　ice fog.................................................157
標的機　drone..............................................108
秒読み　countdown........................................88
尾翼取付角　tail setting angle....................286
尾翼面　tail plane.........................................286
尾翼容積　tail volume..................................286
平落とし着陸　pancake landing..................218
尾輪　tail undercarriage,tail wheel...........286,287
尾輪式着陸装置　tail-wheel landing gear........287
疲労　fatigue................................................119
疲労限界　fatigue limit................................119

目次／索引

ヒンジ軸受　hinge bearing ..................151
ヒンジ・モーメント　hinge moment ..................151

## 【フ】

ファウラー・フラップ　fowler flap → flap ...... 123
ファスナー　panel fastner ..................218
ファデック　FADEC：full authority digital engine control ..................118
ファブリック　fabric ..................118
ファラッド　farad：F ..................119
フィールド・エレベーション field elevation ..................120
V-n 線図　V-n diagram ..................313
VFR レーダー・アドバイザリー・サービス VFR radar advisory service ..................311
VHF データ・リンク情報提供業務　VHF data link information service ..................311
VOR 航空路　victor airway ..................311
V 速度　V speeds ..................314
フィックス　fix ..................122
フィッティング　fitting ..................122
VTOL 機 vertical take-off and landing airplane ..................310
V 速度　V speeds ..................314
V 尾翼　V-tail ..................314
フィラー・キャップ　filler cap ..................120
フィレット　fillet ..................121
ブイレップ　VREP ..................312
ブイワン　$V_1$ ..................91
フィン　fin ..................121
風圧中心　center of pressure ..................68
風向計　anemoscope wind vane ..................33
風向指示器　WDI：wind direction indicator ...320
風向灯　WDIL： wind direction indicator lights ..................320
風車状態　wind milling ..................320
風じん　blowing dust,drifting dust ..................56,107
ブースター　booster ..................57
ブースター・ポンプ　fuel booster pump ..................134
ブースト圧　boost pressure ..................57
ブースト計　boost gauge ..................57
ブースト制御　boost control ..................57
風速計　anemometer ..................33
フート　foot：ft ..................131
フード　instrument flying hood ..................163
風袋　tare weight ..................288
風洞　wind tunnel ..................320
風洞天秤　wind tunnel balance ..................320
風配図　wind rose ..................320
風力計　anemometer ..................33
フェアリング　fairing ..................119
フェイル・セイフ構造　fail-safe construction/

structure ..................118
フェーン　foehn ..................130
フェザ・ピッチ　feathering pitch ..................120
フェザリング　feathering ..................120
フェザリング軸　feathering axis ..................120
フェザリング・プロペラ feathering propeller ..................120
フェーズド・アレイ・アンテナ　phased array antenna ..................221
フェネストロン　fenestron ..................120
フェノール樹脂　phenol resin ..................221
フォワード・スリップ　forward slip ..................131
不可逆操縦装置　irreversible controls ..................167
不確実の段階　INCERFA： uncertainty phase ..................305
不可侵区域　NTZ:no transgression zone ..................208
吹き出し口　diffuser nozzle ..................101
吹き出しフラップ　blowing flap ..................56
不帰投点　PNR：point of no return ..................224
複基薬式推進剤　double-base propellant ..................105
副キール，副竜骨　keelson ..................171
複合間隔　composite separation ..................81
複合経路システム　composite route system ..................81
複合構造　composite construction ..................80
複合材製航空機　composite aircraft ..................80
複合材料　composite material ..................81
複合飛行　composite flight ..................81
複合ヘリコプター　compound helicopter ..................81
副小骨　false rib ..................119
複雑な航空機　complex airplane ..................80
複式回転計　dual tachometer ..................108
複式操縦装置　dual control ..................108
複式噴射弁　duplex burner ..................109
副操縦士　co-pilot ..................88
副低気圧　secondary depression ..................258
複葉機　biplane ..................54
符号灯　code light ..................77
不時着　forced landing ..................131
不時着水　ditching ..................104
不銹鋼　stainless steel ..................273
腐食除去剤　corrosion remover ..................88
不整地離着陸　soft field take-off/landing ..................267
ブチル合成ゴム，ブチル・ラバー　butyl rubber ..................61
普通キリモミ　normal spin ..................207
普通失速　normal stall ..................207
普通着陸　normal landing ..................207
普通飛行機　normal airplane ..................206
プッシュ・プル・ロッド　push pull rod ..................233
フット・バー（ペダル）foot bar/pedal ..................131
物量傘　cargo parachute ..................65
不釣り合い滑走路長　unbalanced field length

32

→ take-off field length ............................287
不定期航空運送業者　non scheduled air transport enterpriser ......................206
不定期航空運送事業　non-scheduled air transport service ......................206
不動光　fixed light ............................123
部分組立　sub-assembiy ............................280
不変鋼　invar ............................166
踏み棒(踏み板)　foot bar/pedal ............131
フューエル・ストレイナー　fuel strainer ........135
フューエル・ダンプ・システム　fuel dump system ............................134
浮揚速度　lift off speed ............................179
フライト・エンジニア　FE：flight engineer...126
フライト・クルー　flight crew ............................125
フライト・サービス　aeronautical station for common traffic advisory ............................14
フライト・シミュレーター　flight simulator..128
フライト・タイム　flight time ............................128
フライト・チェック　flight check ............................125
フライト・ディレクター　FD： flight director ............................125
フライト・パス　flight path ............................127
フライト・プラン　flight plan ............................126
フライト・マニュアル　flight manual ............127
フライト・マネージメント・システム FMS：flight management system ......................127
フライト・ライン　flight line ............................126
フライト・レコーダー　flight data recorder, flight recorder ............................ 125,128
フライト・レベル　FL：flight level ......................126
フライ・バイ・ライト　FBL：fly-by-light........129
フライ・バイ・ワイヤー　FBW：fly-by-wire...129
プライマー　primer ............................230
フライング・テール　flying tail ............................130
フライング・ブーム・システム　flying boom system ............................130
ブラインド・スポット（ゾーン）blind spot........56
ブラウン管　CRT：cathode ray tube...............92
プラカード　placard ............................223
プラグ　ignitor plug ............................158
プラスチック　plastic ............................224
プラズマ・エンジン　plasma engine ............224
ブラダー・セル　bladder cell → bag tank........49
ブラック・アウト　black out............................54
フラックス・ゲート・コンパス　flux gate compass ............................129
ブラック・ボックス　black box ............................54
フラッター　flutter ............................129
フラッター速度　flutter speed ............................129
フラット・スピン　flat spin ............................125
フラット・レイト　flat-rate ............................124

フラッピング　blade flapping............................55
フラッピング角　flapping angle............................124
フラッピング・ヒンジ　flapping hinge............124
フラップ　flap ............................123
フラップ位置指示計　flap position indicator ..124
フラップ角　flap angle............................124
フラッペロン　flapperon ............................124
プリイグニッション　preignition ............................228
フリージング・レベル　freezing level............132
フリー・タービン　free turbine ............................132
ブリード・エア　bleed air ............................55
ブリーフィング　briefing............................60,228
フリー・ラディカル・ロケット　free radical rocket ............................132
フリクション・ロック　friction lock............133
ブリスター　blister ............................56
フリック・ロール　flick roll ............................125
ブリネル硬度　brinell hardness............................60
プリフライト・チェック　preflight check .........228
ブリンプ　blimp ............................55
プル・アウト　pull out............................233
プル・アップ　pull up ............................233
フルード数　Froude number ............................133
フレーム・アウト　flame out ............................123
フレーム・ホルダー　flame holder ............123
フレアー　flare............................124
ブレイスド・ウィング　braced wing ............59
フレイター　freighter ............................132
ブレーキ装置　brake system............................59
ブレーキング・アクション　braking action.......59
フレーム・アウト　flame out ............................123
フレーム構造　frame structure............................131
プレキシグラス　plexiglass............................224
不連続線　line of discontinuity → front ...133
ブレイディッド・ウィング・ボディ　blended wing body............................55
ブローイング・フラップ　blowing flap............56
フロート　float............................128
フロート式気化器　float type carburettor ...129
フロート水上機　float plane, float seaplane ...129
プローブ・アンド・ドローグ方式　prove and drougue method............................232
プログレッシブ・オーバーホール　progressive overhaul............................231
ブロッキング現象　blocking action............56
ブロック・アウト予定時刻　estimated off-block time............................115
ブロック・タイム block time,flight time............................56,128
プロッター　plotter → navigation plotter ...203
プロップジェット　propjet............................232
プロップファン　propfan............................232

33

目次／索引

プロトタイプ prototype..................232
プロファイル降下 profile descent..................230
プロファイル・ドラッグ profile drag..........230
プロペラ propeller..................231
プロペラ調速器, プロペラ・ガバナー
　propeller governor..................231
プロペラ同調器 propeller synchronizer..........231
プロペラ防氷装置
　propeller ice-control system..................231
プロペラ補機 propeller accessories..........231
プロペラ翼 aerofoil..................12
プロペラント propellant..................231
分解検査 overhaul..................216
分岐滑走路 diverging runways..................104
噴射気化器 injection carburetor..................162
分離 divergence..................104
分離式落下傘 separable parachute..................260

【へ】

ベアリング bearing..................52
兵員輸送機 troop carrier airplane..................300
閉回路風洞 closed-circuit wind tunnel..............75
平均海面 MSL：mean sea level..................192
平均キャンバー線, 平均反り線 camber line,
　mean camber line..................63,191
平均有効圧力 mean effective pressure..........191
平行 ILS 進入 parallel ILS approach..................219
平行滑走路 parallel runway..................219
平衡重量 ballast..................50
平行進入 parallel approach..................218
米国航空宇宙局 NASA：national aeronautics
　and space administration..................202
米国飛行情報センター NFDC：national flight
　data center..................202
米国飛行情報要約 NFDD：national flight data
　digest..................202
閉鎖噴流風洞 closed-jet wind tunnel..................75
ベース・ターン base turn..................52
ベース・レッグ（レグ） base leg..................51
フェーズド・アレイ・アンテナ phased arry
　antenna..................221
閉塞前線 occluded front..................211
ベーパー・サイクル冷却システム vapor cycle
　air cooling system..................308
ベーパー・ロック vapour lock..................308
ベールアウト bailout..................49
ベーン型ポンプ vane type pump..................308
平面形 planform..................224
並列 side-by-side..................262
ペイロード payload..................219
ベクター vector..................309
ベクタード・スラスト vectored thrust..........310

ヘクト・パスカル hecto pascal..................148
ヘッド・アップ・ディスプレイ HUD：
　head-up display..................147
ヘッド・レスト head rest..................147
ペトロール petrol..................221
ヘビー・ジェット機 heavy jet aircarft..........148
ヘリ空母 helicopter carrier..................148
ヘリコプター HEL：helicopter..................148
ヘリコプター承認経路
　helicopter clearway..................148
ヘリコプター地上誘導路 helicopter ground
　taxiway..................149
ヘリコプター着陸誘導装置 HAPI：helicopter
　approach path indicator..................146
ヘリコプター用遠心式クラッチ centrifugal
　clutch of helicopter..................69
ヘリデッキ helideck..................149
ヘリポート heliport..................149
ヘリポート最低気象条件 heliport operating
　mimima..................149
ベリー・ライト・ジェット very light jet.......311
ベリリウム berylium..................53
ベルクランク bellcrank..................52
ヘルツ hertz：Hz..................149
ベルヌーイの定理 Bernoulli's theory..........53
弁 valve..................308
変圧風 isallobaric wind..................167
変更登録 alteration of registration
　→ registration certificate..................243
偏向力 deviating force..................100
偏差 VAR：variation..................309
偏西風 westerly wind..................318
偏西風波動 westerly wave..................318
片積雲 cumulus fractious..................93
返送 kick back..................171
編隊飛行 formation flight..................131
ベンチチェック bench check..................53
ベンチュリー管 venturi tube..................310
偏東風 easterlies..................111
偏波効果 polarization effect..................225
弁バネ valve spring..................308
片乱雲 pannus..................218
ヘンリー Henry：H..................149
偏流角 DA：drift angle..................107
偏流計 drift meter..................107
偏流修正角 WCA：wind correction angle......320

【ホ】

ボアスコープ borescope..................58
ポアソン比 poisson's ratio..................224
ホイール・ベース wheel base..................319
ボイス・レコーダー CVR：cockpit voice

34

| | | |
|---|---|---|
| recorder | | 77 |

ホイップ・アンテナ　whip antenna ...............319
方位　BRG：bearing, direction.............52,101
方位角　azimuth angle............................47
貿易風　trade wind..............................298
防火壁　fire wall................................122
防空識別圏　ADIZ：air defence identification
　　zone.........................................6
防曇装置　defoging system.......................98
方向安定　directional stability.................102
方向舵　rudder..................................251
方向舵角　rudder angle..........................251
方向舵支柱　rudder post.........................251
方向舵ペダル　rudder pedal......................251
方向探知機　direction finder....................102
報告の義務　obligation to report...............210
方式旋回　PTN：procedure turn...................230
放射　radiation.................................238
放射霧　radiation fog...........................238
防水被覆　cocoon.................................77
砲手　gunner....................................143
法定マイル　statute mile........................276
放電装置、放電索　anti-static device............36
放熱器　radiator → oil cooler..................212
防氷装置　anti-icing system......................36
暴風雨の目　eye of storm........................117
飽和　saturation................................256
ボーディング・ブリッジ　boarding
　bridge → extention bridge...................116
ホーポイズ　porpoise............................225
ホーミング　homing..............................152
ホーミング・システム　homing system............152
ホームビルド機　homebuild aircraft.............151
ポーラー・カーブ　polar curve...................224
ポーラー・トラフ・アロフト
　polar trough aloft...........................225
ポーラー・フロント　polar front.................225
ボール傾斜計　ball inclinometer..................50
ホールディング　holding.........................151
ホールディング・パターン
　holding pattern..............................151
ホールディング・ベイ　holding bay...............151
ホーン・バランス　horn balance..................153
補機　accessory...................................2
ボギー式主脚　bogie landing gear................56
補強ビード　stiffening bead.....................277
星型エンジン　radial engine.....................238
ポジション・エラー　position error..............225
ポジション・ライト　position light..............226
ポジション・リポート　position report..........226
保守　maintenance...............................188

補助回転翼，補助ローター　auxiliary rotor........46
補助傘，補助パラシュート
　auxiliary parachute............................46
補助推進装置　booster............................57
補助操縦装置　auxiliary flight controls.........46
補助動力装置　APU：auxiliary power unit.........39
補助飛行場灯台　identification beacon..........158
補助燃料タンク　fuel auxiliary tank............134
補助翼　aileron..................................17
ボス　boss.......................................58
ホット・スタート　hot start.....................153
ホット・セクション　hot section................153
ポップ・アウト・フロート　pop out float........225
ホバリング　hovering............................153
ホバリング限度　hovering ceiling...............153
ボルタック　VORTAC（VOR／TACAN）................314
ボルテックス・ジェネレーター
　vortex generator.............................314
ボルテックス・リング状態
　vortex ring state............................314
ボルト　V：volt.................................313
ボルトロール油　voltol oil......................313
ボルメット　VOLMET..............................313
ホワイト・アウト　white out.....................319
ホワイト・メタル　white metal...................319
ポンツーン　pontoon.............................225
ボンディング　bonding............................57

# 【マ】

マーカー　marker................................189
マーカー・インディケーター
　marker indicator.............................190
マーカー・ビーコン　marker beacon..............189
マーケイター図　marcator chart.................192
マイクロバースト　microburst...................193
マイクロ波着陸装置　MLS：microwave
　landing system...............................197
哩　statute mile...............................276
巻き込み式空中線　reel antenna.................243
マグナリウム　magnalium........................186
マグヌス効果　magnus effect....................187
マグネシウム合金　magnesium alloy.............186
マグネティック・ドレイン・プラグ　magnetic
　drain plug...................................187
マグネトー系統　magneto system.................187
マグネトー発電機　magneto generator...........187
マクロバースト　macroburst.....................186
摩擦抗力　frictional drag......................132
摩擦発熱　frictional heating...................133
摩擦風　friction wind..........................133
マスター・スイッチ　master switch..............190
マスト　rotor mast.............................250

目次／索引

マス・バランス　mass balance
　→ balance weight.................................50
マック（マッハ）数　mach number ..................186
マック・ナンバー・テクニック
　mach number technique ......................186
抹消登録　cancellation of registration
　→ registration certificate...................243
末端通過高度　TCH：
　threshold crossing height...................294
マッハ計　mach indicator .........................186
マップ　MAP：manifold air pressure .........189
慢性航空病　chronic flying sickness..........72
慢性高空病　chronic altitude sickness......72
マンダトリ高度　mandatory altitude ..............188

【ミ】

ミータリング　metering .............................193
ミサイル　missile.....................................196
水抵抗　water resistance .........................316
ミスト・アプローチ　missed approach ..........196
ミスト・アプローチ・ポイント
　MAPt：missed approach point.............196
水柱　water spout...................................316
水鰭（ひれ）　sponson ...............................271
水噴射　water injection............................316
みぞれ　sleet.........................................265
密度　density.........................................98
密度高度　density altitude .......................98
ミッド・ポイント RVR　mid point RVR...........193
密閉型操縦席　closed cockpit....................75
ミドル・マーカー　middle marker ...............193
ミニマル・フライト　minimal flight ..............194
峰　ridge...............................................247
未舗装空港　unimproved airport .................306
脈動ジェット　pulse jet .............................233
ミリバール　millibar .................................194
ミルスペック　MIL standard .......................194
民間機　civil aircraft...............................73

【ム】

向かい風　head wind...............................147
迎え角　angle of attack/incidence............34
迎え角張り線　incidence wire.....................159
むくプロペラ　solid propeller .....................268
無指向性無線標識　NDB：
　non-directional beacon ........................203
無障害物表面　OCS：
　obstacle clearance surface .................211
無人機　drone........................................108
無人機　UAV：unmanned air vehicle.........305
霧雪　snow grain....................................267
無線位置標識　marker beacon ...................189

無線航空図　ENRC,enroute chart...............115
無線航行援助施設　radio navigational aids.....239
無線航法　radio navigation ......................239
無線航法方式　radio navigational system........239
無線磁方位指示器　RMI：radio magnetic
　indicator...........................................239
無線送受信装置　two-way radio..................303
無線装備　radio equipment.......................239
無線標識　beacon ...................................52
無線標識局　radio beacon station............238
無線方向探知局
　radio direction finding station .............239
無線誘導航空機　radio-controlled aircraft.....238
無線呼び出し符号　call sign.........................63
鞭形アンテナ（空中線）　whip antenna ...........319
無動力失速　stall without power..................274
胸掛型落下傘　chest type parachute...........72
無羽ばたき軸　feathering axis ...................120
霧氷　freezing fog, nebulfrost ..........132,204
無尾翼機　tailless airplane......................286
無風滑走路　calm wind runway....................63
無偏差（角）線　agonic line........................16
ムリネ　moulinet....................................199

【メ】

メイデイ　MAYDAY ..................................191
メインテナンス　maintenance......................188
メインテナンス・マニュアル　maintenance
　manual.............................................188
メイン・ベアリング　main bearing ...............188
メイン・ランディング・ギア
　main landing gear..............................188
メイン・ローター　main rotor......................188
メジャー・オーバーホール
　major overhaul..................................188
メター　METAR：aviation routine weather
　report..............................................192
メディバック　MEDEVAC............................192
メトー　METO power................................193
メルカトール図　mercator chart.................192

【モ】

盲目飛行　blind flying................................56
モーター・グライダー　motor glider.......199,259
モード　mode........................................197
モーメント係数　moment coefficient............198
モール　mole.........................................197
木金混用構造　composite construction..........80
目視位置通報点　visual reporting point........312
目視間隔　visual separation.....................313
目視降下点　VDP：visual descent point........312
目視進入　contact approach ......................84

目次／索引

模擬エンジン停止　simulated flameout ............263
模擬計器進入　simulated approach ..................263
模擬飛行訓練装置　simulator ................263
模擬飛行装置　flight simulator ............................128
目標塔　pylon .......................................................233
モジューラー・エンジン　modular engine ......197
モスボール　mothball ..........................................199
モック・アップ　mock up ..................................197
モネル・メタル　monel metal .............................198
モノコック構造　monocoque construction ....198
モノプロペラント　monopropellant .............198
モノプロペラント・ロケット
　monopropellant rocket ..................................198
もや　mist ..............................................................196
洩れ止め　seal ......................................................257
モンスーン　monsoon ........................................199

## 【ヤ】

野外飛行　cross-country flying ..........................91
夜間　NGT：night .............................................205
夜間飛行　night flight/flying ............................205
焼き入れ　hardening ...........................................146
焼なまし　annealing ..............................................34
焼戻し　tempering ................................................291
焼戻し脆性　temper brittleness ........................291
夜光雲　noctilucent cloud ...............................205
矢高　camber ...........................................................63
野整備　field maintenance ...............................120
山風　mountain breeze .......................................199

## 【ユ】

油圧緩衝装置　hydraulic shock absorber ........154
油圧装置　hydraulic system ..............................155
有害抗力　parasite drag ......................................219
有機ガラス　organic glass ................................215
有効加速停止距離　ASDA：accelerate-stop
　distance available → declared distance ......97
有効積載量　disposable weight .........................103
有効着陸距離　LDA(H)：landing distance
　available → declared distance(-heliport) .........97
有効馬力　effective horsepower ........................111
有効迎え角　effective angle of attack ..............111
有効離陸滑走距離　TORA：take-off run
　available → declared distance ........................97
有効離陸拒否距離　RTODA(H)：
　rejected take-off distance available
　→ declared distance-heliport ........................97
有効離陸距離　TODA(H)：take-off distance
　available → declared distance(-heliport) ......97
有視界気象状態　VMC：visual meteorological
　condition ...........................................................313
有視界飛行方式　VFR：visual flight rules ........311

有償荷重　payload ...............................................219
誘導案内灯　TXGS：
　taxiing guidance system ...............................289
誘導限界　guidance limit ....................................142
誘導抗力　induced drag ......................................160
誘導水路灯　taxi-channel lights ......................289
誘導速度　induced velocity → down wash ...106
誘導弾　missile ......................................................196
誘導ミサイル　guided missile ..........................142
誘導迎え角　induced angle of attack ..............160
誘導路　TWY：taxiway ......................................289
誘導路帯　twxiway strip .....................................290
誘導路中心線灯　taxiway center line lights .....289
誘導路中心線標識　taxiway center line
　markings → taxiway markings ....................289
誘導路灯　TWYL：taxiway lights ...................289
誘導路標識　taxiway markings .........................289
誘導路縁標識　taxiway edge marking
　→ taxiway markings ........................................289
雪　snow .................................................................267
雪あられ　soft hail ...............................................267
油脂　grease ...........................................................140
輸出耐空証明書　certificate of
　airworthiness for export ..................................69
輸出耐空証明タグ　certified tag of
　conformity for export .......................................70
油性　oiliness .........................................................212
輸送機　transport airplane ................................300
緩み止めナット　self locking nut .....................259

## 【ヨ】

与圧機室(キャビン)　pressurized cabin .........229
与圧機室高度　pressure cabin altitude .........229
与圧系統　pressurization system ....................229
与圧高度　pressure cabin altitude ..................229
ヨー　yaw string ...................................................325
ヨーイング　yawing..............................................325
ヨーク　yoke ..........................................................325
揚抗曲線　polar curve .........................................224
揚抗比　lift/drag ratio .........................................178
洋上管制区　OCA：oceanic control area .........211
洋上航路監視レーダー　ORSR：oceanic route
　surveillance radar ...........................................215
洋上転移経路　OTR：
　oceanic transition route ................................211
ヨー・ストリング　yaw string ..........................325
洋白（銀）German silver ....................................137
ヨー・ダンパー　yaw damper ...........................325
ヨー・メーター　yaw meter ..............................325
容量計　quantity gauge .......................................234
容量式燃料計　capacitance type fuel
　quantity gauge ...................................................64

目次／索引

揚力　lift ........................................178
揚力係数　lift coefficient ...................178
揚力支柱　lift strut ..........................179
翼　wing .........................................321
翼厚　profile thickness .....................230
翼厚比　thickness ratio .....................293
翼間支柱　interplane strut ...............165
翼型　aerofoil, airfoil .................12,22
翼型抗力　profile drag ......................230
翼型中心線　camber line .....................63
翼桁　wing spar ...............................322
翼弦　wing chord .............................321
翼弦線　chord line .............................72
翼弦長　chord length ..........................72
翼弦分力　chord component ..................72
翼小骨　rib ......................................247
翼素　blade element ...........................55
翼端渦　wing tip vortex ....................322
翼端渦流　wing tip vortices ..............322
翼端間隔　blade-tip clearance .............55
翼端失速　tip stall ...........................295
翼端接地角　wing clearance angle ......321
翼端通過面　tip path plane ................295
翼端フロート　wing tip float .............322
翼道板　wing walk ...........................322
翼取付角　wing incidence ..................321
翼内支柱　drag strut .........................107
翼幅　wing span ..............................322
翼面荷重　wing loading .....................321
翼面積　wing area ............................321
翼面馬力　wing power .......................322
横安定　lateral stability ....................176
横荷重　side load .............................262
横風成分　cross wind component .........91
横風着陸　cross wind landing ..............91
横滑り　side slip .............................262
横揺れ　rolling ...............................249
余剰安全率　margine of safety factor ...189
予想運用状態
　anticipated operating condition .........35
予調方式　preset system ....................228
予定所要時間　ETE：
　estimated time of enroute ..............116
予備傘，予備パラシュート
　reserve parachute .........................245
予備品証明　spare parts certification ...269
予防整備　preventive maintenance ......229
撚り線　strand wire ..........................278
予約席放棄客　no-show .....................208

【ラ】

雷電　thunderstorm ...........................295

ライト・ガン　light gun ...............102,179
ライト・チョプ・タービュランス
　light chop turbulence ....................179
ライフ・ジャケット　life jacket ..........178
ライフ・ラフト　life raft ...................178
ライム・アイス　rime ice ...................248
ライン整備　line maintenance ............180
ライン残存燃料　stored fuel ...............278
ラウンド・アウト　round out .............250
ラウンド・ロビン　round robin ..........250
RAG局　RAG：remote air ground
　communication .............................239
ラジアル　RDL：radial ....................238
ラジアン　radian：rad .....................238
ラジエター　radiater → oil cooler ......212
ラジオ・コントロール機　radio-controlled
　aircraft .......................................238
ラジオ・コンパス　radio compass .......238
ラジオゾンデ　radiosonde .................239
ラジオ・ビーコン局　radio beacon station .....238
ラジオ・ラック　radio rack ...............239
羅針儀　compass ...............................79
羅針路　CH：compass heading ............80
螺旋降下　spiral ..............................271
螺旋不安定
　spining instability,spiral instability .....271
ラダー　rudder ...............................251
ラダー・アングル　rudder angle .........251
ラダー・バー　rudder bar ..................251
ラダーベーター　ruddavator ..............251
ラダー・ペダル　rudder pedal ...........251
ラダー・ポスト　rudder post .............251
落下傘　parachute ............................218
落下タンク　drop tank, slip tank ...108,266
ラッド　rad：rd ..............................235
ラピッド　RAPID ...........................241
ラプコン　RAPCON：
　radar approach control ..................241
ラム・エア　ram air .........................240
ラム・エア・タービン　ram air turbine ....240
ラム効果　ram effect ........................240
ラム・ジェット　ram jet ...................240
ラム上昇　ram rise ..........................240
乱気流　TURB：turbulence ...............302
乱層雲　NS：nimbostratus ...............205
ランディング・ギアー　landing gear ....174
ランディング・サークル　landing circle ...174
ランディング・ビーム　landing beam .....174
ランド・マーク　land mark ...............176
ランナップ　run up ..........................251
ランニング・ランディング
　running landing ...........................251

目次／索引

ランバート航空図（チャート）
　lambert chart ...............................173
ランプ　ramp.....................................240
ランプ重量　ramp weight .................240
乱流境界層　turbulent boundary layer....302

## 【リ】

リア・エンジン　rear engine................243
リール・アンテナ　reel antenna.........243
リーン・ブロウアウト　lean blowout ....177
リギング　rigging.................................247
陸上機　land plane.............................176
陸標　land mark.................................176
陸マイル　statute mile : sm ..............276
リジッド・ローター　rigidly mounted rotor....248
離脱器　quick release........................234
リダックス　Redux..............................243
リダンダント構造　redundant construction →
　fail-safe construction ....................118
リトリーティング・ブレード
　retreating blade ............................246
リッジ　ridge......................................247
リトロフィット　retrofit.......................246
リブ　rib.............................................247
リフティング・ボディ　lifting body.................178
リフト・エンジン　lift engine...............178
リフト・オフ速度　V$_{LOF}$: lift-of-speed...........179
リフトファン　liftfan ...........................178
リポーティング・ポイント　reporting point..245
リボン傘, リボン・パラシュート　ribbon
　parachute.......................................247
リボン線　streamline wire ................279
流出流　out flow................................215
流線形　streamline............................279
流線型覆い　fairing...........................119
流体噴射　water injection.................316
流体力学　hydrodynamic ..................155
竜骨　keel..........................................171
流入、流入気流　inflow .....................161
両側吸込圧縮機　double-entry compressor.....106
旅客キロ（マイル）　passenger km(mile) .........219
利用可能率　usability factor..................307
リリース・タイム　release time............244
離陸　TKOF：take-off........................287
離陸滑走距離　take-off run................287
離陸滑走路　take-off runway.............288
離陸滑走路長　take-off field length.........287
離陸距離　take-off distance..............287
離陸決心点　TDP：take-off decision point...287
離陸時特定点　defined point after take-off.....97
離陸出力　take-off power..................287
離陸出力定格　rated take-off power.........241

離陸・初期上昇段階　take-off and initial climb
　phase..............................................287
離陸推力　take-off thrust..................288
離陸推力定格　rated take-off thrust...............241
離陸速度　V$_{LOF}$: lift of speed........................ 179,288
離陸段階　take-off phase...................287
離陸表面　take-off surface................288
離陸補助ジェット　JATO：
　jet assisted take-off...........................169
離陸目標灯　AIM：take-off aiming lights.........287
リレー　relay......................................244
臨界高度　critical altitude..................90
臨界発動機　critical engine................90
臨界発動機不作動速度
　V$_1$:critical engine failure speed.............91
臨界マッハ数　critical mach number..........91
臨界迎え角　critical angle of attack......90
臨界レイノルズ数　critical reynolds number ....91
輪距　track.........................................297
リンク・トレーナー　link trainer..............180

## 【ル】

ルーツ式過給機　roots-type supercharger.......249
ループ　loop.......................................183
ループ・アンテナ　loop antenna..........183
ルーメン　lumen : lm..........................185
ルクス　lux : lx...................................185

## 【レ】

冷却液　coolant..................................87
冷却液温度計　coolant temperature indicator...87
レイノルズ数　reynold's number.........246
レーウィン　rawin..............................242
レージー・エイト　lazy eight................176
レーダー　radar..................................235
レーダー安全圏　RSZ：radar safety zone .......237
レーダー移送
　transfer of radar identification.........299
レーダー管制業務　radar control.........236
レーダー間隔　radar separation
　→ radar control................................236
レーダー監視　radar monitoring
　→ radar control................................236
レーダー業務　radar service...............237
レーダー高度計
　radar altimeter,radio altimeter...............238
レーダー・コンタクト　radar contact.........236
レーダー識別　radar identification........237
レーダー障害現象　radar interference....237
レーダー進入　radar approach.............235
レーダー進入管制　RAPCON：radar approach
　control............................................241

39

レーダー・ターゲット　radar target..................237
レーダー着陸誘導
　radar approach guidance...........................236
レーダー追尾　radar flight following ................236
レーダー到着機　radar arrival.........................236
レーダー・ハンドオフ　radar handoff...............236
レーダー・フィックス　radar fix......................236
レーダー・ポイント・アウト
　radar point out ...........................................237
レーダー誘導　radar vector.............................237
レグ　leg.........................................................177
レシプロ・エンジン　reciprocating
　engine → piston engine...............................222
レディオ　air-ground radio station ....................23
列型エンジン　in-line engine...........................162
レッコー通報式　RECCO..................................243
列線整備　line maintenance............................180
レット・ダウン　let down ...............................177
レドーム　radome ...........................................239
レベル　level..................................................177
レム　rem........................................................245
連結棒(桿)、連接棒　connecting rod ...............83
練習機　trainer airplane.................................299
レンズ雲　lenticular cloud..............................177
連続最大出力定格
　rated maximum continuous power.................241
連続最大推力　maximum continuous
　thrust........................................................190
連続最大推力定格　rated maximum
　continuous thrust.......................................241
レントゲン　roentgen：R.................................249
連邦航空規則　FAR：Federal Aviation
　Regulations................................................119
連邦航空局　FAA：Federal Aviation
　Administration............................................118
連絡機　liaison aircraft...................................177

# 【ロ】

ろうと雲　funnel cloud....................................135
ロー・アプローチ　low approach.....................184
ローカライザー　LLZ(LOC)：localizer..............182
ローカライザー危険区域
　localizer critical area..................................182
ローカライザー・コース　localizer course......182
ローカライザー・コース幅　localizer course
　width.........................................................182
ローカライザー受信機　localizer receiver.......182
ローカライザー・ビーム　localizer beam........182
ローカル・トラフィック　local traffic.............182
ローター　rotor...............................................249
ローター雲　rotor cloud..................................250
ローター・ブレーキ　rotor brake.....................250

ローター・ブレード　rotor blade......................249
ローテーション・ポイント　rotation point....249
ロード・ドロッピング構造　load dropping
　construction → fail safe construction...........118
ロード・ファクター　load factor......................181
ローパス　low pass.........................................184
ローリング　rolling.........................................249
ロール　roll....................................................249
ロール雲　rotor cloud.....................................250
ログ　log........................................................182
六分力天秤　six-component balance .................264
ロケット　rocket.............................................248
ロケット探測　rocket sounding........................248
ロケット発射装置　rocket launcher .................248
ロケット・ポッド　rocket pod.........................248
路線　air route.................................................25
露点　DP：dew point......................................100
ロップ　LOP：line of position.........................183
ロビンソン風速計　robinson anemometer.......248
ロラン　LORAN：long range navigation.........183
ロンジェロン　longeron ..................................183

# 【ワ】

Y軸　Y-axis → lateral axis..............................176
ワイヤ・カッター　wire cutter........................322
枠組構造　frame structure...............................131
わく形空中線　loop antenna............................183
ワット　watt：W.............................................316

40

## A & P mechanic
### A & P 資格整備士
FAA の発行した、機体とエンジン双方の整備士の資格を有する整備士。A は airframe、P は powerplant の略。

## A badge
### A 章、A バッジ
日本滑空記章の1つ。この記章は場周飛行試験で得る。①単独で搭乗飛行の能力を示す。②場周飛行を行い指定地帯に接地着陸する。③着陸は、正常な姿勢で行い、正常な姿勢で停止すること。④飛行はすべて安全に行うこと等。

## abeam
### アビーム
空港など特定のポイントから、航空機がほぼ真横の相対位置にいることを表す用語。「アビーム○○」と通報する。

## absolute altimeter
### 絶対高度計
絶対高度の測定に使用される高度計。その代表的なものに radio altimeter（電波高度計）がある。2次レーダーの一種。

## absolute altitude
### 絶対高度
飛行中の航空機の地表までの実距離。海面上飛行の場合は、海面より該当機までの垂直距離、また山岳上飛行の場合は真下の山岳表面より該当機までの垂直距離。⇒ AGL

## absolute ceiling
### 絶対上昇限度
標準大気中において、重航空機が上昇でき、かつ水平飛行が維持できる最高高度。operational ceiling 参照。

## absolute humidity
### 絶対湿度
単位体積中の水蒸気の量を表す。単位は $g/m^3$ である。

## ACARS : aircraft communication addressing and reporting system
### エーカーズ
航空機と地上間のデータ通信設備。航空機が運航会社のコンピュータから情報を得るために使用される。

## ACAS : airborne (aircraft) collision avoidance system
### 航空機衝突防止装置
トランスポンダーを装備した他の航空機が接近する場合に、トラフィック・アドバイザリー（TA：航空機が接近していることを識別し表示する）及びレゾリューション・アドバイザリー（RA：近接する航空機が衝突のおそれがある航空機〈脅威機〉となったことを示すとともに、パイロットがとるべき回避操作を指示する。ただし、モード A のみの航空機については表示されない）の警告を発する装置。

## ACC : area control center
### 管制区管制所、航空交通管制部、ACC
管制官によりレーダー識別された航空機を対象に各 ACC（札幌、東京、福岡、那覇の4か所が担当）管轄空域のうち、各々の ARSR（航空路監視レーダー）を中心とする半径200nm の円及び ORSR（洋上航空路監視レーダー）を中心とする半径250nm の円で囲まれる空域において航空路管制業務、及び進入管制業務を行う機関（進入管制所を除く）をいい、下記の業務を行う。
1. 計器飛行方式によって飛行する航空機で管制区管制所、ターミナル管制所、進入管制所又は飛行場管制所から引き継いだもの、引き渡すまでのものに対する管制許可及び管制指示
2. 特別有視界飛行許可
3. 計器飛行方式によって飛行する航空機の位

置通報、到着の通知及びその他の通報の処理
4. 計器飛行方式によって飛行する航空機に対する飛行情報業務
5. 計器飛行方式によって飛行する航空機に関する国内及び外国の管制機関との連絡調整
6. 警急業務
7. 計器飛行計画の受理
コールサインは「○○ CONTROL」。

## accelerate & decelerate climb
### 加速・減速度上昇
　高速機で用いられる上昇方法。計器速度を一定に保って上昇すると、実際には加速度上昇となり、マッハ数を一定に保って上昇すると減速度上昇となる。減速度上昇では運動エネルギーが位置エネルギーに変わるため、その分だけ上昇率は向上する。超音速機で行われるズーム上昇は減速度上昇の1つである。

## accelerate-stop distance
### 加速停止距離
　飛行機が離陸滑走を始めてからエンジン故障等の理由で離陸を断念し、ブレーキ等の制動装置を用いて完全に停止するまでの距離をいう。離陸を続行するか、断念するかの分岐点になる速度を臨界速度（$V_1$）という。

## accelerating pump
### 加速ポンプ
　ピストン・エンジンの加速時に、燃料を加圧することで流出の遅れを防止するための装置。

## acceleration error
### 加速度誤差
　航空機の加速又は減速によるマグネティック・コンパス（磁気羅針儀）の誤差。マグネティック・ディップ（磁針の俯角）によるコンパスのエラーは、航空機の機首が、東方又は西方に向かっている時にみられる。
　⇒ deceleration error

## accelerometer
### 加速度計、Gメーター
　飛行中の航空機構造部にかかる加速度の大きさを計る計器。3針式になっており（デジタル式もある）、瞬間のG以外に、プラス、マイナスの最大Gを計測できるものもある。

## accepting unit
### 受理機能
　航空機の管制を次に受ける（移管される）航空交通管制機関をいう。⇒ ICAO

## access door
### 点検扉、アクセス・ドア
　機体内部部品の状態、あるいは機能の点検に便利なように、機体各部（翼下面、胴体側面、ナセル側面など）に設けられた扉。

## accessory
### 補機、アクセサリー
　エンジン本体を除き、この装備がないとエンジンが本来の機能を果たすことができない機器をいう。レシプロ・エンジンの場合は気化器、始動機、発電機、マグネトー、ガバナー、燃料管制器などがこれに該当する。

## access panel
### アクセス・パネル
　航空機の点検・整備のために、着脱が容易にされているパネル。点検・整備の頻度が多い箇所に適用される。

C-17のアクセス・パネル (USAF Photo)

## accident
### 事故、アクシデント

　機体構造、設計、組立の欠陥、エンジン故障、操縦士の判断の錯誤、飛行場の不備、気象状況その他の理由に基づく航空事故。航空法施行規則第165条の3で定める航空機の事故は下記の通りとなる。

　航行中の航空機が損傷（発動機、発動機覆い、発動機補機、プロペラ、翼端、アンテナ、タイヤ、ブレーキ又はフェアリングのみの損傷を除く）を受けた事態（航空機の修理が大修理に該当しない場合を除く）とする。事故に遭遇した場合、機長は氏名、事故の発生日時、場所、事故の概要等を報告しなければならない。

　米軍では事故（Mishap）の大きさに応じ、クラスAからクラスE（インシデント）に分類しており、死亡者が出たり航空機の完全な破壊、また物件の損害額が100万ドルを越えた場合はクラスAの扱いとなる。

　また、ICAOの定義では下記の通りとなる。

　飛行の意図をもって航空機に搭乗した時から降りるまでの間に発生した航空機の運航に関連した次のできごと。

1．人が、次のことにより死亡し又は重傷を負った場合。
　(1)　航空機内にいたこと。
　(2)　航空機の一部と直接接触したこと（航空機から離れた部品を含む）。
　(3)　ジェット・ブラストを直接浴びたこと。ただし、自然の、自己もしくは他人の加害による負傷、又は旅客もしくは乗組員が通常入る場所以外に隠れた密航の場合を除く。
2．次のような航空機の損害又は構造破損を受けた場合。
　(1)　航空機の構造強度、性能又は飛行特性に悪影響を及ぼすようなもの。
　(2)　構造に大修理又は交換を必要とする悪影響を受けたもの。
　　ただし、エンジンの故障又は損傷、エンジン・カウリング、又はエンジン補機に限られた損害、プロペラ、翼端、アンテナ、タイヤ、ブレーキ、フェアリング又は機

体外皮の小さなへこみ、もしくは小さな穴に限られた損害を除く。
3．航空機が行方不明、又は人が全く近づくことができない場合。
　注1．統計上の統一のため、事故後30日の死亡は、ICAOにより致命的な障害と分類される。
　注2．残骸が発見されず、かつ、公的捜索活動が打ち切られたときは、航空機は行方不明とみなされる。

## accident report
### 事故報告

　航空事故が発生した場合、該当機の機長又は、その使用者が当局に提出する報告書。報告事項は、
1．該当機の機長又はその使用者の氏名又は名称
2．事故発生の日時及び場所
3．該当機の国籍、登録記号、型式及び無線局の呼出符号
4．該当機の事故の概要
5．人の死傷又は損壊物件の概要
6．死亡者又は行方不明者の氏名、その他参考事項　⇒規165条

## accumulator
### 蓄圧器、アキュムレイター

　航空機のブレーキ系統などの高圧回路に装着し、油圧がなくなった時の非常用として高圧の状態で圧力を蓄えておく容器。高圧に耐えるように通常は球状をしている。

## accuracy autorotation
### 精密オートローテーション

　ヘリコプターがオートローテーション降下の途中において、速度を増減して目測を修正し、所望の地点に正しく着陸することをいう。

## ace
### エース

　いわゆる撃墜王。一般的に敵機を5機以上、撃墜した戦闘機パイロットに与えられる称号。

## acknowledge
アクノーレッジ、受信通知

無線通信用語で「当方の送信を受信し理解したか知らせよ」の意味がある。

## ACL：allowable cabin load
許容搭載量、ACL

航空機の重量・重心の算出に用いられる用語。航空機が所定の条件で離陸できる最大重量から、航空機の運航自重及び搭載燃料を差し引いた値をいい、最大ペイロードに相当する。許容搭載量に運航自重を加えた値が最大零燃料重量を超えてはならない。

## acrobatic flight
曲技飛行

宙返り、横転、反転、背面、キリモミ、ヒップストールその他航空機の姿勢の急激な変化、航空機の異常な姿勢又は速度の異常な変化を伴う一連の飛行をいう。曲技飛行は、
1．人又は家屋の密集している地域の上空
2．航空交通管制区
3．航空交通管制圏　以外の空域で、
1．滑空機以外の航空機：航空機を中心として半径 500 m の範囲内の最も高い障害物の上端から 500 m 以上の高度
2．滑空機：航空機を中心として半径 300 m の範囲内の最も高い障害物の上端から 300 m 以上の高度

の高さ以上の空域において行う場合であって、かつ、飛行視程が、
1．3,000 m 以上の高さの空域では 8,000 m
2．3,000 m 未満の高さの空域では 5,000 m
の距離以上ある場合でなければ、行ってはならない。ただし、国土交通大臣の許可を受けた場合はこの限りではない。また、操縦を行っている者は、あらかじめ付近にある他の航空機の航行の安全に影響を及ぼすおそれがないことを確認しなければならない。さらに搭乗者全員が使用できる落下傘を装備しなければならない。

⇒航空法 91 条、施規 150 条、197 ～ 197 条の 3、198 条

＝ aerial acrobatics、aerobatics

## acrobat team
曲技飛行チーム、アクロバット・チーム

航空機の編隊で曲技を行うチーム。各国とも自国の航空力の素晴らしさを国民に PR することを目的に最高技術をもった操縦士でチームを作っている。アメリカ海軍のブルーエンジェルス ( 使用機 F/A-18)、同空軍のサンダーバーズ ( 同 F-16) などが有名。日本には航空自衛隊のブルーインパルス ( 同 T-4) がある。

米海軍のブルーエンジェルス (USN Photo)

## acrylic resin
アクリル樹脂

一種のエステル型有機化合物の重合体。メタアクリル酸エステル又はアクリル酸エステルを、光線、熱、有機過酸化物の存在において重合させて得る。これは無色透明の樹脂物質で、光線、紫外線の透過率が良好で、熱可塑性に富んでいる。いわゆる有機ガラスがこれである。航空機用には、風防ガラスとして日華事変当時に使用され始めた。

## active (using) runway
使用滑走路

風向・風速等を考慮し、離陸及び着陸のために、現に使用されている滑走路。＝ using runway

## actuating strut
作動筒

降着装置、動翼、フラップ等の油圧作動系統に装備されている作動装置の一種。シリンダとピストンとの組み合わせからなり、高圧作動油がシリンダ内に送りこまれると、その圧力で

ピストンが移動し、前述の諸部品を作動するようになっている。

### actuator
**作動装置、アクチュエーター**
　油圧系統又は電気系統のエネルギーを仕事に変える装置。油圧モーター又は電気モーター類で駆動する。

### acute altitude sickness
**急性高空病**
　上昇速度と高空滞留時間に関連し、酸素不足が原因で急激に引き起こされる障害。病状は高度3～6㎞（約1万～2万ft）では不安感、疲労感、脈拍増加、血圧上昇、呼吸増加、精神活動の低下など。高度5～7㎞（16,000～23,000ft）では、嘔吐、あくび、睡気、頭痛、チアノーゼなどの病状を呈し、注意力散漫、思考困難、精神錯乱状態となってくる。高度7～8㎞（23,000～26,000ft）では精神機能及び視力の減退、筋肉運動の障害、痙攣発作、不整脈等の病状を呈する。高度8㎞（約26,000ft）以上では、聴力減退、失神、昏睡、呼吸中枢機能の破綻、血圧降下の症状を呈し、ついには死亡する。急性高空病予防の最良の方法は酸素吸入である。hypoxia参照。

### acute flying sickness
**急性航空病**
　いわゆる航空病の急性なものを指す。減圧症、加速度症、過呼吸、中耳痛、腹部膨張症、チアノーゼ等がある。air sickness参照。

### AD：Airworthiness Directive
**耐空性改善通報（米国）、AD**
　米国のFAA（連邦航空局）が、使用中の民間航空機に、安全上、重大な不具合が生じたと認めたとき、連邦航空規則（FAR）の規定によって強制力をもって該当する航空機の運航者に点検又は改善などの実施を要求する行政上の命令。この命令は、直接には日本に対する拘束力はないが、日本政府と米国政府との「耐空性に関する互認協定」に基づいて、同じ内容のものが日本政府から該当する航空機の所有者に「耐空性改善通報」として通報される。AD／耐空性改善通報には、改善内容、該当機種、期限等が指示されている。この通報に従わない場合は、耐空証明の効力を停止されることがある。

### additive agents for jet fuel
**ジェット燃料添加剤**
　ジェット・エンジン用燃料の水溶解性を増大するために加えるもので、主な添加剤はイソプロピル・アルコール、ならびに酸化防止剤である。

### ADF：automatic direction finder
**自動方向探知機、ADF**
　航空機上に、指向性のループ・アンテナと無指向性のセンス・アンテナとを組み合わせて搭載し、電波の到来方向、すなわち地上ビーコン局（NDB局）の位置を知る航法装置。

### adhesive
**粘着物、接着剤、粘着性接着剤**
　膠着性を有するか（1液性）又は膠着性を生ずる（2液性）中間体で、2つの物質の固体面結合の役割を果たすもの。1液性のものには、デンプン糊、自転車チューブ用ゴム糊、2液性のものには、ユリア、アラルダイト、リダックスなどがある。

### ADI：attitude director indicator
**姿勢指示器、A/I**
　飛行姿勢に関する各種情報を表示する計器。HSIと共に重要な飛行計器である。空気ジャイロ式又は電気ジャイロ式がありA／Iとも称される。

直線上昇中を示すADIの表示

— 5 —

## adiabatic
### 断熱
熱力学上の用語で、外部から、又は外部への熱の出入りをなくして、気体に圧力を与えて膨張又は圧縮する場合をいう。

## adiabatic chart
### 断熱図、断熱線図
大気の安定度を見るグラフで、いくつかの種類があるが、代表的なものにエマグラムがある。横軸に気温、縦軸に気圧をとり、傾斜の緩い線が乾燥断熱線で、急なものが湿潤断熱線を示す。その他エアログラム、テフィグラム、スチューベダイヤグラム、ピフィグラム、ロスビーダイヤグラムなどがある。

## adiabatic cooling
### 断熱冷却
気体を断熱状態で膨張させると、冷却されて温度が下がる。この現象を断熱冷却といい、通常の冷却に比して冷却の度合がはるかに大である。主翼前縁から上面にかけて断熱冷却があると、プラスの温度でも氷結の恐れがある。

## ADIZ：air defence identification zone
### 防空識別圏、ADIZ
国防上の見地から防衛省が領空侵犯に対する措置の実施にあたって設定している空域であり、防空識別圏外側線（outer ADIZ）と防空識別圏内側線（inner ADIZ）によって囲まれる空域をいう。
この空域は常時レーダーで監視されており、領空に接近する航空機についての識別を実施し、飛行計画と照合できない場合は、戦闘機により要撃発進（スクランブル）が行われ目視確認を行うことがある。

## adjustable-pitch propeller
### 調整ピッチ・プロペラ
プロペラ回転中には羽根角（ピッチ）を変更できないが、地上でプロペラが静止しているときには変更できるプロペラをいう。

## adjustable stabilizer
### 調整式安定板
安定板取付角度が適宜変えられるようになっているもので、地上においてのみ調整可能なものと、飛行中、操縦席から遠隔調整可能なものとがある。

## ADS-B：automatic dependent surveillance-broadcast
### 自動従属監視 -B
航空機が GPS に代表される航法衛星からの電波を受信し、識別符号、位置、高度、速度などの情報を自ら発信し、それを地上局が受信して航空管制などに幅広く活用しようというもの。他の航空機が受信して、衝突防止にも役立てることができる。レーダーと異なり、全地球的にカバーすることも可能である。機体への搭載機器は、モードSトランスポンダーの改修で可能になる。

## advanced maneuver
### 高等飛行
広義的には曲技飛行全般を指すが、特に完全失速、シャンデル、レージーエイト、キリモミ、上昇反転などの総称。

## advanced trainer
### 高等練習機
飛行訓練段階で、実用機での訓練に移る直前に使用する練習機。編隊飛行、戦闘飛行、高等計器飛行、射撃など、実戦的な空中操作の訓練を行う。またプロペラ機よりジェット機、単

米海軍のT-45高等練習機（USN Photo）

発機より双発機への移行慣熟訓練に際しても使用される。

### advection fog
**移流霧**

湿った暖かい空気が、冷たい海面又は地面の上に流れ込んで発生する霧。冷たい表面に接すると、空気は飽和点まで下がり、その結果、空気中の水分の凝結が始まり霧が発生する。一般にこの現象は海岸地域によく起こり、特に海面上で発生したものを海霧（sea fog）という。

### adverse yaw
**逆偏揺れ、アドバース・ヨー**

旋回するときは操縦輪（桿）を回すが、この場合、一方の補助翼は下がり、他方の補助翼は上がる。例えば、右旋回するときは右主翼の補助翼は上がり（右翼の揚力は減る）、左主翼の補助翼は下がる（左翼の揚力は増す）。そこで右旋回が行われる。しかし、上げた側の補助翼の抗力は減るが、下げた側の補助翼の抗力は増す。従って、右旋回を行っているにもかかわらず機首が左に振られる傾向を生じる。これがアドバース・ヨーである。この現象を解消するために、補助翼の作動範囲は、例えば上方最大作動角を 25 度とした場合、下方最大作動角は 15 度というように差動補助翼（differential aileron）にされているのが普通である。

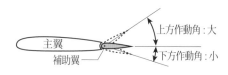

### advisory airspace：ADA
**助言空域、アドバイザリー空域**

航空交通助言業務が行われる指定された空域又は経路をいう。⇒ ICAO
日本では福岡 FIR の中に設定される。

### advisory route：ADR
**助言経路、アドバイザリー・ルート**

航空交通助言業務が行われる指定された経路をいう。⇒ ICAO

### advisory service
**助言業務**

アメリカにおいて、タワーで管制されていない飛行場でパイロットに対し、その飛行場における進入、着陸及び出発に関する情報を提供するサービス。UNICOM あるいは FSS がその業務を行う。FSS がある飛行場で、このサービスを行う半径 10sm の空域を AAA（airport advisory area）という。

### AEIS：aeronautical enroute information service
**航空路情報提供業務、AEIS**

飛行中の航空機（飛行場に発着しようとする航空機を除く）に対して、その飛行の安全に必要な情報の提供（気象情報、ノータム、PIREP、その他必要と認められる情報）、また、これらの航空機からの気象状態などに関する報告の取扱い、その他飛行の安全に必要な通信を行うことにより、航空機の飛行を援助する業務。有効範囲は 65nm（120㎞）。

各交通航空管制部に AEIS センターを置き、リモート対空通信施設は航空機から要求された情報及び当該機に影響を及ぼすと考えられるその他の情報の提供を、またリモート対空送信（放送）施設からは SIGMET、ARMAD、航空機からの報告、航空保安施設等の運用状態の変化その他の情報、飛行場情報の放送を VHF 無線電話により提供する。

### aerial camera
**航空写真機**

飛行中の航空機から地上を撮影するために、航空機に搭載・装備される写真機。これには地形測量、地図作成用の高精度の垂直撮影航空写真機と、広地域を迅速に撮影するための斜め撮影航空写真機とがある。

### aerial photography
**航空写真**

航空機上より撮影される写真。垂直又は斜

めに連続撮影されるものと垂直又は斜めに単一撮影されるものとがある。これらの航空写真は、軍事目的の他に、地域測量、天災状況調査、開発計画、地理学調査や考古学調査など広い範囲の用に供される。

## aerial torpedo
### 航空魚雷、空中魚雷
　哨戒機などに搭載される空中発射用の魚雷。潜水艦や艦艇搭載用魚雷に比し、射程は短いが、強度、落下姿勢などには特別な設計が必要とされる。

## aerial work
### 航空作業
　農業、建設、写真撮影、調査、監視及びパトロール、捜索救難、空中広告などの特別な業務のために航空機により行う運航をいう。
　⇒ICAO
### 航空機使用事業
　他人の需要に応じ、航空機を使用して有償で旅客又は貨物の運送以外の遊覧、航空写真撮影、飛行学校などを行う事業をいう。⇒法2条

## aerobatics
### 曲技飛行、曲芸飛行
　機体の姿勢、高度等を急激に変化させ、大きな荷重の変化を伴う高等飛行。曲技専用機として設計された機体の中には、10G以上の荷重に耐えられる機体もある。日本の法規では、A類は＋6G、－3G以上の強度があることが必要。acrobatic flight 参照。

## aerodrome：AD
### 飛行場
　航空機の到着、出発、地上移動のため、その全部又は一部が使用される陸上又は水上の特定区域。これには航空機の格納、整備、修理の用に当てられる建物、離着陸（水）滑走を行うために必要な諸施設、その他、関連の設備が含まれる。飛行場の種類別としては「航空法施行規則75条」により、陸上空港等・陸上ヘリポート・水上空港等・水上ヘリポートの4種類に区

分される。また「空港法」により拠点空港（旧第1種空港）、政令指定空港（旧第2種空港）、地方管理空港（旧第3種空港…ローカル空港）に区分され、また使用目的により、軍用・民間用、公共用・非公共用にも分けられ、さらに正規飛行場、代替飛行場、補助飛行場などにも分けられる。その他、「公共用飛行場周辺における航空機騒音による障害の防止等に関する法律」による特定飛行場、周辺整備空港、「特定空港周辺航空機騒音対策特別措置法」による特定空港、「関税法」による税関空港、「出入国管理及び難民認定法」による出入国港、「検疫法」による検疫飛行場、「家畜伝染病予防法、狂犬病予防法」による（動物検疫）指定飛行場、「植物防疫法」による（植物防疫）指定飛行場がある。
　これらの飛行場は、滑走路の長さ及び強度（ただし水上飛行場の場合は深さ）により、それぞれ等級が付けられている。

## aerodrome beacon：ABN
### 飛行場灯台
　航行中の航空機に空港等の位置を示すために空港等又はその周辺の地域に設置する灯火で補助飛行場灯台以外のもの。この灯火は、上方のすべての方向から見えると共に、着陸姿勢で滑走路に進入中の該当機の操縦士の目を眩惑しないように設置されねばならない。
　1．陸上空港等・ヘリポート
　　・航空白と航空緑の閃光灯又は航空白の閃光
　2．水上空港等・ヘリポート
　　・航空白と航空黄の閃光灯又は航空白の閃光
　　・閃光回数：飛行場は 12 ～ 30 回
　　　　　　　　：ヘリポートは 30 ～ 60 回
　⇒施規114条、117条
　＝ airport beacon

## aerodrome climatological summary
### 飛行場気候概要
　飛行場の気象要素についての、統計資料に基づく簡潔な概要をいう。⇒ICAO

## aerodrome climatological table
### 飛行場気候表

飛行場の気象要素により観察されたものに基づく統計資料による表をいう。⇒ ICAO

## aerodrome contorol service
### 飛行場管制業務
　飛行場交通のための航空交通管制業務で、飛行場管制所により行われるもの。航空交通管制圏に指定されている空港等において離陸し若しくは着陸する航空機、当該空港等の周辺を飛行する航空機又は当該空港等の業務に従事するものに対する地上管制業務を含み、航空路管制業務、進入管制業務、ターミナル・レーダー管制業務、着陸誘導管制業務以外のもの。
　⇒施規 199 条

## aerodrome control tower
### 飛行場管制塔、コントロール・タワー
　飛行場交通に対して航空交通管制業務を実施するために設けられた機関で、飛行場内に設置された塔。この塔には、無線電話、管制用レーダー受像機のほか、飛行場に進入又は出発あるいは付近を航行する航空機に指示を与えるために必要な諸設備が備えられている。
　航空機以外に飛行場内の車両や人の動きも監視しており、見晴らしの良い場所に設置されている。また管制塔は空港のシンボル的存在でもあり、デザイン的にも凝った作りになっているケースが多い。

## aerodrome elevation
### 飛行場標高
　着陸区域内の最も高い地点の標高。⇒ ICAO
　我が国では「飛行場の標点における平均海面高」をいう。標点は原則として滑走路の中心である。field elevation 参照。

## aerodrome forecast
### 飛行場予報
　航空気象官署で作成される、航空機の離着陸に必要な気象予報であり下記の種類がある。
１．運航用飛行場予報（TAF）
　和名が運航用飛行場予報となった。飛行場標点から半径約 9 km の気象を通報する。長距離用を TAF-L、短距離用を TAF-S といっていたが、区別はなくなった。
２．離陸用飛行場予報
　予報有効時間が発表後 6 時間のもので、出発前おおむね 3 時間以内の航空機の離陸のために報じられる。
３．ボルメット放送用飛行場予報（VOLMET）
　0 時、6 時、12 時、18 時の 6 時間おきに 東京ボルメットを受信する航空機のために報じられる。
４．着陸用飛行場予報（TREND）
　成田、羽田、中部、関西の各空港について、METAR に付加して発表される。

## aerodrome identification sign
### 飛行場名標識
　空中から空港等を識別するのを援助するため空港等内に設けられる標識。飛行中の航空機から空港等の識別が容易な場所に（周辺の地形等により空港等の名称が確認できるものを除く）、空港等名称をローマ字で、明瞭に識別できる色彩により標示する。⇒施規 79 条

aerodorome light

**aerodorome light**
**飛行場灯火**

　　aeronautical light 参照

**aerodrome marking（facility）**
**飛行場標識施設**

　飛行場には、下記の飛行場標識施設を設置する。ただし、舗装されていない滑走路又は誘導路で滑走路標識又は誘導路標識を設けることが困難なものについては省略してもよい。

1．飛行場名標識
2．着陸帯標識
3．滑走路標識
　(1)　指示標識
　(2)　滑走路中心線標識
　(3)　滑走路末端標識
　(4)　滑走路中央標識
　(5)　目標点標識
　(6)　接地帯標識
　(7)　滑走路縁標識
　(8)　積雪離着陸区域標識
4．過走帯標識
5．誘導路標識
　(1)　誘導路中心線標識
　(2)　停止位置標識
　(3)　停止位置案内標識
　(4)　誘導路縁標識
6．風向指示器
　　⇒施規79条

**aerodrome meteorological minimum**
**飛行場最低気象条件**

　　weather minimum 参照。

**aerodrome meteorological office**
**飛行場気象台**

　国際航空のために気象業務を実施するように指定された、飛行場にある気象台をいう。
　　⇒ ICAO

**aerodrome operating minima**
**飛行場最低運用限界**

　離陸又は着陸のため飛行場を使用できる限界をいう。通常、視程又は滑走路視距離、進入限界高度及び雲の状態を専門用語で表す。
　　⇒ ICAO

**aerodrome reference point：ARP**
**飛行場基準点**

　飛行場の指定された地理的位置をいう。
　　⇒ ICAO

**aerodrome traffic**
**飛行場交通**

　飛行場内の走行区域内にある交通、及び飛行場周辺で飛行中の航空機のすべてをいう。

注．飛行場に進入するか、場周経路にあるか、又は出域する場合は、航空機は飛行場周辺にあるものとする。⇒ ICAO

**aerodrome traffic zone：ATZ**
**飛行場交通圏、飛行場周辺飛行区域**

　飛行場交通を保護するために飛行場周辺に設けられた限定された空域をいう。⇒ ICAO

**aerodrome warning**
**飛行場警報**

　係留航空機及び飛行場施設に対して発表される警報。発出の基準は各飛行場によって異なる。警報には飛行場強風警報、飛行場暴風警報、飛行場台風警報、飛行場大雨警報、飛行場大雪警報、飛行場高潮警報がある。

**aerodynamic center**
**空力中心**

　翼型におけるモーメントの基準点。迎え角が変化してもモーメント係数の不変となるような基準点を指している。通常は翼弦線の25％付近にある。

**aerodynamic force**
**動的空気力**

　物体が空気中を運動したり、空気の流れの中に置かれた場合に生ずる動的な空気力。飛行機が運動すると、必ず動的空気力を受ける。普通、この力は飛行機に相対的な空気の流れに平

－ 10 －

行な力と垂直な力に分解して考え、平行な力を抗力と呼ぶ。直角な力は、さらに機体の対称断面内の力と、この面に直角な力に分け、揚力及び横力と呼ぶ。

### aerodynamic heating
### 空力加熱

航空機が高速で空気中を飛行すると、空気がせき止められて圧縮され温度が上がる。これを空力加熱と呼ぶ。温度上昇は、

$$\Delta T = (T_0 + 273) \times 0.2 M^2$$

$\Delta T$：空力加熱による温度上昇（℃）
$T_0$：大気の温度（℃）
$M$：マッハ数

これは空気を完全にせき止めたときの温度上昇だが、実際にそうなるのは翼の前縁や機首の先端だけで、上の式の約90〜85％温度が上昇する。

### aerodynamic interference
### 空力干渉

近接した物体のため、相互の物体の周囲の気流が影響しあう現象を空力干渉あるいは単に干渉という。物体の周りの気流の状態は、近くに別の物体があると、その影響を受けて様子が変わり、気流から受ける空気力も、その影響によって変化する。翼と胴体を結合した場合など、この干渉のため、全体の抗力は、単独の場合の抗力の和とは等しくならず、ほとんどの場合結合した場合の方が大きな値となる。この抗力の増分を干渉抗力（interference drag）といい、これを少なくするためフィレットを付けたり、フェアリングで覆ったりして、局部的に不規則な流れが生じないようにしている。

### aerodynamics
### 空気力学、航空力学、気体力学

狭義的には流体力学の主要部門で、物体が空気又はその他の気体と相対的に動いている場合、それらの気体中に生じる流れの具合、また物体に働く力の模様を考究する学問（空気力学）。また広義には、この空気力学を応用して、翼、プロペラ、航空機に働く力及びその運動を論ずる部門をも含めての学問（航空力学）の総称。

### aerodyne
### 重航空機

気球、飛行船など、空気より軽い気体を用いて空中に浮かぶもの（軽航空機）と異なり、いわゆる、飛行機、グライダー、ヘリコプター、オートジャイロ、羽ばたき機など、それが排除する空気の重さより重く、空気中を運動する翼に働く空気力学的揚力により空中を飛行するものの総称。＝HTA

重航空機初の動力飛行に成功したライト機

### aeroelasticity
### 空力弾性（-学）

飛行中の航空機に生ずるフラッター、バフェッティングなどのような、空気力学及び弾性力学両分野の問題として考えられる事項を考究する航空学の一分野。

### aero engine
### 航空エンジン

航空機に搭載することを目的に設計・製作されたエンジンで次のような種類がある。
1. ピストン・エンジン
   (1) ガソリン・エンジン
   (2) ディーゼル・エンジン
2. ガス・タービン・エンジン
   (1) ターボジェット・エンジン
   (2) ターボファン・エンジン
   (3) ターボプロップ・エンジン
   (4) ターボシャフト・エンジン
3. ダクト・エンジン
   (1) ラムジェット・エンジン
   (2) パルス・エンジン
4. ロケット・エンジン

aerofoil

代表的なピストン・エンジン、O-360 (LYCOMING Photo)

**aerofoil**
**翼型、プロペラ翼**

　飛行機の翼を進行方向に平行に切断すると、その断面は図のような形になっている。これを翼断面、又は翼型という。airfoil 参照。

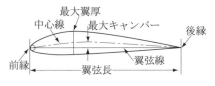

**aeronautical beacon**
**航空灯台**

　夜間又は計器気象状態下における航空機の航行を援助するための施設で、航空路灯台、地標航空灯台、危険航空灯台の3種類がある。
　⇒施規4条、113条

**aeronautical chart**
**航空図**

　航空機の航行に使用される地図。縮尺1/50万の区分航空図及び縮尺1/25万のターミナルエリア航空図が一般的に使用されている。その他に IFR 飛行には ENRC（エンルート図）等も利用されている。地図の方式にはランバート図法が利用されており、航空路、航法援助施設、飛行場、管制圏等、航行に必要な様々な情報が記入されている。これらの情報は変更になったり、新たに追加されたりするので、航空図は常に最新版を使用し、さらに最新の情報や資料により、修正を加えることが必要である。

**aeronautical（class）radio operator**
**航空無線通信士**

無線従事者の資格の1つで、以前は航空級無線通信士という資格であった。業務範囲は、
1．航空機に施設する無線設備並びに航空局、航空地球局及び航空機のための無線航行局の無線設備の通信操作（モールス符号による通信操作を除く）
2．次に掲げる無線設備の外部の調整部分の技術操作
　(1) 航空機に施設する無線設備
　(2) 航空局、航空地球局及び航空機のための無線航行局の無線設備で空中線電力250W以下のもの
　(3) 航空局及び航空機のための無線航行局のレーダーで(2)に掲げるもの以外のもの

**航空級無線通信士**

　現在は航空無線通信士という資格になっているが、平成元年8月以前に資格を取得した者は航空級無線通信士という資格であり、下記のように業務範囲が若干異なる。
1．次に掲げる通信操作を行う。
　(1) 航空機局及び航空局並びに航空機のための無線航行局の無線電話の通信操作（国際公衆通信のための通信操作を除く）
　(2) 航空機局、航空局、放送局及び航空機のための無線航行局以外の無線局の空中線電力50W以下の無線電話の通信操作で国内通信のためのもの
2．次に掲げる無線設備（多重無線設備を除く）の外部の調整部分の技術操作
　(1) 航空機に施設する無線設備で次に掲げるもの
　　(a) 空中線電力500W以下の無線電話及びファクシミリ
　　(b) 無線電話及びファクシミリ以外の無線設備
　(2) 航空局及び航空機のための無線航行局の無線設備で次に掲げるもの
　　(a) 空中線電力250W以下の無線設備（レーダーを除く）
　　(b) レーダー
　(3) レーダーで(1)及び(2)に掲げるもの以外のもの
　(4) (1)から(3)までに掲げる無線設備以外の

無線設備で空中線電力 50W 以下の無線電話（放送局の無線電話を除く）、ファクシミリ及びテレメーター

3．電話級アマチュア無線技士の操作の範囲

下位の資格に航空特殊無線技士がある。

## aeronautical en-route information service：AEIS
**航空路情報提供業務**

AEIS 参照。

## aeronautical fixed service：AFS
**航空固定業務**

AFS 参照。

## aeronautical fixed telecommunication network：AFTN
**国際航空固定通信網、航空通信固定業務**

AFTN 参照。

## aeronautical ground light
**地上航空灯火**

航空機自体に表示されるもの（航空灯、衝突防止灯など）以外の、航法の援助のため特に設置された灯火。⇒ ICAO

## aeronautical light
**航空灯火**

灯光により航空機の航行を援助するための航空保安施設で、国土交通省令で定めたもの。次の種類がある。

1．航空灯台

航空路灯台、地標航空灯台、危険航空灯台

2．飛行場灯火

飛行場灯台、補助飛行場灯台、進入灯、進入角指示灯、旋回灯、進入灯台、進入路指示灯、滑走路灯、滑走路末端灯、滑走路末端補助灯、滑走路末端識別灯、滑走路中心線灯、接地帯灯、滑走路距離灯、過走帯灯、離陸待機灯警告灯、離陸目標灯、非常用滑走路灯、着水路灯、着水路末端灯、誘導路灯、誘導路中心線灯、高速離脱用誘導路指示灯、航空機接近警告灯、停止線灯、

滑走路警戒灯、中間待機位置灯、誘導案内灯、転回灯、駐機位置指示灯、誘導水路灯、着陸方向指示灯、風向灯、指向信号灯、禁止区域灯、着陸区域照明灯、境界灯、水上境界灯、境界誘導灯、水上境界誘導灯。

3．航空障害灯

⇒航空法2条、施規1条、4条、113〜131条

## aeronautical meteorological office
**航空気象官署**

航空気象業務を行う国の機関で航空地方気象台、航測候所、空港出張所をいい、主な業務として、航空気象観測、観測器の運用・保守、観測成果の通報、各種気象資料の収集、天気図等の作成、気象解析と監視、各種情報の作成と通知・通報・提供、技術調査がある。

## aeronautical meteorological station
**航空気象観測所**

国際航空に利用される観測及び気象報告を作成するために指定された観測所をいう。
⇒ ICAO

## aeronautical meteorology
**航空気象学**

応用気象学の一部門で、航空機の飛行ならびに運航目的の達成に関連してなされる大気諸現象の研究を含めた学問。

## aeronautical mobile service：AMS
**航空移動業務**

航空機局と航空局（航空機と通信を行う陸上無線局をいう）との間又は航空機局相互間の無線通信業務をいう。⇒管制方式基準

## aeronautical obstruction light
**航空障害灯**

航空機に対し航行の障害となる物件の存在を認識させるための施設。⇒施規4条

航空法第 51 条により、地表又は水面から 60 m 以上の高さの物件、飛行場の進入表面、転移表面又は水平表面の投影面と一致する区域内にある物件、航空機の航行の安全を著しく害

するおそれがあるものに設置される。高光度航空障害灯、中光度白色航空障害灯、中光度赤色航空障害灯、低光度航空障害灯の4種類がある。

1．高光度航空障害灯
   (1)　煙突、鉄塔、柱その他の物件でその高さに比べその幅が著しく狭いもの
   (2)　骨組構造の物件
   (3)　告示で定める架空線
   (4)　進入表面、水平表面、転移表面、延長進入表面、円錐表面、外側水平表面内のガスタンク、貯油槽その他これに類する物件で、背景とまぎらわしい色彩を有するもの

以上のもののうち150 m以上の高さのもの、60 m以上のアンテナに設置される。
   ・航空白の閃光
   ・閃光回数：1分間に40〜60回
   ・常時、その点灯を継続

2．中光度白色航空障害灯
   (1)　上記の高光度航空障害灯の(1)、(3)に該当する物件で150m未満の高さのものに設置される。
      ・航空白の閃光
      ・閃光回数：1分間に20〜60回

3．中光度赤色航空障害灯
   (1)　高光度航空障害灯の(1)に該当する物件で上記2つの障害灯が設置されておらず、航空機の航行に特に危険があると認められる物件に設置される。
      ・航空赤の明滅
      ・明滅回数：20〜60回

4．低光度航空障害灯
   　航空法第51条に該当するもので上記の航空障害灯設置物件以外のものに設置される。
      ・航空赤の不動光
      ・夜間又は計器気象状態下において、その点灯を継続
   ⇒航空法51条、施規127〜128条

## aeronautical psychology
### 航空心理学

　応用心理学の一部門で、人間の飛行に関連した種々の事項を心理学上の見地より考究解明する学問。

## aeronautical station
### 航空無線局

　航空移動業務の支援を行う陸上局をいう。航空無線局は船舶上又は海上のプラットホームに置かれる場合もある。⇒ICAO

## aeronautical station for common traffic advisory
### 飛行援助用航空局、フライト・サービス、アドバイザリー

　航空無線局の1つであり、使用目的を飛行援助用として、民間組織が運営するものをいう。非公共用飛行場又は場外離着陸場において、当該飛行場の状況に関する情報、当該飛行場及びその周辺の航空交通情報・気象情報が提供される。コールサインは「○○フライト・サービス」「○○アドバイザリー」が用いられる。

## aeronautical telecommunication service
### 航空通信業務

　すべての航空に関係する通信業務をいう。
　⇒ICAO

## aeronautical telecommunication station
### 航空通信局

　航空通信業務を行う基地局をいう。
　⇒ICAO

## aeronautics
### 航空学

　航空機設計、構造材料、製作そのほか広く航空機に関連した諸事項の研究を行う学問。

## aeroneurosis
### 航空神経症

　神経症の一種で、航空機搭乗員が高空飛行を頻繁に行っている間に現れることがある。食欲減退、消化不良、不眠、慢性的疲労、精神集中力ならびに記憶力の減退などの病状を呈する。万一発症した場合には、一時的に飛行停止などの処置がとられる。

## aeroplane
### 飛行機
　動力装置を備え、かつ、その飛行中の揚力を、主としてそれぞれの飛行状態において固定翼面上に生ずる空力的反力から得る重航空機をいう。⇒耐空性審査要領

　英国人がよく用いる言葉で、回転するローターにより揚力を得る回転翼航空機に対し、固定翼に生ずる動的揚力により重量を支持して飛ぶものの総称。用途別に軍用機と非軍用機とに大別される。軍用機には、戦闘機、爆撃機、攻撃機、哨戒機、偵察機、輸送機、給油機、連絡機、練習機などがあり、非軍用機には、輸送機、ビジネス機、作業用機、自家用機、練習機などがある。＝ airplane

## aerostat
### 軽航空機
　フランス人により用いられた字句で、空力学的浮力、すなわちガスの浮揚力で大気中を飛行し得る航空機の総称。気球、飛行船など。

## aerostatic force、- lift
### 静浮力
　流体中の物体は、その物体の排除した流体の重さだけ、みかけの重量が減少する。これは流体内の物体は、その表面に作用する流体の圧力により全体として上方に向かう力を受けるからで、この力を静浮力という。

## aerostatics
### 空気静力学、軽航空機操縦術
　流体力学の一部門で、気球、飛行船などの軽航空機又は落下傘に関する基本事項を研究する学問。

## AEW：airborne early warning
### 空中早期警戒、AEW
　領空に接近する敵機を発見するには、地上設置のレーダーでは限度があり、超低空で水平線の下や山、島陰を飛んでくる航空機は見つけられない。AEW はこの欠点を補うために考えられたもので、飛行機に強力な警戒用レーダーを搭載して飛行させ、遠方で敵機を発見して、逐一情報を地上に知らせ迎撃機を発進させるなどの任務を行う。航空自衛隊では AEW 機として E-2（写真）を運用している。

## AFCS：automatic flight control system
### 自動飛行制御システム、AFCS
　航空機の操縦の自動化を図るために、古くからオートパイロット（AP）が用いられているが、ヨー・ダンパー、フライト・ディレクター（FD）などの新しい装置が別個に発達してきた。AP と FD はその機能からみて表裏一体をなしているものであり、これらの装置を総合して AFCS と呼んでいる。これにより安定、操縦及び誘導を行うことが可能となった。自動制御技術及びコンピューター技術の発達によるところが大きい。

## AFS：aeronautical fixed service
### 航空固定業務、AFS
　航空固定局が相互に、無線もしくは有線電話、テレタイプなどにより航空の安全と正常な運航の維持のための通信を行うもの。主として、航法の安全と、規則的、能率的及び経済的な航空業務の運用のための特定の固定地点間の電気通信業務をいう。⇒ ICAO

## AFTAX：aeronautical fixed telecommunication automatic exchange
### 国際テレタイプ自動中継システム、国際航空交通情報処理中継システム、アフタックス
　国際航空固定通信網（AFTN）の日本における中継センターとして、隣接する諸外国の中継センター及び国内の関係機関を結び国際航空に関する情報を中継する施設。成田国際空港に設

置されている。

## afterburner
**アフターバーナー、再燃焼装置**

　ジェット・エンジンの一時的推力増加を図るための装置。タービン後方に尾管部を設置して、ここに燃料を噴射して燃焼させるようにしたもの。離陸時、上昇時、戦闘時などに使用される。燃料消費は非常に大きくなる。軍用機のうちでも戦闘機、攻撃機などのエンジンに適用されているが、民間機では超音速旅客機のコンコルドが例外的にアフターバーナー付きのエンジンを搭載していた。アフターバーナーは、燃料消費の増大のほかに、機構が複雑になり、エンジンの重量も増加する。ただし、形状をあまり大きくしないで、推力を大幅に増加できる利点がある。英国では re-heat と呼ぶ。

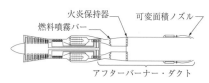

アフターバーナー使用のF-16の離陸（USAF Photo）

## afterburning
**アフターバーニング**

　排気空気の一部又はすべてを燃焼システムに供給する発動機の運用方式をいう。
　⇒ ICAO

## AFTN：aeronautical fixed telecommunication network
**国際航空固定通信網、国際テレタイプ通信網、AFTN**

　国土交通省航空局が、ICAO の勧告に基づいて行う航空機運航に関する遭難・安全・気象・航空管理・予約・飛行場ノータムなどの通報業務を航空固定通信局相互間に、通報又はデジタル情報を交換するための航空固定通信局の世界的な組織。

## ageing（aging）
**熟成、時励（じれい）**

　金属材料の性状を安定させるため、加工後、ある時間の余裕を与えるか、又は適当な熱処理を施すこと。

## AGL：above ground level
**地上高、AGL**

　地表からの高さ。

## agonic line
**無偏差（角）線**

　真子午線（南北の極を結ぶ大圏）と磁北を通る線（磁気子午線）が重なる線をいい、この地域においては、偏差（variation）が0になり、真方位（true course）及び磁方位（magnetic course）は等しくなる。

## AIC：aeronautical information circular
**航空情報サーキュラー、AIC**

　情報の性質あるいは時期的な理由から航空路誌（AIP）への掲載又はノータムの発行には適さないものを、航空情報として公示するもので、次のようなものがある。
1．法律、規則、方式又は施設に関する大幅な変更についての長期予報
2．航空の安全や、技術、法律、行政などに関する純粋に説明的又は助言的性格の情報

## AIDS：airborne integrated data system
**飛行記録集積装置、AIDS**

　従来のフライト・レコーダー（飛行記録装置）の他に、同様な飛行データを記録し、これを整備や乗員訓練などに役立てるための記録装置。記録可能なデータ数は装置の製造会社によって異なるが、100 種類以上で約 400 個。データは機上のコンピューターにより記憶媒体に記録する。航空機の着陸後、この記憶媒体を取り出

し、地上のコンピューターで飛行データなどを
解析する。

## aileron
### エルロン、補助翼

仏語より転化した語。主翼後縁にヒンジに
より装着した小翼面で、横揺安定をつかさどる
もの。すなわち、操縦桿を右に傾ければ、右側
の補助翼が上がり左側では逆に下がる。その結
果、右翼では揚力が減じ、左翼では揚力が増し、
機体を前後軸のまわりに右側に回転すると共に
横滑りを起こさせる。左側に傾ければ、この逆
となる。

高速機では、主翼が補助翼の風圧により捩
られて効きが減少し、さらに逆効き的現象を発
生する恐れがあるので、主翼の胴体寄りに高速
補助翼を設置した機体もある。

## aileron reversal
### エルロン・リバーサル

補助翼を使ったとき、下げた部分の主翼は
結果的に迎え角とキャンバーが増し、圧力の中
心が後方に移る。このため主翼は前縁を下げる
向きに捩りが働き、反対に上げた部分の主翼は
前縁を上げる向きの捩りが働く。主翼の剛性が
低かったり、後退角が大きく、かつ縦横比の大
きい主翼の機体の中でも、特に高速機では、幾
何学的構造上このような傾向は強く、補助翼を
操作したとき翼型は捩れたものとなる。この結
果、補助翼の効きは悪くなり、場合によっては
逆効き現象を起こす。これが補助翼の逆効きと
呼ばれるものである。

この現象は高速になると一層顕著なものと
なり、大型ジェット旅客機では、外側補助翼
（outboard aileron）と内側補助翼（inboard
aileron）の2種類の補助翼が設けられていて、
低速時には外側補助翼が作動し、高速時には内
側補助翼だけが作動するようになっている。

かつて、ボーイング B-47 爆撃機がこの現象
に遭遇し問題となったことがある。

## AIM-j：Aeronautical Information Manual-Japan

### エー・アイ・エム・ジャパン

航空局及び気象庁の監修で日本航空機操縦
士協会から年2回発行されている情報誌。航空
援助施設、航空管制、緊急操作、安全対策、航
空気象、航空法規など分野別に全12章に渡り
最新の内容が提供されている。

## AIP：Aeronautical Information Publication
### 航空路誌、AIP

航空路誌は、国際民間航空条約第4附属書
（航空図）及び第15附属書（航空情報業務）
に基づき作成され、福岡 FIR における民間航空
の運航に必要な諸施設、組織等に関する永続性
をもつ情報が収録されている。⇒ AIP

航空路誌は、本冊（5分冊）及び小冊子（AIP
小型版）から構成され、第1部－総則（GEN）、
第2部－エンルート（ENR）、第3部－飛行場
（AD）に分かれる。

第1部は序文、国内規則及び要件、表及び
記号、業務、各利用料金を掲載、第2部は通則
及び手続き、航空交通業務空域、ATS ルート、
航行援助施設／システム、航行上の警告、第3
部は飛行場、ヘリポートに関する事項が掲載さ
れている。

小冊子のほうは計器進入図、目視進入図、
及び標準計器出発方式から構成されている。

印刷媒体以外に、ネットでも公開されてい
る。

## AIP amendments
### 航空路誌改訂版

航空路誌に収録される永続性をもつ情報、
又は航空路誌の恒久的変更等に係わる情報が記
載されたもので、次の2種類が書面により発行
される。

1．エアラックによる航空路誌改訂版
（AIRAC AIP amendments）

航空路、航空保安無線施設、計器進入、出
発方式、滑走路、飛行場及びそれに付随する施
設等の運用時間及び飛行場灯火等についての設
置、廃止、又は重要な変更に係わる情報で、エ
アラック日に発行され、各頁には情報が有効と
なる日が掲載されている。

— 17 —

2．エアラックによらない航空路誌改訂版
（AIP amendments）
上記1以外の軽微な変更に係る情報で、エアラック日に発行される。

## AIP supplements
## 航空路誌補足版
航空路誌の一時的変更等に係る情報（有効期間が3か月以上に及ぶもの、内容が図面を付さないと分かりにくいもの、複雑で詳細な内容を伴うもの等）が掲載され、エアラック日及びその中間日に発行されるもので、次の2種類がある。
1．エアラックによる航空路誌補足版
（AIRAC AIP supplements）
進入・出発方式及び最低気象条件の一時的変更、滑走路の一時的閉鎖及びVOR／DME等の一時的停波などの運航上重要な情報
2．エアラックによらない航空路誌補足版
（AIP supplements）
上記1以外の軽微な情報で、例をあげると、誘導路灯の運用停止、花火の打ち上げなどがある。

## air base：AB
## エア・ベース、空軍基地
航空兵力の作戦行動を行うために特設した根拠地のこと。普通、軍用飛行場又は空軍基地を指していう。

## airborne early warning：AEW
## 空中早期警戒
AEW参照。

## airborne integrated data system：AIDS
## 飛行記録集積装置
AIDS参照。

## airborne warning and control system：AWACS
## 空中早期警戒管制システム
AWACS参照。

## air brake

## エア・ブレーキ、空気ブレーキ、空気制動機
飛行機が空中で急降下したいとき、あるいは速度を急激に減らしたいときに用いる装置をエア・ブレーキと呼んでいる。
飛行中の風圧に打ち勝って機体の一部を展開して空中へ突き出し、それによって抗力が増すため減速される。軍用機の場合は、胴体後部に設置されることが多いが、胴体下面や主翼端など機種によって異なる。

エア・ブレーキを開いたF-15E（USAF Photo）

## air breathing engine
## 空気吸込みエンジン
燃料の燃焼に外部より空気の取り入れを必要とするエンジンの総称。特にロケット・エンジンと区別するために使用される語。

## airbus
## エアバス
空飛ぶ大型バスの意味で、交通量の多い都市間を大量輸送し、運賃の低減を狙って作られた機体の総称。
またヨーロッパの大型機メーカー。

## air carrier
## 航空運送業者
公共の運送事業者として、旅客、郵便物又は貨物を航空機で輸送することによって報酬を受け、又は航空機を賃貸する事業を営む者。最近では定期航空運送事業会社を指すことが多い。その国を代表する定期航空運送事業会社を特にフラッグ・キャリアー（flag carrier）と呼ぶ。

## air conditioning system
## 空気調和装置、空調系統、エアコン

航空機の空気調和装置は、与圧装置を装着
している場合と、そうでない場合とでは、装置
が大きく異なる。

　与圧室がない小型機では、冬季や高空へ上
がったときに寒くないように排気管の熱で暖め
た空気を取り入れるか、燃焼式のヒーターで空
気を暖め、キャビンへ送る。

　与圧装置を装着している航空機では、圧縮
した空気をキャビンに送って与圧する。この空
気は圧縮により温度が上昇しているので、暖房
するには問題はなく、むしろ冷却する必要があ
る。したがって、どのような空気調和装置を付
けるかは、夏に低空又は地上で十分な冷房がで
きるかどうかで決まることが多い。胴体の外が
空力加熱で熱くなる超音速機や、多量の電子機
器から熱を出す機体（早期警戒機等）では、よ
り強力な冷房を必要とする。

　与圧室への空気はエンジン駆動のコンプ
レッサー又はエンジンから導いた高圧空気で回
すタービンで駆動されるコンプレッサーから
送ったり、ジェット・エンジンの圧縮機から抽
気して送っている。

## air-cooled engine
## 空冷発動機

　ピストン・エンジンの冷却を空気により行
う発動機。シリンダーの配置方式で大別して星
型と列型及び水平対向型とがある。星型は星型
1重、2重及び多重などがあり、列型は小馬力
用として、倒立4シリンダー、倒立6シリンダー
など、また、水平対向型も4シリンダー、6シ
リンダーなどが広く使用されている。

## aircraft：ACFT
## 航空機

　人が乗って空を飛ぶことができる乗物の総
称。大別して、空気より軽い気体、例えば水素
又はヘリウムなどを充填した袋の静力学的浮力
を利用して飛行する軽航空機と、空気より重く、
翼に働く動力学的浮力を利用して飛行する重航
空機とに分けられる。

　ICAOによる分類（CLASSIFICATION OF AIRCRFT）
は次の通り。

1．lighter-than-air（軽航空機）
　⑴　non-power-driven（無動力）
　　⒜　free balloon（自由気球）
　　　ⅰ．spheral free balloon（球形）
　　　ⅱ．non-spheral free balloon（非球形）
　　⒝　captive balloon（係留気球）
　　　ⅰ．spheral free balloon（球形）
　　　ⅱ．non-spheral free balloon 非球形）
　⑵　power-driven（動力付き）
　　⒜　airship（飛行船）
　　　ⅰ．rigid airship（硬式）
　　　ⅱ．semi-rigid airship（半硬式）
　　　ⅲ．non-rigid airship（軟式）
2．heavier-than-air（重航空機）
　⑴　non-power-driven（無動力）
　　⒜　glider（滑空機）
　　　ⅰ．land glider（陸上）
　　　ⅱ．sea glider（水上）
　　⒝　kite（凧）
　⑵　power-driven（動力付き）
　　⒜　aeroplane（飛行機）
　　　ⅰ．landplane（陸上）
　　　ⅱ．seaplane（水上）
　　　ⅲ．amphibian（水陸両用）
　　⒝　rotorcraft（回転翼航空機）
　　　ⅰ．gyroplane（ジャイロプレーン）
　　　　α．land gyroplane（陸上）
　　　　β．sea gyroplane（水上）
　　　　γ．amphibian gyroplane（水陸両用）
　　　ⅱ．helicopter（ヘリコプター）
　　　　α．land helicopter（陸上）
　　　　β．sea helicopter（水上）
　　　　γ．amphibian helicopter（水陸両用）
　　⒞　ornithopter（羽ばたき機）
　　　ⅰ．land ornithopter（陸上）
　　　ⅱ．sea ornithopter（水上）
　　　ⅲ．amphibian ornithopter（水陸両用）

　－定義－
　大気中における支持力を、地表面に対する
空力的反力以外の空力的反力から得ることがで
きるすべての機器をいう。⇒ICAO
　人が乗って航空の用に供することができる

飛行機、回転翼航空機、滑空機、及び飛行船その他政令で定める航空の用に供することができる機器をいう。⇒法2条

## aircraft avionics、avionics
### 航空機電子機器、アビオニクス
　無線、自動飛行制御及び計器装置を含む航空機で使用されるあらゆる電子装置（電気的部分を含む）に対して指定される用語をいう。
　　⇒ICAO

## aircraft carrier
### 航空母艦
　多数の各種航空機を搭載し、随時随所に行動して、これらの搭載機を洋上から発進させ、また収容することのできる海上の移動飛行場ともいえる軍艦。これには、飛行甲板上に艦橋、煙突のような障害物のほとんどない平型（flush）と、それらを飛行甲板の片側に寄せて設けた島型（island）とがある。また現在では母艦の首尾線に対して斜めの方向に飛行甲板を付設する傾向がある。これは英海軍のマクドナルド中佐が1948年に着想したもので、斜甲板（angled deck 又は canted deck）と呼ばれ、高速機を安全に着艦させ、搭載機の発着を同時に行うことが可能である。

米空母のハリー・トルーマン(USN photo)

## aircraft engineer/mechanic
### 航空整備士
　国の資格認定試験に合格した航空従事者で、航空法に基づき整備又は改造された航空機についての確認行為を行う人々の総称。航空法上では、航空整備士と航空工場整備士をエンジニア、航空運航整備士をメカニックと呼ぶ。
　技能証明は従来、一等、二等、三等各航空整備士と航空工場整備士とがあったが、航空法が改正され（施行は平成12年9月）、三等航空整備士が廃止され、新たに運航整備士制度が設けられるなど、大きな変更があった。従来は航空機の重量により等級分けが行われていたが、小型機でも複雑な構造や高度な装備品を有する機体が登場したための改正である。
　新たな制度では次のようになった。
　一等航空整備士：整備をした航空機について耐空性を有することの確認を行うこと。二等航空整備士：一等航空整備士と異なる点は、整備に高度の知識と能力を要する個所は作業できない。一等航空運航整備士：業務が軽微な整備と保守に限定される。二等航空運航整備士：二等航空整備士の業務範囲のうち、整備に高度の知識と能力を要する個所は作業できない。受験資格は、一等は20歳以上で経歴4年以上、二等は19歳以上で経歴3年以上、一等と二等運航は18歳以上で経歴2年以上となっている。
　航空工場整備士は各専門分野に分かれ、改造した航空機の耐空性の確認が行える資格で、機体構造、装備品、ピストン発動機、タービン発動機など9分野に分かれる。受験資格は18歳以上、経歴2年以上である。

## aircraft equipment
### 航空機装備品
　応急手当及び救命器具を含む飛行中の航空機上で使用する物品で、移動できる備品及び予備部品以外のものをいう。⇒ICAO

## aircraft heading
### 機首方位
　飛行中の航空機の方向を指す言葉。例えば「真針路100度」などというが、この場合、該当機首は、真北から時計回りに計って100度の方向に向かっていることである。

## aircraft light
### 航空灯（航法灯）
　夜間飛行中の航空機同士、又は航空機以外のものに、その位置ならびに飛行方向を示すために、航空機に付設される灯火。日没から日の出

までの夜間において使用される。

これには不動光方式と閃光方式とがある。不動光方式では右舷（緑色）、左舷（赤色）、尾部（白色）の不動灯火が装備され、閃光方式では、右舷（緑色閃光と白色閃光の交互点灯、又は緑色不動光と白色閃光との併用点灯）、左舷（赤色閃光と白色閃光の交互点灯、又は赤色不動光と白色閃光との併用点灯）、尾部（2個の白色連続閃光）の灯火が装備される。そして、各灯火の装備に当たっては、灯光範囲が、右舷灯では機軸前方から右方110度、左舷灯では機軸前方から左方110度、尾灯では機軸後方左右それぞれ70度に及ぶように規定されている。

## aircraft operation record
### 航空機運航記録

航空機備え付けの書類で、該当機の修理及び改造などのほか、運用中の記録の一切を記入するもの。air logs（航空日誌）がこれに当たる。

## aircraft registration certificate
### 航空機登録証明書

航空機は登録を受けたとき、日本の国籍を取得し、航空機登録証明書を交付される。registration certificate（登録証明書）参照。

## aircraft speed limitation
### 速度制限

航空交通の安全のために規定される航空機の速度の制限。航空機は下記の空域においては、それぞれに定める指示対気速度を超える速度で飛行してはならない。

1. 管制圏内のうち高度900m（3,000ft）以下の空域
   (1) ピストン・エンジン機＝160kt
   (2) タービン・エンジン機＝200kt
2. 管制圏内のうち高度900m（3,000ft）を超える空域又は進入管制区のうち告示で指定する空域＝250kt

上記の規定にかかわらず、管制機関より上記の速度を超える速度で飛行することを指示された場合、又は航行の安全上やむを得ないと認められる事由により上記の速度を超える速度で飛行する必要のある場合は、当該速度で飛行することができる。ただし、上記規定にかかわらず国土交通大臣の許可を受けた場合はこの限りでない。⇒法82条の2、施規179条、179条の2

## aircraft stand
### 航空機駐機場

航空機を駐留させるために使用される目的のエプロン内の指定された区域をいう。
⇒ICAO

## aircraft structure
### 航空機構造

航空機の機体を構成する構造部材をいう。航空機に加わる荷重を受け持つ部材を1次構造部材、荷重を受け持たない部材を2次構造部材と呼ぶ。

## aircraft surface cleaner
### 機体洗浄剤

航空機の機体表面の汚れを洗い落とすために使用される薬剤。通常、ソルベントなど各種の有機溶剤が使用される。

## aircraft weather observation
### 航空機気象観測

飛行機等を使用して大気高層部の気象状態、台風等の観測を行うこと。その結果、他の方法では得られない貴重な数々の資料が得られる。気象業務遂行上、大いに役立つほか、航空機運航の安全ならびに経済性の確立に有用である。

## air current
### 気流

大気中の空気の流れ。水平気流と垂直気流とがあるが、速度は前者が卓越している。

## air defence identification zone：ADIZ
### 防空識別圏

ADIZ参照。

## air density
### 空気密度、エア・デンシティ

空気の密度は次の式で与えられる。

$$\rho = \frac{1.2931}{9.80665} \cdot \frac{273}{273+1} \cdot \frac{P-0.378\phi F}{760}$$

ここに、
$\rho$＝密度（kg s²/m⁴）、P＝気圧（水銀柱mm）、t＝温度（摂氏・度）、$\psi$＝湿度（百分比）、F＝温度 t における水蒸気の最大張力。

空気の密度は気圧の増大と共に増し、気温が上昇すれば減少し、また湿度にも関係して変化する。

### air driven gyro
**空気駆動ジャイロ、真空式ジャイロ**

空気噴流によりジャイロを回転させる仕組みのジャイロ計器で、動力源はエンジン駆動の真空ポンプで得る。現在では小型機に装備される計器の一部を除いて、電気式のジャイロが多く使われている。

### AIREP：air report
**エア・リポート**

国際民間航空条約に基づいて行われる航空機による気象観測報告で、国際航空路上の特定の通報点のほか、特殊な気象状態に遭遇したり、航空気象官署が特別な資料を要求したりした場合に気温、風向風速、乱気流、着氷などをAIREP（エアリップ）型式により報告する。

### airfield
**飛行場、エアフィールド**

aerodrome 参照。

### air filter
**空気濾過器、エア・フィルター**

エンジン付属装置で、吸入空気を濾過し、塵埃を取り除く装置。

### airfoil
**翼型、エアフォイル**

飛行機の翼の断面形状。飛行機は特に主翼の空力特性が性能に大きく影響するので、昔かられ様々な翼型が研究されてきた。そのうち、最も有名なものは1930年ごろアメリカのNACA（現在のNASA）でジェイコブが行ったNACA4字番号翼型の組織だった研究に始まる一連の研究で、その後の翼型研究の主流になった。その後、さらに5字番号翼型や層流翼型1シリーズ、6シリーズ、7シリーズが誕生した。

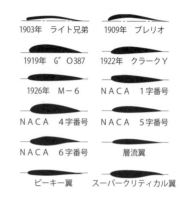

1903年 ライト兄弟　　1909年 ブレリオ
1919年 G" O387　　　1922年 クラークY
1926年 M-6　　　　　NACA 1字番号
NACA 4字番号　　　　NACA 5字番号
NACA 6字番号　　　　層流翼
ピーキー翼　　　　　スーパークリティカル翼

### airframe
**機体、エアフレーム**

飛行機の動力装備と機能部品を除いた部分。すなわち、主翼、胴体、尾翼、着陸装置、操縦装置などを含めたものの総称。

### air freight（air cargo）
**航空貨物**

航空機で輸送される貨物の総称。通常、旅客が機内に持ち込む手荷物はこの中には含めない。以前は旅客用飛行機の下部貨物室を利用していたが、航空機の技術進歩によって運航コストが下がったため、貨物輸送専用機が使われるようになり、貨物輸送専門の航空会社もある。

### air fuel ratio
**混合比**

シリンダーに供給される空気と燃料との混合の割合を指して呼び、普通、空気対燃料の重量比をもって表される。

### air-ground communication
**空地通信**

航空機と地上の無線局との2方間通信をいう。⇒ICAO

## air-ground control radio station
**対空管制通信局**

　管轄空域内における航空機の運航及び管制に関する通信の取扱いについて第一の責任を有する航空通信局をいう。⇒ICAO

## air-ground radio station
**飛行場対空通信（援助）局、レディオ**

　管制通信機関の1つ。管制機関が配置されていない飛行場において、飛行場及びその周辺を航行する航空機に対する航行援助（飛行場の運用状態、気象情報、交通情報、その他運航に必要な情報）及び管制承認の中継を行う施設。コールサインは「レディオ」を用いる。有効到達範囲は15nm。

## air intake
**空気取入口、エア・インテイク**

　航空用エンジンの空気流入口。この取付け位置、形状はエンジンの性能、ひいては機体の性能を大幅に左右する。従って、圧縮エネルギーの損失が最小で空気流の分布が均一、しかも機体全体としての外部抵抗の少ない形状が選ばれる。

形状が独特のF-22のインテイク（USAF Photo）

## airline
**航空企業**

　定期国際航空業務を提供し、運営するすべての航空運送企業をいう。⇒ICAO

## airline transport pilot rating：ATR
**定期運送用操縦士、ATR**

　定期旅客機の機長に必要な資格。パイロットの資格の中で最上級のもので、エアライン機長はこの資格を持っている。飛行機、回転翼航空機、飛行船に分かれ、飛行機と回転翼航空機の資格取得に必要な飛行経歴は次のとおり。

飛行機＝① 1,500時間以上の飛行時間、② 100時間以上の野外飛行を含む250時間以上の機長時間、③ 75時間以上の計器飛行。

回転翼航空機＝① 1,000時間以上の飛行時間、② 100時間以上の野外飛行を含む250時間以上の機長時間、③ 50時間以上の夜間飛行、④ 30時間以上の計器飛行。さらに、操縦に2人を要する機体でないと、実地試験を受験できない。⇒施規別表第2

　米国においてはATP（airline transport pilot）と呼称する。

## air logs
**航空日誌**

　搭載用ログ・ブック（log book）ともいう。すべての航空機にあって、出発地、目的地、乗組員、飛行時間、距離を日々記載し、その集計が一目瞭然となるようにしたもの。

　このほかに、エンジン、プロペラ、回転翼、滑空機用等のログがあり、整備、修理、改造、交換等の記録を詳細に記録する。

## air man
**航空従事者**

　航空従事者技能証明書を受けた者をいう。⇒法2条

## air mass
**気団**

　地球上で、かなり広い区域がほぼ同じ気象状況ならば、その地域の上空に長い間滞留していた大気は、全体として、ほぼ一様な性質を持つようになる。こうしてできた水平方向にほぼ一様な性質を持っている大気を気団という。大別して、大陸気団、海洋気団があり、さらに寒気団、暖気団からなる。

これらの気団と気団との境界では、一般に種々の気象要素が不連続的に変化し、天気も一般的に不良である。このような境界を前線帯又は不連続線（面）と呼んでいる。

## air mass thunderstorm
### 気団雷

太陽放射による地表面の加熱で大気が不安定になり上昇気流が起こる。気団雷雲はまばらにでき、周囲の視程は良く雲底は高い。

## AIRMET：airman's meteorological information
### エアメット

危険度は SIGMET よりは低いが軽飛行機の運用にとって重要な注意報であり、並の着氷・乱気流、地上風が 30kt 以上、視程 3 sm 以下、雲高 1,000ft 以下の区域等を示す。⇒ FAA

## air navigational aid
### 航空保安施設

電波、灯光、色彩、又は形象により航空機の航行を援助するための施設で、国土交通省令で定めたもの。航空保安無線施設、航空灯火、昼間障害標識の3種類がある。
⇒航空法2条5、施規1条

## air navigational radio aids
### 航空保安無線施設

電波により航空機の航行を援助するための施設で、NDB、VOR、タカン、ILS、DME、衛星航法補助施設（SBAS）がある。
⇒施規1条、97条

## airplane
### 飛行機、エアプレーン

わが国でもこのように称されることが多いが、主としてアメリカでの固定翼航空機の呼称。
aeroplane 参照

## air pocket
### エア・ポケット

大気中で、気流変化により下降気流を生じている箇所。航空機がこの中に入ると、急激に落下し、搭乗者の中から重傷者をだすこともある。積雲系の雲中、河川・湖沼・森林地帯の上空、山岳に発生することが多い。

## airport：AP
### 空港

航空機の発着、運航の用に供される公共用飛行場。付属施設として、航空機の修理、整備などを行う諸施設が含まれる。また、国際空港とは、国際間を航行する航空機の離着陸に使用される空港で、税関、保税倉庫、出入国管理事務所などの施設の付設されているものをいう。

自衛隊の管理する飛行場のうち、丘珠、三沢、小松、美保、徳島など、告示で指定された共用飛行場は、空港としても運用されている。aerodrome 参照。

## airport advisory service
### 飛行場アドバイサリー業務

飛行場管制所が設置されていない飛行場に設置されている国土交通省航空局飛行場対空通信局は、当該飛行場に発着する航空機及び当該飛行場周辺を飛行する航空機に対して飛行の安全、かつ円滑な運航に必要な情報の提供を行う。

## airport beacon
### 空港灯台

= aerodrome beacon。

## airport code
### 空港コード

民間空港を容易に識別するため IATA が設定した3文字の記号。東京の TYO、成田の NRT が一例。ICAO の設定は4文字（RJTT など）。

## airport control tower
### 空港管制塔

航空交通管制業務を行うため、空港内（又は周辺）に付設されている施設。通常、最上部において飛行場管制業務が行われ、下階においてその他の管制を行うレーダー室がある。control tower 参照。

**airport surveillance radar**
**空港監視レーダー**
　ASR 参照。

**airport terminal building**
**空港ターミナルビル**
　空港における旅客、貨物、郵便物などの取り扱いに関する諸業務を円滑、迅速かつ確実に行うために、それらの業務に関係ある各事務所を総合集中した建物施設。

**airport traffic control tower**
**飛行場管制所**
　飛行場管制業務を行う機関をいい、下記の業務を行う。
1．有視界飛行方式により飛行する航空機で、飛行場に離着陸する航空機又は飛行場周辺を飛行する航空機に対する管制許可及び管制指示
2．計器飛行方式により飛行する航空機で、飛行場から離陸する航空機の管制区管制所、ターミナル管制所又は進入管制所への引き渡し及び引き継ぎ
3．走行区域を航行する航空機及び飛行場業務に従事する者への管制許可及び管制指示
4．(1) 他の管制機関が行った管制承認、管制許可、管制指示及び特別有視界飛行許可の中継
　　(2) 航空機からの位置通報等の通報の中継
5．飛行情報業務
6．警急業務　⇒施規 199 条
　コールサインは、飛行場管制席にあっては「○○ TOWER」、地上管制席にあっては「○○ GROUND」、管制承認伝達席にあっては「○○ DELIVERY」が割り当てられている。

**air-prox**
**air-prox、エアプロックス**
　aircraft proximity の合成語。ICAO が定めた異常接近の規定で、リスクが最も高い A から D までの 4 段階に分かれる。near midair collision の規定に近いが、より広く事例をカバーしている。

**air route**
**航空路線、空路、路線、エア・ルート**
　航空運航会社が航空輸送を行う空路をいう。
　国内航空路線については航空会社からの路線開設について国土交通省航空局へ届け出る。国際路線は、日本と相手国の両国政府間交渉により行われる。

**air route control service**
**航空路管制業務**
　航空交通管制業務の 1 つで、管制区管制所により行われるもの。計器飛行方式により飛行する航空機及び特別管制空域を飛行する航空機に対する管制業務であって飛行場管制業務、進入管制業務、ターミナル・レーダー管制業務、着陸誘導管制業務以外のもの。⇒施規 199 条

**air route surveillance radar：ARSR**
**航空路監視レーダー、ARSR**
　航空路上を飛行中の航空機の管制に使われる 1 次レーダーを ARSR と呼び、約 200～250nm のレンジを有する。現在わが国には 16 個所に ARSR が設置されており、ほぼ全国をカバーしている。

**airship**
**飛行船**
　水素、ヘリウムなど空気より比重の小さな気体を気嚢(きのう)に収容し、排除容積の差を揚力として浮揚し、かつ推進及び操縦装置により、大気中を自由に航行するもの。軟式、半硬式、硬式、全金属製がある。現在では、半硬式・軟式飛行船が民間で宣伝広告、遊覧用に少数機使用されているのみであるが、航続時間の長さ、及び省エネルギーなどの観点から見直されつつある。

## airship displacement
### 飛行船の排除容積
　軽航空機（飛行船等）が大気中で排除する空気の総容積。浮力を生みだす。

### air shuttle
#### エア・シャトル
　比較的近距離で旅客の多い路線に、運航時間表を組まず、乗客が一定数になれば旅客機を出発させ、乗客が多ければ何便でも連続して運航し、少なければ適当に間隔をあける輸送方法。一般に運賃も定期便に比べ安価に設定してある。通常シャトル便という。

### air sickness
#### 空酔い、航空病、エア・シックネス
　航空機搭乗中、主として加速度による影響が原因で発生する病的状態。加速度病又は動揺病とも呼ばれる。＝ air sick

### airside
#### エアサイド
　空港の運航地域とそれに隣接する地域及び建物又はその一部で、そこへの出入りが規制されている場所。⇒ ICAO

### airspace restriction
#### 空域制限
　自衛隊及び米軍の対地射撃、対空射撃、空対空射撃、水平射撃、爆撃などの訓練を行う区域で、その空域、時間は AIP に公示されている。航空図上では R 及び W で表されている。この空域の周辺を飛行する場合には AIP 及び NOTAM での十分な下調べが必要である。

### air speed
#### 対気速度
　航空機と大気との相対速度。対地速度と区別するために呼称される。これには、指示対気速度、修正（較正）対気速度、等価対気速度、真対気速度などがある。

### air speed indicator

### 対気速度計
　飛行中の航空機の気流に対する速度を測定する主要な操縦計器。その検出にはピトー管が利用される。

### air start
#### 空中（再）始動、エア・スタート
　飛行中に停止した、又は停止させたエンジンを再び始動すること。
　また、エア・レースなどで、空中の特定のポイントから競技をスタートすること。

### air taxi
#### エア・タクシー
　ヘリコプターが地上から少し浮上してタクシングすること。スキッド式の機体は、すべてエア・タクシーとなる。
　また、ビジネス機を利用して乗客を希望する目的地へ輸送する業務。

### air taxiway
#### 空中誘導路
　ヘリコプターの空中滑走のために設置された、地表面上の限定された経路をいう。
　⇒ ICAO

### air to air missile：AAM
#### 空対空ミサイル、AAM
　ミサイルの一種。航行中の航空機より、空中に存在する他の目標に向けて発射し、これを破壊するためのミサイル。

### air to surface(ground) missile：ASM、AGM
#### 空対地ミサイル、ASM、AGM
　ミサイルの一種。航行中の航空機より、地表の目標に向けて発射し、これを破壊するためのミサイル。

### air traffic
#### 航空交通
　走行地域又は空中における航空機の交通をいう。⇒管制方式基準

## air traffic advisory service
### 航空交通助言業務

　計器飛行方式による飛行計画で航行する航空機間に、できる限りの間隔を確保するために助言空域内で行われる業務をいう。⇒ICAO

## air traffic communication facility
### 管制通信機関

　管制通信業務が行われる機関で、国際対空通信局、飛行場対空通信局、RAG局、AEIS、ATISなどがある。

## air traffic communication service
### 管制通信業務

　通信業務、航空情報の提供、管制に関わる通報などの業務。

## air traffic control：ATC
### 航空交通管制、ATC

　航空機の安全かつ能率的な運航を確保するために行われる業務全般をいう。これには、
1．交通圏内における航空機相互間ならびに航空機と障害物との衝突を予防すること。
2．航空交通の秩序的な流れの維持、促進に努めること。
3．安全かつ能率的な運航実施のため、航空機の機長に助言あるいは情報の伝達を行い、援助を企図すること。
4．航空機が捜索救難を必要とする状態にあると判断又は思推される場合、関係機関にその旨通知すること。
　の4項目の事例が含まれる。

## air traffic control area
### 航空交通管制区

　地表又は水面から200m以上の高さの空域であって、航空交通の安全のために国土交通大臣が告示で指定するものをいう。⇒法2条
　この空域には進入管制区、特別管制区、TCAが含まれている。また、無線電話・航空交通用自動応答装置の装備（法60条）、曲技飛行等・操縦練習飛行等の制限（法91、92条）、計器飛行状態における飛行（法94条）、航空交通

の指示（法96条）などの規定がある。

## air traffic control clearance
### 航空交通管制承認、クリアランス

　航空交通管制機関により、指定された条件に基づいて進行するよう航空機に与えられる承認をいう。⇒ICAO

## air traffic control facility
### 管制機関

　管制業務を行う機関の総称をいう。⇒ICAO

## air traffic controller
### 航空管制官、航空交通管制官

　管制業務を行う資格を有し、かつ、当該業務に従事している者をいう。⇒管制方式基準
　通常「管制官」と略し、管制区管制所（ACC）における航空路管制業務、空港における飛行場管制業務、進入管制業務、進入管制所又はGCAにおけるターミナル管制業務及び着陸誘導管制業務に従事する人々をいう。
　民間では大学、高校卒業者を対象として、人事院が採用試験を毎年1回行い、国土交通省航空保安大学校において6か月～2か年の研修期間を経て各地に配属される。
　防衛省の管制官は、海上・陸上の両自衛隊を含め、航空自衛隊小牧基地第5術科学校においてATCの基礎研修を受け、各地に配属後1～2年を経て航空局の管制官技能検定試験に合格してから一本立ちとなる。

## air traffic control service
### 航空交通管制業務、管制業務

　航空機相互間及び走行地域における航空機と障害物との間の衝突予防並びに航空交通の秩序ある流れを維持し促進するための業務をいい、対象とするのは下記の事項である。
1．管制空域におけるすべての計器飛行方式による航空機
2．当該当局により規定されている場合、管制空域内の特別な部分におけるすべての有視界飛行方式による飛行
3．管制飛行場におけるすべての飛行場交通

## air traffic control unit
## 航空交通管制機関

管制区管制所、進入管制所及び飛行場管制所の総称をいう。⇒ICAO

## air traffic control zone
## 航空交通管制圏

国土交通大臣が告示で指定する空港等並びにその付近の上空の空域であって、空港等及びその上空における航空交通の安全のために国土交通大臣が告示で指定するものをいう。
⇒法2条

飛行場標点から9㎞（特例を除く）の円内で囲まれる区域の上空で国土交通大臣が告示で指定した高度未満(6,000ft以下)の空域をいう。

## Air Traffic Management Center
## 航空交通管理センター、ATM センター

空域における航空交通及び気象の状況を考慮した飛行経路の設定、航空交通量の監視及び調整その他の航空交通に関する業務を行う機関をいう。⇒管制方式基準

## air traffic service：ATS
## 航空交通業務

管制業務、飛行情報業務及び 警急業務の総称をいい、安全迅速かつ秩序正しい航空交通の流れを促進し、航空機運航の安全性と効率性を改善するとともに、あわせて航空機の航行に起因する障害を未然に防止することを目的とし、さらに下記の事項を直接的目的とする。
1．航空機相互間の衝突を防止すること
2．走行区域にある航空機と障害物との衝突を防止すること
3．航空交通の秩序正しい流れを促進し維持すること
4．飛行の安全かつ効率的な実施のために有効な情報と助言を与えること
5．捜索救難を必要とする航空機に対して適当な機関に通報するとともに要請に応じ当該機関を援護すること

## air traffic services reporting office
## 航空交通業務通報所

航空交通業務又は出発前に提出された飛行計画に関する通報を受ける目的で設立された機関をいう。

注．航空交通業務通報所は航空交通業務機関又は航空情報業務機関のように別個の機関として設立又は既存の機関と併設されてもよい。⇒ICAO

## air traffic services unit
## 航空交通業務機関

航空交通業務機関、飛行情報センター、又は航空交通業務通報所などの総称をいう。
⇒ICAO

## air transport service
## 航空運送事業

他人の需要に応じ、航空機を使用して有償で旅客又は貨物を運送する事業をいう。
⇒法2条

## air volume
## 排除容積

軽航空機が大気中で排除する空気の総容積。

## airway：AWY
## 航空路

航空機の航行に適する空中通路として国土交通大臣が指定するもの。⇒法37条

位置及び範囲は告示される。通常、高度は無制限、幅はVORに関わるものは4nm、NDBに関わるものは5nmである。

## airway beacon
## 航空路灯台

航空灯台の一種。航行中の航空機に航空路上の1点を示すために設置する灯火。晴天暗夜には約65㎞の彼方から視認できる。
・航空白と航空赤の閃交光
・閃光回数：12 ～ 20回⇒施規113条、116条

## airworthiness

耐空性
　航空機が飛行に適する安全性ならびに信頼性を有するか否かということ。性能、飛行性、フラッター、振動、地上（又は水上）特性、強度、構造などの見地より考慮される。

**airworthiness certificate**
耐空証明書
　該当機が、定められた耐空検査に合格したことを証明するため、主務官庁（わが国では国土交通省）が発行する証書で、この証書を得た航空機は有効期間内、航空の用に供し得る。自動車の車検証に相当する。

**airworthiness directive：AD**
耐空性改善命令
　AD 参照。

**alclad**
アルクラッド
　高力アルミ合金の耐食性向上のため、表面に純アルミ板を接着させたもの。

**alerting service**
警急業務
　捜索救難を必要とする航空機に関する情報を関係機関に通報し、当該機関を援助する業務をいう。⇒管制方式基準

**alert phase：ALERFA**
警戒の段階
　航空機及び搭乗者の安全に不安が生じた段階の緊急状態の１つで、下記の状態をいう。
1．第１段通信捜索（計器飛行方式による航空機については、その予定経路上における同機と交信し得る管制機関の有する施設を利用して行う捜索をいい、有視界飛行方式による航空機については、その予定経路上における飛行場について行う捜索）で当該航空機の情報が明らかでない場合。
2．第１段通信捜索開始後 30 分を経ても当該航空機の情報が明らかでない場合。
3．航空機が着陸許可を受けた後、予定時刻から５分以内に着陸せず、当該航空機と連絡がとれなかった場合。
4．航空機の航行性能が悪化したが、不時着のおそれがあるほどではない旨の連絡があった場合。
　この状態を知った管制機関は下記の業務を行う。
1．拡大通信捜索（当該航空機の到着可能な範囲にある関係機関による捜索）を行う。
2．捜索救難に必要と認められる情報又は資料を RCC に通報する。
3．可能ならば当該航空機の使用者に通報する。
　⇒管制方式基準

**alignment**
アライメント
　基準点からの位置又は方位の一致性をいう。
　⇒航空保安施設設置基準
　航空機整備においては、調節、調整。

**all flying tail**
オール・フライング・テイル
　ジェット戦闘機の高速飛行時の安定を保ち、運動を容易にするために考案されたもので、水平尾翼全体が動くようになっている。後縁に昇降舵をもち、高速時だけ水平安定板と一体にして動かす方式を semi flying tail と呼ぶ。
　小型機でも低速時の昇降舵の効きをよくする目的で採用例がある。

写真はF-18（US Navy photo）

**allowable stress**
許容応力
　構造部材に許される実際発生応力のことで、これは弾性限界内又は挫屈応力以下であること

を要する。

## all weather landing system
### 全天候着陸装置
いかなる悪天候でも航空機の着陸を可能とする装置。地上設備と航空機搭載機器の双方で構成される。地上設備から電波による信号を発信し、航空機はこの信号を受信して操縦装置及びエンジン出力を制御し、人力の助けを借りずに着陸できる。この着陸装置を段階的に推進するため、ICAOでは5つのカテゴリーを設けている。

## Almite
### アルマイト
アルミニウムの防錆、耐食性向上のため、表面処理（アルミニウムを蓚酸溶液中で電解処理し酸化被膜を作らせる）したものの商標品。和製英語。

## ALNOT：Alert Notice
### 警戒通知、警戒警報、アルノット
ACCがINREQを他関係機関に出してなお消息不明機があった場合、管制本部は、その予想される行動範囲の管制機関、通信所等関係施設にALNOTを出して捜索救難に必要な情報を流して警告をうながすことをいう。

## *α*（alpha）-hinge
### アルファ・ヒンジ
drag hinge 参照。

## alternate aerodrome：ALTN
### 代替飛行場
着陸予定飛行場に着陸することが不可能又は不適切となった場合、航空機が臨時着陸することのできる飛行場をいう。また、代替飛行場は次のものを含む。

1．代替離陸
航空機が離陸直後に着陸することが必要になった場合又は出発飛行場の使用が不可能になった場合に着陸することが可能な飛行場。

2．代替経路
飛行経路において、異常な、又は緊急状態

に陥った場合に着陸可能な飛行場。

3．代替目的地
着陸予定飛行場に着陸することが不可能又は不適切となった場合、航空機が着陸することのできる代替飛行場。

注．代替飛行場は出発飛行場に成り得る。
⇒ ICAO

## alternate airport
### 代替空港
目的の空港が何らかの理由によって利用できない場合に代替えとして着陸する空港。計器飛行方式で飛行する航空機は、出発時に代替空港を選定し、目的空港上空を経て代替空港への飛行を終わり、さらに45分間巡航できる燃料を搭載するよう義務づけられている。

## alternate fuel
### 代替燃料
目的空港に降りられなかった場合、そこから代替空港への飛行を終わり、さらに45分間巡航できる燃料。計器飛行方式で飛行する場合は最小必要量が規定されている。

又は現在の航空燃料の替りとなる新燃料。各国軍隊、エアライン、機体・エンジン・メーカーにより研究されており、実証飛行も行われている。

## alternator
### 交流発電機、オルタネーター
航空機の各種装備品等に供給される電力のうち、エンジン駆動により交流電力を発生する発電機。115V 3相400ヘルツが多く用いられている。generator 参照。

## altimeter
### 高度計
高度計は、海面上の気圧を基準にした海面からの高度を指示するアネロイド式気圧高度計と、電波等を利用した地面からの高度を指示する絶対高度計とに大別できる。航空機用高度計としては一般に気圧高度計が使用され、絶対高度計は、その一種である電波高度計が自動着陸

# altimeter setting procedure

装置と組み合わせて低高度指示用として使われたり、その他特殊用途に用いられる。通常、高度計とは気圧高度計を指す。

高度計は零設定装置（地上気圧の変動に対する手動補正装置）を備え、2針又はそれ以上の指針や補助的な多重目盛又は同様な機構を備えている。

最近は液晶表示装置の一部に高度計が組み込まれているケースが多く、この場合、デジタル数字の垂直バー形式で表示される例が多い。

新しい機体の高度計（右バー）。左バーは速度

## altimeter setting
## 高度計規正

航空機装備の気圧高度計は、計器面そのものは高さの単位で表示されていても（高度目盛）、実際は空盒気圧計（アネロイド式）の指針の作動状態を伝えているにすぎない。従って、実際にある高度基準面からの気圧高度を求めようとする場合には（実際には大気層上下の気温分布が影響するので、これでは真高度は求められない）、高度計の指針をその基準面の気圧に整合させる必要がある。

この気圧高度計の指針の狂いを補正する処置をアルティメーター・セッティングといい、整合用のつまみを回して行う。その操作方式、

つまり高度基準面のとり方には次の3通りの方法がある。
1. QNH方式：この方式は、該当機が滑走路にある時、その装備する気圧高度計の指針が、ちょうどその海抜高度を示すように整合する方式である。日本では現在この方式が採用されている。
2. QFE方式：この方式は、該当機が飛行場滑走路に接地した際、装備高度計の指針が零を示すように整合する方式である。
3. QNE方式：この方式は気圧高度計の指針を、標準大気の地表の気圧値1,013.2hPa（29.92in）に整合する方式である。

## altimeter setting procedure
## 高度計規正方式

福岡FIR内を飛行する航空機の高度又はフライト・レベルは下記の方式により維持するものとする。

1. 一般方式

　QNH適用区域を飛行する場合は、下記により高度計規正を行い、航空機の高度又はフライト・レベルを維持しなければならない。
　(1) 平均海面上14,000ft未満：最寄の飛行経路上の地点のQNH値により規正する。出発空港のQNH値が入手できない場合は出発空港の標高により規正する。
　(2) 平均海面上14,000ft以上：標準気圧値29.92in（1,013.2hPa）により規正する。
　　注1．フライト・レベルで飛行する航空機と高度で飛行する航空機との間に適切な垂直間隔を確保するため、飛行空域の大気圧に応じて使用できる最低利用可能フライト・レベルが適用される。
　　注2．富士山（高さ平均海面上12,388ft、35°21′38″N 138°42′30″E）から半径5nm以内の空域をIFRにより飛行する航空機の最低利用可能フライト・レベルは160とする。

2. 洋上飛行

　前項に規定された空域以外の洋上を飛行する航空機は標準気圧値29.92in（1,013.2hPa）により高度計規正を行うものとする。

altitude

3．日本及び韓国間の飛行

　平均海面上 14,000ft 未満では QNH 値により、14,000ft 以上では標準気圧値 29.92in（1,013.2hPa）により高度計規正を行うものとする。⇒ AIP.ENR1.7-1

## altitude
### 高度、アルティチュード

　気圧高度、密度高度、絶対高度、海抜高度などがある。

　定義
　・平均海面（mean sea level：MSL）からの垂直距離（又はフライト・レベル）をいう。⇒飛行方式設定基準、管制方式基準
　・平均海面上から測った空間のあるレベル、点又はある物体を 1 つの点と考えた位置までの垂直距離。⇒ AIP

## altitude control
### 高度制御

　気化器吸入部が高度による気圧変化に応じ、常に正しい混合比を得るよう調整する手段又は装置。これには、手動のものと自動のものがある。mixture control 参照。

## altitude recorder
### 高度記録計

　飛行高度を自動的に記録する計器。高度計と記録装置の組み合わせからなる。フライト・レコーダーのうちの一装置でもある。

## altocumulus：Ac
### 高積雲

　基本雲形 10 種の中の 1 つ。国際記号は A c。高度 2,000 ～ 7,000 m の間に生ずる中層雲。白色又は灰色で陰影を持つことがある。大きな丸い群れの塊をなし、時として縞模様の列をなすことがあり、夕焼けに美しい。これがさらに細かくなると巻積雲である。「むら雲」と通称される。種として層状雲、レンズ雲、塔状雲、ふさ状雲、変種として半透明雲、すき間雲、不透明雲、二重雲、波状雲、放射状雲がある。

## altostratus：As
### 高層雲

　基本雲形 10 種の中の 1 つ。国際記号は A s。高度 2,000 ～ 7,000 m の間に生ずる中層雲。灰色又は薄墨色を帯びている。全天を覆うことが多く、また繊維状をなすこともある。太陽又は月がおぼろになる。「おぼろ雲」と通称され、この雲が厚く低くなると乱層雲となる（雨の前ぶれ）。変種として半透明雲,不透明雲,二重雲、波状雲、放射状雲がある。

## alumin(i)um
### アルミニウム / アルーマナム

　1827 年、ドイツ人 Wohler が発見した元素。その後 1886 年、エルーとホルーの両名により工業的製造法が発見された。性質としては、純度 99.5％のものをとれば、比重 2.71、融点 655℃、電気伝導度 59％（焼鈍）である。

　化学的には、ほぼすべての有機酸に対し安定である。無機酸に対しては、稀硫酸、80％以上の濃硝酸、硫酸アンモンには安定である。またアルカリには弱いが、アンモニアに耐える。また中性塩には大体安定であり、硫黄にも強い。航空機用以外に、幅広く使用されている。

## aluminum alloy
### アルミニウム合金

　アルミニウムを主体とする合金で軽合金の王座を占めている。ジュラルミン、超ジュラルミン、超々ジュラルミン、Y 合金などの高力アルミニウム合金、アルミニウム耐熱鋳物合金、耐食アルミニウム合金、アルミニウム鍛造合金、アルミニウム鍛錬用合金などがある。

## aluminum alloy for casting
### 鋳造用アルミニウム合金

　鋳造用、すなわち、砂型、金型、ダイカストなど諸種の鋳造用に使用されるアルミニウム合金。アルミニウム・銅系、アルミニウム・銅・珪素系などがある。

## aluminum anti corrosion alloy
### 耐食アルミニウム合金

－ 32 －

耐食性を持たせたアルミニウム合金。アルミニウム・マンガン系、アルミニウム・マンガン・マグネシウム系、アルミニウム・マグネシウム・珪素系、アルミニウム・マグネシウム系などがある。

## aluminum bronze
### アルミ青銅

銅88％、アルミニウム8％、マンガン及び鉄4％の銅合金。機械的性質、耐食性、耐熱性、耐摩性、耐疲労性が良好である。従って、航空機材としては耐熱性を利用してエンジンのバルブ、バルブシートに、また耐摩性を利用して歯車、軸受などに使用される。

## ambulance aircraft
### 傷病者輸送機、患者輸送機

傷病者を前線より、病院設備のある後方に空輸する飛行機。このため、飛行機内部には、傷病者用の担架、ベッド、医療器具などの設備が付される。その他、平時でも、交通不便な地方における急病人や医療設備の乏しい病院の患者を都市部の大病院に急送して医療を加えるため、世界各国で多く使用されている。

米空軍の患者輸送機C-9（USAF Photo）

## ampere：A
### アンペア

アンペアとは、真空中に1m離して平行に置いた円形断面を有する直線導体に電流を流したとき、導線間に1m当たり$2 \times 10^{-7}$N(ニュートン)の力を生じるような定常電流の強さをいう。⇒ICAO

## amphibian aircraft
### 水陸両用機

水陸双方で使用し得る航空機。飛行艇又は

モールM-7水陸両用機（MAULE AIRCRAFT Photo）

浮舟（フロート）付き水上機に陸上飛行場での離着陸に備え、車輪式着陸装置を付けた機体。

## anabatic wind
### 斜面上昇風

太陽放射により斜面が加熱されて暖められた大気が斜面に沿って上昇するときの風。滑空機の上昇気流として利用される。

## anafront
### アナフロント

前線に沿い暖気が上昇している前線。前線は活発になる。

## analog indicator
### アナログ式表示計器

デジタル式表示計器に対し、従来型の計器を指す場合の用語。

## anemometer
### 風速計、風力計、アネモメーター

風速を計測する器具の総称。ロビンソン風速計、プロペラ型風向風速計、ダインス風速計、熱線風速計などがある。

## anemoscope wind vane
### 風向計

風向を計測する器具の総称。

## aneroid barometer
### アネロイド気圧計、バロメーター

空盒気圧計ともいい、内部をほぼ真空にした金属製の空盒があり、その空盒の気圧による変化を利用して気圧を測定する装置。

## angels echo
### エンジェルス・エコー
　降水現象を伴わない所に現れるレーダーのエコーで、空気（温度・湿度の強勾配）、電波、鳥、虫等による屈曲率の急変による干渉で起こると考えられる。これが発生すると比較的短距離までしか探知されない。

## angle of attachment
### 取付角
　翼の機体基準線に対する角度。翼の組立調整の時の基準にも用いる。= setting angle

## angle of attack/incidence
### 迎え角
　翼が図のように一様な空気の流れの中に置かれたとき、この流れの方向と翼弦線とのなす角を迎え角という。
　（米）→ angle of attack
　（英）→ angle of incidence

## angle of bank
### バンク角
　飛行機の左右の傾きの角度。すなわち、飛行機の左右軸と水平線のなす角。通常、補助翼によりコントロールする。

## angle of deadrise
### 底勾配
　水上機の浮舟又は飛行艇の艇体に関する用語。すなわち、浮舟又は艇体横断面のV形底面の水平となす角αを指していう。この角度の大小は、着水衝撃、抵抗、飛沫状況などに大きく影響する。

## angle of pitch
### ピッチ角
　プロペラ回転面と、その翼断面翼弦のなす角度。羽根角が増大すればプロペラ効率も増加するが、45度以上になると逆に減少する。羽根角ともいう。

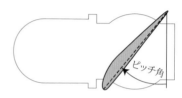

## angle of stall
### 失速角
　翼に失速が発生する迎え角。臨界迎え角ともいう。

## angle of visibility
### 視野角
　視野の広さを表す角度。

## angular range of view
### 視界
　航空機搭乗席（特に操縦席）より見える範囲。前方視界（方向角で表す）、上方視界（仰角で表す）、下方視界（俯角で表す）がある。

## annealing
### 焼なまし
　金属をある温度以上に加熱した後、徐々に冷却処理を施すこと。金属の結晶組織を調整するために行う。

## annular type combustion chamber
### アニュラー型燃焼室、環型燃焼室
　タービン・エンジンの燃焼室の一形式。図のような形状をしており、燃焼室の構造が簡単で、全長が短く、燃焼室の断面積がエンジンの前面面積に比べて最大にできる。また燃焼が安

定で吹き消えがなく、排気煙も少ないことから、最近のエンジンのほとんどが、この燃焼室を採用している。

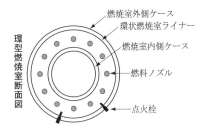

### annunciator panel
**警告パネル**

航空機の乗員が機体の状態を容易に把握し、故障発生時には、その箇所を特定しやすいようにしたパネル。＝ caution panel

### antenna：ANT
**アンテナ、空中線**

無線機及び航法機器、レーダー等の送受信に使用される導体。使用する電波の周波数帯により様々なタイプがあるが、航空機の高性能化に伴い、機体外表面と一体になったフラッシュ・タイプ、又は小型のブレード・タイプが主流である。

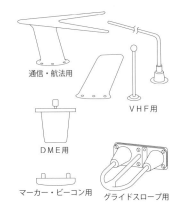

### anti balance tab
**アンチ・バランス・タブ**

tab 参照。

### anticipated operating condition
**予想運用状態**

経験上分かっている状態、又は航空機の運航が的確になされることを考慮して航空機の運用命数の間に起こることが十分に考えられる状態、大気の気象状態、地勢の形態、航空機の機能、従事者の能率、その他飛行の安全に影響するあらゆる要素に関係するものと考えられる状態をいう。予想される運用状態には次のものは含まれない。
1．運航方式により有効に避けることができる窮状。
2．非常に稀にしか発生しないので、かかる窮状に合致する標準を要求することが、かえって経験上必要かつ実際的と考えられる以上に高い水準の耐空性を与えることになる窮状。
⇒ ICAO

### anti collision light
**衝突防止灯、アンチ・コリジョン・ライト**

航空機の衝突を防止する目的で設置される灯火。通常、垂直尾翼上部、胴体上下又は左右翼端部等に取り付けられ、赤又は白色の閃光であることと規定されている。

ヘリコプターのフィン上部に取り付けられた衝突防止灯

### anticyclone
**高気圧圏**

周囲よりも気圧の高い所を指す。高気圧の中心（気圧の最も高い所）からは周囲の気圧の低い方へと風が吹き出す。ただし、その方向（風の吹き込み）は、地球自転の作用で北半球では時計回りの方向、南半球ではその反対方向となる。この高気圧による運動は低気圧と異なり緩徐であり、大きな位置の変化もみせずに数日間滞在することも少なくない。high 参照。

### anti-G suit
### 耐加速度服、Gスーツ
　高速機（特に戦闘機）の搭乗員が飛行中に受ける強い加速度から防護するための衣服。普通、空気圧利用式のものが利用されている。これは航空服の上から腹部及び脚部に圧力を加える空気袋を締めつけるようになっているが、航空服に空気袋を縫い込んだものもある。

Gスーツを着用中のパイロット（USAF photo）

### anti icer
### アンチ・アイサー
　anti-icing system 参照。

### anti-icing system
### 防氷装置、アンチ・アイサー
　飛行中の機体各部（プロペラ、気化器、翼前縁、空気取入口、ピトー管、その他）に氷が付着するのを前もって防ぐ装置。熱気防氷装置、電熱防氷装置、アルコール防氷装置などがある。＝ anti-icer

### anti-knock agent
### アンチノック性向上剤
　ガソリンのアンチノック性向上のため、ガソリンに少量添加される添加剤。代表的な実用添加剤に四エチル鉛がある。

### anti-knock quality
### アンチノック性
　エンジン関係用語で、ノッキングを起こし難い性質のこと。

### anti-skid device
### アンチ・スキッド装置
　航空機の着陸後、パイロットが急ブレーキを踏んでも、ブレーキの効きを自動的に調節し、車輪のすべり（スキッド）を防止し、制動距離の延び、タイヤの破裂を防ぐ装置。車輪の回転速度及び減速率を感知し、最も効果的なブレーキ圧が加わるよう、ブレーキ圧調整弁を制御する。アンチ・スキッド装置より進んだものに自動ブレーキ装置がある。

### anti-static device
### 放電装置、放電索
　機体に静電気の帯電を防ぐ装置。放電ブラシと棒とがある。前者は、補助翼、方向舵、昇降舵などの動翼後縁にみられる紐状のもので、これは銀粒子をしみこませた繊維からできており、機体表面に帯電した静電気を空中に放電させる。放電棒は、機体尾部又は降着装置に結合された金属棒で、着陸時この棒の先端が地面に触れて、静電気を逃がす。＝ static discharger

ビジネス機の翼後縁と補助翼に取付けられた放電索

### anti-trade wind
### 逆貿易風
　貿易風帯の上層の高度 10,000 〜 16,000 m（所によっては 20,000 m）において、しばしば貿易風とは逆方向の気流が存在する。この気流を逆貿易風という。

### anvil cloud
### かなとこ雲
　積乱雲が発達し、氷晶、雪片から成る雲で、雲頂はかなとこ型に風下側に拡がる。incus 参照。

### applied operating load
### 運用荷重
　航空機が運用に際して実際に受ける荷重。揚力、抗力、突風荷重、推力、慣性力、航空機自体の重量、地面反力から生じる荷重などが含まれる。

### applied operating load factor
### 運用荷重倍数
　運用荷重を水平定常飛行状態の荷重で割った値。

### approach and landing phase（helicopters）
### 進入・着陸段階（ヘリコプター）
　飛行の一部分であって、飛行が最終進入・離陸区域の標高より300m（1,000ft）の高さをいう。ただし、飛行計画がこの高さを超えることが計画されている場合は当該高さから、その他の場合には降下の開始から着陸又は進入復行点までの間をいう。⇒ICAO

### approach area
### 進入区域
　着陸帯の短辺の両端及びこれと同じ側における着陸帯の中心線の延長3,000m（ヘリポートの着陸帯にあっては、2,000m以下で国土交通省令で定める長さ）の点において、中心線と直角をなす一直線上におけるこの点から375m（計器着陸装置を利用して行う着陸、又は精密進入レーダーを用いてする着陸誘導に従って行う着陸の用に供する着陸帯にあっては600m、ヘリポートの着陸帯にあっては当該短辺と当該一直線との距離の間に15度の角度の正切を乗じた長さに当該短辺の長さの2分の1を加算した長さ）の距離を有する点を結んで得た平面をいう。⇒法2条、規1条の2

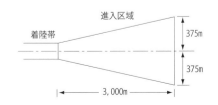

### approach beacon
### 進入無線標識、アプローチ・ビーコン
　航空機の飛行場への進入、着陸に際して、機首を滑走路に正しく向けさせるために、当該機に対して発信される鋭い指向性の無線ビーム。ILS参照。

### approach category
### 進入類別
　航空機の大きさ、重量、飛行性能に応じて運航上の最低条件を設定するために、航空機をカテゴリーAからEまでの5段階（日本では4段階）に分け、障害物との垂直間隔、進入区域の広さ、保護区域の広さ等に格差を設けたもの。
　航空機のアプローチ・カテゴリーは、速度と重量の組合せで決定する。速度は承認された最大着陸重量で、かつ着陸形態における失速々度の1.3倍とする。アプローチ・カテゴリーでいう値は計算した値である。

### approach control facility：APP
### 進入管制所、アプローチ
　飛行場に設置されている進入管制業務を行う機関をいい、下記の業務を行う。
1．計器飛行方式により飛行する航空機で、管制区管制所、ターミナル管制所、進入管制所又は飛行場管制所から引き継ぎ、管制区管制所、ターミナル管制所、進入管制所、着陸誘導管制所又は飛行場管制所に引き渡すまでのものに対する管制許可、管制指示
2．特別有視界飛行許可
3．計器飛行方式により飛行する航空機の飛行計画、位置通報、到着の通知その他の通報の受理
4．(1) 他の管制機関が行った管制承認、管制許可及び管制指示
　　(2) 航空機からの位置通報その他の通報
5．飛行情報業務
6．警急業務
　コールサインは、「○○ APPROACH」が割り当てられている。進入管制所はターミナル管制所と同じ業務内容であり、その違いはレーダーを使用していない点のみである。

## approach control service
## 進入管制業務

　航空交通管制業務の1つで、管制区管制所、ターミナル管制所、進入管制所により行われるもの。計器飛行方式により飛行する航空機及び特別管制空域を飛行する航空機で離陸後上昇飛行を行うもの、もしくは着陸のため降下飛行を行うもの、これらの航空機と交錯しもしくは接近して計器飛行方式により飛行する航空機に対する管制業務であって、ターミナル・レーダー管制業務、着陸誘導管制業務以外のもの。
　　⇒施規199条
　上記の管制業務をレーダーを使用して行うのが、ターミナル・レーダー管制業務であり、現在日本では、レーダーを持たない進入管制所はなくなった。

## approach fix
## 進入地点

　計器飛行方式で飛行中の航空機が飛行場に向かって計器進入を開始する地点をいう。計器進入方式の進入部分は、初期、中間、最終進入の3つに区分され、次の4つのフィックスがある。
1. initial approach fix：IAF
　　初期進入フィックス
2. intermidiate approach fix：IF
　　中間進入フィックス
3. final approach fix：FAF
　　最終進入フィックス
4. step down fix：SDF
　　ステップ・ダウン・フィックス

## approach gate
## アプローチ・ゲート

　最終進入コース上において滑走路進入端から5nmの点、又は最終進入フィックスから飛行場の反対方向へ1nmの点のいずれかのうち滑走路から遠いものをいう。⇒管制方式基準

## approach guidance light
## 進入路指示灯

　離陸した航空機にその離陸後の飛行経路を、又は着陸しようとする航空機にその最終進入の経路に至るまでの進入の経路を示すために設置する灯火。
・航空白又は航空黄の閃光又は不動光
・閃光回数：1秒間に2回
　　⇒施規114条、117条

## approach light
## 進入灯

　着陸しようとする航空機にその最終進入の経路を示すために進入区域内及び着陸帯に設置する灯火。標準式進入灯、簡易式進入灯がある。通常、滑走路延長上450〜900mの区域に設けられ、滑走路中心線を示す灯列とこれに直交する灯列とにより構成されている。
1. アプローチ・センターライト、クロスバー
　　：航空可変白の不動光、航空白の閃光
2. サイドバレット
　　：航空赤の不動光、航空赤・黄・白の不動光、航空可変白の不動光
　　⇒施規114条、117条

## approach light beacon：ALB
## 進入灯台

　着陸しようとする航空機に進入区域内の要点を示すために設置する灯火で進入灯以外のもの。
・航空白の閃光
・閃光回数：1分間に60回
　　⇒規114条、117条

## approach surface
## 進入表面

着陸帯の短辺に接続し、かつ、水平面に対し上方へ50分の1以上で国土交通省令で定める勾配を有する平面であって、その投影面が進入区域と一致するものをいう。⇒法2条、施規2条

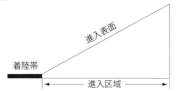

## apron
### エプロン
飛行場内において、航空機の乗客の乗降、貨物の積降、給油、係留を行うために、格納庫又はターミナル前方の地面に恒久的舗装を施した区域。

## apron management service
### エプロン管理業務
エプロン内の航空機及び車両の活動及び移動を統制するための業務をいう。⇒ICAO

## APU：auxiliary power unit
### 補助動力装置、APU
推進のためのエンジンとは別に機上に装備された動力装置で、航空機に電力、空気圧、油圧などを供給する。通常、飛行中には使用されないが、一部で離着陸時に高揚力装置（吹き出しフラップ）に圧縮空気を送り込むものもある。地上電源等がなくても自前の動力源が確保できるため、旅客機は、ほとんどAPUを搭載している。APUには主としてタービン・エンジンが用いられ、機種により、出力や形式の違う様々なものがある。高級ビジネス機、大型ヘリコプターにもAPUを装備する機体がある。

## arc
### アーク
タカン又はDMEから一定の距離を保ちながら飛行する航空機の地表面に投影した航跡をいう。⇒管制方式基準、飛行方式設定基準

## arctic air
### 極気団
極地域で発生する気団。気温が低く飽和水蒸気量が低くなり乾燥している。また、放射冷却により、低層において気温の逆転がある。下記のように区分される。
1. 大陸性極気団 cAw：下層で安定している
2. 大陸性極気団 cAk：下層で気温減率が大きい
3. 海洋性極気団 mAk：気温減率が大きい

## arctic front
### 極前線
極気団と寒帯気団との間にできる前線。

## area control center：ACC
### 管制区管制所
・航空路管制業務及び進入管制業務を行う機関（進入管制所を除く）をいう。
　⇒管制方式基準
・管轄する管制区内における管制下にある飛行に対して航空交通管制業務を実施するために設けられた機関をいう。⇒ICAO
　アメリカではARTCCが該当する。ACC参照。

## area control service
### 管制区管制業務
管制区内における管制下にある飛行に対しての航空管制業務をいう。⇒ICAO

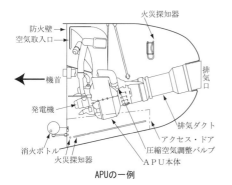

APUの一例

— 39 —

## area minimun altitude：AMA
### 空域最低高度
　計器飛行状態に飛行する最低高度をいう。この高度は、ある区域におけるすべての障害物から300 m（1,000ft）、山岳地域においては600 m（2,000ft）の間隔をとる。

## area navigation：RNAV
### エリア・ナビゲーション、広域航法、アールナブ
　航法援助施設（GPS、VOR/DME、VORTAC）からの信号の到達範囲内、あるいは自立航法装置の性能範囲内であれば、航空機が自由に選択したコースを飛行できる航法システムをいう。エリア・ナビゲーションは空域の有効利用のために開発されたものである。利点として次の3つが掲げられる。
1．飛行距離の短縮、あるいは交通混雑緩和のために出発及び到着点間に任意のルールを設定できる。
2．航空交通の流れの促進と、パイロット及び管制官の仕事量軽減のために、あらかじめプログラムされた様々な到着及び出発経路を飛行することができる。
3．ある制限内であれば、計器着陸のための施設のない飛行場でも計器進入が可能である。

　現在エリア・ナビゲーションで使われている航法装置にはGPS、ドップラー・レーダー、INS（イナーシャル・ナビゲーション・システム）及びcourse-line computer（コースライン・コンピューター）がある。ドップラー・レーダー、INSは自立航法装置であり、地上航法援助施設を必要としないものである。またcourse-line computerはVORTACからの信号を利用して位置を求め航法を行うものである。

　エリア・ナビゲーションで使われるものにウェイポイント（waypoint）がある。ウェイポイントとは、あらかじめ設定された地理上の位置であり、目的地であったり、目的地までのルート間にあってチェックポイントであったりする位置のことである。ドップラー・レーダーでもINSでもまたコースライン・コンピューターでもウェイポイントを飛行するものであり、その位置の決定方法が異なる。

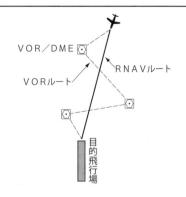

## area navigation route
### 管制区航法経路
　広域航法を使用することができる航空機のため設定されたATS経路をいう。⇒ICAO

## area rule
### エリア・ルール、断面積法則
　胴体の主翼取付部分の断面積を翼の断面積に応じて減ずる、すなわち胴体の前後形状を「くびれた」ものとすることに関する理論。これは遷音速域において、胴体と翼との間に生ずる干渉抵抗の増大を防ぐためである。本法則は1952年9月米国NASAのウイットコムにより発見された。最初、F-102戦闘機に適用された。

エリア・ルールが適用されたF-5戦闘機

## around pylon
### アラウンド・パイロン
　主として単発機の飛行操作の一種で、目標物又は塔（pylon）の回りを同心円の円周を数個の円周上の物標を見ながら風を修正して一点旋回する方法。
　救難飛行や場周経路の待機で、一点を維持

して飛行する技術に応用される。

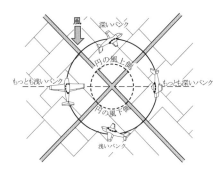

**arresting barrier**
拘引柵、阻止柵、ジェット・バリアー

　ジェット機停止用ナイロン柵のこと。特にジェット戦闘機等の発着が多い滑走路の末端付近に張ってある高さ約2m、直径約3cmのナイロン製の柵で、これを上げておけば反対側から進入着陸した戦闘機等が誤ってオーバーランしても無事にストップさせ得る。進入側のバリアーは上げておくと危険なので下げて折りたたみ、障害にならぬようタワーからリモート・コントロールできる。

**arresting gear**
アレスティング・ギアー

　高速ジェット機、又は艦載機を強制的に停止させるために後部胴体下面に設置したフック装置。このフックを滑走路上又は甲板上に張られた制動鋼索に引っ掛けて停止する。

**arrow engine**

**W型エンジン**

　シリンダの配列をW型とした12、18シリンダーの列型エンジン。

**ARSR：air route surveillance radar**
航空路監視レーダー、ARSR

　航空路管制業務をレーダーによって実施するための施設で、航空路を十分監視できる位置（山頂など）に設置され、サイトから半径約200〜250nm以内の高度10,000ft以上の空域を飛行する航空機を探知して、その位置などを遠く離れた管制室のレーダー・スコープ上に写し出す。航空路管制にレーダーを使うことにより、管制間隔をつめることができ、空域の有効な利用を図り、管制能力を向上させている。

**articulated rotor**
関節羽根回転翼

　ヘリコプター回転翼の羽根が2個のヒンジで回転軸に結合しているもの。この2個のヒンジにより、羽根はその翼弦方向にほぼ平行なヒンジのまわりに動くと共に、翼弦にほぼ直角のヒンジのまわりにも動くようになっている。この2個のヒンジの前者をフラッピング・ヒンジ、後者をドラッグ・ヒンジと称する。なお、関節羽根回転翼は、全関節型と半関節型に大別できる。

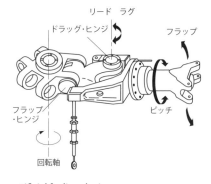

**artificial feeling device**
人工感覚装置

　操縦系統に動力を用いた場合、操縦者が過大な操縦を行うことを防ぐために用いる装置。

速度が速く、操舵量が大きくなるとスプリング、又はスプリング／油圧を併用した装置により、操縦装置を動かすのに要する力が増加するように作られている。

## artificial horizon
### 人工水平儀、姿勢指示器

航空機の傾き及び機首の上下を、水平線との関係において視覚的に表示するジャイロ計器をいう。この計器の水平線は常に垂直ジャイロのジンバルと結合されて水平位置を保持しているので、計器前面のミニチュア・エアプレンとの関係により機体の姿勢を知ることができる。計器飛行において、姿勢保持の中心となる計器である。＝ gyro-horizon

## artificial rainfall
### 人工降雨

沃化銀の粒子又はドライアイスを、過冷却した雲の中に撒き、降雨を促進すること。飛行機を利用して行われることが多い。

## ARTS：automated radar terminal system
### ターミナル・レーダー情報処理システム

飛行計画処理システム（FDP）からの情報とレーダー（ASR、SSR）情報の組合せにより、航空機の識別だけでなく、レーダー・スコープ上に、便名、高度、対地速度などを表示できる装置。

## ascending current
### 上昇気流

大気中の気流は水平方向のみならず上下方向にも移動している。このうち上に向かって移動する気流を上昇気流と呼び、発生状況によって、斜面上昇気流、熱上昇気流などがある。

## ascent current
### 状態曲線

地上から上空までの各高度における気圧高度と気温・湿度などを観測して断熱図に記入し、大気の安定を表した曲線。

## ASDE：airport surface detection equipment
### 空港面探知レーダー

空港内の様々なもの、特に滑走路、誘導路、ランプなどにおける航空機や車両の動きを含めた全体の映像を管制塔内のスコープ上に細部まで写し出すレーダー。飛行場管制の安全と能率の向上を図るもので、特に視程不良時に威力を発揮する。

## aspect ratio
### 縦横比、アスペクト比、アスペクト・レシオ

翼幅の２乗を翼面積で割った値。従って矩形翼の場合は、翼幅と翼弦との比になる。縦横比の大小は、飛行機の性能を大きく左右する。

## ASR：airport surveillance radar
### 空港監視レーダー

空港から半径約80nm までの航空機の位置を探知するためのレーダー。管制官が航空機を誘導するためのもので、SSR（２次監視レーダー）と組み合わせて使用し、SSR の高度情報により３次元での航空機の位置の把握が可能になる。

また PAR と組み合わせることで GCA（着陸誘導管制）による精密着陸を可能にする。遠距離は ASR で誘導し、空港近くで PAR にバトンタッチする。

## assembly jig
### 組立治具

航空機機体の各構成要素の組立に際して使用される治具で、各組立段階に応じ、部組治具、大組治具、結合治具、総組立治具などがある。

## astrodome
### 天測窓、天体観測窓

航空機胴体の天井に設けられた有機ガラス製の窓で、飛行中、六分儀を使用し、この窓を通じて天体観測を行う。電子航法技術の発達で、天測は過去のものとなった。

## astrodynamics
### 航宙力学

宇宙空間での飛翔に関する研究事項を主体として取り扱う総合的な応用力学。

## astronaut
**宇宙飛行士**

地球の大気圏外で活動する飛行士。

## ATA：actual time of arrival
**到着時間（時刻）**

一定の地点、目的地、又は飛行場に到着した実際の時間（時刻）。

## ATC clearance
**管制承認**

計器飛行方式（IFR）により飛行する航空機は、その飛行計画のうち、経路、高度、運航時刻等について、予め管制機関の承認、すなわちATCクリアランスを受けなければ出発することができない。管制機関は提出された多くの飛行計画を照合し、衝突の恐れのないよう所定の間隔を設定した上で、無線により航空機に許可を与える。飛行中気象等の影響で経路、高度を変更する必要性が生じた場合は、そのつど、ATCクリアランスを受けることが必要である。

## ATCS：air traffic control service

air traffic control service 参照。

## ATC transponder
**ATCトランスポンダー、航空交通管制用自動応答装置**

管制空域内を飛行している航空機は、管制官によって監視されているが、この場合、管制官はSSR（2次監視レーダー）によって航空機をコントロールしている。

管制官がSSRに映し出されている機影の情報を知りたいときは、質問電波を質問機に発射させると、その航空機に搭載されているトランスポンダーは、各機に割り当てられた個別コードによる応答電波を自動的に送り返してくる。この応答電波はコードによる識別を持っているので、その識別がレーダーに映し出される。従って管制官はそれを見ながら、航空機を特定してコントロールすることができる。

## athodyd
**導管ジェット**

aero-thermo-dynamic duct（空力熱力学的導管）の略。つまり、パルスジェット及びラムジェットの総称である。

パルスジェット

ラムジェット

## ATIS：automatic terminal information service
**飛行場情報放送業務、エイティス**

発着する航空機に必要な情報をあらかじめ録音して、繰り返し特定の周波数で放送する業務。使用滑走路、風向風速、視程、雲高、気温、露点温度、気圧及びノータムなどを含んでいる。パイロットは管制塔と交信する前にこれらの情報を入手できるので、管制周波数の混雑が緩和され管制が効率的になる。

情報が変化した場合は、新しく録音したものを流し、情報にアルファ、ブラボー等の呼称を順に付け新旧を区別している。通常、混雑する大きな飛行場において実施されている。

## atmosphere
**大気、アトモスフィア**

地球のまわりを取り囲んでいる空気を大気といい、窒素、酸素及び少量の炭酸ガス、オゾン、

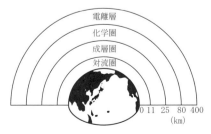

— 43 —

水素、ネオン、ヘリウム、クリプトン、キセノンより成り立っている。大気は、図のように対流圏及び成層圏、化学圏、電離層とに分かれる。

## atmospherics：XS
### 空中電気、空電空中障害（空電などによる）
　大気中の電気現象（雷光等）によって発生する不規則な電波で、無線受信の障害となる。

## ATR：airline transport pilot rating
### 定期運送用操縦士
　airline transport pilot rating：ATR 参照。

## ATS route
### ATS 経路
　公示された飛行経路であって、航空路、RNAV5 経路、直行経路、洋上移移経路、標準計器出発方式、トランジッション及び標準到着経路をいう。⇒管制方式基準

## A2A emission
### A2A 発射
　拡幅変調された可聴周波数の断続キーイング、又は被変調発射の断続キーイングによる電信をいう。ただし、特殊な場合として、拡幅変調されたキーイングしない発射もある。
　⇒ ICAO

## augmentor wing
### オーグメンタ・ウィング
　boundary layer control 参照。

## augment tube
### オーギュメント・チューブ、増速排気管
　航空機のレシプロ・エンジンの排気管から排出される高速ガスのエネルギーを利用してエンジンの冷却能力を高めるための太い管。排気管出口に続くように取り付けられ、この管に排気ガスが吹き込まれると、排気管との間にカウリング内の空気が吸い込まれてエンジンの冷却が促進される。

## autoclave
### オートクレーブ
　これまでの航空機では部材を結合する場合にはリベット、ボルト、溶接によって行われていた。しかし、接着剤の進歩により金属材料、複合材料などあらゆるものを結合できるようになってきた。また、リベット、ボルト、溶接の代わりに接着剤を使うことによって、機体の重量軽減、疲労強度の向上、品質の向上などに大きく貢献している。
　部材を結合する際に接着剤のみを用いたのでは、十分な接着は行われない。そこで、接着後にその部材を一種の大型オーブンに入れ、ここで一定の温度・圧力を加え特定の時間をかけると、接着面は平均して硬化する。このオーブンをオートクレーブと呼んでいる。

## autogyro
### オートジャイロ
　普通の飛行機の主翼の代わりに、機体上方に回転翼を設け、機体の前進は動力駆動の普通のプロペラで行い、その結果生ずる前進風力によって回転する回転翼で揚力を得て飛翔する形式の航空機。1926 年頃、スペイン人ジャン・デ・シェルヴアの考案による。現在でも主に個人の趣味として多くの機体がある。

初期のオートジャイロの一機種

## automatic altitude reporting device
### 自動高度応答装置
　モード C の質問電波に対し、航空機の気圧高度を 100ft 単位で応答する航空交通管制用自動応答装置をいう。⇒管制方式基準

## automatic direction finder：ADF

## 自動方向探知器、ADF

航空機搭載の無線設備の一種。ループ・アンテナの指向性とセンス・アンテナの無指向性とを組み合わせて、電波の到来する方向、すなわちビーコン局（NDB）の位置を知る装置である。

## automatic landing system
### 自動着陸装置

地上に設置されたILSから発射される電波やGPS等の航法衛星の電波と航空機に搭載した電波高度計やオートパイロット等の連動により自動的に高度とスロットルを加減して滑走路に入り、決められた高度で自動的に引き起こしをして接地する装置。精度や安全性保持のうえから、この装置や電波高度計、飛行姿勢を示す系統などはすべて2重、3重の装備が必要である。

## automatic pilot system
### 自動操縦装置、オート・パイロット、オーパイ

飛行中の飛行機の姿勢に変化を生じた場合、その変化に敏感に応じ、補助翼、昇降舵、方向舵の3舵を自動的に作動して、飛行機の姿勢を元に戻し、所定の方向に飛行させる装置。現代のものには油圧式と電気式とがある。オート・パイロットは機体の姿勢、高度、方向などを保持するだけのものから発達し、旋回、上昇、降下、速度のコントロールもできるようになり、さらにコンピュータとの組合せにより軍用機の任務なども自動化されるようになってきている。ここまで大きくシステム化されたものをAFCS（automatic flight control system）と呼ぶ。

## auto pilot
### オート・パイロット、自動操縦装置

automatic pilot system 参照。

## autorotation
### 自動回転飛行、オートローテーション

回転翼航空機が運動中、その揚力を受け持つ回転翼が完全に空気力のみによって駆動される飛行状態をいう。⇒耐空性審査要領

飛行中のヘリコプターのエンジンが不調になった場合、ローターを風車状態にするが、これをオートローテーションといい、これによって不時着する。オートローテーションすることによって、ローターには若干の揚力が生じるので、降下飛行により不時着できる。トランスミッションは、エンジン停止の際、自動的にメイン・ローターから切り離される。従って、ローターは自由に回転でき、それによって揚力が得られる。上手に着陸すれば、機体は無傷ですむ。

なお飛行機の場合、機体が失速と同時に横転する現象をオートローテーションという。

## autorotation landing
### 自動回転着陸

自動回転飛行による着陸をいう。
⇒耐空性審査要領

## auto-slot
### 自動隙間翼、オート・スロット

迎え角の増大に伴う風圧着力点の移行により自動的に作動する隙間翼。迎え角が大きくなると主翼前縁のスラットが自動的に前方へ移動し、主翼面積を増加させて大きな揚力を得ることができる。高速時はスラットは後方へ移動し、前縁に収まる。

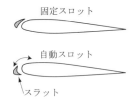

## autothrottle system
### オートスロットル・システム、自動出力（推力）制御装置

航空機の速度セレクターによって設定された速度を保持する、又は自動着陸時、電波高度計の値が対地15mになると自動的に出力を減少させるなどの機能をもつエンジン制御装置。FMS（フライト・マネージメント・システム）やAFCS（オートマチック・フライト・コントロール・システム）により自動的に制御される。

## auxiliary flight controls
### 補助操縦装置
　トリム操縦装置、高揚力装置、エアーブレーキ操作装置などを含めた装置をいう。つまり主操縦装置以外の操縦装置のこと。

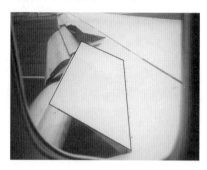

## auxiliary parachute
### 補助傘、補助パラシュート
　落下傘の主傘頂部に取り付けられた小さな落下傘。落下傘降下に際し、傘体収納袋から主傘を引き出し開傘させる役割を果たす。

## auxiliary rotor
### 補助ローター、補助回転翼
　主回転翼が機体に及ぼすトルクに釣り合わせるため、又は3つの主軸のうち1つ以上の軸まわりに回転翼航空機を操縦するための回転翼をいう。⇒耐空性審査要領
　回転翼航空機において、揚力を得る以外の目的で設置されている回転翼、トルク平衡回転翼、尾部回転翼などをいう。

## aviation fuel
### 航空燃料
　航空機用として使用される燃料。航空ガソリン、航空タービン燃料、ディーゼル燃料、ロケット燃料が含まれる。

## aviation gasoline：AVGAS
### 航空ガソリン、アブガス
　いわゆるレシプロ航空エンジン用の燃料。アンチノック性が高く、蒸気圧の低いことが望ましい。

## aviation routine weather report
### 航空実況気象通報（式）
　航空機運航に関し日常通例的に行われる気象報告。METAR 参照。

## aviation weather broadcast
### 航空気象放送
　航空関係の気象通報で、飛行場あるいは航空路上の気象実況通報、飛行場予報、航空路予報などが含まれる。これは気象資料交換のために気象機関相互で行われる放送と、航行中の航空機に気象実況ならびに予報を伝達するための放送とに大別される。

## aviation weather service：AWS
### 航空気象業務、航空気象台（気象庁）
　航空関係の気象の監視、観測、解析を行い、所要機関に航空予報ならびに警戒の発表・通達を行う施設。通常、飛行場に設置されており、主気象局、気象観測局、航空気象観測所の3つの任務を遂行する。

## aviation weather station
### 航空気象測候所
　通常、飛行場に付設され、該当飛行場の気象観測を実施すると共に、その得た気象資料ならびに航空気象台の技術的援助により得た気象資料を所要機関に伝達通報する施設。

## avionics
### アビオニクス
　航空機に搭載されている電子装備品の総称。

## AWACS：airborn warning and control system
## 空中早期警戒管制システム、エーワックス

　AEW(空中早期警戒)の機能に加え、指揮(command)、統制(control)及び通信(communication)の3機能を併せ持ったシステム。これまで、防空軍ではSAGE（セイジ）やBADGE（バッジ）で実行してきたが、戦術的航空作戦でも同様なシステム化が必要とされるようになった。この能力を持つ飛行機が空中早期警戒を担当すれば、直接指揮・統制を行うことが可能になり、限りある航空兵力を最も有効に活用できることになる。この機能を持つ飛行機には米空軍のE-3がよく知られ、NATO軍や英空軍にも採用されている。ほかにB737をベースに改造した機体などもある。日本では航空自衛隊がE-767を保有している。

## axial-flow compressor
## 軸流式圧縮機

　ターボジェット・エンジンにおいて、流入空気の圧縮を前後軸方向に行う圧縮機。何段かの動翼列（コンプレッサー・ブレード：回転軸に設置されている）と静翼列（ステーター：エンジン外筒に設置されている）とからなり、回転軸の回転と共に流入空気は入口より奥へと次第に加圧されていく。

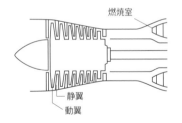

## axis of airplane
## 飛行機の軸

　図のように機体の重心を直交する軸を、それぞれX軸（前後軸）、Y軸（横軸）、Z軸（上下軸、縦軸、垂直軸）という。この軸は安定軸ともいわれる。

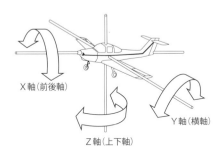

## axis of no feathering
## 純フェザリング軸

　ヘリコプターの回転翼において、翼端通過面を基準にして、羽根の運動を考えると、フェザリングはしているがフラッピングはない。したがって、この面に垂直な軸を純フェザリング軸という。これはまた「無羽ばたき軸」とも称される。

## axis of no flapping
## 純フラッピング軸

　ヘリコプターの回転翼において、スワッシュ・プレートの面を基準にして、羽根の運動を考えると、フラッピングはしているがフェザリングはない。ゆえにスワッシュ・プレートの面に垂直な軸を仮想して、これを純フラッピング軸という。

## azimuth：AZM
## アジマス

　基準点における磁方位、又は磁方位で表すコースの実ベアリングをいう。

## azimuth angle
## 方位角、アジマス

　方位を表す角度で、真北又は磁北、羅北よ

azimuth of a celestial body

り時計回りに測った角度で示す。方位角のこと
であり、360°方位の１つを確定することでア
ジマスが決定される。

**azimuth of a celestial body**
**天体方位**

　観測対象となる天体の観測地点における方
位。観測地点を通ずる真北を基準線として、時
計回りに測った角度（方位）をもって示す。

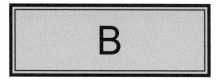

## back side(of the power curve)
### （出力曲線の）バック・サイド
飛行機は速度を増加するためにはエンジン出力を増加する必要があるが、逆にある速度以下ではエンジン出力を増加させないと水平飛行も維持できなくなる。この領域をいう。

## back type parachute
### 背負型落下傘
収納袋に落下傘を収め、背中に装着する形式のもので、着用時には背中のクッションの役割も果たす。

## back-up construction
### バックアップ構造
fail-safe construction 参照。

## back wash
### 後流、バック・ウォッシュ
プロペラの回転に伴い、その回転面の後方に生ずる高速気流。

## baffle plate
### 導風板、調節板
空冷エンジンにおいて、冷却空気がシリンダー冷却フィンに十分密着して流れるようにするために設置される案内板。

## baggage
### 手荷物
運営者との契約により、航空機で運ばれる旅客又は乗組員の個人所有物をいう。
⇒ ICAO

## baggage claim tag
### バッゲージ・タグ、クレーム・タグ
航空会社が受託手荷物の識別のため発行する手荷物の引換券（合札）。

## bag tank
### ゴム・タンク
合成繊維の布や耐油性の合成ゴムを重ねて作った燃料タンク。畳みやすいために、狭い入口から入れ、中で広げることができる。機体の隙間に合わせた形に作れるのが特徴。fuel cell 又は bladder cell ともいう。

## bail out
### ベールアウト、緊急脱出
故障等の理由により、飛行を継続できなくなった場合に、パラシュートで脱出すること。一般の航空機は、脱出後、自分でパラシュートを開いて降下するが、戦闘機などの場合は射出座席により強制的に脱出が可能。

## baiu front
### 梅雨前線
通常6月上旬から7月下旬に日本の南岸に停滞する前線。この前線はジェット気流によるブロッキングで発達するオホーツク海気団からの寒冷多湿な気塊と小笠原高気圧からの温暖多湿な気塊との間で形成される停滞前線である。

## balanced aileron
### 釣り合い補助翼
空力的釣り合い補助翼、あるいは質量釣り合い補助翼を指していう。

## balanced control surface
### 釣り合い操縦翼面、釣り合い操舵面
昇降舵、方向舵、補助翼において、それらの操縦翼面の操舵力を適切にするための手段を取り入れたもの。質量釣り合い操縦翼面と空力的釣り合い操縦翼面とがある。前者は、それらの舵軸前方に錘を付けて、操縦翼面全体の前後方向重心が舵軸付近にくるようにしてある。後者では、操縦翼面に舵軸より前方に若干の張り出し部分を与えてあり、舵角をとると、この舵軸前方の張り出し部分に作用する空気力が操縦翼面を舵軸周りに回転させようとする作用をする。従って、その分だけ操舵力が軽減される。

## balanced elevator
釣り合い昇降舵
空力的釣り合い昇降舵あるいは質量釣り合い昇降舵を指していう。

## balanced field length
釣り合い滑走路長
旅客機（飛行機輸送T）の離陸滑走中に1発のエンジンが停止した場合、臨界速度（critical speed：V1）以下であれば離陸を中止して停止し、臨界速度以上であれば1発動機不作動で離陸を続行する。この停止距離と離陸した時の高度（タービン機は10.5 m、ピストン機は15 m）に達する距離が等しくなるように離陸重量と速度V1を選んだ場合の距離をいう。

## balanced rudder
釣り合い方向舵
空力的釣り合い方向舵、あるいは質量釣り合い方向舵を指していう。

## balanced tab
バランス・タブ
tab 参照。

## balance weight
釣り合い錘、バランス・ウエイト
昇降舵、方向舵、補助翼などの操縦翼面において、それらの操舵力を適切とし、併せてフラッター発生の危険を防止するために、それらの舵翼全体の重心位置が舵軸付近にくるように、舵軸前方に設置する錘。このような錘を付した釣り合い操縦翼面を質量釣り合い操縦翼面という。

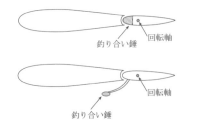

## ballast
平衡重量、砂嚢（のう）、バラスト
航空機の重量や重心位置を加減するために搭載する鉛、砂、水などの重量物。飛行船、気球では浮力の調節に用いる。練習生の単独飛行の場合にも搭載されることがある。

## ball inclinometer
ボール傾斜計、左右傾斜計、滑り計
彎曲したガラス管中に封入された液体と球とからなる計器。航空機が左右に傾くと、球が何れか一方に片寄る。本計器は単独で使用されることは少なく、旋回計と共に装備されており、航空機の左右の傾きを示すよりも左右横滑り計として使用される。

## ballonet
空気房、昇降調節小気嚢、バロネット
軽航空機（繋留気球、飛行船など）の気嚢内に設けた1区画で、空気を吹き込みあるいは押し出し、気嚢に一定の形を保たせ、ガスの膨張に応じて圧力を与える気密的な球皮製小房。

## balloon
気球
気密的に製作された球皮に、水素、ヘリウムなどのガスを充填して空中を浮揚する軽航空機。自由気球と繋留気球とがある。

## ballooning
バルーニング

主輪が接地直前又は直後に過剰な揚力や地面からの反力により、再び機体が空中に舞い上がり、地上で跳ねるような運動を起こし、着陸距離が伸びてしまう現象をいう。着陸接地直前・直後において、機首の引き起こし操作が早すぎたり、遅すぎたり、あるいは大きすぎたりすると起きる。処理を誤ると事故につながる。porpoise 参照。

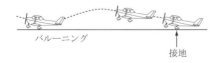

## bank
### 傾斜、バンク

機体の左右の傾きのこと。傾きの程度はバンク 30°など度数で表す。

## bank indicator
### 旋回計

旋回の角速度を表示する針幅指針計。ジャイロの歳差運動により左右旋回の方向と大きさを表示する。

計器下部にはすべり計が組み込まれている。このすべり計は、湾曲したガラス管の中に封入された液体と球からなり、機体が調和のとれた旋回をしているか、また外すべりか内すべりかを球の位置で操縦者に知らせる。

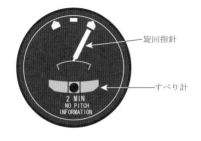

## barometer
### 気圧計、バロメーター

大気圧を測定する計器。気象的用途の水銀柱気圧計とアネロイド気圧計とがある。前者は、長い水銀柱管があり、その水銀柱の高さが大気圧の増減により変化するのを読みとる。ただし、その際、水銀柱の目盛に示された所は、気温及び標高による修正を施す必要がある。アネロイド式気圧計は携帯用のもので、金属製空盒に針を接続し、この空盒の大気圧による圧縮・膨張を針の動きで読み取るようにしてある。

## barometric altimeter
### 気圧高度計、アルティメーター

気圧の高さに応ずる変化を測定して高度を推定するようにした計器。計器内部にはアネロイド空盒があり、その気圧の変化に応ずる伸縮の具合を機械的に拡大して指針に伝えるようにしてある。計器の目盛は、気圧計の気圧目盛の代わりに、標準大気の気圧に照合した高度の目盛が付してある。ただし、気圧変化に対し補正する必要がある。

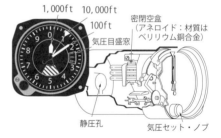

## barrette
### バレット

一定の距離から、短い線状のように見えるような、横に間隔を近づけて設置された 3 個以上の地上航空灯火をいう。⇒ ICAO

## base leg
### ベース・レッグ（レグ）

飛行場から離陸又は着陸する航空機に定められた飛行経路の中の最終コース（ファイナル）へ入る前の経路。traffic pattern 参照。

## base turn
### 1. 基礎旋回

初期進入において、アウトバウンドトラック終端から中間進入又は最終進入トラック始点

の間において航空機が行う旋回であって、インバウンドとアウトバウンドが反方位でないもの（状況に応じ、基礎旋回は水平飛行中若しくは降下中いずれにおいても行うことができる）。
　　⇒飛行方式設定基準

**2. ベース・ターン**
　ダウンウインド・レグからベース・レッグへ進入するための旋回。

## basic operating weight：BOW
### 基本運航自重
　航空機の自重に標準装備の重量を加えて得られた重量をいう。標準装備に含まれるものは、エンジン滑油（航空機によっては自重に含まれるものがある）、緊急装備品（救急胴衣、救命ボート、救出用シュート、緊急用無線機など）及び標準運航装備品（航空日誌やマニュアル類）の重量を加えたもの。

## B badge
### B章、Bバッジ
　日本滑空記章の1つ。この試験は旋回試験である。①単独で搭乗し飛行の能力を示す。②360度旋回（円形）を1回以上行って着陸する飛行を2回行う。すなわち左右360度旋回を行う。バンク及び開始・停止方向が明瞭なもののみを旋回と認める。③着陸は指定された幅5ｍ、長さ60ｍの区域内に正常に接地し停止する。④飛行はすべて安全に行う、以上である。

## beacon：BCN
### 無線標識、ビーコン
　航行援助無線施設の総称。航空機の運航を正確かつ容易にするために、航行中の航空機に対して方位ならびに位置に関する情報を提供する各種の中波、あるいは短波発信施設。

## beacon code
### コード
　2次レーダーの応信装置（トランスポンダー）により送信される特定の応答パルス群に割り当てられた番号をいう。⇒管制方式基準

## beam rider system
### ビーム誘導方式
　ミサイルまた無人機誘導方式の一種。発射後、弾体又は機体内装備のレーダー・ビーム受信装置により、レーダー・ビームの中心線を捕捉させて、弾体又は機体がレーダー・ビームの中心線上を飛行するようにしたもの。従って、レーダーが常に目標を追跡していれば、弾体又は機体はビームに乗って目標に到達することができる。

## bearing：BRG
### ベアリング、方位
　NDBからの磁方位をいう。⇒管制方式基準
　2地点間を結ぶ直線の方向をいう。ベアリングは子午線（経度線）を基準とし、北から時計方向に、1度単位で360度方位として表示する。
　また回転を滑らかにするための球形、又は円柱状の金属。

## beaufort wind scale
### ビューフォート風力階級
　風速を目測で推定するために、風力を0より12の階級に区分したもの。1806年、英国のビューフォート海軍少将が提唱したもので、初めは帆船走行用の海事術語であったが、今日では気象庁風力階数表として採用されている。その区分を示すと次のようになる。

| 風力 | 風速(m/s) | 風力 | 風速(m/s) |
|---|---|---|---|
| 0 | 0.0〜0.3未満 | 7 | 13.9〜17.2未満 |
| 1 | 0.3〜1.6未満 | 8 | 17.2〜20.8未満 |
| 2 | 1.6〜3.4未満 | 9 | 20.8〜24.5未満 |
| 3 | 3.4〜5.5未満 | 10 | 24.5〜28.5未満 |
| 4 | 5.5〜8.0未満 | 11 | 28.5〜32.7未満 |
| 5 | 8.0〜10.8未満 | 12 | 32.7以上 |
| 6 | 10.8〜13.9未満 | | |

## bellcrank
### ベルクランク
　操縦系統などに用いられているレバー。補助翼の場合、翼端方向への左右の動きを、ベルクランクにより前後の動きに変換し、補助翼は

上下の動きになる。

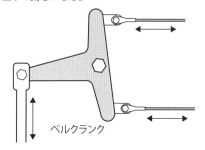

ベルクランク

## below (weather) minimum
### 最低気象条件以下
飛行場の計器進入方式ごとに最終進入区域の障害物と無線標識の設置位置で視程ならびにシーリングに基づき、その飛行場の発着許容基準に達していない状態をいう。「ビロウ」と省略して言うことが多い。

## bench check
### ベンチチェック
個々の機器を航空機から取り外した状態で、台上において機能が正常かテストすること。各種機器別に、専用のテスターがある。

## Bernoulli's theory
### ベルヌーイの定理
18世紀のスイスの物理学者ベルヌーイの発見した定理。1つの流線上の静圧と動圧との和は一定であるということ。つまり非圧縮性完全流体の定常な流れにおいては、流体内の圧力、密度、速度及びある基準水平面よりの高さを、それぞれ P、ρ、v、h とし、外力は重力のみとすれば、

$$\frac{P}{\rho g} \cdot \frac{v^2}{2g} + h = 一定$$

（ここにgは重力の加速度）とする。

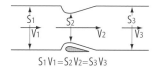

$S_1 V_1 = S_2 V_2 = S_3 V_3$

## berylium
### ベリリウム
航空機用の金属材料で、比重1.5と軽く、しかも、弾性係数が約30,000kg／㎟と非常に高い。最近では、ベリリウムとアルミニュウムを合金とした板材も作られている。しかし、今のところ高価で工作が難しく、切削粉に毒性があるのが問題とされている。

## best angle of climb speed：Vx
### 最良上昇角速度、ブイ・エックス
最小の水平距離で、最大の高度を得られる航空機の上昇対気速度。前方に障害物がある場合に、少しでも高度を多く獲得し、安全間隔を確保する必要がある際の上昇などに用いられる。上昇迎え角が大きく、プロペラ機ではトルクが強く表れる操縦の難しい上昇速度。

## best gliding speed
### 最良滑空速度
グライダー又はエンジン停止の飛行機がある高度から最遠方に到達するためには、最良の滑空比で滑空しなければならない。この滑空比が最良となるような滑空速度を最良滑空速度という。

## best rate of climb speed：Vy
### 最良上昇率速度、ブイ・ワイ
所定の時間内に、最大の到達高度を得られる上昇対気速度。Vxと通常上昇速度の中間の上昇速度。

## beyond right
### 以遠権
航空協定によって認められる国際航空運送上の権利の一種であり、締結相手国の国内地点から更に第三国地点に至る運送権をいう。

## BHP：brake horsepower
エンジンの軸出力。

## billow cloud
### 波状雲

biplane

2つの気層の境界にウィンド・シアーが発生し、下層の湿った空気がウィンド・シアーの上昇気流により断熱冷却的に作られる雲をいう。高層雲、層積雲に伴うことが多い。

## biplane
**複葉機**

2枚の主翼を上下に配置した飛行機。同じ主翼面積の単葉機に比べ外形を小さくでき、構造重量も軽くなるという理由から、過去には盛んに採用された。現在ではピッツ・スペシャルなど曲技専用機や農業機の一部に採用されているのみ。

## bipropellant
**2元推進剤**

ロケット推進剤のうち、燃料と酸化剤が別々に用意されているもの。これらは液状で貯蔵タンクに収納されている。

## bipropellant rocket
**2元推進剤ロケット**

推進剤として2元推進剤を用いる形式のロケット。貯蔵タンクに別々に収納された燃料、酸化剤は燃焼室において混合点火される。

## bird proof
**鳥害防護**

鳥が航空機の風防ガラスに衝突したり、エンジンの空気取入口に吸い込まれても致命的な損傷を受けないように取られる処置をいう。操縦席の前面ガラスは、1.8kgの鳥が設計巡航速度で衝突しても破れないように作られている。ジェット・エンジンも厳格な鳥吸い込み試験を経て実用に供される。

## bird strike
**鳥衝突**

航行中の航空機に鳥が衝突する現象をいう。鳥は航空機の音に驚いて飛び立つことが多いため、航空機の離着陸時や低空を飛行中に多く発生する。鳥衝突は航空機の安全に大きな影響があり、時にはエンジンを停止又は故障させ、墜落の危険さえ生ずることがある。またキャノピーの破損に至り大事故になることもある。

## BITE：built in test equipment
**バイト**

部品を機体から取り外さないでチェックできるようにした装置。整備作業の迅速化、簡略化が可能。

## black box
**ブラック・ボックス**

通常、航空機の運航者やライン整備などでは内部を開けてはいけない特別な機器を指す。特に機密を要する装置の本体、事故解析用に搭載されているFDRやCVRなどもこのように呼ばれている。

## black out
**一時的視力喪失、ブラック・アウト**

3～4G以上での急旋回、急降下からの急激な引き起こし等の際、操縦者の目の前が真っ暗（ブラック・アウト）になり、一時的に視力を喪失する現象。遠心力により脳内の血液が身体下方へ移動するために起こる。

## bladder cell
**ブラダー・セル**

bag tank 参照。

## blade angle
**羽根角**

プロペラ回転面とプロペラ羽根断面翼弦線とのなす角度。

所定の方法で、かつ、所定の半径位置において測定した羽根の角度によって決定されるプロペラの羽根の角度をいう。⇒耐空性審査要領

### blade element
### 翼素
　ジェツヴィッキ創案によるプロペラ性能計算法の骨子をなすもの。プロペラ羽根（翼翅）を無数の断面で分割し、各断面を独立した翼と考えて、これに作用する空気力を求め、次いで総和してプロペラの性能を出す。すなわち、各断面を翼の素片、つまり翼素と考えるわけである。

### blade flapping
### フラッピング、羽根のフラッピング
　回転翼機のメインローター・ブレードが上下に羽ばたく現象。水平軸（フラッピング軸）の周りでローター・ブレードが垂直面内で動くことをいう。

### blade section
### 羽根断面
　プロペラ羽根を、その半径に直角に切った断面。

### blade setting angle
### 羽根取付角
　プロペラ組立の際に使用される羽根の取付角のこと。

### blade thickness ratio
### 羽根厚比
　プロペラ羽根に関する用語で、羽根断面の最大厚と羽根幅との比。普通、回転軸より半径75％位置の羽根断面の厚比をもって表される。

### blade tip clearance
### 翼端間隔
　圧縮機・タービンのブレード先端と、これを収めているケーシング内側との間隔。極力、間隔は少ないほうがよい。

### blade-width ratio
### 羽根幅比
　プロペラ羽根の幅と直径との比。普通、回転軸より75％半径位置の羽根幅比をもって表される。

### bleed air
### ブリード・エア
　タービン・エンジンの圧縮機から抽出される高温・高圧の空気で、客室の与圧や機器の駆動動力源、防氷のための熱源や、吹き出しフラップの空気源にも利用される。最新のターボファン・エンジンでは、このブリード・エアを抽出せず、燃費を向上させたものもある。

### blended wing body
### ブレンディッド・ウィング・ボディ
　F-16戦闘機（写真）のように、主翼と胴体を一体にし、両者の接合部の干渉がなるべく小さくなるような形状にしたもの。超音速機に有利となる。エリア・ルール適用の機体に比べ機内の有効面積が広くなり、また翼の付け根部が徐々に厚くなっているので、構造重量も軽くなるという利点がある。

### blimp
### ブリンプ
　小型軟式飛行船の俗称。第1次世界大戦の間、沿岸警備に用いられた小型軟式飛行船に由来する。

米海軍が現在でも使用しているBlimp（USN Photo）

## blind flying
### 盲目飛行
　計器飛行の一種で、外界の目標に頼らず計器のみにより飛行姿勢を維持し、航路を保持しながら飛行すること。海上、夜間、雲霧中の航行に際して必要な飛行技術である。

## blind spot(zone)
### ブラインド・スポット（ゾーン）
　山影などに隠れ、レーダーなどの電波が届かない場所。また、飛行場では格納庫などに隠れ、管制塔などから視認できない場所。ブラインド・スポットを少なくするため、監視レーダーなどは山頂に設置されることが多く、空港の管制塔も高い構造物の最上階に設けられる。

## blister
### ブリスター
　本来の意味は水膨れ。水上機、飛行艇の離着水に際し、接水面から空中に奔流する水のこと。また、捜索・救難機などで視野を広げるためのバブル状の窓などもいう。

US-2のブリスター（JMSDF photo）

## blocking action
### ブロッキング現象
　中緯度、高緯度の偏西風帯の峰が発達してジェット気流が南北に分流するなど、上層の大気の環流の異常な偏倚によって地上の気圧系の正常な進路がブロックされ変則的な動きをする。このような循環状態をブロッキングという。

## block time
### ブロック・タイム、区間所要時間
　航空機が動きだして（ランプ・アウト）から、目的地に着陸して停止（ランプ・イン）するまでの時間。旅客機が牽引車に押されてスポットから動きだす場合の時間も、この時間に含まれる。

## blowing dust
### 風じん
　砂、ちりが強風により目の高さ（6 ft）以上に吹き上げられた現象で、視程を悪くする。規模の大きいものを砂じん嵐という。

## blowing flap
### 吹き出しフラップ、ブローイング・フラップ
　後縁フラップの一種で、スロッテッド・フラップ（slotted flap）の機能を更に強化した形式のフラップ。高圧圧縮空気を翼後縁の上面から吹き出して、空気のよどみや渦をなくし、揚力係数を高めるとともに、失速迎え角を遅らせる。一部の軍用機に用いられている。blown flap ともいう。

## blowing snow
### 高い地吹雪
　軽いフワフワした雪が風により目の高さ（6 ft）以上に吹き上げられる現象で、視程を極度に低下させる。

## body
### 胴体
　機体から主翼、尾翼、降着装置等を除いた部分。つまり、これらの各構成部を結合し、重量物を収容・格納する部分。

## bogie landing gear
### ボギー式主脚
　航空機の着陸装置において、前後に車輪を並べた形式のもの。大型機は通常、この形態を採用している。

## bomb
### 爆弾
　航空機から投下する炸裂弾で、用途により次のように大別される。

1. 普通爆弾：地上施設破壊を目的とする。
2. 破片爆弾：人殺傷を目的とする。
3. 地雷爆弾：建物・構築物破壊を目的とする。
4. 徹甲爆弾：要塞・艦船破壊を目的とする
5. 焼夷爆弾：火災発生を目的とする。
6. 飛行場攻撃用爆弾
7. 潜水艦攻撃用爆弾

　これら各種の爆弾は、その爆発力を火薬エネルギー、原子エネルギーに依存する。

## bomb bay
### 爆弾倉
　爆撃機の爆弾を収容する部分を指していう。通常、重心位置付近の胴体中央部に設けられる。

B-52の爆弾倉への機雷の取り付け (USAF Photo)

## bomber
### 爆撃機
　各種の爆弾を携行し、これを目的地近くから投下して敵兵力を撃破、粉砕することを主任務とする航空機。戦場における目標を攻撃するものと、敵国内部まで侵攻して攻撃するものとがある。米軍の B-52、B-1、B-2、ロシアの Tu-95、Tu-160 などが有名

B-1超音速爆撃機 (USAF Photo)

## bomb rack
### 爆弾架
　爆弾を懸吊するための装置。爆弾倉内ならびに主翼、胴体下面に設置される。

## bonding
### 導通、ボンディング
　低インピーダンス・グラウンド及び静電気の帯電からの無線干渉妨害を最小にするために、無線機器と航空機を導通する必要がある。この導通をボンディングという。

## boost control
### ブースト制御
　過給器付き航空エンジンにあって、高度の増加による大気圧力の減少に応じ、所要ブースト圧力を一定に保つための操作又はその装置。人為的方法もあるが、通常は自動ブースト調整器により自動的に行われる。

## booster
### 補助推進装置、ブースター
　本来の意味は"後押しをするもの"という意味。航空機の離陸、ロケットの離昇時に使用される補助的推進装置を指していうが、一般的にはロケットにおいて使われる用語。すなわち、2段以上の段数を有するロケットでは、最先端のロケット以外は、その後押しをするものであるところからブースターと称される。
　航空機の場合は、離陸距離短縮用装置のJATO、RATO (rocket assisted take-off) などが含まれる。燃料やオイルを昇圧するためのポンプもブースターと呼ばれる。

## boost gauge
### ブースト計
　ブースト圧力を知るためのアネロイド式の圧力計器。

## boost pressure
### ブースト圧
　過給器付き航空エンジンにおいて、吸気管

内の静圧力を指していう。かつては標準大気の海面上圧力（760mmHg）に対する増減量で示していたが、現在は絶対圧力で示すものが多い。

## borescope
### ボアスコープ
　機械内部点検用の器具。タービン・エンジンの場合は小穴から、ピストン・エンジンの場合は点火栓を外した穴からボアスコープの先端を差し込み、内部の状態を目視で点検する。先端には照明用のランプが付いている。倍率を変更できるもの、静止画、またビデオを撮影できるものもある。

## boss
### ボス
　プロペラの軸心部。木製又は金属製固定ピッチ・プロペラに関して使用される語。

## bottom dead center
### 下死点
　シリンダー内を上下するピストンの最下方位置のこと。

## boundary：BDRY
### 管轄区域境界線
　管轄区域を構成する空域の境界面をいう。
　⇒管制方式基準

## boundary layer
### 境界層
　流体が物体表面を流れる場合、その流速は表面に近いほど遅くなり、表面での流速はゼロとなる。このように流れの速度が次第に遅くなる範囲、すなわち流体の物体表面に沿った薄層を指して境界層という。これは、流体に粘性が

あり、その粘性により物体表面に付着して引きずられるようになるからである。

## boundary layer control：BLC
### 境界層制御
　飛行機の高揚力装置として広く用いられている。主翼前・後縁のフラップを下げることによって得られる最大揚力係数は、せいぜい3,4程度である。一方、飛行機の高速化に伴い、翼面荷重はますます大きくなり、離着陸時の速度、滑走距離は増大してきた。これらを解決するために、フラップ、翼周囲の境界層を制御して揚力係数の値を飛躍的に高める境界層制御（BLC）の技術が研究され、図のような様々なものが考案された。BLCは圧縮空気、あるいは排気を利用して行われる。

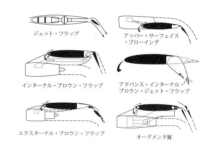

## boundary layer fence
### 境界層板
　後退翼機の翼端失速防止手段の1つ。翼上面に翼弦方向に低い隔板（フェンス）を設置し、境界層が翼端方向に流れて剝離を起こすのを防止するようにしたもの。dog tooth 参照。

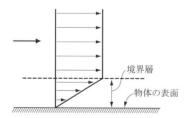

## boundary light
## 境界灯
離水し、又は着水しようとする航空機に離水及び着水の可能な区域を示すためにその周辺に設置する灯火。
・航空白又は航空黄の不動光
　⇒施規114条、117条

## BOW：basic operation weight
## 基本運航自重
basic operation weight 参照。

## box spar(beam)
## 箱桁
翼桁構造の一種。複数の上下のフランジ（縁）とウェブ（桁）からなる。

## braced wing
## 支柱付き翼、ブレイスド・ウィング
翼の中間から支柱を出しその先端を胴体などの他の部分で支える形式の翼。翼だけで胴体を支える構造（片持ち翼）に比べ構造重量が軽くできるため、比較的低速の小型機によく用いられる。

## brake parachute
## 制動用抵抗傘
高速機の着陸滑走距離を短縮するため、機体尾部に収めたリボン傘で、接地直後に放出・開傘して制動の役割を果たす。滑走路の凍結で車輪のブレーキ効果が弱くなる場合など、特に有効。drag shoot ともいう。

B-52の抵抗傘(US Air Force photo)

## brake system
## ブレーキ装置
降着装置の車輪を制動する装置。ラダー・ペダル上部のペダルを踏むことで油圧式ブレーキを作動させる。操縦者の操作により両輪同時、また左右別々に操作される。通常はディスク・ブレーキが使用されている。またディスクの材質には金属、複合材が使用されている。

## braking action
## 制動効果、ブレーキング・アクション
主に雪氷により滑走路におけるブレーキの制動効果が減少するが、その度合いを表す用語。正常を示す「good」から、ほとんど効き目のない「poor」まで5段階(very poor が使われる6段階もある)に分かれる。制動効果の判定は、航空機からの通報、また制動効果の測定装置を搭載した車両による。

| 摩擦係数 $\mu$ | ブレーキング・アクション |
|---|---|
| 0.40 以上 | Good( 良好) |
| 0.39～0.36 | Medium to good（ほぼ良好） |
| 0.35～0.30 | Medium（少し不良） |
| 0.29～0.26 | Medium to poor（不良） |
| 0.25 以下 | Poor（極めて不良） |

## break even point
## 損益分岐点
経済用語で、ある航空機を運航した場合、旅客数、搭載貨物量に応じて収支の償う点をいう。通常、利用率で表示される。

## breaking stress
## 破壊応力
荷重（引っ張り、圧縮又は剪断などの）を

受けた試験片や構造部材が破壊する時に、その試験片、構造部材に生ずる応力。

**briefing**
**口頭説明、ブリーフィング**
　飛行の前後に気象状態、その他必要事項について口頭説明することをいう。

**brinell hardness**
**ブリネル硬度**
　金属その他の材料の硬さを示す基準。

**british thermal unit：BTU**
**熱単位**
　1ポンドの水を1℉だけ温めるに要する熱量。略してBTU又はBtuと書く。1Btu＝0.2520kcal。

**bubble sextant**
**気泡六分儀**
　人工水準を定めるため気泡水準器を用いた六分儀で、天体の高さを測定するのに用いる。

**buffer area**
**緩衝区域**
　待機区域の安全区域として設定され、待機区域の外縁の外側に5nmの幅を有する区域。

**buffeting**
**バフェッティング**
　飛行中の航空機の機体各部（例えば主翼と胴体の結合部）に生じた乱れた気流が、尾翼又は胴体後部に当たり発生する不規則な振動現象。低速機では、迎え角の大きな場合、運動中の急激な操舵の際生じる高揚力バフェッティング、高速機では衝撃波発生に伴い高速バフェッティングを生じる。バフェッティングの防止法としては、T尾翼・フィレットの採用、機体の剛性を上げるなどの方法がある。

**bulkhead**
**隔壁、バルクヘッド**
　航空機の胴体又は艇体内に設けられてい

る構造的仕切りをいう。与圧室つきの機体では、与圧室と非与圧室との境に設ける隔壁をpressure bulkhead（圧力隔壁）という。

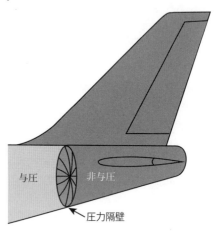

**bump**
**突風、バンプ**
　気流の激変により生じる不規則な風。夏期、地面が熱せられて生じる上昇気流によって引き起こされる低層での乱気流など。gust参照。

**buoyancy**
**静浮力**
　流体内の物体は、その物体の排除した流体の重量だけ、見かけの重さが減少する。これは流体内の物体は、その表面に作用する流体の圧力により、全体として上方に向かう力を受けるためである。この上方に向かう力を指して浮力という。

**burner**
**燃焼装置、燃焼器、バーナー**
　タービン・エンジンの燃焼室に付設された装置で、燃料を燃焼させるもの。噴霧式と蒸発式がある。

**bus**
**バス**
　電気系統において、個々の回路へ電力を供給するポイント。

## business plane
### ビジネス機

通勤・商用旅行・連絡などに使われる比較的小型の航空機。個人又は会社の所有機で、単発機から多発機まで幅広く使われている。場合によっては大型の旅客機までがビジネス機として使用されることもある。

小型の機体の場合は所有者が自ら操縦することが多いが、大型機になると専属のパイロットを雇用して運航される。また航続距離により米大陸横断が可能な機体、太平洋横断が可能な機体などに分かれる。

飛行機以外にも、ヘリコプターもVTOL能力を生かして多用されている。

高級ビジネス機、Global 5000 (Bombardier Photo)

## butyl rubber
### ブチル合成ゴム、ブチル・ラバー

石油系合成ゴムの一種。イソブチレンとイソプレン又はブタジエンとの共重合により製造される。

## bypass engine
### バイパス・エンジン

ターボファン・エンジンの別名をバイパス・エンジンと呼んでいる。turbofan engine 参照。

## bypass ratio
### バイパス比

ターボファン・エンジンにおいて、燃焼に使う空気と、エンジン前面の低圧ファンから直接大気へ吹き出す空気との比をいう。一般的に推力が大きなエンジンはバイパス比が高く、騒音値も低い。

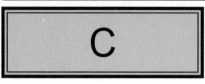

## CAB：civil aviation bureau
**航空局、CAB**

日本では国土交通省航空局のことで、頭にJの文字を付してJCAB（ジェーキャブ）と呼ばれる。JCABは1920年（大正9年）9月、陸軍省の外局として設置され、1923年に逓信省（のちの郵政行政局）に移管された。1933年（昭和8年）に運輸省通信航空局となり、1945年5月運輸省航空局となった。戦後、航空活動の全面禁止により廃局となったが、1950年運輸省の外局として航空庁と改められ1952年に内局として航空局となり、2001年1月の省庁再編で、運輸省が建設省と統合され新たに国土交通省航空局となった。

## cabane
**つり柱**

仏語。三角形をなすものの意。航空機に使用される支柱を指す。

## cabin
**客室、キャビン**

航空機胴体内部の客室。

## cabin altitude
**客室高度、機室高度**

与圧高度（pressure cabin altitude）参照。

## cabin attendant
**キャビン・アテンダント、CA**

旅客機の客室乗務員の日本での総称。パーサー、スチュワード、スチュワーデスなど。「シー・エー」と称する。

## cabin crew
**客室乗務員、キャビン・クルー**

旅客機の客室内の業務を担当する乗組員。上記CAなどが該当する。操縦室乗組員（コクピット・クルー）に対比して用いられる用語。

## CAD：computer aided design
**コンピューター支援設計**

航空機を設計する際には、エンジン出力、性能、形状、重量、経済性等の相互に影響する要素を詳細に解析し、バランスをとることが必要になってくる。CADは、これらの計算をコンピューターで処理し、設計データを得るものである。

## CADC：central air data computer
**CADC、セントラル・エア・データ・コンピューター**

AFCSの中枢を形成するコンピューター。その航空機のすべての空気データ（ピトー管の静圧、全圧など）を取り込み、今後の予測計算及び各操縦装置を制御する。AFCS参照。

## CADIN：common aeronautical data interchange network
**航空交通情報システム、CADIN**

国際テレタイプ自動中継システム（AFTAX）、国内テレタイプ自動中継システム（DTAX）の総称をいい、航空機の運航に必要な情報、捜索救難に必要な情報、その他の情報の処理を行うシステムをいう。

## calibrated air speed：CAS
**較正対気速度、CAS**

航空機の指示対気速度を、位置誤差と器差に対して修正したものをいう。海面上標準大気においてはCASは真対気速度に等しい。
⇒耐空性審査要領

対気速度計に表れた読み（指示対気速度：IAS）に、ピトー管による位置誤差の修正を行った速度。航空機の性能を表すのに用いられる。普通、CASと略称する。

## calibration
**較正、キャリブレーション**

計器などの示度が正常であるか、較正機器を用いて計測すること。

## call sign
### 無線呼び出し符号、コール・サイン
　航空機と航空管制機関等が通信設定を行う際の無線呼び出し符号をいう。コール・サインはフライトプラン上にも記入され、一般的に航空機の国籍登録記号をそのまま使用する場合、また運航会社名と便名をコール・サインにする場合等がある。軍用機は、部隊別にコール・サインを用いることもある。

## (wind) calm
### 静穏、カーム
　10分間又は2分間の平均風速に関し、その値が0.2m/s（0.4kt）以下の場合をいう。

## calm wind runway
### 無風滑走路
　地上風の風速が5kt未満の場合に使用するものとして定められている滑走路をいう。
　⇒管制方式基準

## calorific value
### 発熱量
　工学用語。単位質量の物質が完全燃焼する際に発生する熱量を指していう。kal/kg又はBtu/lbで表す。

## CAM：computer aided manufacturing
### CAM、コンピューター・エイデッド・マニュファクチャリング、コンピューター支援製造
　コンピューターに記憶させたデータによって製造機器を制御し、製品を作る方法。通常、CADで設計し製造方法も決めていくため、CAD／CAMという表しかたをする。

## camber
### キャンバー、矢高（やだか）
　翼断面において中心線と翼弦線との距離をいう。特に、その最大値を表すことが多い。aerofoil参照。

## camber line
### 平均キャンバー線、翼型中心線

翼型の上面と下面の中点を順々に結んでできる曲線をいう。中心線、骨格線、骨線などとも呼ばれる。中点の決め方には幾通りかの方法がある。①翼型の上面と下面に接するか、交わる円を描いたとき、その円と輪郭との交点又は接点と円の中心が一直線に並ぶような円の中心を、翼弦線に沿って順に決めていき、これらを滑らかにつないで得られる曲線。②翼断面の上面と下面に接する円を描いて翼弦線に沿って順に決めていき、この中心をつないで得られる曲線。③翼弦線に沿ってこれと直角に交わる直線を引いたときに、上面からの直線と下面からの直線の中心線をつないでできる曲線。
　同じ翼型のキャンバー線をこの3種の方法で計測すると多少の相違が出るが①はNACA（現在のNASA）が系統的に翼型を決めていった方法の逆をたどった方法であり、翼型の反りがあまり大きくない翼断面では③の方法で決めて十分である。aerofoil参照。

## cam follower
### カム従動子
　カムの動きに従って動くもの。平円板、半球、転子（ローラー）、揺挺などの種類があり、吸排気弁、断続器などに用いられている。

## canard airplane
### 先尾翼飛行機、カナード機
　主・尾翼の配置が普通の飛行機と反対のもの。つまり普通の飛行機の尾翼に相当するものが前翼として主翼より大きな取り付け角で取り付けられている形式の飛行機。一部の戦闘機やビジネス機に見られる。

## candela：cd
## カンデラ

101,325N／㎡（ニュートン／平方メートル）の標準大気圧下で、白金の凝固点における黒体の 1 ／ 600,000 の表面から垂直方向にある光度をいう。⇒ ICAO

## canopy
## キャノピー

操縦席を覆う透明のバブル型のカバー。またパラシュートの布の部分（傘体）。

高視野のF-16のキャノピー（USAF Photo）

## cantilever monoplane
## 片持単葉機

単葉機の一形式。主翼が片持式に胴体と結合されているもの。現在の飛行機は、ほとんどこの形式である。

## cantilever wing
## 片持翼

主・尾翼の胴体への結合に、途中、支柱や張り線等を使わない構造のもの。

## cantype combustion chamber
## 罐型燃焼室

タービン・エンジン燃焼室の一種。円筒状の燃焼器8〜14個を圧縮機と駆動タービンとの中間に円周状に配列したもの。

## canular combustion chamber
## キャニュラー燃焼室

タービン・エンジン燃焼室の一種。罐形燃焼室を多数並べた型式（キャン・タイプ）と単一環状（アニュラー・タイプ）の両者を折衷し、2〜4分割したもの。

## capacitance type fuel quantity gauge
## 容量式燃料計

燃料計の一種。タンク内燃料の量を電気的に知る計器である。つまり、タンク内燃料の増減による対向極板間の静電容量の増減を電圧の変化に変えて計器の指針の動きとして伝えるもの。

## capacitor discharge light
## 蓄電器放電灯

封入したガスを管に通し、高い電圧で電気を放電することにより、極めて短い時間で高光度閃光を発する電球をいう。⇒ ICAO

## cap cloud
## 笠雲

強風が大きな山を越える時、山頂に笠をかぶせたようにできる雲で、山に沿い上昇した気流が断熱冷却し水蒸気が凝結し雲を形成し、この気流が山を越え、吹き降りると乾燥断熱的に昇温し雲は消滅する。

　　　mountain wave 参照。

## captive balloon
## 繋留気球

気球の一種。索で地上に連結されており、気球自体の自由な運動はできない。球形のものと流線形のものがある。主として観測、信号伝達などに用いられた。

**carbon depopsit**
**炭素残留、カーボン付着**
　ピストン・エンジン内部（主としてシリンダー）又はタービン・エンジン内部（主として燃焼室、タービン翼など）に沈着、堆積する炭素性物質。エンジンの寿命、信頼性に悪影響を及ぼすほか、燃焼効率を悪くする。

**carburetor**
**気化器、キャブレター**
　燃料を霧状に噴出、気化させ、空気と適量に混合し、燃焼爆発に都合のよいようにする装置で、ピストン・エンジンの吸気管に取り付けられる。昇流型と降流型とがある。

**carburetor icing**
**気化器着氷、キャブレター・アイシング**
　気化器内のベンチュリー管、バタフライなどに水蒸気が凝結して氷が付着する現象で、流入空気が減りエンジン出力低下、停止をもたらす。一般的に－7～20℃で発生する。また、相対湿度が高い場合には25℃でも起こりえる。キャブ・ヒートはこの着氷対策のためのもの。また、－7℃以下では水蒸気量が少なくなるので着氷の危険は少なくなる。原因としては、液体燃料の蒸発による温度の低下（33℃程度下がる）、ベンチュリー管による冷却（3～4℃程度下がる）がある。

**cargo**
**貨物**
　航空機で運ばれる郵便物、貯蔵品及び手荷物以外の所有物をいう。⇒ICAO

**cargo airplane**
**貨物飛行機**
　貨物の輸送を主たる目的とする飛行機。そのため機体の設計には種々の考慮が払われ、貨物収容のため十分な容積の貨物室を有する。
　freighter 参照。

**cargo compartment**
**荷物室、貨物室**
　航空機（特に輸送機）胴体内の荷物を収容する室をいう。

**cargo parachute**
**物量傘**
　種々の物量投下に利用される落下傘。

**carrier-based aircraft**
**艦上機、艦載機**
　航空母艦を基地として行動する航空機。艦上戦闘機、艦上攻撃機、艦上早期警戒機などがある。

**carry through**
**キャリー・スルー**
　左右に分割した主翼を胴体に結合する場合は、図（上）のように胴体に主翼を直接結合したのでは荷重が加わればすぐに破損してしま

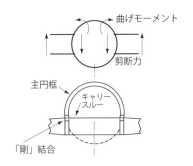

う。そこで胴体内に主翼の桁間構造に匹敵する強度をもつ構造を設ける。これをキャリー・スルーという。このキャリー・スルーを介して主翼の荷重が胴体に流れるようにする。大型機では図（下）のようなキャリー・スルー構造にする例が多い。

## cartwheel
### 逆Ｕ字飛行
曲技飛行の課目のうち急横転の一種。機首が大きな逆Ｕ字を描くような飛行を行う。

## CAS：calibrated air speed
### 較正対気速度
calibrated air speed 参照。

## case hardening
### 肌焼き
鋼熱処理の一種。鋼の表面を浸炭（しんたん）硬化して衝撃・磨滅に耐えるようにする方法。

## CAT：clear air turbulence
### 晴天乱気流
clear air turbulence 参照。

## catapult
### カタパルト
飛行機の離陸距離を短縮するための航空母艦の装備。航空機の前脚を甲板下のスチームで駆動されるピストンにより引っ張り、機体に急激な加速を与えて離艦させる。

カタパルトにより発艦直前のF-18（USN Photo）

## category of aircraft
### 耐空類別
飛行の種類によって、航空機に加わる荷重は変化する。荷重係数とは航空機の操舵や突風により生じた空気力、又は慣性力、離着陸時における地面や水面の反力など運動する航空機に作用する力が、その航空機の重量の何倍にあたるかを表したものである。

航空機を設計する際には、荷重倍数の大きさを考慮しなければならない。大きな荷重がかかる航空機は、機体強度を増さなければならず、その分だけ機体は重くなる。逆に、荷重倍数があまりかからない機体は無闇に機体強度を増しても無駄になる。そこで航空機を用途に応じて設計し、用途に応じた飛行をすれば耐空性は保証できる、としたものが耐空類別であり、わが国の民間機は下表のように設定されている。

| 耐空類別 | 摘　要 |
|---|---|
| 飛行機曲技Ａ | 最大離陸重量5,700kg以下の飛行機であって、飛行機普通Ｎが適する飛行及び曲技飛行に適するもの |
| 飛行機実用Ｕ | 最大離陸重量5,700kg以下の飛行機であって、飛行機普通Ｎが適する飛行及び60°バンクを超えるバンク旋回、錐揉、レージーエイト、シャンデル等の曲技飛行（急激な運動及び背面飛行を除く）に適するもの |
| 飛行機普通Ｎ | 最大離陸重量5,700kg以下の飛行機であって、普通の飛行（60°バンクを超えない旋回及び失速＜ヒップストールを除く＞を含む）に適するもの |
| 飛行機輸送Ｃ | 最大離陸重量8,618kg以下の多発の飛行機であって、航空運送事業の用に適するもの（客席数が19以下であるものに限る） |
| 飛行機輸送Ｔ | 航空運送事業の用に適する飛行機 |
| 回転翼航空機普通Ｎ | 最大離陸重量3,175kg以下の回転翼航空機 |
| 回転翼航空機輸送ＴＡ級 | 航空運送事業の用に適する多発の回転翼航空機であって、臨界発動機が停止しても安全に航行できるもの |
| 回転翼航空機輸送ＴＢ級 | 最大離陸重量9,080kg以下の回転翼航空機であって、航空運送事業の用に適するもの |
| 滑空機曲技Ａ | 最大離陸重量750kg以下の滑空機であって、普通の飛行及び曲技飛行に適するもの |
| 滑空機実用Ｕ | 最大離陸重量750kg以下の滑空機であって、普通の飛行又は普通の飛行に加え失速旋回、急旋回、錐揉、レージーエイト、シャンデル、宙返りの曲技飛行に適するもの |
| 動力滑空機曲技Ａ | 最大離陸重量850kg以下の滑空機であって、動力装置を有し、かつ、普通の飛行及び曲技飛行に適するもの |
| 動力滑空機実用Ｕ | 最大離陸重量850kg以下の滑空機であって、動力装置を有し、普通の飛行又は普通の飛行に加え失速旋回、急旋回、錐揉、レージーエイト、シャンデル、宙返りの曲技飛行に適するもの |
| 特殊航空機Ｘ | 上記の類別に属さないもの |

### category Ⅰ precision approach
### カテゴリーⅠ 精密進入
進入限界高度が 60 m 以上であり、かつ、滑走路視距離が 550 m 以上か視程が 800 m 以上である場合における精密進入をいう。
⇒施規 117 条

### category Ⅱ precision approach
### カテゴリーⅡ 精密進入
進入限界高度が 30 m 以上 60 m 未満であり、かつ、滑走路視距離が 350 m 以上である場合における精密進入をいう。⇒施規 117 条

### category Ⅲ precision approach
### カテゴリーⅢ 精密進入
進入限界高度が 30 m 未満又は非設定であり、かつ、滑走路視距離が 50 m 以上である場合における精密進入をいう。⇒施規 117 条

### cathedral angle
### 下反角
主翼が翼端に向かって次第に下がっている場合、翼を代表する平面と水平面とのなす角。高翼機の後退角によって生じる必要以上の上半角効果を減殺するためのものが多い。

大きな下反角の付いた C-17 輸送機（USAF Photo）

### CAVOK：ceiling and visibility OK
### キャブオーケー
視程、現在天気、雲が良好であること表す語。卓越視程は 10 km 以上。雲は 1,500 m（5,000ft）又は最低扇形別高度のいずれか高い値未満になく、かつ積乱雲、塔状積雲がない。天気は運航上重要な天気現象である天気略号表に該当する現象がないことが条件となる。

### C badge

### C 章、C バッジ
日本滑空記章の1つ。この試験は滑翔試験及び急旋回試験である。前者は単独飛行で曳航索の離脱後滑空時間 30 分以上の飛行を行い、滞空時間飛行の損失高度は 600 m 以下。その他指定地着陸などである。

### CDI：course deviation indicator
### コース偏向指示器、CDI
VOR 航法において、セットしたコースに対する航空機の左右のずれを示す機上計器（VOR 受信機）の一部分。＝ left right needle、左右偏向指示針

### ceiling：CEIL
### 上昇限度、シーリング
所定の条件下で航空機が到達できる最大高度。絶対上昇高度（absolute ceiling）と実用上昇高度（service ceiling）とに大別される。
### 雲高、シーリング
全天の 5/8 以上を覆う雲層であって、その雲層の地表又は水面からの高さが 6,000 m（20,000ft）未満のもののうち、最も低い雲層の雲底の地表又は水面からの高さをいう。
⇒管制方式基準

雲底高度のことで、航空機の離着陸に重要な要素となる。

米国では地表から雲層又は obscuring phenomena（天空遮蔽現象）が天空の 1/2 以上を覆う最も低い所までの高さをいう。"thin" 又は "partial" が付いたものはシーリングとはならない。

### ceilometer
### シーロメーター
雲底高度の測定を自動的に行う装置。雲底を照射する投光器、その反射光を受ける受光器、これを自動的に記録する記録器の 3 部分より構成される。

### celestial pole
### 天球の極
地球自転軸の延長と天球との交点を指して

いう。すなわち天球の北極ならびに南極と呼ばれる所。

## cell tank
### セル・タンク

図のように主翼内の空間に金属製燃料タンク又は合成ゴムの袋を収めたものをセル・タンクという。integral tank（参照）に対比して使われる言葉。

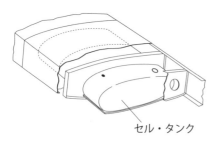

セル・タンク

## celsius temperature：t ℃
### 摂氏温度

摂氏温度とは、Toが273.15K（ケルビン）である場合、2つの熱力学温度TとToの差 $t_{oc} = T - T_o$ に等しいものである。
⇒ ICAO

## center of buoyancy
### 総浮力中心

軽航空機の気嚢に排除された空気量の重心を指していう。= center of gross lift

## center of gravity：CG
### 重心位置、CG

航空機の重心位置。重心位置は航空機の燃料・貨物などの搭載状態によって大きく異なり、それぞれの重量によって許容範囲が決められている。航空機を運航する場合、自重又は運航自重における重量／重心位置を基に搭載物の重量及び位置（アーム）から計算によって許容範囲にあることを確認しなければならない。重心位置は航空機の前後の釣り合いや安定に関して、揚力中心（又は風圧中心）の位置とともに重要な役割をもっている。また、重心位置が前後の許容範囲を逸脱すると、きわめて危険である。

## center of pressure
### 圧力中心、風圧中心

翼断面に働く揚力の作用点。つまり翼面上に働く空気圧力の合成力が、翼弦線と交わる点をいう。普通（圧縮性を無視又は亜音速流の場合）翼前縁より翼弦長の30〜35％に位置し、迎え角の増加と共に前進し、減少と共に後退するが、超音速流の場合には翼弦長のほぼ50％くらいの所に移る。

## center of pressure coefficient
### 圧力中心係数

圧力中心の位置を表す係数。翼弦長の百分比で表す。

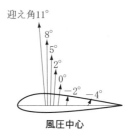

## center wing
### 中央翼

主翼の中央部分。基準翼又は内翼（innerwing）と称することもある。大きな荷重がかかる部位であり、寿命延長で交換されることもある。

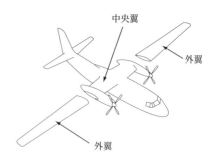

## central air data computer：CADC
### CADC、セントラル・エア・データ・コンピューター

CADC参照。

### centrifugal clutch of helicopter
### ヘリコプター用遠心式クラッチ
　ヘリコプターではエンジンの回転速度が少ない間は主回転翼が駆動されないことが望ましい。これはエンジンの油温が上がるまで長い時間暖機運転をしなければならないからである。このため普通、エンジンとトランスミッションの間に遠心式クラッチが整備されており、エンジン回転速度がある値に達するまでは主回転翼は駆動されないようになっている。

### centrifugal-flow turbojet engine
### 遠心式ターボジェット・エンジン
　ターボジェットの一種。遠心式の圧縮機を装備するもので、流入空気は回転軸と直角の方向に送られ、次第にその速度を高めながら圧縮度を増していく。従って、圧縮機の構造は簡単になるが、圧縮効果を高めるためには直径を大きくしなければならず、エンジン前面面積が大きくなる欠点がある。

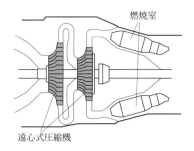

### centrifugal-flow turboprop
### 遠心式ターボプロップ
　ターボプロップ・エンジンの一種。すなわち遠心式圧縮機を装備するもの。

### centrifugal-flow type air compressor
### 遠心式圧縮機
　タービン・エンジンの空気圧縮機の一形式。この圧縮機は軸に取り付けられた半径方向に羽根を取り付けた円盤面を高速で回転させ、遠心力によって外周方向へ飛び出した空気をディフューザーによって圧力を高める方式のものをいう。この形式の圧縮機1段によって得られる圧力比は約4〜4.5であるが、比較的軽量にできることから、小出力のエンジンに採用されることが多い。

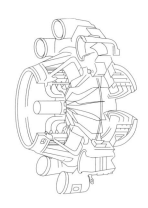

### centrifugal supercharger
### 遠心過給機
　ピストン・エンジンの過給機の一形式。遠心式圧縮機を高速回転させ、過給の目的を達成しようとする過給機。エンジンのクランク軸に歯車連動された羽根車（インペラー）が、その5〜9倍の速度で回転し、インペラー中心部に入る空気を高速で円周方向に飛ばす。次いで、その勢いのついた空気の速度を落として圧力を高めるようになっている。

### ceramic coating
### セラミック被覆、セラミック・コーティング
　耐熱性を高めるため、金属（普通は鋼）にセラミックの被覆を施すこと。

### certificated aircraft
### 型式証明取得済み航空機
　安全性、性能諸元等が、FAA、EASAなど航空当局の定める要件を満たしていることが証明され、承認を得た航空機。新型機が初飛行してからテストを重ね、次の段階が型式証明の取得である。

### certificate of airworthiness for export
### 輸出耐空証明書

certificate of comformity for export

航空機について航空法の技術上の基準及び／又は輸入国の権限ある当局から通報のあった要件に適合していることを証明するもの。

**安全証明書**

我が国の製造者が製造する装備品、及び整備又は改造を実施された装備品について、航空法の技術上の基準及び輸入国の権限ある当局から通報のあった要件に適合していることを証明するもので、原則として型式承認又は仕様承認を受けた装備品等及び我が国の型式証明を受けた航空機に使用される装備品などに対して適用される。

**certificate of conformity for export**
**適合証明書**

輸入国において設計され、証明もしくは承認が行われる航空機又は装備品に使用することを目的としてわが国で製造される装備品などについて関連する設計資料及び輸入国の権限ある当局から通報のあった要件に適合していることを証明するもの。

**certification tag**
**確認票**

修理改造認定工場の検査主任者が、装備品の修理又は改造の内容が技術上の基準に適合する場合に交付するもので、予備品証明と同等の効力を有する。⇒施規32条の2

**certified tag of conformity for export**
**輸出耐空証明タグ**

特定救急用具を輸出する場合に、その安全性を証明するもの。

**CFIT：controlled flight into terrain**
**CFIT、シーフィット**

正常な航空機が、地面又は水面への接近に気付くことなく、それらと衝突してしまう事象。この事故の多さが問題になっている。この事故を防ぐため、GPWS（対地接近警報装置）などの装備がある。

**CFRP：carbon fiber reinforced plastic**

**CFRP、カーボン・ファイバー強化プラスチック**

炭素繊維をエポキシ樹脂で固めた構造用複合材料。航空機の主構造を構成しているアルミ合金と比較して、軽量、高剛性、複雑な形状でも一体成形が容易、部品点数削減、任意剛性構造可能等の多くの特長を有している。成形にはautoclave（参照）が使用される。アルミ合金の変わりに、使用例が増大している。

**CGI：computor generated image**
**CGI方式、コンピューター・ジェネレイテッド・イメージ**

フライト・シミュレーターの視覚装置。コンピューターによって画像を作りだす。様々な地形、建物、灯火などをあらかじめコンピューターに記憶させておき、パイロットの視点からどの方向に見えるかを計算し、投影する。各種の気象条件、雲、水平線、星、移動中の航空機まで表示でき、パイロットの操作と共に画像がシンクロナイズして投影される。

**chaff**
**チャフ**

航空機から放出する敵のレーダーを攪乱させるための薄い金属片。

**chalk time**
**チョーク・タイム**

車輪止めを外し、又はかける時間をいう。ブロック・タイムと同義。

**chandelle**
急上昇方向変換、シャンデル

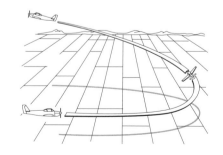

斜め宙返り緩反転ともいうべき飛行科目。機体を上昇させて高度をとると共に旋回して反方位になる（元の進路に対して180°向きを変える）飛行である。この飛行を行うには獲得高度が最大限であることが肝要である。

## change-over point：COP
**切替点**

VOR の有効到達距離を基準に設定された ATS ルートの限定区域を航行する場合、主たる航法基準を航空機の後方の施設から前方の施設に切り換えることが予定されている地点をいう。

注．切替点は運用されるすべての高度における施設間の信号の強度と質に関して最適なバランスを提供するため、また経路区域の同じ部分に沿って航行しているすべての航空機に対して共通の方位誘導の原点を確保するため設定される。⇒ ICAO
COP 参照。

## channel：CH
**水上滑走路、チャンネル**

水上機の離着水に供される専用の水域。
**チャンネル**

割り当てられた周波数を、チャンネル（Ch）で表す。例：Ch B ＝ 126.2MHz

## channel lights
**着水路灯**

水上飛行場において着陸帯を示すため配置する灯火。単列着水路灯、複列着水路灯がある。なお、これら灯火の末端には滑水路の末端を示す黄色灯火（着水路末端灯）が設置される。
・航空緑の不動光
⇒施規 114 条、117 条

## channel threshold lights
**着水路末端灯**

水上飛行場において着陸帯の末端を示すためにその両末端に配置する灯火。単列着水路末端灯、複列着水路末端灯がある。
・航空黄の不動光

⇒施規 114 条、117 条

## chase aircraft
**チェース機**

試験飛行などの場合、当該機に寄り添うように飛行し、緊急時などの場合はアドバイスなどの支援にあたる航空機。

## check-in
**チェックイン**

搭乗受付。航空券に表示された運送約款契約の最終確認が行われる。旅行用語ではホテルで宿泊手続きをすることをいう。

## check list
**点検表、チェック・リスト**

操縦装置、計器板等の点検に必須の項目を順序よく列記した表。操縦士は、これを暗記によらず必ず点検表を見て呼称しながら正常状態にあることを確認する。

## check point
**チェック・ポイント**

地形によって決定することができる地理的な平面上の点をいう。
⇒航空保安施設設置基準

## check ride
**実地試験飛行、チェック・ライド**

実地試験のため、受験者と試験官が一緒に飛ぶこと。

## chemical fuel
**化学燃料**

ガソリンやジェット燃料に比べ、比重が軽く、重量当たりの発熱量が大きい特殊な燃料。ボラン系が最も有望といわれる。

## chemical milling
**化学切削、ケミカル・ミル**

金属材料に対する特殊加工法の1つ。所定の形状、又は寸法を得るために腐食液を使用して、部分的又は全面的に材料を溶解・浸食させ

成形するもの。機械的な切削が困難な形状のものに主として適用される。

## chest type parachute
### 胸掛型落下傘
落下傘の一形式。装帯と共に胸に掛ける方式のもの。主に空挺部隊の予備傘で使用される。

## chine
### チャイン
飛行艇の艇体又は水上機のフロートにおいて、側面と底面との境界をなし、前後に走る稜線。飛沫が上がるのを防ぐ役割をする。

angle of deadrise 参照。

## (magnetic) chip detector
### チップ・ディテクター
滑油システムにおいて、系統内の部品から出た細かな金属片を磁石で吸着させ、定期点検時などにおいて故障の発見を容易にする装置。また吸着した金属片で電気回路を形成させ、操縦席の警告灯を点灯させるものもある。

## chord component
### 翼弦分力
翼断面に働く空気力の合力を、翼弦方向とこれに直角な方向に分けた場合、前者を翼弦分力という。翼の強度に関し、曲げモーメントや捻じりモーメントを求める際に用いる。

## chord length
### 翼弦長
翼断面の前縁と後縁の間の距離。

## chord line
### 翼弦線
翼形基準線の1つ。その定め方には翼形により、それぞれ異なった習慣がある。最も代表的なものは翼形の前頭部にある最小曲率円の中心と、後縁又は後部にある最小曲率円の中心とを結んだ線を指すが、翼形の下面に引いた接線とか、翼の下面に2点で接する直線なども使われる。aerofoil、angle of attachment 参照。

## chrome-molybdenum steel
### クローム・モリブデン鋼
ニッケル・クローム鋼のニッケルに代えてモリブデンを使用した構造用強靭鋼。通称「クロモリ」

## chrome steel
### クローム鋼
構造用特殊鋼（合金鋼）の一種。炭素鋼にクロームを添加したもの。

## chronic altitude sickness
### 慢性高空病
頻繁な高々度飛行の結果、酸素分圧の不足の繰り返しによる影響が蓄積して発生する病的状態。頭痛、眼精疲労、疲労増加、焦燥感、不眠などの症状を呈し、記憶力、集中力、注意力が減退するに至る。

## chronic flying sickness
### 慢性航空病
飛行中は常に精神が緊張するが、操縦士は最良の精神機能を要求される。そして終始、精神を緊張させる関係上、たとえ健全な精神機能の者であっても、一種の神経症に冒されやすい。これを俗に航空病と称しているが、その慢性的な症状を指していう。

## circling approach
### 周回進入、サークリング・アプローチ
特定の方位の滑走路へ計器進入を行い、飛行場又は当該滑走路を視認したのち、他の方位の滑走路への着陸のため目視による周回を行う進入をいう。

## circling guidance light：CGL
### 旋回灯
滞空旋回中の航空機に滑走路の位置を示すために滑走路の外側に設置する灯火で、滑走路の外側上方に灯光を発するもの。
・航空白、航空可変白、又は航空黄の不動光
　⇒施規114条、117条

civil aircraft

## circuit
**サーキット**

　トラフィック・パターン（場周経路）のイギリスでの呼び名。電気用語の場合は回路。

## circuit breaker
**回路遮断器、サーキット・ブレーカー**

　電気回路中に過剰電流が流れるのを防ぐ装置。バイメタルが利用されている。

## circular
**サーキュラー**

　航空局より航空機使用者、製造者、修理工場等への検査に関する連絡、要領、手引き、様式等として、次の種類のサーキュラーが発行されている。

1．TCL（letter）
　　検査に関する連絡、通知
2．TCF（format）
　　検査記録等の様式
3．TCI（inspection）
　　航空機等の検査要領
4．TCT（test）
　　航空機等の試験要領
5．TCM（manual）
　　航空機等の検査に関する要領、解説、取扱規程、手引き等
6．TCD（directive）
　　航空機等の耐空性改善通報

## circulation
**大気環流**

　太陽放射熱と地球の自転により、大気の流れが水平・鉛直方向に複雑に動かされること。下層の環流として貿易風、偏東風、偏西風が、上層の環流としてジェット気流がある。

## cirrocumulus：Cc
**巻積雲**

　基本雲形10種の1つ。国際記号Ｃｃ。平均下面6,000 mの上層雲で、氷晶から成り立っており、美しい縞模様を作り出す。種として層状雲、レンズ雲、塔状雲、ふさ状雲が、変種として波状雲、蜂の巣状雲がある。「まだら雲」と俗称される。

## cirrostratus：Cs
**巻層雲**

　基本雲形10種の1つ。国際記号Ｃｓ。巻雲、巻積雲と共に上層雲に属し、氷晶から成り立っており、白いベール状をなす。薄日が洩れ、月や太陽が"笠"をかぶる。種として、毛状雲、霧状雲が、変種として、二重雲、波状雲がある。俗称「うす雲」。

## cirrus：Ci
**巻雲**

　基本雲形10種の1つ。国際記号Ci。巻積雲、巻層雲と同様、氷晶から成り立っており、美しいすじを引く雲で、上層雲として大気の一番高い所にできる。種として、毛状雲、かぎ状雲、濃密雲、塔状雲、ふさ状雲が、変種として、もつれ雲、放射状雲、肋骨雲、二重雲がある。「すじ雲」と俗称される。

## civil aeronautics law (of Japan)
**航空法**

　昭和27年（1952年）7月15日、法律第231号により制定・施行された法律。航空機の登録及び安全性、航空従事者、航空路・空港等・航空保安施設、航空機の運航、航空運送事業、外国航空機などに関する事項が計11章で規定されている。

## civil aircraft
**民間機**

　軍用機に対比して用いられる用語。警察用機などの「官庁用機」、政府専用機などは「官庁機」、米国の大統領専用機及び沿岸警備隊所属機は「軍用機」として取り扱われている。日本では警察及び海上保安庁用機には民間機の登録記号が付与されている。
注．航空法126条には「国の航空機とは、軍、税関、又は警察の業務に用いられる航空機とみなす」とある。

## clad metal
### 合わせ板
　ある金属に他の金属を被覆させてできた材料を指していう。ジュラルミンのアルミニウム・クラッド材はその代表である。

## Class A airspace
### クラス A エアスペース
　福岡 FIR 内 の 高度 29,000ft 以上、高度 20,000ft 以上の洋上管制区が該当し、原則として IFR しか認められない。

## Class B airspace
### クラス B エアスペース
　現在のところ、福岡 FIR 内の那覇特別管制空域が該当する。

## Class C airspace
### クラス C エアスペース
　福岡 FIR 内の特別管制空域 C が該当する。具体的には、千歳、三沢、仙台、成田、東京、中部、名古屋、大阪などの特別管制区。

## Class D airspace
### クラス D エアスペース
　福岡 FIR 内の航空交通管制圏が該当する。

## Class E airspace
### クラス E エアスペース
　福岡 FIR 内の高度 29,000ft 未満の航空交通管制区、航空交通情報圏、高度 20,000ft 未満の洋上管制区が該当する。

## Class G airspace
### クラス G エアスペース
　福岡 FIR 内の空域で上記クラス A 〜 E 以外の空域が該当する

## clean configuration
### クリーン形態
　航空機が脚、フラップなどを引き込めた形態。性能諸元や操縦特性などが脚、フラップ等を展開した状態と異なるため、区別するために使用される。反対語が dirty configuration。

## clear air turbulence：CAT
### 晴天乱気流、キャット
　雲のない大気中に存在する乱気流状態のこと。ジェット気流の近辺では、高度と共に風速が急激に変化するため、乱気流が発生しやすい条件にある。目視できないため、突然航空機に衝撃を与えることが多く、回避技術の開発に力が注がれている。先行機からその空域の乱気流の情報を得て、その空域の飛行を回避する方法などは、その初歩的なものである。

## clearance
### 管制許可、管制承認
管制許可：航空機に対して管制機関が与える航空法第 94 条ただし書（計器気象状態における飛行）、第 94 条の 2 第 1 項ただし書（計器飛行方式による飛行）及び第 95 条ただし書（航空交通管制圏における飛行）の許可ならびに法第 96 条第 1 項及び第 2 項の指示（航空交通の指示）のうち許可的なものをいう。
管制承認：計器飛行方式により管制空域を航行しようとする航空機に対し、飛行計画のうち、経路、高度など管制業務に関係ある事項について管制機関が与える法第 97 条第 1 項（計器飛行方式により飛行する航空機に対し、管制機関が発出するクリアランスを意味し、管制許可とは同一の性格のものである）の承認をいう。
　⇒管制方式基準

## clearance limit
### 管制承認限界点
　目的飛行場が管制承認を発出する管制機関の管轄区域内の場合は原則として計器進入開始のためのフィックスとし、管轄区域外の場合は原則として目的飛行場とする。

## clear ice：CLA
### 雨氷（うひょう）、クリアー・アイス
　比較的堅牢で防氷装置でも除去しがたい悪性の氷。航空機が氷点下の寒冷気層中を飛行す

— 74 —

る時、上方の温暖気層から落ちてきた雨滴が次第に凍って非常に多量の透明なガラス状の氷になり、航空機のあらゆる部分に付着し、短時間で堆積する。悪性着氷の一種で、連続的構造をもつ。

## clear way：CWY
### クリア・ウェイ
滑走路の中心線の延長を中心として150 m（500ft）の幅及び滑走路末端部から上向きに1.25％を超えない勾配を有し、いかなる突起物もない平面部分をいう。ただし、滑走路末端からの高さが72cm（26in）以下で滑走路の両側に配置されている場合に限り、クリア・ウェイ上に滑走路誘導灯が突き出てもよい。

## climatology
### 気候学
気象学の一部門で、地球上の異なる各地の気候を研究する学問。

## climbing flight
### 上昇飛行
飛行機が迎え角を増大し、かつ余剰出力により次第に高度を増していく飛行。

## climbing speed
### 上昇速度
上昇飛行中の航空機の、その上昇経路沿いの対気速度。Vx（最良上昇角速度）やVy（最良上昇率速度）がある。

## clinometer
### 傾斜計、クリノメーター
飛行中の航空機の前後・左右方向の傾斜を示す計器。絶対傾斜計と相対傾斜計に大別できる。

## closed-circuit wind tunnel
### 閉回路風洞
風洞の一形式。測定室を出た気流が再び測定室に戻ってくるような風洞。従って連続的な気流ができることになる。測定部は自由噴流に

なっているもの、壁の中の流れになっているものなどがある。開放式に比べ同一動力に対する風速が増す利点がある。

## closed cockpit
### 密閉型操縦席
座席の上部が風防などで覆われ、直接大気に触れない操縦室。現在の航空機は、ほとんど密閉型操縦席である。open cockpit 参照。

## close-jet wind tunnel
### 閉鎖噴流風洞
測定部における気流が壁の中の流れとなっている風洞。すなわち風洞模型を吊るす位置が固い壁で囲まれている。英国の NPL type wind tunnel（参照）はこの一種。

## cloud
### 雲
水蒸気が上昇し、高空の寒冷な気温により凝結したもの。主として上昇気流の断熱膨張により生じる。雲の存在は、航空機の運航に大きな影響を与える。また将来の天候の推移を知る貴重な手掛かりにもなる。

雲の成因には、次のようなものが上げられる。

1．空気の直接上昇によるもの。
　⑴　斜面上昇風など地形の影響によるもの。
　⑵　大地の放射の不規則、上昇気流の対流によるもの。
　⑶　広い地域の空気が漸次上昇するため低気圧前面に生ずるもの。
2．寒冷な空気が暖気面を覆い、周辺運動により寒暖両気の渦を生ずることによるもの。
3．混流によるもの。
　　温度を異にする空気の垂直上昇が平行する場合、両境界面における混流により生じる。

## cloud amount
### 雲量
空全体の雲に覆われている度合をいう。雲のない状態を雲量0、全天がすき間なく雲に覆われている状態を8とし、その間を8等分した

各度合（8分雲量）で通報される。
　航空気象通報式では略号の SKC（スカイクリア：雲がまったくない）、FEW（フュー：1〜2オクタス）、SCT（スキャター：3〜4オクタス）、BKN（ブロークン：5〜7オクタス）、OVC（オーバーキャスト：8オクタス）で通報する。
　また、雲量1/8以下を「快晴」、2/8〜6/8を「晴」、7/8以上で高層雲が見かけ上最も多い状態を「薄曇」、7/8以上で高層雲以外が見かけ上、最も多い状態を「曇」としている。

## cloud form
### 雲形
空にある雲の形。次の基本形に大別できる。

| 族 | 類 | 国際名 | 略記号 |
|---|---|---|---|
| 上層雲 | 巻雲<br>巻積雲<br>巻層雲 | cirrus<br>cirrocumulus<br>cirrostratus | Ci<br>Cc<br>Cs |
| 中層雲 | 高積雲<br>高層雲<br>乱層雲 | alltocumulus<br>altostratus<br>nimbostratus | Ac<br>As<br>Ns |
| 下層雲 | 層積雲<br>層雲 | stratocumulus<br>stratus | Sc<br>St |
| 対流によって生じた雲 | 積雲<br>積乱雲 | cumulus<br>cumulonimbus | Cu<br>Cb |

## cloud height
### 雲高
地上、すなわち観測点より雲底までの距離。ceiling 参照。

## cloudiness
### 雲量
cloud amount 参照。

## cluster parachute
### 集合落下傘
主として大型軍用輸送機からの重量物投下の際に使用される、複数の傘体から構成される落下傘。通常、2〜4個の傘を組み合わせて使用する。

## CMC(Ceramic Matrix Composites)
### セラミック複合材料、CMC
高温に耐えることから、ジェット・エンジンのタービンなど高温部に使用され始めた新材料。軽量化、及び燃費・出力の大幅な向上が期待されている。この CMC には、日本メーカーの技術も大きく寄与している。

## coanda effect
### コアンダ効果
空気が物体のカーブに沿って流れるという定理。この効果を利用したものが USB フラップである。

## coast
### コースト状態
追尾中の航空機からの2次レーダー往信が正常に受信されず、2次レーダー追尾機能により当該レーダーターゲットを追尾することができなくなった状態をいう。
　⇒管制方式基準

## coaxial rotor
### 同軸ローター
ロシアのカモフ社（現ロシアン・ヘリコプターズ社）のヘリコプターに代表される形態。各ローターが反対方向に回転し、それによりトルクを打ち消すためテイル・ローターが不要になり、機体をコンパクトにできるなどのメリットがある。一部民間機もあるが、ほとんどは軍用に使用されている。

カモフKa-32同軸反転ローター・ヘリ

## cockpit
### 操縦室、コックピット

航空機において、操縦者の収まる区画。通常、飛行機は左席が機長、右席が副操縦士。ヘリコプターの場合はその逆が多い。

ATR72-500のコックピット (ATR Photo)

## cockpit crew
**操縦室乗組員、コックピット・クルー**

操縦室に搭乗する必要のある乗組員。操縦士（機長・副操縦士）、及び機種によってはフライト・エンジニア、通信士、航法士などがこれに該当する。これに対し客室に乗務する乗組員を客室乗組員（cabin crew）と呼ぶ。

## cockpit voice recorder：CVR
**操縦室音声記録装置、ボイス・レコーダー**

操縦室内の乗組員同士の会話、航空交通管制機関との通話、客室乗組員との通話など最新の２時間以上の音声を録音する装置。火災や大きな衝撃に耐えられる構造に作られている。日本の航空法では、航空運送事業に使用する飛行機及び3.175 t以上のヘリコプター（搭載義務の細部は耐空証明等の取得時期などで異なる）にこの装置の搭載を義務づけている。航空事故の原因究明には、フライト・レコーダーとともに大きな役割を果たす。

## cocoon
**防水被覆**

航空機などを長時間飛ばさずに保存する場合等に、機体をポリエチレンなどの皮膜で覆うこと。

## code light
**符号灯**

モールス信号を発する明滅灯。航空灯台又は飛行場灯火として使用される。

## coefficient of viscosity
**粘性係数**

空気又は水などのように、流体の有する粘性の度合を表す係数。空気ならびに水の常温における粘性係数は、それぞれ $1.8 \times 10^{-4}$、$1.3 \times 10^{-2}$（g／cm・s）である。

## col
**鞍部（あんぶ）**

２つの高気圧と２つの低気圧との交点に当たる部分をいう。

## cold air mass
**寒気団**

寒気団とは、発生源から移動してその気団より暖かい地域に移った気団いう。下層から加熱し、対流を生じるので積雲系の雲が発生する。特徴として大気は不安定、気温減率大、積雲型、しゅう雨、乱気流、視程良好である。

## cold front
**寒冷前線**

寒暖両気団が接触する時、寒気団の勢力が強く暖気団を押し上げる場合にできる前線で、その傾斜は1/50〜1/150程度で、背後に寒冷な気塊が存在し、積乱雲や雄大積雲などを発生させる。また、大陸で砂じん嵐を発生させ西日本に黄砂を運ぶことがある。

暖気が安定ならば、雲は厚く幅は狭く、暖気が不安定ならば、幅は狭く活発な積乱雲が発生する。この前線の上にスコール・ラインが存在することがある。移動速度が速いと地上摩擦のため傾斜は急になり、遅いと傾斜は緩やかになる。

## cold section
**コールド・セクション**

タービン・エンジンにおいて、燃焼室より前方の部分。ここより後方がホット・セクションになる。

**cold type occluded front**
寒冷型閉塞前線
　閉塞前線の1つで、寒冷前線の後方の気団が温暖前線の前方の気団より優勢である場合、温暖前線を押し上げる形となる閉塞前線。

**collecting center**
収集センター
　機上観測報告を収集するために指定された気象台をいう。⇒ ICAO

**collective pitch control**
ピッチ同時制御、コレクティブ・ピッチ・コントロール
　ホバリングしているヘリコプターを上昇させるには、ローター・ブレードのピッチ角を大きくして推力を増してやり、降下はこの反対の操作を行う。このようにヘリコプターを垂直上昇又は降下させるためローター・ブレードのピッチ角の同時調整を行うことをピッチ同時制御という。

**collective pitch lever**
コレクティブ・ピッチ・レバー
　ヘリコプターの主回転翼のピッチ角をパイロットが制御するためのレバー。静止している機体から、回転している翼の角度を操作するには、スワッシュ・プレートを介して行われる。このレバーは回転翼のピッチ角を操作すると同時に、エンジン出力も制御できるようになっている。

**collision warning light**
衝突警告灯
　anti collision light 参照。

**combat airplane**
戦闘用機
　戦闘機、攻撃機、爆撃機などのように、直接戦闘行動に使用される一切の軍用機を指していう。

**combat ceiling**
戦闘上昇限度
　軍用機に定められた上昇性能の表しかたの1つ。戦闘行動が容易になるよう、絶対上昇限度や実用上昇限度より低く定めた限界高度。通常、戦闘機では最大上昇率が 150 m /min、爆撃機では 60 m /min となる高度とされている。

**combat rating**
戦闘定格
　戦闘時、特に大出力を必要とされる際、短時間に限って使用可能な出力。

**combustion chamber**
燃焼室
　ガスタービン・エンジンでは、圧縮器により圧縮された高速気流の中にタービン燃料を噴射し、燃焼させる部分（室）をいう。

**combustion chamber volume**
燃焼室容積
　ピストン・エンジンのシリンダー内で燃焼が行われる部分の容積。すなわち、上死点に達したピストンとシリンダーとに囲まれた部分の容積をいう。

**command system**
指令誘導方式
　ミサイル又は無人機誘導方法の一種。ミサイル又は無人機を発射した後に、指令機関から誘導指示を出し飛行経路を制御する方法。この方法では指令機関の側において該当飛翔体の状態（位置、進行方向、速度等）ならびに目標の

状態（固定目標であれば位置、移動目標であれば進行方向、速度、相対距離等）を認知することを要する。この方法によるものとしては、①目視、②レーダー利用、③テレメーター利用等がある。

### commercial aircraft
### 事業用航空機
　旅客輸送、貨物輸送、航空測量、写真撮影、報道取材、宣伝広告、農林水産用などのように、営利事業の目的に使用される航空機の総称。

### commercial air transport operation
### 商業航空輸送運航
　運賃又は使用料を受けて乗客、貨物又は郵便を輸送する航空機の運航をいう。⇒ICAO

### commercial pilot
### 事業用操縦士
　航空従事者技能証明の資格の1つ。一般に職業パイロットとは、この事業用操縦士以上の資格の操縦士をいう。受験の要件は18歳以上で、200時間以上（上級滑空機は15時間以上、動力滑空機は40時間以上及び20回以上の滑空による着陸など）の飛行時間及び規則で定める飛行経歴を有する者となっている。学科試験、実地試験の合格者にこの資格が与えられる。

### common mark
### 共通記号
　国以外の基準でICAOにより国際運営機関の航空機を登録する共通記号当局に、指定された記号をいう。
　注．国以外の基準で、登録されたすべての国際
　　運営機関の航空機は同じ共通記号をつける。
　　⇒ICAO

### common mark registering authority
### 共通記号登録局
　国際的運営機関の航空機を登録し、国以外の登録、又はその一部を維持する当局をいう。
　　⇒ICAO

### commuter aircraft
### コミューター機
　短距離を定期又は不定期に運航される最大旅客数60人程度までの比較的小型の航空機。ターボプロップ機が多い。

代表的なコミューター機、ATR42（ATR Photo）

### company flight plan
### カンパニー・フライト・プラン
　航空機の運航に当たっては航空交通管制機関へフライト・プランを提出し承認を得るが、航空会社はその便に対し出発空港から目的地までの航空路、ウェイポイント、ウェイポイントの緯度経度、通過予定時刻、飛行高度、予想風向／風速、消費燃料量などを詳細に計算したフライト・プランを作り、航空機に搭載させる。パイロットはこのプランと実際の運航状況を比べながら飛行を行う。このプランをカンパニー・フライト・プランと呼ぶ。

### compass
### 羅針儀、コンパス
　ある地点における磁北を指し、航空機の首尾線が磁北となす角度を示す計器。磁気コンパス、磁気誘導コンパス、フラックス・ゲート・コンパス、ジャイロシン・コンパスなどがある。

## compass bowl
コンパス・ボウル
　磁気コンパスを収めた容器。

## compass deviation
コンパス自差
　compass errors 参照。

## compass errors
コンパス誤差
　静的な誤差としての取付誤差（不易差）、半円差、四分円差、及び運動による誤差（北旋誤差、加速誤差、渦動誤差）等がある。静的誤差のうち取付誤差と半円差は修正が可能である。修正できない誤差はデビエーション（自差）としてコンパスの近くに表示される。

## compass heading：CH
羅針路
　羅北（compass north）からの機首方位。MH（magnetic heading：磁針路）とCHの間には自差（deviation）が介在する。

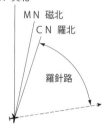

## compass rose
コンパス・ローズ
　羅針図、360度方位を示すバラ型の図形。

## competence certificate
技能証明書
　航空従事者が、その従事する航空業務に関するその技能を有することを証明する書類の総称。国土交通大臣の行う一定の試験を受け、それに合格した者に授与される。これには定期運送用・事業用・自家用・准定期運送用の各操縦士、一等・二等航空士、航空機関士、航空通信士、一等・二等航空整備士、一等・二等航空運航整備士、航空工場整備士の各資格別技能証明があるほか、航空機の種類（飛行機、回転翼航空機、滑空機など）、航空機の等級（陸上単発・多発、水上単発・多発等）、型式あるいは業務の種類などによる限定が付される。

## complete overhaul
完全オーバーホール
　航空機の機体・エンジンをはじめ機能部品などをある時間使用したところで、完全にオーバーホール（総分解手入れ）を行うこと。これに対し、プログレッシブ・オーバーホール（progressive overhaul）、モジュール・オーバーホール（module overhaul）という方式がある。

## complex airplane
複雑な航空機、コンプレックス・エアプレーン
　機構・装備が込み入った上級機。引き込み脚、可変ピッチ・プロペラなど、複雑な機構をもった機体をいう。米国では事業用操縦士の必要飛行経歴の中に取り入れている。

## composite aircraft
複合材製航空機
　機体がすべて複合材で作られた航空機。技術の進歩によって、エンジン、着陸装置の一部などを除いて完全に複合材のみで製作が可能になった。この種の航空機ではバート・ルータンの設計した飛行機がよく知られ、ビーチ社のスターシップの胴体は完全に複合材のみで作られた。

## composite construction
複合構造、木金混用構造
　本来は航空機を構成している部材に、金属材料と木材とを併用した構造を指した。最近では複合材料を使った航空機にも使用される用語。

## composite flight

## 複合飛行

計器飛行と有視界飛行の双方を取り入れた飛行方式。

## composite material
### 複合材料

航空機の主材料には長年アルミ合金が使われてきた。しかし、近年アルミ合金よりも強度、弾性、剛性が共に大で、かつ疲労に対して極めて強い複合材が大型旅客機の1次構造にも使用されるようになってきている。広義の複合材料とは、2種以上の素材を合体させ、両方の特長を持たせた材料である。複合材を使った場合、アルミ合金に比べ10～40％、平均して25％程度軽くなるといわれている。FRP（繊維強化プラスチック）も複合材であるが、最近では繊維にカーボン、ボロン、セラミック、有機合成剤などの物質を用い、これにポリエステル、エポキシなどの樹脂を他の材料（マトリックス）と配して作られている。

## composite route system
### 複合経路システム

複合間隔を適用できる経路として関係機関の合意に基づき、洋上管制区内に設定され、公示される経路（複合経路）の総称をいう。
　⇒管制方式基準

## composite separation
### 複合間隔

複合経路システム内の経路をフライト・レベル290以上で飛行する航空機間に設定する管制間隔であって、洋上管制区に適用する横間隔及び垂直間隔の最低基準の2分の1の間隔を複合して適用するものをいう。⇒管制方式基準

## compound helicopter
### 複合ヘリコプター

最大速度を増加させる手段の1つとして考えられたヘリコプターの一種。固定翼と補助推進装置を付加し、高速時に補助推進装置によって前進推力を与え、固定翼に揚力の一部又は全部を負担させ、ローターの負担を少なくする。これによって、下の写真のX-3実験機で472km/hの最大速度が得られている。各メーカーで研究開発が進められており、実用化は近い。

X-3複合ヘリコプター（AIRBUS Helicopters）

## compressed-air wind tunnel
### 高圧風洞

風洞内で試験に供される模型と実機との力学的相似を図るため、すなわち両者のレイノルズ数を同じにするため、風洞内の気流密度を高いものとした風洞。

## compressibility
### 圧縮性

気体の容積が圧力や温度によって変化する性質。

## compressibility burble
### 圧縮性失速

気体（空気）の圧縮性に基づく失速現象。物体が空気中を遷音速又は超音速で運動する場合に発生する。

## compressibility drag
### 造波抗力

物体が空気中を遷音速又は超音速で運動する際、衝撃波の発生に伴って生ずる抗力。

## compressibility stall
### 造波失速

　compressibility burble 参照。

## compression piston ring
### 圧縮ピストン・リング

ピストン・エンジンのピストン頭部付近に取り付ける鋳鉄製の環。目的はシリンダ燃焼室内の気密性を保ち、また、クランク室内よりシリンダ内壁に飛散してくる滑油が燃焼室に入らないよう掻き出すためのもの。piston ring 参照。

## compression ratio
### 圧縮比

ピストン・エンジンのシリンダーにおいては、行程体積（シリンダーの上下する容積）と燃焼室体積（ピストンが上死点に達した際、ピストンとシリンダーに囲まれたシリンダー頭部の空間容積）との和を燃焼室体積で除した値。圧縮比は普通、ガソリン・エンジンでは5～8、ディーゼル・エンジンでは12～18程度である。

タービン・エンジンの場合、圧縮比は圧縮機入口と出口の圧力の比。

## compression rib
### 圧縮小骨

木製2本桁羽布張り構造の翼にあって、翼断面を構成すると共に、翼内抗力トラスを構成し、圧縮応力（抗力ならびに反抗力張り線、空気力による）を受け持つ小骨。

## compressor
### 圧縮機、コンプレッサー

タービン・エンジンにおいて、流入空気を圧縮し、これを燃焼室に送り込む役割をする。空気が回転方向に流れる遠心式と、回転軸方向に流れる軸流式に大別できる。小型のタービン・エンジンでは、遠心式と軸流式を組み合わせたものもある。

## compressor rotor
### 圧縮機ローター

圧縮機の動翼を支持して回転する部分。遠心式の円盤型（disk type）と軸流式のドラム型（drum type）に大別できる。

## compressor stall
### 圧縮機失速、コンプレッサー・ストール

軸流式ジェット・エンジンの圧縮機は、前方から吸入した空気を、翼断面状の動翼を回転させて圧縮するものであるが、流入空気の乱れ、急激な運動等により所定量の流入空気が得られない場合等に動翼の一部が失速することがある。これを圧縮機失速という。圧縮機失速が発生すると推力の低下、エンジンの失火（フレーム・アウト）等が生じるので、その対策として様々な方法が開発されている。

## computer aided manufacturing：CAM
### CAM、コンピューター・エイデッド・マニュファクチャリング

CAM 参照。

## condensation trail(contrail)
### 飛行機雲、コントレール

高空を飛行する飛行機の後方に尾を引くように発生する細長い雲。この雲の成因は色々考えられているが、大気中の水蒸気が凝結してできるものであり、特に寒冷時によく見られる。

## conditional instability
### 条件付不安定

気温減率が湿潤断熱減率と乾燥断熱減率の間をとるような大気状態をいう。気塊が乾燥していれば安定、気塊が飽和していれば不安定である。

## condition lever
### コンディション・レバー

ターボプロップ・エンジンのプロペラ・ピッチを制御するレバー。

## condition monitoring：CM
### コンディション・モニタリング方式、CM

整備の技法の1つ。ハード・タイム方式、オン・コンディション方式以外のもので、主として諸系統及び装備品等を定期的に整備することをしないで、発生する不具合状況に関するデータを収集し、これを分析検討して交換又は修理等の適切な処置を講ずる方式をいう。

⇒整備規程審査要領　TCM-27-001-74

## conduction
### 伝導
　暖かいものから冷たいものへ、接触により熱を伝えること。分子活動によるエネルギーの移動である。

## configuration
### 形態
　航空機の空力特性に影響を及ぼすフラップ、スポイラー、着陸装置その他の可動部分の各種組み合わせをいう。⇒耐空性審査要領

## confirmation before departure
### 出発前の確認
　機長は下記のことを確認した後でなければ、航空機を出発させてはならない。
1．航空機及びこれに装備すべきものの整備状況
2．離陸重量、着陸重量、重心位置及び重量分布
3．航空情報
4．気象情報
5．燃料量及び滑油の搭載量及びその品質
6．搭載物の安全性
　機長は、上記1の事項を確認する場合において、航空日誌その他の整備に関する記録の点検、航空機の外部点検及び発動機の地上運転その他航空機作動点検を行わなければならない。
　⇒航空法73条の2、施規164条の14

## conical camber
### コニカル・キャンバー
　後退翼、デルタ翼を有する高速機において、低速、大迎え角時における翼端失速発生の傾向を防止するため、主翼に付ける捩り下げの一種。胴体付け根を頂点とする円錐面沿いに翼前縁を翼端にいくに従い下方に曲げてある。

## coning
### コーニング
　飛行中のヘリコプターのローター・ブレードは揚力、遠心力などが作用し、フラップ・ヒンジまわりのモーメントが釣り合う位置までブレードが上方に上がり、コーン（円錐）状になっている。この状態をコーニングという。フラップ・ヒンジのないシーソー・ローターやリジッド・ローターでは通常の飛行状態のコーニング角になるようにハブにブレードを取り付け、それ以上のコーニングに対しては、ブレードのたわみで対処している。

## coning angle
### コーニング角
　コーニングしているローターとローター先端の水平線との角度をいう。コーニング角はヘリコプターの重量とローターの回転速度で決まる。コーニング角が過度に大きくなるとローターの効率が低下する。

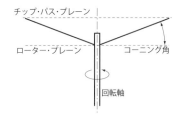

## connecting rod
### 連結棒、連接棒、連結桿、コネクティング・ロッド
　ピストン・エンジンにおいて、ピストンとクランクを連結している棒。ピストンの往復運動をクランクの回転運動に変える役目を果たす。

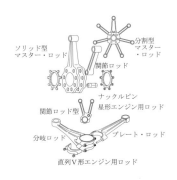

## consignment
### 積送品
1個又はそれ以上の梱包された危険物で、運航者が荷送人から1か所において1回受領し、目的地1か所の荷受人に対し1ロット運送されるものをいう。⇒ICAO

## console
### コンソール
コクピット内で各種のスイッチ、ボタン類をまとめた箇所。

## constant chord wing
### 矩形(くけい)翼
翼弦長が翼の付け根から翼端まで一定の翼をいう。また、翼端が丸みを帯びていても矩形翼と呼ぶ。翼断面が一定のために、工作が容易で、治具が少なくてすむことが利点。さらに、翼端失速に強いという特徴を持っている。

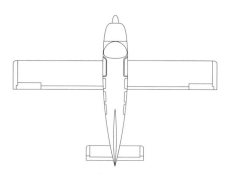

## constant pressure chart
### 等圧面天気図
ある気圧面を基準とした天気図で850hPa、700hPa、500hPa、300hPa、250hPa、200hPaの天気図があり、等高線、等温線、寒・暖気の中心、高・低気圧などが記入されている。

## constant-speed propeller
### 定速プロペラ
ピッチ制御プロペラの一種。調速器の作用によりエンジンの回転速度を一定に保ちながらプロペラのピッチをあらゆる飛行状況に適する

よう自動的に変えられる仕組みになっている。

## contact
### コンタクト
ピストン・エンジン始動時の合図の言葉。
また航空管制においては、「○○と交信してください」の意。

## contact approach
### 目視進入
計器飛行方式で飛行する航空機の進入方式の1つで、レーダー管制下にない計器進入方式の全部又は一部を所定の方式によらず、飛行場を視認しながら行うものをいい、航空機が飛行場を確認でき、地上物標を確認することが可能なときであって、次のいずれかの場合に限り実施することができる。①公表された雲高が進入開始高度以下でない場合、②進入開始高度又は進入において地上視程が良好(1,500 m以上)で目視進入が可能であり、安全に着陸できるという確信がある場合。

注. 視認進入(visual approach)は、ターミナル・レーダー管制業務が実施されている飛行場における有視界進入を意味する。

## contact flight
### 地文飛行、地文航法
機上から山・川・市街・鉄道など、顕著な地物を見ながら飛行する方法。陸上・沿岸上空の飛行には用いられるが、目標のない洋上飛行には用いることができない。また気象による障害を受けることが多く、利用範囲は狭い。

## continental cold high
### 大陸性寒帯高気圧
放射冷却により下層に密度の高い気塊ができることにより発生する高気圧。

## contingency fuel
### 第1補正燃料
予備燃料の一種。予報の風や外気温度に従ってフライト・プランを作成するが、実際の飛行が予報値と狂った場合、燃料不足になる可能性

が生じる。このため、あらかじめ目的空港までの所要燃料の1割内外の燃料を補正燃料として加えておく。この燃料を第1補正燃料という。

## contour
**等高線、コンター**

等圧面天気図で同じ高度を結んだ線をいう。北半球では高層の風向は等高線に平行に低高度を左に見て吹き、風速は等高線の密な所で強く吹く。ただし、赤道付近では偏向力が小さくなるので適用されない。

また同じ騒音値（WECPNL）の地点を結んだ線も（騒音）コンターという。

## contrail
**飛行機雲、コントレイル**

condensation trail 参照

## contra(counter)-rotating propeller
**2重反転プロペラ、コントラ・プロペラ**

回転方向が異なる2枚のプロペラを前後に配置したプロペラ。1枚ではプロペラの直径が過大になる場合、及び反トルクを相殺する目的で使用される。写真はロシアのTu-95爆撃機。

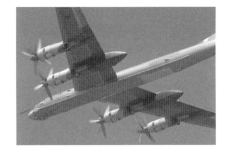

## control area：CTA
**管制区**

地上から特定の高さの区域に伸びる管制空域をいう。⇒ ICAO

air traffic control area 参照。

## control augmentation system：CAS
**操縦性増強装置、キャス**

航空機の操縦性改善を目的として取り付けられる装置。操縦士の操舵力は信号として装置に入った後、適切に増強されて各舵面等に作用し、操縦士の意図に従った運動を機体に生じさせる。高運動能力が要求される軍用ジェット機、STOL機等を中心に多くの機体がこの装置を装備している。

## control column
**操縦輪**

昇降舵、補助翼を操作する主要操縦装置。通常、グリップに通信装置のスイッチやトリム調節装置など、様々な機能が付加されている。

## control horn
**コントロール・ホーン**

昇降舵、補助舵、方向舵など各操縦翼面の回転軸に取り付けられている操舵のための短いレバー。

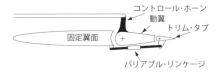

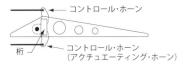

## controllability
**操縦性**

航空機の空中における操縦操作の難易をいう。

## controlled aerodrome
**管制飛行場**

飛行場交通に対して航空交通管制業務が実施されている飛行場をいう。⇒ ICAO

注．管制飛行場という用語は飛行場交通に対し航空交通管制業務が実施されている飛行場をいうが、管制圏が存在することは必要ではない。

## controlled airspace
管制空域
1. 航空交通管制区、航空交通管制圏及び洋上管制区をいう。⇒管制方式基準
2. 空域の分類に従っている IFR 飛行及び VFR 飛行に対して航空交通管制業務が実施されている限定された空域をいう。
注．管制空域とは、ATS 空域（クラス A・B・C・D・E）の総称をいう。

## controlled flight
管制飛行
　管制指示（許可）に従って飛行するすべての飛行をいう。⇒ ICAO

## controlled office of airworthiness
耐空性管理所
　各航空機の耐空性に関して管理する所をいい、その管轄区分は原則としてその航空機の定置場を管轄する航空機検査官室が担当している。耐空性に関する事項について知りたい場合は、担当検査官室へ随時相談することができる。

## controls
操縦装置
　昇降舵、補助舵、方向舵、タブなどを操作する操縦輪（桿）、ペダル、レバーなどの総称。大型機や高速機では油圧や電気モーターによる動力（機力）作動が採用されている。

## control slash
コントロール・スラッシュ
　航空機の実際位置を示すとみなされる 2 次レーダー・スラッシュであって、1 つの航空機について 2 本以上のスラッシュが示されている場合は、2 次レーダーの査信装置（インテロゲーター）に最も近いものをいう。⇒管制方式基準

## control stick
操縦桿
　control column 参照。

## control surface
操縦翼面
　飛行機を運動させるための可動翼面。方向舵、昇降舵、補助翼の主操縦翼面と、トリムタブ、スラット、フラップ、スポイラー、エア・ブレーキなどの 2 次的操縦翼面に大別される。

## control system
操縦系統
　方向舵、昇降舵、補助翼などを含む一連の操縦系統装置。これらは操縦輪（桿）、ペダル、押し棒、操縦索、ベルクランクなどを経て連動される。FBW（参照）採用機では、操縦索、ベルクランクはなく、電気信号を伝える電線のみで済み、コンピューターを介して舵の制御を行う。操縦索、ベルクランクがないため、軽量化が可能で、信頼性も向上している。

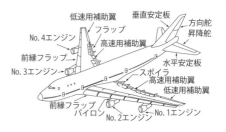

## control tower
管制塔、飛行場（空港）管制塔、タワー
　航空交通管制業務のうち、主として飛行場管制業務を行うところ。通常、飛行場内に設置された高い塔上にあり、離着陸する航空機や地上を移動する航空機、飛行場内を移動する車両等に指示を与え、さらに管制圏内を航行する航空機に指示を与える。CT、TWR と略記される。
　aerodrome control tower 参照。

## control wheel
操縦輪
　操縦桿の補助翼作動操作を輪状ハンドルに変えたもの。小型機から大型機まで広く採用されているが、戦闘機やグライダー、曲技飛行を行う一部のスポーツ機には操縦桿方式が採用されている。

## control zone：CTR、CTZ
## 管制圏
地表面から特定の上限まで伸びる管制空域をいう。⇒ ICAO
航空交通管制圏（air traffic control zone）参照。

## convection
## 対流
空気の上下方向の流れにより熱を伝えることで、流体内部の質量運動である。強制対流と自然対流に区分される。

## convective cloud
## 対流雲
地表面の不安定な空気が加熱され、又は高層における冷却でできる積雲系の雲で、しゅう雨性の雨をもたらし雲中において乱気流、着氷がある。

## convective instability
## 対流不安定
気層の温位が高さとともに減少している状態。

## convergence
## 収束
空気の水平面積が減少することで、質量が変わらなければ空気は鉛直方向に流れる。下層で収束すれば上昇気流となり、上層で収束すれば下降気流となる。

## convertiplane
## 転換式航空機
回転翼航空機から固定翼航空機へ、あるいはその逆へと早変わりできる形式の航空機。垂直離着陸が可能なヘリコプターの便利性、飛行機の高速性の双方の良い所を合体した機体。実用化の時代に入った。

最新鋭のV-280（Bell Helicopter Photo）

## coolant
## 冷却液、クーラント
液冷エンジンの冷却に使用される液剤。この液は、①沸騰点が高いこと、②化学的に安定なこと、③低温度においても粘性の低いこと、④凍結点の低いこと、⑤引火点の高いこと、⑥比熱の大きいこと、⑦金属面をよく濡らす性質を有すること、などの条件を備えたものであることが望ましい。最近のエンジンでは、グリサンチン・水各50％を混合したものなどが用いられるが、この液は凝固点が低く沸点が高く（170℃）、水を冷却液に用いる場合に比べ所要面積も少なくて済む。従って冷却効果が高められ、冷却器の寸法も小さくて済み、空気抵抗を少なくすることができて有利である。

## coolant temperature indicator
## 冷却液温度計
液冷エンジンにおいて、その冷却液の温度を知るための計器。普通、熱電対温度計が用いられている。

## cooling jacket system
## 外套冷却方式
ロケット・エンジン燃焼室冷却方式の1つ。燃焼室の外側に、さらに外壁を設け（ジャケットを構成することになる）、その間に冷却液を流すようにしたもの。冷却液としてプロペラントに使用する燃料や酸化剤を利用する再生式冷却法と、水その他を使用する液冷式冷却法がある。

## COP：change over point
## 切替点
VOR／DME、VORTACによって構成される航空路等を飛行する航空機が、航空路構成無線施設の信号を、継続して、かつ良好に受信するため、一方の施設から他方の施設へ受信を切り

替える点をいう。

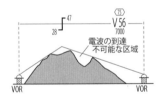

## co-pilot
**副操縦士、コパイ**

機長（正操縦士）に代わり、またこれを助けて操縦に当たる操縦士。航空法第65条によれば、①航空機の構造上、その操縦のために2人の操縦士を要するもの、②旅客を乗せて運航する航空機で、計器飛行方式において飛行するもの、③旅客を乗せて運航する航空機で、飛行時間が5時間を越えるものの何れかに該当する場合には、必ず乗り組ませなければならないことになっている。= first officer

## core engine
**コア・エンジン**

タービン・エンジンにおいて圧縮機からタービンまでの、いわゆるガス・ジェネレータ部分をいう。ターボファンの場合はファン部分、ターボシャフトの場合はフリー・タービン部分がコア・エンジンとはならない。

## corrected altitude
**修正高度**

アネロイド高度計によって得られた指示高度は気圧的変化による影響で誤差を生じている。この誤差修正を施した高度が修正高度で、地上局から新たに海面上気圧を得て高度計の気圧目盛にその値を設定して得られる。

## corridor
**回廊、コリドー**

自衛隊機などが、基地と訓練空域との往復に飛行する経路をトンネルのように設定したもの。自衛隊機以外は、回廊空域を管轄する航空交通管制部により許可された場合を除き当該空

域を通過してはならない。回廊の詳細は航空図などに記載されている。= climb corridor

## corrosion remover
**腐食除去剤**

アルミ合金に生じた腐食の進行を停止させるために使用される防食剤。

## corrugated sheet
**波板**

金属薄板を波状に成形して強度の増加を図った板。往年のユンカース機のジュラルミン波板構造が有名である。

## COSPAS-SARSAT
**コスパス・サーサット**

COSPAS（露）、SARSAT（米、仏、加の共同）の両衛星により構成される全地球的捜索救難システム。極軌道を周回する衛星が緊急無線機からの電波を受信、これを地上局へ送信して遭難位置が特定され、救難業務が行われる。航空用のELTのほか、海洋用のEPIRB、陸上用のPLBに対応する。

## coulomb：C
**クーロン**

1A（アンペア）の電流により、1秒間に運ばれる電気量をいう。⇒ ICAO

## countdown
**秒読み、カウントダウン**

ロケットの打ち上げに際し、その準備から発射までを順を追って行うために（点検等）定めた手順。

## counter-rotating propeller
**二重反転プロペラ、逆回転プロペラ**

contra-rotating propeller 参照。

## counter (contra) rotation
**逆回転、カウンター・ローテーション**

軽双発機の中には、左右のエンジンをそれぞれ反対方向に回転させる機種がある。後方か

ら見て、左エンジンを右回りとし、右エンジンを左回りとした場合、左右いずれかのエンジンが停止してもクリティカル・エンジンとはならないので安全性が大幅に向上する。
　critical engine 参照。

## course：CRS
### コース
　NDB への磁方位をいう。
　⇒管制方式基準

## course bend
### コース・ベンド
　コースのゆるやかな湾曲状態をいう。

## course line
### 航路
　２地点を結ぶ航空路。方位だけではなく、出発地から目的地、あるいは、ある地点からある地点（VOR 及び NDB などの航空保安無線施設を用いる場合）の航路と距離をいう。

## course line computer
### コース・ライン・コンピューター
　航法援助施設である VOR／DME（VORTAC）を利用して希望のウェイポイントに幽霊局（ファントム・ステーション）を設定できる機上小型コンピューターである。電波の到達範囲内であれば、VOR／DME 局等の位置をどんな位置へも仮想に移動でき、ウェイポイントへ飛行できる。area navigation 参照。

## course roughness
### コース・ラフネス
　コースの急激かつ不規則に乱れる状態をいう。

## course scalloping
### コース・スキャロッピング
　コースのリズミカルに乱れる状態をいう。

## coverage
### カバレージ
信頼される情報を得ることが可能な有効通達範囲をいう。

## cowl flap
### カウル・フラップ
　航空機のエンジン（特に空冷式）において空気抵抗を減らすと共に冷却効率を増すためのエンジン周囲の覆い。操縦席からの操作でフラップは開閉できる。

## cowling
### 発動機覆、カウリング
　航空エンジン（特に空冷式）において、空気抵抗を減らすと共に冷却効率を増すためにエンジンの周囲を覆うもの。各シリンダーの温度が均一に冷却されない場合、歪みが生じることになるため、カウリングの設計も重要である。

## CPDLC:contoroller pilot data link communication)
### 管制官パイロット間データ通信
　衛星通信を用いることにより、洋上であっても、通信品質に劣る HF に頼ることなくデータのやりとりを可能にするもの。すでに洋上管制において利用されているが、今後さらに広く適用される方向にある。

## crabbing
### 斜め飛行、クラブ飛行
　横風を受けて飛行する場合の飛行方法。航空機は機首を飛行経路より風上にある角度だけ振って飛行し、風下に流されないようにする。この飛行を地上から眺めると、その航空機は斜めに飛んでいるように見える。

## crank case
### クランク室、クランク・ケース
　ピストン・エンジンにおいて、クランク軸を支持する容器であると同時に、そのエンジン全体の根幹をなしているもの。すなわち、このクランク室にエンジンの主要構造部分、補助装置のすべてが結合されており、かつエンジンを機体に取り付ける役目も果たしている。クランク室は、星型、直列型、水平対向型などシリンダー配列により、構造様式を異にする。クランク室構造材料は、ほとんど強力アルミ合金が用いられているが、高馬力のエンジンではクローム・モリブデン鋼なども使用されている。

## crank shaft
### クランク軸、クランク・シャフト
　ピストン・エンジンにおいて、連節棒を介してピストンの往復運動を回転運動に変える役割をする部分。ニッケルクローム鋼、ニッケルクローム、タングステン鋼、クロームモリブデン鋼など特殊合金で作られる。単1クランク型、2クランク型～4クランク型、6クランク型などがある。

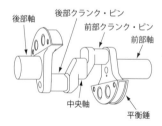

## crew compartment
### 乗組員室
　航空機乗組員が、個々に課された任務を遂行する部屋。操縦室、休憩室等を指す。

## crew member
### 乗組員
　運航者により、飛行時間中、航空機上での乗務を指定された者をいう。⇒ ICAO

## crew trainer
### 機上作業練習機
　航空士、通信士、爆撃手などに、それぞれの任務遂行のための特殊技術を習得・慣熟させるための練習機。

## critical altitude
### 臨界高度、定格高度
　標準大気の場合、ラム効果なしで特定の回転速度において、特定の出力・吸気圧力を保持できる最高の高度であって、特に指定する場合の他は連続最大回転速度において、次に掲げるもののうち、いずれか1つをラム効果なしで保持できる最高の高度をいう。
1. 連続最大出力の定格が、海面上及び臨界高度において等しい発動機にあっては、連続最大出力
2. 連続最大出力が一定の吸気圧力によって制限される発動機にあっては、連続最大定格吸気出力

⇒耐空性審査要領

　通常、定格高度（rated altitude）と呼ばれており、その高度までは地上と同じ圧力の混合ガスを供給できるが、それ以上になるとエンジンの出力は過給装置のないエンジンと同様に低減していく高度を指している。

## critical angle of attack
### 臨界迎え角
　失速を生じる迎え角。

## critical engine
### 臨界発動機
　ある任意の飛行形態に関し、故障した場合に飛行性に最も有害な影響を与えるような1個以上のエンジンをいう。⇒耐空性審査要領

　例えば、右回りエンジンのプロペラ双発機が低速・高出力の状態の時に左側エンジンが突然停止すると、右側エンジンの出力と「Pファクター」により、機首は左にとられ方向を保つことが困難になり、低空では致命的な事故につながる。この場合、左側エンジンがクリティカル・エンジンである。

片発不作動時に作用する力

## critical engine failure speed：V1
### 臨界発動機不作動速度、ブイワン

　輸送T又はCの飛行機が離陸滑走中に突然エンジンが1発停止したとき、離陸中断か続行かを判断するために設定された速度。機速がV1に達していなければ離陸を中止し、V1を超えていれば離陸を続行する。V1は離陸時の機体重量や滑走路長で変化する。

## critical Mach number
### 臨界マッハ数

　飛行中、機体の速度が音速に近づき、衝撃波が発生して抗力が急増し始めるときのマッハ数を指していう。

## critical reynolds number
### 臨界レイノルズ数

　平板表面の流れにおいて、表面に沿った一様な流れ（層流）が、乱流に変わる点を遷移点といい、この遷移点におけるレイノルズ数を臨界レイノルズ数という。このレイノルズ数は、平板表面の状態及び液体の状態が不変であれば、ほぼ一定の値を示し、速度の増減に伴って前後に移動する。

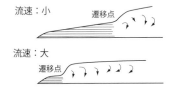

## CRM：cockpit resorces management
### シー・アール・エム、CRM

　コックピットで得られる人的資源（リソース）を最大限有効活用し、安全で効率的な運航を実現するための訓練方法、運航。crew resorces management と呼ばれることも多い。

## cross-check
### クロスチェック

　状況の確認のための反復。又は、計器等を連続的に観察する方法。

## cross-coutry flying
### 野外飛行、クロス・カントリー

　航法訓練の1つ。目的地を決め、航法技術の習得を目的として、ルートに沿って位置を確認しながら飛行する。

## cross runway
### 交差滑走路

　2本の滑走路が交差しているもの。

## cross section chart
### 断面図

　横軸に経度線（右を北方向、左を南方向とする）、縦軸を高度とした、垂直断面の気象状態（気温度線、等温位線、等風速線、気温・露点差、風向など）を図示したもの。

## cross wind component
### 横風成分

　滑走路又は航跡に対し、横方向から吹く場合の風の強さをベクトルで表したときの真横成分をいう。

## cross wind landing
### 横風着陸

横風が吹いているときの着陸進入では、風を修正しながら進路を保つ必要がある。その修正方法には図のように3種類ある。

クラブ法

ウィング・ロー法

上の2法を加味した方法

## crosswind leg
### クロスウィンド・レッグ
航空機が離陸上昇を開始してから左右どちらかに旋回し、滑走路に対し直角に飛行する経路。

## CRT：cathode ray tube
### 陰極線管、ブラウン管、CRT
テレビ等で一般的にいわれるブラウン管と同義語である。

## CRT display
### CRT 表示装置
ブラウン管による表示装置。航空機の計器は、CRTから液晶表示に移行し、使われなくなった。

## cruise
### クルーズ
1．承認高度以下最低高度以上の範囲内の計器飛行方式による飛行及び目的飛行場に係る進入を含む飛行をいう。この飛行において、一旦降下を開始し離脱高度を通報した場合は特に管制指示のない限り当該離脱高度への復帰はできない。⇒ AIP
2．高度に係る管制承認時に目的飛行場に係る進入許可を同時に与え得る飛行をいう。
⇒管制方式基準

## cruise climb、cruising climb
### 巡航上昇
巡航上昇速度で上昇する方式をいう。

## cruising
### 巡航
航空機がある距離又は、ある時間、その航空機のなし得る定常飛行を継続して行うこと。

## cruising altitude
### 巡航高度
航空機は、地表又は水面から900 m（3,000ft）、計器飛行方式の場合は300 m（1,000ft）以上の高度で飛行する場合は、表に定められた巡航高度又は管制機関の指示した高度で飛行しなければならない。
この巡航高度は、我が国にも垂直方向の管制間隔短縮（RVSM = Reduced Vertical Separation Minimum）が導入されたことにより、高々度を飛行する場合は、従来より短縮

| 飛行方向 | IFR | | VFR |
|---|---|---|---|
| | RVSM適合機 | その他の航空機 | |
| 磁方位0度〜180度未満 | 41,000ft以上を飛行する場合：45,000ftに4,000ftの倍数を加えた高度 | 41,000ft以上を飛行する場合：45,000ftに4,000ftの倍数を加えた高度 | 29,000ft未満を飛行する場合：1,000ftの奇数倍に500ftを加えた高度 |
| | 41,000ft以下を飛行する場合：1,000ftの奇数倍の高度 | 29,000ft以下を飛行する場合：1,000ftの奇数倍の高度 | |
| 磁方位180度〜360度未満 | 41,000ft以上を飛行する場合：43,000ftに4,000ftの倍数を加えた高度 | 41,000ft以上を飛行する場合：43,000ftに4,000ftの倍数を加えた高度 | 29,000ft未満を飛行する場合：1,000ftの偶数倍に500ftを加えた高度 |
| | 41,000ft以下を飛行する場合：1,000ftの偶数倍の高度 | 29,000ft以下を飛行する場合：1,000ftの偶数倍の高度 | |

された垂直間隔での運航が実施されている。RVSM 空域を飛行する航空機は、高度維持機能を中心に、それなりの装備が要求される。

### cruising ceiling
**巡航上昇限度**

巡航飛行時にとり得る高度の最大限度。すなわち巡航出力における上昇限度である。

### cruising level
**巡航高度**

1 つの飛行の中でかなりの部分で維持される高度をいう。⇒ ICAO

### cruising power
**巡航出力**

航空機は離陸、巡航及び降下などの状態によって必要とされるエンジンの出力が大きく異なる。巡航出力は、通常、パイロットがある範囲内で選択できる幅を持っている（連続最大出力の 45 〜 60％パワー）。通常、巡航出力を小さくすると、航続距離が延びる。ヘリコプターでは巡航出力の選択範囲が狭い。

### cruising speed
**巡航速度**

巡航飛行に際して、その航空機のとる速度。

### CSD : constant speed drive
**定速駆動装置**

エンジンの回転速度が変更しても、交流発電機の回転数を一定に保つ装置。

### cumulonimbus : Cb
**積乱雲**

基本雲形 10 種の 1 つ。国際略号 Cb。「シー・ビー」と通称される。積雲よりも、さらに著しく垂直に発達した雲。発達すると雷が起こりひょうが降る。雲の下では猛烈なしゅう雨があり、その下を飛行するのは困難又は不可能になる。通称は「入道雲」。種として、無毛雲、多毛雲がある。

### cumulus : Cu
**積雲**

基本雲形 10 種の 1 つ。国際略号 C u。積乱雲と共に垂直に発達する特長を有する。この雲が成長すると入道雲を作る。種として、へん平雲、並雲、雄大雲、断片雲、変種として放射状雲がある。「つみ雲」と通称される。

### cumulus fractions
**片積（へんせき）雲**

積雲の千切れたような形をした雲で、絶えず各部分が変化している。

### curie : Ci
**キュリー**

放射線の単位で、$3.7 \times 10^{10}$Bq（ベクレル）に等しい放射性物質の量をいう。
⇒ ICAO

### current flight plan : CPL
**現行飛行計画通報**

管制承認により追加された変更を含む飛行計画をいう。⇒ ICAO

### cut-off high
**切離（せつり）高気圧**

ブロッキング現象によりジェット気流の分岐点下流北部の尾根に形成された停滞性温暖高気圧をいう。この高気圧が発生すると 1 〜 2 週間程度持続し、またその動きは変則的なものである。

### cut-off low
**切離（せつり）低気圧**

ブロッキング現象によりジェット気流の分岐点下流南部の谷に形成された寒冷低気圧をいう。この低気圧は大気が不安定で高々度に達する積乱雲が発生する。

### CVR : cockpit voice recorder
**操縦席音声記録装置**

cockpit voice recorder 参照。

### cycles
**サイクル**

少なくとも1回の離陸定格出力への加速及び停止を含む発動機の連続運転を伴った飛行の回数に、タッチ・アンド・ゴー及び飛行中発動機再起動についての考慮を加えたもの。ただし、タッチ・アンド・ゴー及び飛行中発動機再起動についての考慮の方法は、航空機又は装備品の種類及び型式により同一でないので製造者の勧告に基づき、かつ使用者との協議のうえ決定する。⇒ TCL-41A-71

簡単にいえば飛行回数であり、飛行時間とともに航空機の使用履歴を知るために重要な指標である。

### cyclic pitch control
**周期的ピッチ制御、サイクリック・ピッチ・コントロール**

ヘリコプターのローター・ブレードのピッチ角を、その回転と共に周期的に変化させることにより、翼端通過面を任意の方向に傾ける操作。

### cyclic stick
**サイクリック・スティック**

ローター・ブレードのピッチ角を周期的に変化させるための装置。通常は飛行機の操縦桿タイプだが、ロビンソンR22のようにT字型の形状のバーからグリップ部分が垂れ下がったものもある。

### cyclone
**サイクロン**

南西太平洋、ベンガル湾、アラビア海、南東、南太平洋に発生する熱帯低気圧をいう。
typhoon 参照。

### cyclone family
**低気圧家族**

1つの前線上に発生する幾つもの低気圧。

### cylinder bank
**シリンダー列、シリンダー・バンク**

ピストン・エンジンにおいて、そのクランク軸沿いに並んだシリンダーの一群を指す。V型エンジンでは2列、W型では3列、H型・Z型では4列、水平対向型では2列となる。

### cylinder head temperature(CHT)
**シリンダー・ヘッド温度**

空冷エンジンの運転状態を監視する手段の1つとしてシリンダー温度をモニターする。シリンダーのヘッド部分の温度が最も高くなるため、この部分に熱電対を埋め込み、電気的に温度を指示させる。

### cylinder head temperature indicator(gauge)
**シリンダー・ヘッド温度計**

空冷エンジンのシリンダー・ヘッドの温度を指示する計器。

**damping factor**
減衰率
　振動現象において、時間の経過と共に、その振幅が軽減する度合。

**danger area**
危険区域
　特定の時間に航空機の飛行に対して危険な状態が存在する、限定された空域をいう。
　⇒ ICAO

**dangerous goods**
危険物
　航空機による輸送の際、健康、安全、又は所有物に対して重大な危険を及ぼす可能性をもつ物品又は物質をいう。⇒ ICAO

危険物が梱包されていることを示すラベルの一種

**dangerous goods accident**
危険物事故
　航空機による危険物の輸送に関連して、人間に対して致命的な又は重大な障害、又は所有物に対して重大な損傷の発生をいう。⇒ ICAO

**dangerous goods incident**
危険物インシデント
　危険物事故以外のもので、航空機に搭載中に発生する必要はないが、航空機による危険物の輸送に関連する事故で、人間に対する障害、火災、破損、こぼし、液体又は放射能の漏洩、又は包装の不完全により起こるものである。また、航空機又は、搭乗員に対して重大なる危険を与える危険物の輸送に関連して発生するものもまた危険物インシデントを構成するものとみなされる。⇒ ICAO

**dangerous semicircle**
危険半円
　北半球において、台風の進行方向の右半円では、台風の進行速度と気流自身の旋回速度とが合成されるため、風速が特に激烈である区域。

**data block**
データ・ブロック
　レーダー画面上に表示される航空機の識別符号、対地速度などを内容とする情報の表示群をいう。⇒管制方式基準

**datum line：DL**
基準線
　航空機の設計や荷重のバランス計算に用いられる任意に決められた基準の線。この基準線は通常、機首やプロペラ・スピンナー先端にとられる。

**day obstruction marker**
昼間障害標識
　昼間において航行する航空機に対し、色彩又は形象により航行の障害となる物件の存在を認識させるための施設。
　航空法第51条の2により、昼間において航空機からの視認が困難であると認められる煙突、鉄塔その他の物件で地表又は水面から60m以上の高さの物件、航空機の航行の安全を著しく害するおそれのあるものに設置される。
1．煙突、鉄塔、柱その他の物件でその高さに比べその幅が著しく狭いもの
2．骨組構造の物件
3．架空線及び繋留気球
4．進入表面、水平表面、転移表面、延長進

DC power：direct current power

入表面、円錐表面、外側水平表面内のガスタンク、貯油槽その他これに類する物件で、背景とまぎらわしい色彩を有するもの
5．着陸帯の中にある物件又は進入表面、水平表面、転移表面、延長進入表面、円錐表面、外側水平表面内の物件で航空機の航行の安全を著しく害するおそれのあるものに設置される。

塗色、旗及び標示物により赤と白、黄赤と白、赤、黄赤又は白の組合せで表示される。
⇒施規１条、132条の２～４

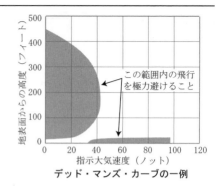
デッド・マンズ・カーブの一例

## DC power：direct current power
### 直流電源
主に小型機の各種灯火（機内灯、着陸灯）及び各種電動制御回路には直流電源が使用されている。その電源としては、エンジン直結直流発電機又は機上蓄電池あるいは地上電源が使用されている。なお、大型機には主として交流電源が使用されている。

## dead engine
### デッド・エンジン
故障等の理由で停止したエンジン。

## dead head
### デッド・ヘッド
単なる移動など、乗務以外で航空機に搭乗すること。またチャーター機で復路を乗客を乗せないで運航すること。

## deadman's curve
### デッドマンズ・カーブ、H－V線図
ヘリコプターは、エンジン出力が失われると、オートローテーションにより着陸する。しかし、高度と速度の関係から、このオートローテーションを実施できない範囲が生じる。この危険な領域を示すものがデッドマンズ・カーブである。また高度（height）と速度（velocity）の関係を示す図であることからH－V線図とも呼ばれている。パイロットは、このH－V線図の範囲をできるだけ避けてヘリコプターを運航する。

## dead reckoning：DR
### 推測航法、デッド・レコニング
地文航法と違い地形地物に一切頼らず、羅針盤、速度計を基礎に偏流角を測定し、風向・風力を求め、航路に対する針路ならびに対地速度を推測し、目標地点に至る航法。

## dead stick landing
### エンジン停止着陸
エンジンが停止した状態で着陸すること。

## decceleration error
### 減速度誤差
加速度誤差と反対の誤差

## decision altitude：DA
### 決心高度
精密進入又は垂直方向の経路情報を伴う非精密進入を行う場合の進入限界高度（計器飛行により降下することができる最低の高度）をいう。
注．決心高度は、平均海面からの高度（ft単位）で進入方式ごとに示される。
　⇒管制方式基準、飛行方式設定基準
この高度まで降下して、着陸できるか否かを判断し、進入を続行するか着陸復行（ミスト・アプローチ）するかを決定する。

## decision altitude/height
### 決心高度/高
進入を継続するための必要視覚基準が確立されていない場合に進入復行を開始しなければ

ならない精密進入における特定の高度、又は高さをいう。

注1．決心高度（DA）は平均海面上（MSL）との関係、決心高（DH）は滑走路進入端の標高との関係で示されている。

注2．必要視覚基準とは、操縦士が希望するグライドパスとの関係において航空機の位置と位置の変動率を判断するために、十分な時間考察できる航行援助施設又は進入区域の一部を意味する。⇒ ICAO

**decision height：DH**
**決心高**

精密進入又は垂直方向の経路情報を伴う非精密進入を行う場合の進入限界高であって、接地帯又は滑走路末端標高からの高さをいう。

操縦士は、この決心高に達しても地上又は灯火が視認できない場合、また視認できても安全に着陸できる進入経路位置にない場合は、ただちに着陸復行しなければならない。この決心高は、地上設備、障害物等の差異により、滑走路ごとに個別に定められる。

**declared distance**
**公表距離**

1. 有効離陸滑走距離：TORA
   （take-off run available）
   離陸する飛行機の地上滑走のため、可能かつ適当であると公表された滑走路の長さをいう。
2. 有効離陸距離：TODA
   （take-off distance available）
   利用できる離陸滑走路の長さをいう。クリアウェイがあればその長さを加える。
3. 有効加速停止距離：ASDA
   （accelerate-stop distance available）
   利用できる離陸滑走路の長さをいう。ストップウェイがあればその長さを加える。
4. 有効着陸距離：LDA
   （landing distance available）
   着陸する飛行機の地上滑走のため、可能かつ適当であると公表された滑走路の長さをいう。
   ⇒ ICAO

**declared distance-heliport**
**公表距離（ヘリポート）**

1. 有効離陸距離：TODAH
   （take-off run available）
   最終進入区域及び離陸区域の長さにヘリコプター・クリアウェイを加えた長さで、ヘリコプターが完全に離陸することが可能かつ適切であると公表されたものをいう。
2. 有効離陸拒否距離：RTODAH
   （rejected take-off distance available）
   クラスⅠ性能ヘリコプター（performance class 1 helicopter）が離陸を完全に拒否することが可能かつ適当であると公表された最終進入区域及び離陸区域の長さをいう。
3. 有効着陸距離：LDAH
   （landing distance available）
   特定の高度から着陸行動を完了するために可能かつ適切であると公表された追加区域に、最終進入区域及び離陸区域の長さを加えたものをいう。⇒ ICAO

**deep stall**
**ディープ・ストール**

悪性失速の一種。飛行機の主翼が失速すると機体は急激に降下を始めるが、水平安定板の揚力により機首下げ姿勢になって主翼の迎え角が減少し、これにより失速から回復することができる。しかしT尾翼機では、失速した主翼の後流に水平尾翼が入り、機首下げモーメントを作りだすことができず、失速から回復することができない状態に陥ることがある。このような悪性の失速状態をディープ・ストールという。

ディープ・ストール状態のT尾翼機

**defined point after take-off**
**特定点（離陸時）**

離陸・上昇初期段階内で、それ以前に1発動機が不作動となった場合にヘリコプターが安全飛行を継続する能力が保証されず、強行着陸が必要となる点をいう。⇒ ICAO

## defined point before landing
### 特定点（着陸時）
進入・着陸段階内で、それ以降に1発動機が不作動となった場合にヘリコプターが安全飛行を継続する能力が保証されず、強行着陸が必要となる点をいう。⇒ ICAO

注. 特定点はクラス2性能ヘリコプターのみに適用される。

## defoging system
### 防曇（ぼうどん）装置
風防ガラスの曇を除去する装置。これにより前方視界を確保する。

## de-icer boot
### 除氷用ブーツ
主・尾翼の前縁に生じた氷を取り除くためのゴム製の装置。翼前縁のスパン方向に取り付けられている。

## de-icer system
### 除氷装置
航空機の機体に付着した氷を取り除く装置。翼の前縁にゴムのブーツを取り付けて、これを膨らませたり、アルコール類の除氷液を噴出させて氷を取り除く方式が広く使われている。ジェット機では、エンジンから抽出した高温な空気を翼の前縁などに通し、熱によって氷を溶かす。防氷（anti icer）と混同して使われることが多いが、防氷は予熱などの手段で氷の付着を予防する方式である。anti icing system 参照。

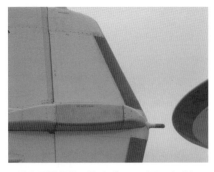

垂直尾翼前縁の除氷ブーツ（黒い部分）

## delta wing airplane
### 三角翼機、デルタ翼機
三角の主翼平面形をもつ飛行機。ギリシャ文字でデルタを「Δ」と書くことから、こう呼ばれる。この形態の特長は、低速時の安定性が良く、マッハ数の変化による風圧中心の移動が少なく（翼弦の66.7％位置にある）、翼内の容積を大きくできるという利点の反面、離着陸時に、大きな迎え角をとらねばならないという欠点がある。デルタ翼はドイツ人のアレクサンダー・リピッシユの考案による。ogee wing 参照。

ミラージュ2000戦闘機の例（French Air Force）

## density
### 密度
単位容積あたりの質量。航空機は空気力の反力で飛行するため、空気の単位容積あたりの質量、すなわち空気密度によって性能、エンジン出力に大きな影響を受ける。ジェット機は空気密度の低い高空において高性能を発揮できる。

## density altitude
### 密度高度
気圧高度に対し、温度を修正した高度。仮に気圧高度が2,000ft、外気温度が＋20℃の場合、空気密度の影響でその時の高度は標準大気の3,000ftに換算される。この3,000ftの値が密度高度である。航空機の性能は密度高度を基準に表示されているので、この場合3,000ftの性能値を利用することが必要となる。特に離着陸性能を求める場合、密度高度に注意することが必要である。たとえば、標高の高い飛行場

からピストン機で離陸・上昇する時には、適度にミクスチャーをリーンにすることによって最良の出力を得ることができる。

### departure control
### 出域（発）管制
　計器飛行方式で出発する航空機の管制を主に担当する管制機関。大空港になると、出発方向別に分離した複数のディパーチャー・コントロールを有する所もある。

### depression
### 低気圧
　周囲に比べ気圧の低い所のこと。気圧の最も低い所を低気圧の中心といい、北半球では中心に向かって風が反時計回りに吹き込む。低気圧圏内では一般的に天気が悪く、航空機の運航上、様々な支障が生じる。また、低気圧は温帯性低気圧と熱帯性低気圧に大別される。＝ low

### derate
### 減格
　エンジンの出力を最大値から減少させて運用すること。例えば最大出力 280 馬力のエンジンの回転速度を制限して 260 馬力に留めるなど。信頼性の向上、寿命の延長などの効果がある。

### descending current
### 下降気流
　大気上層部より下向きに流れる気流。

### descending speed
### 降下速度
　航空機の降下飛行時、その経路沿いの速度。

### designated airworthiness inspector
### 耐空検査員
　23 歳以上で航空工場整備士、一等航空整備士もしくは二等航空整備士の技能証明を有するか、又はこれと同等以上と認められる技能を有し国土交通大臣の認定を受けた者で、中級滑空機、上級滑空機、動力滑空機についての耐空証明を

行うことができる。
　⇒航空法 10 条の 2 、施規 16 条の 4 ～ 5

### designation for operating limitation
### 運用限界等指定書
　航空機の限界事項（最大重量、許容重心位置範囲、床面の強度、離着陸性能に関する限界、対気速度限界、動力装置運転限界、その他の限界事項）及び非常の場合にとらなければならない各種装置の操作その他の措置を記載した書類。⇒施規 13 条

### design landing weight
### 設計着陸重量
　構造設計において最大降下率での着陸荷重を求めるために用いる最大航空機重量をいう。
　⇒耐空性審査要領

### design maximum weight
### 設計最大重量
　構造設計において飛行荷重を求めるために用いる最大航空機重量をいう。
　⇒耐空性審査要領

### design minimum weight
### 設計最小重量
　構造設計において飛行荷重を求めるために用いる最小航空機重量をいう。
　⇒耐空性審査要領

### design take-off weight
### 設計離陸重量
　構造設計において地上滑走及び小さい降下率での着陸に対する荷重を求めるために用いる最大航空機重量をいう。⇒耐空性審査要領

### design unit weight
### 設計単位重量
　航空機の設計の際に、搭載物の重量をいかに定めるかは全備重量に影響を及ぼす。特に燃料、滑油、乗客は、どの機体にも共通のもので、それを設計者が個々に定めたのでは不便が生じる。また機体の重量・重心位置を知るために、

1人1人の体重を飛行のつど計っていたのでは不便である。このため『耐空性審査要領』では乗組員・乗客、滑油、燃料の重量を次のように定めている。
・乗組員・乗客…1人当たり77kg（170lb）
　　ただし、実用U及び曲技Aの飛行機にあっては、1人当たり87kg（190lb）。
・滑油…0.9kg/リットル（7.5lb/ガロン）
・燃料…0.72kg/リットル（6lb/ガロン）
　　ただし、ガソリン以外の燃料においては、その燃料に相応する単位重量とする。

## destructive test
### 破壊試験
　荷重試験の一種。航空機を構成している各部に破壊が生じるまで行う荷重試験。

## detonation
### デトネーション、異常爆発
　ピストン・エンジンのシリンダー内における混合ガスの火炎伝播速度は20m/s程度が正常である。これが何らかの原因で火炎伝播速度が1,000〜3,500m/sと異常に大きくなることがある。こうした現象をデトネーションという。

## DETRESFA : distress phase
### 遭難の段階
　警戒の段階を過ぎて、航空機の遭難が予期される段階。

## deviating force
### 偏向力
　コリオリの力と同じ。地球の自転により、風は気圧の高圧部から低圧部に直線には吹かず、曲線を描いて吹く。その強さは速度、緯度に比例し、方向は北半球では右、南半球では左に曲がる。

## deviation
### 自差、デビエーション
　航空機に搭載された磁気コンパスは、機内の磁性部品や電気装備品等の影響で誤差を生じることがある。この誤差を自差という。自差の値は磁気コンパスの近くに表示することが義務づけられている。操縦士は、この自差値を修正して飛行する。

### デビエーション
　飛行中に前方の積乱雲など障害となるものを避けるため、針路を変更すること。IFRの場合、管制官の許可を得て新たな針路で飛行し、障害をクリアしたら元の針路に復帰する。

## dew point : DP
### 露点
　大気中に水蒸気が復水せず、一定圧力下に冷却され、まさに露を結ぼうとするときの最低温度。

## diagonal flow compressor
### 斜流圧縮機
　航空機用タービン圧縮機の一種。軸流式圧縮機の気流が若干半径方向となっているもの。

## diesel engine
### ディーゼル・エンジン
　内燃機関の1つで重油、軽油を燃料とする。ドイツのルードルフ・ディーゼルの発明。作動は①シリンダー内部掃除及び充気、②圧縮。この結果として燃料の発火点以上の温度に到達、③燃料の圧縮噴射、発火・爆発・燃焼、④排気の4段階。特長として電気点火装置及び気化器が不要なこと、燃料が低廉なこと、などがあるが、反面で圧縮比が高いためエンジンを堅牢にする必要があり、その結果エンジン重量が重くなる欠点がある。
　航空機用ディーゼル・エンジンは、かつてユンカースのユモ、ツェッペリン飛行船のダイムラーベンツなどがあったが、その後、航空機に搭載されることはなくなった。しかし最近になって、小型機で搭載する機体が増えている。この背景には、航空ガソリンの入手難があり、ディーゼル・エンジンがタービン燃料で運用できる利点が大きい。また燃費も良好である。

## differential aileron
### 差動補助翼

補助翼の上下の作動角に差をつけたもの。すなわち上方舵角（補助翼の主翼上面に出る角度）を下方舵角（補助翼の主翼下面に出る角度）より大きくしたもの。これにより、飛行機の旋回操作が容易になる。adverse yaw 参照。

## diffuser
ディフューザー

タービン・エンジンにおいて、圧縮機を出た気流の速度勾配を圧力勾配に変える部分。これにより気流の速度を落とし、動圧を静圧に転ずる。

## diffuser nozzle
吹き出し口、ディフューザー・ノズル

風洞測定部において、気流が流出する部分。風洞通気筒は、ここで急に細く絞られている。

## digital flight data recorder：DFDR
デジタル飛行データ記録装置

flight data recorder 参照。

## digital mode
デジタル・モード

レーダー画面上のデータ表示形式の１つで、表示データの全部がデジタル表示されたものをIECS 表示装置、ARTS 表示装置又は TRAD 表示装置上に表示することをいう。⇒管制方式基準

## dihedral angle
上反角

飛行機を正面から見ると、主翼が図のように翼端にいくに従って上がっている機体がある。主翼を代表する平面と水平面とのなす角度を上反角といい、横安定を増大する効果がある。低翼機は、ほとんどすべて上反角の付いた主翼を採用している。

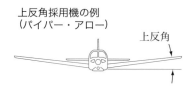

## dimmer
ディマー

ライトの輝度を調節する装置。夜間飛行でライトが明るすぎる場合などに使用する。

## dinghy/dingey
小舟、ディンギー

救命ボートのこと。航空機は不時着水後、長時間は浮いていられないので、搭乗者は救命ボートで救助を待つ。ボートは圧縮ガスで急激に膨らますことができ、内部には救急用具、薬品、信号灯、食料などのサバイバル用品が備えられている。life raft 参照。

## dipstick
ディップスティック

主に滑油、油圧油の量を調べるための金属製の棒。油に浸された部分がどれだけあるかで測定する。

## direct electric starter
電動スターター、エレクトリック・スターター

電動を利用したエンジン始動装置。電動機は小型で高回転であり、これを減速機構により減速してエンジンを始動する。スターターとエンジンのクランク軸は、始動すれば自動的に連結が外れ、また、エンジンが逆転した場合には連結が自動的に外れるか、摩擦クラッチが滑り、スターターを保護するようになっている。

## direction
方位

子午線の方向を南北とし、それに直交する方向を東西としたものに対する関係位置。航空機の運航に関しては通常、磁方位を用いる。

## directional gyro：DG

### 定針儀、ディレクショナル・ジャイロ、DG

ジャイロを利用したコンパスの一種。米国のスペリー社が最初に考案した。前後・上下・左右の3軸に対し自由度を有する自由ジャイロは、その転輪軸が空間に対し一定方向を指す性質を利用している。地球の自転のため、その指示は時々刻々変化するため一定方向を指さないが、その変化が遅いので約15分ごとに磁気コンパスに合わせて修正すればコンパスの代用として使用できる。定針儀の利点は、目盛の指示が明瞭なこと、機体の動揺に影響されないこと、急旋回時でも誤差を生じないこと、磁気的誤差、偏差を生じないこと、などが上げられる。

### directional signalling lights
### 指向信号灯、ライトガン

航空交通の安全のため航空機等に必要な信号を送るために設置する灯火。航空赤、航空緑及び航空白のいずれにも転換でき、目標物に指向できる信号光。⇒施規114条、117条

### directional stability
### 方向安定

航空機の垂直軸回りの安定性

### direction finder：DF
### 方向探知機、ディレクション・ファインダー

受信機の一種。指向性のあるループ・アンテナと、受信機との組合せからなる。

### direct lift control：DLC
### 直接揚力制御、ダイレクト・リフト・コントロール、DLC

飛行機が速度一定の条件で主翼の揚力を変化させるには、機首を上下させ、主翼の迎え角を変える必要があった。これに対しDLCは迎え角は変化させず、フラップ、スポイラー等を作動させて直接、揚力を制御するものである。この結果、操縦に対する反応が早くなり、着陸進入時など、最終進入経路に対し一定の姿勢を保ったまま高度修正が可能となる。

### direct operation cost：DOC
### 直接運航費

航空機の運航で直接的に必要な経費。次のように分類できる。
1. 航行部門費：運航乗員費、燃料・滑油費、飛行場使用料
2. 整備部門費：オーバーホール費、社内外注整備費
3. 航空機維持費：減価償却費、保険料、租税、賃貸料
4. 運航管理費：航空運送事業の運航管理費
5. 乗員訓練費
6. 共通事務管理費、部品補給費

### direct route
### 直行経路

航空機が無線施設を利用して直行飛行を行う時の飛行経路であって航空路、RNV5経路、及び洋上転移経路以外のものをいう。
⇒管制方式基準

### direct transit area
### 直行通過区域

締約国を通過する際、国際空港区域内で、短時間休止する貨客を収容するため関係当局により承認され、直接の監督下にある特別区域をいう。⇒ICAO

### direct transit arrangements
### 直行通過制度

公的機関により承認された締約国を通過する際に短時間休止する貨客を、直接の監督下に置くことのできる特別制度をいう。⇒ICAO

### dirigible

### 軟式飛行船

動力装置を備え、かつ、主として気のう内圧により気のう形状を維持する軽航空機をいう。⇒耐空性審査要領

### discrete code、discrete beacon code
#### 2 次レーダー個別コード

4 桁の数字からなり、かつ、末尾 2 桁のいずれかが 0 でないコードをいう。
⇒管制方式基準

### disk area
#### 円板面面積

ヘリコプターにおいて、ローター・ブレードの先端が描く円形の面積。ブレードの半径を r とすれば、円板面面積 A は A ＝ π r² となる。

### disk loading
#### 円板面荷重、ディスク・ローディング

ヘリコプターの重量を W、円板面面積を A とすれば、W ／ A を円板面荷重という。これはヘリコプターの性能を左右する重要な値で、飛行機の翼面荷重に相当する。通常、この円板面荷重は 2 枚ローター機の場合 20kg ／㎡程度であり、ローター性能の指標となる。

### displaced threshold
#### 滑走路移設末端

滑走路の末端（先端）に位置していない滑走路末端をいう。⇒ ICAO

### disposable weight
#### 有効積載量

航空機の総重量から運用自重を除いたものをいう。乗客・貨物、使用可能燃料の重量の合計である。

### distance：DIST
#### 距離

航空機の運航に関する距離は nm（nautical mile. 海里、浬）を使用する。ただし、日本の場合、視程は㎞、m を使用する。

### distress phase：DETRESFA
#### 遭難の段階

航空機及びその搭乗員が、危機的なかつ切迫した危険が差し迫っているか、もしくは早急な援助を必要とする確かな事由がある状態の緊急状態の 1 つで、下記の状態をいう。

1．拡大通信捜索（当該航空機の到着可能な範囲にある関係機関による捜索）で当該航空機の情報が明らかでない場合。
2．拡大通信捜索開始後 1 時間を経ても当該航空機の情報が明らかでない場合。
3．当該航空機の搭載燃料が枯渇したか、又は安全に到着するには不十分であると認められる場合。
4．当該航空機の航行性能が不時着のおそれがあるほど悪化したことを示す情報を受けた場合。
5．当該航空機が、不時着をしようとしているか、又はすでに不時着を行った情報を受けたか、もしくはそのことが確実である場合。
　緊急状態を知った管制機関は収集した情報を救難調整本部（RCC）に通報する。
⇒管制方式基準

### distress signal (MAYDAY)
#### 遭難信号

航空機の航行中、何らかの事由で緊急救助を必要とする場合に発出する信号。無線電信では SOS、無線電話では MAYDAY 又は PAN（EMERGENCY が使用されることもある）、手旗信号では「NC」の信号を送る。また夜間不時着の航空機では航空灯を短く点滅する、などとなっている。

### distributor
#### 配電器、ディストリビューター

多シリンダー・エンジンでは、あらかじめ定めた順序に従って各シリンダーの点火プラグに発電子の 2 次側に誘起される高圧電流を送る必要がある。このために高圧電流を適当な方向へ導く装置。

### ditching

## 不時着水
　航空機が水面上に強行着水することをいう。
⇒ ICAO

## dive
### 急降下、ダイブ
　機首を下げ、急激に降下する飛行法。エンジンの出力を絞る場合と絞らない場合があり、後者をパワー・ダイブという。

急降下で機関砲を発射する A-10(USAF photo)

## dive flap
### 急降下フラップ、ダイブ・フラップ
　急降下速度を制限するためのフラップ。かつて、急降下爆撃機などが装備していた。

## dive power spin
### 動力キリモミ
　普通キリモミの一種。エンジンの回転数を緩速回転以上で行う。

## divergence
### 分離、発散、破壊
　すべての構造物には剛性と弾性があり、主翼も例外ではない。主翼の場合、一般に図のように空力中心は弾性軸の前にある。このため、揚力 L が上向きで頭上げの捩じりモーメントが働いているため、翼は捩じられて迎え角を増し、これがさらに捩じりモーメントの増大を招く。低速飛行では、この捩じりモーメントも問題ないが、高速飛行に移ると翼の剛性より捩じりモーメントが大きくなり、捩じれ角はさらに増し、ついには主翼の破壊に至る。これがダイバージェンスと呼ばれるもので、この時の速度をダイバージェンス速度という。これを防ぐには、空力中心線を弾性軸に近づける、また翼の捩じり剛性を高くすることである。

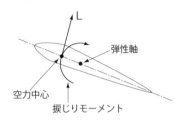

## 発散
　気象用語においては、空気の水平面積が膨張することで、質量が変わらず面積が膨張すると高さが縮まる。下層で発散すれば下降気流となり、上層で発散すれば上昇気流となる。

## diverging runways
### 分岐滑走路
　非交差滑走路のうち、その延長線が交差するものをいう。⇒管制方式基準

## DME：distance measuring equipment
### DME、距離測定装置
　航空機から質問電波を発射し、それに反応して地上局から応答電波が発射される。航空機側は質問電波の発射から応答電波の受信までの経過時間で距離を測定する。DME を装備すれば、VOR/DME、VORTAC、TACAN からの距離情報を利用できる。最近は VOR 局が廃止されたあと、DME 局単独で運用されるケースも増加している。

## DME fix
### DME フィックス
　VOR 等による方位線及び DME 又はタカンの距離情報により設定されたフィックスをいう。
⇒管制方式基準

## dock
### ドック
　航空機の修理・整備に使用される格納庫。また水上機を繋ぎ止める係留ポイント。

## dog tooth

ドッグ・ツース

後退翼機の欠点として翼端失速が上げられ、これは操縦性、安定性の面で好ましくない。ドッグ・ツースは、この翼端失速を防ぐためのもので、主翼前縁に段を付け、これによって生じる渦で翼端に向かう境界層を吹き飛ばす役割をもつ。翼端失速を防ぐ方法としては、他にボルテックス・ジェネレーター、境界層板、ソー・カットなどの方法もある。

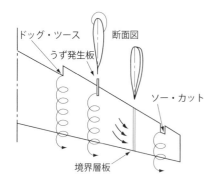

## doldrums belt
### 赤道無風帯

赤道近くの風の弱い帯状の地域。季節による太陽放射域の移動に伴い赤道の南北に移動する。熱帯収束帯とも呼ばれる。

## dope
### ドープ

航空機の羽布に塗布する塗料。硝酸繊維素系と酢酸繊維素系がある。羽布表面を平滑とし、防水、気密性を有する。

## doppler lidar（light detetion and ranging）
### ドップラー・ライダー

2007年4月から運用が開始されたドップラー・ライダーは赤外線レーザーを使用し、大気中の浮遊粒子（エーロゾル）の動きを調べることにより、低層のウィンドシアー、マイクロバースト、乱気流を観測できる。ドップラー・レーダーと違い、降水がなくても観測できる反面、降水があるとレーザー光が減衰するため観測ができない。観測可能距離は最大で10kmと空港周辺に限られる。設置空港は東京、成田、関空の3空港（2017年10月現在）。

## doppler radar
### ドップラー・レーダー

上記ドップラー・ライダーと異なり、降水現象がないと観測できない。レーダー電波（マイクロ波）を発射し、降水粒子からの反射波を受信することにより、降水・風の距離、強さ、マイクロバーストなどが観測できる。設置空港・飛行場は主要15か所（2017年10月現在）。

## doppler radar navigation system
### ドップラー・レーダー航法装置

ドップラー効果を利用して対地速度や偏流角を求める装置がドップラー・レーダー航法装置である。IRSなどと同様、自蔵航法装置になるが、ごく一部の機種に搭載されているのみ。

## dorsal fin
### 背びれ、ドーサル・フィン

図のように、胴体後方上部に設けられ、垂直安定板につながる三角形状の安定板。垂直安定板の補助的作用をする。

## double-base propellant
### 複基薬式推進剤

固体ロケット推進剤の一種。ニトロセルローズとニトログリセリンを主要成分とする。この2つをアセトンなどの揮発性溶剤で練り合わせたものをコルダイトという。また揮発性溶剤を使わず不揮発性のもので熱間練成するものをバリスタイトという。

## double construction
### 2重構造、ダブル構造

fail safe construction 参照。

## double delta wing
## 2重三角翼
ogee wing 参照。

## double-entry compresssor
## 両側吸込圧縮機
航空用タービン・エンジンの遠心圧縮機の一種。圧縮機に流入する空気の通路が左右両側にある。

## double-row radial engine
## 2重星型エンジン
星型エンジンを前後に配置したもの。シリンダー数を増して出力向上するためのもの。前後列の各シリンダーは、正面から見て交互になる。7シリンダー2重星型、9シリンダー2重星型が通常使用される。

## double track
## ダブル・トラック
1つの同じ路線を2社の航空会社が運航すること。3社が同じ路線を運航すれば、トリプル・トラックという。

## down burst
## ダウン・バースト、下降噴流
積乱雲又は雄大積雲の中で発生する激烈な下降流で、地表面で発散する現象。広範囲のマクロ・バーストと小規模なマイクロ・バーストに分けられる。

積乱雲によるダウン・バースト

## down draft
## ダウン・ドラフト、下降流
対流雲からの下向きの気流をいう。

## down lock

## ダウンロック
引き込み式着陸装置を機械的な手段で下げ位置に固定する装置。

## downwash
## 洗流、ダウンウォッシュ
3次元翼（有限翼）には馬蹄渦がつきものである。この馬蹄渦によって、翼の前後には図のような垂直方向の速度が引き起こされる。これを誘導速度といい、翼の前では吹き上げ（upwash）、後では下向き（downwash）の気流が生じている。この下向きの気流を洗流という。

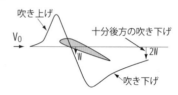

## downwash angle
## 洗流角
主流に対する洗流の角度をいう。吹き降し角ともいう。

## down-wind landing
## 追い風着陸
追い風の状態での着陸。対地速度が速く、着陸距離が延びるため、緊急着陸時など以外には行われない。= tail-wind landing

## draft
## 喫水
水上に静止する水上機又は飛行艇のフロート、あるいは艇体の喫水線より、フロート又は艇体の最下位（キール）までの垂直距離。

## drag
## 抗力
一般に運動に逆らう力を抵抗というが、特に空気中での運動に関しては、これを抗力といい、「D」で表す。

drizzle

## dragchute
### 制動傘、ドラッグシュート

飛行機の着陸滑走距離を短縮するため機尾から放出される抵抗傘。

また、母機と、母機から投下される飛翔体の間に安全な間隔を設定できるよう、飛翔体尾部から放出される抵抗傘、抵抗翼など。

## drag coefficient
### 抗力係数

物体の抗力 D は、その物体の正面積を S、速度を V、空気密度を ρ とすれば、

$$D = C_D \, 1 \, / \, 2 \, \rho \, SV^2$$

の式で表される。この式において $C_D$ は、その物体の形状や流れに対する向きなどによって変わる値で、これを抗力係数という。

## drag hinge
### 抗力ヒンジ、ドラッグ・ヒンジ

ヘリコプターのローター・ブレードの駆動軸接続部において、翼弦方向にほぼ垂直に設置されているヒンジ。このためブレードは、回転方向の前後に自由に回転できる。

## drag link
### 抗力支柱

降着装置の支柱機構の一部。緩衝支柱を支持し着陸時に脚にかかる荷重のうち、主として前後方向の荷重を分担する。なお、引込式降着装置では、出し入れも受け持つ。

## drag strut
### 翼内支柱

2 本桁、羽布張り構造の翼にあって、空気抵抗に耐えるため、前後の桁の間に設けた支柱。圧縮力を受けるところから、圧縮支柱ともいう。木製主翼構造で、これを小骨によって代用させたものを圧縮小骨という。

## drag wire
### 抗力張り線

前後桁、翼内支柱（圧縮小骨）、羽布張り構造の翼にあって、その張り間に対角線状に張ら

れ、抗力を受け持つ部材。翼がその面内で後方に曲げられるのを防ぐ役割をするもので、ピアノ線、リボン線が使用される。

## drift angle：DA
### 偏流角、DA

予定された航路と実際に飛行した航跡とのなす角。予定航路上を一定の機首方位を保ちながら飛行している間に、横風の影響により流されて偏向した航跡と元のコースとの角度を計り、風向・風速を知り修正の資料とする。

## drift down
### ドリフト・ダウン

エンジン故障時の最良降下法で、巡航中、何発かのエンジンが停止した場合、プロペラをフェザーにして降下率を最小に留めるための出力調整法をいう。前方に山岳等障害物がある場合に重要である。

## drifting dust（sand）
### 風じん

砂、ちりが強風により目の高さ以下（6 ft 未満）に吹き上げられた現象。視程は目だつほどには減少しない。

## drifting snow
### 低い地ふぶき

雪が風により目の高さ以下（6 ft 未満）に吹き上げられる現象。地表面の状態が把握できなくなる。

## drift meter
### 偏流計

航法用装置の 1 つ。航行中の偏流測定に際して用いられる。

## drift wire
### 抗力張り線

drag wire 参照。

## drizzle
### 霧雨

— 107 —

層雲、霧など凝結高度が低く、不飽和空気の相対湿度が高い場合に降る直径 0.5mm 未満の細かい雨をいう。

## drogue
### ドローグ
空中給油のホースの先端に付けられた先端が広げられたラッパ状のもの。ホースを安定させるとともに受油孔を差し込み易くする。

また飛行機の速度を低下させるための小型パラシュート。

ドローグ方式で給油を受けるEA-6（US Navy）

## drone
### 無人機、標的機、ドローン
母機又は地上から操縦されるほか、自動操縦により飛行する無人機。27 年 9 月の航空法の改正で、定義のほか、飛行の禁止区域、飛行の方法などが明確に制定された。かつては標的機の意味で使用されることが多かった。⇒航空法 2 条、132 条〜 132 条の 3、施規第 9 章

## droop stop
### 垂れ下がり止め
ヘリコプターのローター（羽ばたきヒンジ付きのもの）が地上で静止状態にある時、又は緩速回転している時、ブレードが不当に垂れ下がるのを防止する部材（ストッパー）。

## drop chute
### ドロップ・シュート
drag chute 参照。

## drop tank
### ドロップ・タンク、落下タンク
軍用機の主翼・胴体下に取り付けられる投下可能な燃料タンク。任務により、タンクの個数を増減して最適な燃料搭載量にすることができる。緊急時などには投下（ドロップ）が可能。

ドロップ・タンクを装着したF-2（JASDF Photo）

## dry adiabatic
### 乾燥断熱
空気が上昇すると気圧が低くなり空気が膨張するため温度が下がる。その空気が飽和するまでの気温減率を乾燥断熱減率といい、その減率は、1 ℃／ 100 m、3 ℃（5.5 ℉）／ 1,000ft である。

## DTAX：domestic telecommunication automatic exchange
### 国内テレタイプ自動中継システム、国内航空交通情報処理中継システム、DTAX
航空機の安全運航を支援するために、運航に関わるデータを迅速かつ効率的に処理し、中継、整理、蓄積するシステム。

## dual controls
### 複式操縦装置
操縦席の前後もしくは左右に 2 組の操縦装置をもち、どちらからでも操縦操作ができるもの。ほとんどの航空機は複式操縦装置である。

## dual tachometer
### 複式回転計
ヘリコプター用計器の 1 つ。1 つの計器に長針と短針が付いており、長針はエンジン回転数、短針はローター回転数をそれぞれ示す。クラッチが完全に入り、回転数が正規の減速比に達すると両針は重なる。

## ducted fan engine
### ダクテッド・ファン・エンジン
プロペラ又はファンの周囲をダクトで覆ったエンジン。推進効率の向上に役立つ。

## duplex burner
### 複式噴射弁
タービン・エンジンの燃焼室に設置されているバーナーの一種。高圧・低圧両方の渦流孔を有している。

## duralumin
### ジュラルミン
ドイツのA.Wilmが1903～11年間に発明を完成させた軽合金。アルミニウムを主体に銅約4％、マグネシウム0.3～1.0％、マンガン0.5～1.0％を加えたもので、不純物としてわずかの珪素を含むのが普通。ジュラルミンは500℃から水中に焼き入れし、室温で約4日間放置すると、引っ張り強さ約40kg／㎟、伸び約20％、ブリネル硬度約110程度のものとなる。この強さは軟鋼と同程度であるが比重は2.79と軟鋼の約1/3にすぎず、同一重量だと軟鋼の約3倍の強度をもつことになる。これが航空機材料として多用されている理由である。欠点として海水など塩分に腐食されやすい点があり、このためジュラルミン表面に純アルミを被覆して耐食性を向上させたクラッド材が使用されている。

## dust devil
### じん旋風、tourbillon de poussiere（仏語）
大気が不安定な時に、地表面が加熱されると砂、塵が高さ100～300ftまで巻き上げられ柱状に旋回する現象。

## dust haze
### ちり煙霧
風じんにより巻き上げられた砂、塵が発生地から遠方の大気に漂う現象。西日本に飛来する黄砂などをいう。

## dust storm
### 砂じんあらし
砂、塵が強風により吹き上げられる現象で、視程を悪くする。後面に積乱雲を伴うこともある。また、塵粒子の電荷により通信障害が起こることもある。規模の小さいものを風じんという。

## dust whirl
### じん旋風
dust devil 参照。

## dutch roll
### ダッチ・ロール
横揺れと偏揺れが組み合わさった動揺運動の繰り返し。垂直尾翼に対し、上反角効果、また後退角効果が過大な機体がダッチ・ロールを起こす。例えば、機体が左にバンクしたとすると左横滑り、左偏揺れが生じる。その後、左バンクは回復しようとするが、ここで垂直尾翼に対し上反角効果、後退角効果が過大であると、主翼は水平を通り越し、逆に右バンク、続いて右横滑り、右偏揺れを生じる。このダッチ・ロールを防止するために、yaw damper（参照）を取り付けている機体もある。

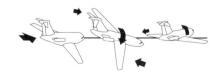

## dynamic load test
### 動的荷重試験
航空機を運航中に実際に受けると考えられる荷重、すなわち、動的荷重をかけて行う試験。降着装置の落下試験などがこれである。

## dynamic pressure
### 動圧
流体が物体に当たりせき止められたり、また流れが狭められたりすると、その流体の有する運動のエネルギーが、その部分で圧力に変り、流体の圧力は流れの方向に高くなる。この圧力を動圧と呼ぶ。動圧Qは、流体の密度を$\rho$、

速度を V とすれば、
　　$Q = 1/2 \rho V^2$
で表される。

## dynamic rollover
**ダイナミック・ロールオーバー**

　ヘリコプターがスキッド又は車輪を支点にして、横方向へロールしてしまう現象。限界角度に達すると、修復は困難になり、横倒しとなる。

## dynamic soaring
**動的ソアリング**

　トビなど鳥類の飛翔に見られるように、常に変化する大気の気流状態を利用して行う滑翔。

## dynamic stability
**動安定**

　突風あるいは操舵によって、その運動の方向、又は姿勢が乱された場合、時間の経過と共にどのような動揺を示すかという性質をいう。動安定の性質を区分すると次のようになる。
1. 動安定「正」(positive)
　釣り合い状態から、かく乱を受けたとき、時間の経過と共に図(a)曲線のように、動揺が次第に減少していくもので、動的安定ともいう。
2. 動安定「中性」(neutral)
　釣り合い状態から、かく乱を受けたとき時間の経過と共に(b)曲線のように、動揺が一定であるもので、動的中立安定ともいう。
3. 動安定「負」(negative)
　釣り合い状態から、かく乱を受けたとき時間の経過と共に(c)曲線のように、動揺が次第に増大していくもので、動的不安定ともいう。

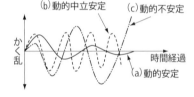

**E alloy**
**E 合金**
　亜鉛を含有させた特殊ジュラルミン。

**EAS：equivalent air speed**
**等価対気速度**
　ある高度における飛行速度を、海面上標準大気状態の速度に換算したもの。機体構造の強度計算や、設計・構造の基準を定める時に用いられる。高速機の場合には、較正対気速度（CAS）を、その高度、あるいは速度に対する空気の圧縮性の影響を加味して得られた速度となる。

**EASA：European Aviation Safety Agency**
**欧州航空安全機関、イアサ**
　欧州の加盟32か国（2017年12月現在）から構成され、2003年9月にJAAの役割の受け継ぎを開始して誕生した組織。ICAOやFAAをはじめ主要各国の航空当局と連携を取りながら、EU域内の航空機の型式証明審査、環境保護など、幅広く航空の安全と発展を司っている。本部はドイツ（ケルン）に置かれている。

**easterlies**
**偏東風**
　地球を取り巻く大気の大循環の一部として東寄りに卓越して吹く風。

**economizer**
**エコノマイザー**
　離陸時や緊急時など、航空用ピストン・エンジンが特に余剰馬力を必要とされる場合に、極めて濃厚な混合比が要求される。この濃厚な混合比をエンジンに供給する装置がエコノマイザーである。言葉からは、燃料の経済性を向上させるような印象を受けるが、むしろエンジンの寿命延長のための装置である。

**effective angle of attack**
**有効迎え角**
　有限翼において、幾何学的迎え角（吹き下ろし角を考慮に入れない場合の迎え角）から吹き下ろし角を引いた角度のこと。

**effective horsepower：EHP**
**有効馬力**
　プロペラ軸が実際に得る馬力。すなわち、エンジンの出力から過給機、発電機その他の補機類の駆動に消費される馬力を差し引いた馬力。

**EFIS：electronic flight instrument system**
**電子式飛行計器装置、イーフィス**
　従来の機械的な計器に代わり、CRTの時代を経て、現在では液晶の大型画面に諸情報を表示するようにした計器。情報量が豊富で、カラーでの色分けも可能であり、画面表示を自由に切り換えることが可能など利点が多い。新しい機体は、小型機も含め、ほぼすべてがEFISを採用する時代となった。

**EGT：exhaust gas temperature**
**排気ガス温度、EGT**
　燃焼ガスの温度。レシプロ・エンジンの場合は、排気管内に受感部を設け、これを操縦室の計器板に表示する。タービン・エンジンの場合は、タービン出口温度を測定するためTGTとも呼ばれる。レシプロでは燃料節約のため測定・表示されるが、タービンの場合はタービン・ブレードの温度が耐熱限度を越えないように監視するのが目的。

## Eiffel type wind tunnel
**エッフェル式風洞**

　開放噴流型風洞の一種。仏人エッフェルは1909年、パリに直径1.5 m、最大風速20m/sの風洞を作った。これがエッフェル式風洞の起源である。

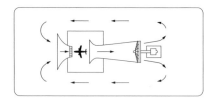

**eight around pylon**
**8の字飛行**

　地上目標を利用した飛行練習課目の一種。地上に2個の地点又は塔状の目標（パイロン）を設定し、飛行高度を一定に保ち、地表面に平行な面内に8の字を描くように飛行する。地上目標による旋回技術の習得を主な狙いとして行われる。

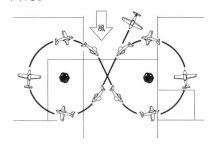

**eight on pylon**
**エイト・オン・パイロン、パイロン・エイト**

　上級飛行練習課目の一種。操縦者の注意力が正確な操作を行うために注がれている時の3舵の調和の養成を目的とする。翼端に地上の2個の地点又は塔状の目標（パイロン）を中心点として旋回するように維持して8の字を描くように飛行する。同半径の円を描く必要はなく高度も風の影響による対地速度によって変化する。

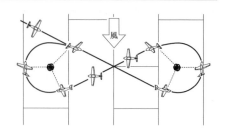

**ejection seat**
**射出座席**

　緊急時に乗員が座席ごと脱出する装置。通常は上方に射出される。

**Electron**
**エレクトロン**

　代表的なマグネシウム合金。マグネシウム、亜鉛合金で、他に少量のアルミニウム、マンガン、鉄を包含する。鋳造又は鋳造用合金に使用される。

**electronic flight bag：EFB**
**電子飛行カバン、イーエフビー**

　コクピットの近代化のために、従来の印刷物による航法図、進入図等を電子表示するようにしたもの（ペーパーレス・コックピット化という）。計器盤に組み込んだ本格的なもの（クラス3）から、小型軽量のハンディなもの（クラス1）までクラス分けされている。新型機は最初からEFBが搭載されつつある。カーナビの航空版。

**elevated echo**
**上空のエコー**

レーダー気象用語。上空にのみ現れるエコーで、降水が地面まで達せず、落下途中で消失してしまうもの。

### elevation：ELEV
### 標高、海抜高度、エレベーション
平均海面等の基準面からの垂直距離（高度）。飛行場の標高はフィールド・エレベーションとして示す。特に指定がない場合は平均海面からの高度と解釈してよい。

### elevator
### 昇降舵、エレベーター
水平安定板にヒンジで取り付けられている舵面。索又は連結棒により操縦席から上下に作動させる。この操作で機首を上下させることができる。

### elevator angle
### 昇降舵角、エレベーター・アングル
昇降舵が上下に動く角度。水平安定板の翼弦方向を基準として計測する。

### elevon
### エレボン
補助翼と昇降舵の2舵の役割を果たす操縦翼面。無尾翼機、デルタ翼機の両翼後縁に見られる。両翼の舵面を同時に上下させれば昇降舵、左右逆に操作すれば補助翼として働く。名称は、elevator と aileron の合成語。

### ELT：emergency locator transmitter
### 緊急位置発信器、ELT
航空機が不時着した場合、衝撃により自動的に、又は手動操作でスイッチが入り、無指向性の電波（緊急周波数の121.5、243 又は406MHz）を発射し、捜索・救難活動を容易にするための無線機。装置にはバッテリーが内蔵されており、機体の電源とは無関係に使用できる。飛行機及びヘリコプターには、この ELT の搭載が義務付けられている（滑空機は免除）。

### emergency and first-aid equipment
### 救急用具
航空機に搭載している非常用信号灯、救命胴衣、救命ボート、携帯用無線機、非常食料、救急箱等をいう。これらは運用様式別に航空法で搭載が義務付けられている。

survival equipment 参照。

### emergency exit
### 非常脱出口
地上航行中や不時着時など緊急事態が発生した場合、機外へ脱出する出口。

### emergency floatation gear
### 非常浮き装置、緊急フロート
不時着水時に緊急展張させて機体が水没するのを防ぐフロート（ポップ・アウト・フロート）。また救命胴衣や救命ボートなどを指す。

大型ヘリのスポンソンに装備された緊急フロート

### emergency phase
### 緊急段階
不確実の段階、警戒の段階、遭難の段階の場合の総称をいう。⇒ ICAO

## emergency runway light
### 非常用滑走路灯
　滑走路灯及び滑走路末端灯が故障した場合に応急的に使用する運搬可能な灯火。
・航空可変白の不動光⇒施規114条、117条

## empennage
### 尾部、エンペナージ
　後部胴体、水平安定板、昇降舵、垂直安定板、方向舵等からなる航空機の尾部の総称。

## empty weight
### 空虚重量、自重
　航空機の機体構造、動力装置、基本装備、固定バラスト、使用不能燃料、排出不能潤滑油等の合計重量を空虚重量又は自重という。
　gross weight 参照。

## encoding altimeter
### エンコーディング高度計
　測定した高度をトランスポンダに送り、地上のレーダーに高度を表示できるようにできる高度計。

## endurance
### 航続時間
　航空機が搭載燃料により飛行を継続し得る時間をいう。

## engine accessories
### 発動機補機
　発動機の運転に直接関係のある付属機器であって、発動機に造りつけてないものをいう。
　　　⇒耐空性審査要領

## engine analizer
### エンジン分析装置

エンジン作動状況（点火栓の発火状態等）の目視点検に利用される装置。

## engine cycle
### エンジンの運転行程
　エンジンの周期的変化（サイクル）のこと。例えば4サイクル・レシプロ・エンジンの場合、吸入、圧縮、爆発（出力）、排気の4行程で1つのサイクルが完結する。

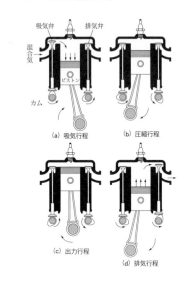

## en-route phase
### 巡航段階
　離陸・初期上昇段階の終了から進入・着陸段階の開始までの部分の飛行をいう。
注：障害物との適切な間隔が確実に視認できない場合には、当該障害物を適当な余裕をもって確実に回避できる飛行を計画しなければならない。臨界発動機が故障した場合には、運航者が代替手段を必要とする。
　　⇒ICAO

## Ente（Flugzeug）
### エンテ（飛行機）
　普通形式の飛行機の尾翼に相当するものを主翼前方に配置した形式の機体。失速防止が主

な狙い。ドイツのフォッケウルフ・エンテ機から、この言葉が生まれた。先尾翼機ともいう。

⇒カナード機参照

## envelope
### 気嚢（きのう）、エンベロープ
軽航空機（気球、飛行船）において、浮揚のためのガスを収容するための容器。

### （飛行）エンベロープ（領域）
縦軸に高度、横軸に速度の目盛りをとって、飛行可能領域を表したもの。航空機は、初飛行以降、テスト・パイロットにより徐々に速度・高度の領域を広げていく。そのエンベロープ内を飛行する限り安全であることが実証される。

## EPR：engine pressure ratio
### エンジン圧力比、EPR、イーパー
タービン出口のガス圧力（turbine discharge total pressure）をコンプレッサー入口空気の total pressure で割った値。エンジン推力の大きさを示すパラメーターでありイーパーという。EPR は次の式で求められる。

$$EPR = \frac{P_{t5}}{P_{t2}} \text{ あるいは } \frac{P_{t7}}{P_{t2}}$$

遠心式圧縮機付きターボジェットあるいは小型の軸流式圧縮機付きタービン・エンジンでは推力測定として rpm 又は％ rpm が使われるが、ほとんどの大型ターボファン・エンジンでは与えられた推力セッティングのための rpm が、同じ型式のエンジンであっても異なり、また rpm の指示が圧縮機入口温度によって異なるため、EPR が推力測定のパラメーターとして使われる。すなわち、EPR は推力の変化にほぼ比例して変化するので、推力計の代わりになり、EPR 値によって操縦士は推力設定を行う。

## equatorial trough
### 赤道トラフ
北半球の亜熱帯高気圧と南半球の亜熱帯高気圧の間の気圧の低い地域。

## equivalent airspeed：EAS

## 等価対気速度、EAS
航空機の較正対気速度（CAS）を、特定の高度における断熱圧縮流に対して修正したものをいう。海面上標準大気においては、EAS は CAS に等しい。⇒耐空性審査要領

航空機の強度計算で使用される速度である。

## equivalent shaft horsepower：ESHP
### 相当軸馬力、等価軸馬力
ターボプロップ・エンジンが発生する出力を表す単位。ターボプロップ・エンジンの全出力を求めるには、SHP（軸馬力）にエンジン排出ガスによるジェット推力効果を加えなければならない。静止状態における 2.5lb の静止ジェット推力は 1 軸馬力に等しい。

ESHP は次の式で表される。

$$ESHP_{static} = SHP_{prop} + \frac{Fn(Jet)}{2.5}$$

ESHP$_{static}$ ：静止状態におけるターボプロップの相当軸馬力
SHP$_{prop}$ ：プロペラに伝えられる軸馬力
Fn（Jet）：エンジンが発生する正味ジェット推力（1b）

## ENRC、enroute chart
### 無線航空図
IFR 用の地図で本州用（ENRC1、2）と南西諸島用（ENRC3）の 2 枚がある。縮尺は 150 万分の 1 。

## estimated off-block time：EOBT
### ブロック・アウト予定時刻、移動開始予定時刻
航空機が出発のために自力で移動を開始する予定時刻をいう。⇒ ICAO

## estimated time of arrival：ETA
### 到着予定時刻、ETA
一定の地点、目的地、飛行場に到着する予定時刻をいう。計器飛行方式による飛行の場合には、航空機が計器進入方式が開始される航法援助施設に到着する予定時刻。ただし、飛行場に関連した航法援助施設がない場合には、飛行場上空に到着する予定時刻をいう。有視界飛行

方式による飛行の場合には、航空機が飛行場上空に到着する予定時刻をいう。⇒ ICAO

**estimated time of departure : ETD**
**出発予定時刻、ETD**
　航空機が飛行場を出発（離陸）する予定時刻をいう。

**estimated time of enroute : ETE**
**予定所要時間、ETE**
　出発地から一定の地点、目的地、飛行場に至る飛行に要する予定飛行時間。

**ETOPS : extended-range twin-engine operational performance standards**
**ETOPS、イートップス**
　双発の民間輸送機は、代替空港から片発で60分以上、離れた場所を飛ぶことができなかった。そのため、主に洋上では迂回しながら飛行する必要があった。しかし、輸送機の大半が双発機になったこともあり、ETOPS が導入され、エンジン故障で片発になった場合に飛行できる時間が延長されることになった。ETOPS-120では着陸可能な飛行場が飛行時間で120分以内に存在すれば、運航が許可される。型式ごと、また運航者ごとに認可を経て許可するもので、一般的には ETOPS-180 が現行の最大であるが、新しい機体では ETOPS-370 もある。ETOPS により、飛行時間と燃料消費の削減が可能になる。

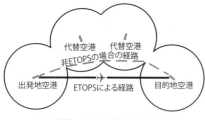

※円は片発で60分の飛行で到達できる範囲

**ETP : equal time point**
**等時間飛行可能点、ETP**
　臨界エンジン停止の場合、航路の概略中間点より目的地へ往航しても、出発飛行場へ引き返しても同じ飛行時間となる点。

**evaporation**
**蒸発**
　液体から気体に変化することで、沸点未満の温度で起きる。

**execute missed approach**
**エクスキュート・ミスト・アプローチ**
　管制用語で「進入復行せよ」の意。

**exhaust collector ring**
**排気集合管**
　ピストン・エンジンで、各シリンダーから出た排気を1本の管にまとめて大気中に放出するようにした排気管。

**exhaust manifold**
**排気マニフォールド**
　数個のシリンダーからの排気を1本の管、又は室に集合し、大気中に放出する装置。

**exhaust nozzle**
**排気ノズル**
　タービン・エンジンの排気が排出される部分。アフターバーナー付きエンジンの場合、可変式になっている。さらに戦闘機の中には、ノズルの向きを変化させることができるものもある。

**exhaust stack**
**単排気管**
　ピストン・エンジンにあって、排気を各シリンダーごとに行う排気管。

**exhaust valve**
**排気弁**
　シリンダー・ヘッドに装着され、排気ガスをシリンダーの外へ排出させる弁。この弁は高温の排気に曝されるため材質の選択、また設計には周到な注意が必要である。材質としては、高タングステン鋼、高クロム鋼、クロム鋼、ニッケル鋼などが使用される。

**expected approach time : EAT**
**進入予定時刻、EAT**

到着機が計器進入の許可を得て、進入フィックスを離脱する時刻であって管制機関が予想する時刻をいう。⇒管制方式基準

### extension bridge
**繰り出し橋**

空港で乗客の乗降を迅速に行い、旅客機の運航効率を上げるため考案された空港設備。ターミナル・ビルから、方向・長さとも自由に変えられるブリッジを、自走で旅客機の扉に付けることができる。＝ boarding bridge

胴体2か所にセットされた繰り出し橋

### extention drive shaft
**延長駆動軸**

エンジン・ナセルの形状を滑らかにするため、プロペラ軸を延長したもの。また推進式プロペラの機体では、エンジンとプロペラを結合するために用いている機種もある。

### external load
**外部荷重**

ヘリコプターで機体下部のスリングで吊り下げて輸送される荷重。荷物がキャビンに収容できない場合などに使用される。

榴弾砲を運ぶCH-47(US Army Photo)

### externally blown flap
**エクスターナリー・ブロウン・フラップ**

boundary layer control 参照。

### extra fuel
**第2補正燃料、特別燃料、エクストラ・フューエル**

予備燃料の一種。不測事態の発生により、所要燃料量が不足することを考慮し、追加で搭載する燃料。contingency fuel 参照。

### extra super duralumin
**超々ジュラルミン**

高力アルミ合金の一種。住友金属工業で発明・改良されたもので、第2次世界大戦前に工業化された。組成はCu1.5〜2.5％、Zn6.0〜9.0％、Mg1.2〜1.8％、Mn0.3〜1.0％、Cr0.1〜0.4％、残りがアルミとなっている。米国は大戦半ばにこれを知り、研究の結果、75S（7075）軽合金を開発した。

### eye of storm
**暴風雨の目**

熱帯性暴風雨（台風やハリケーン）の中心に存在する穏和・晴天の空洞部分。平均数十kmの範囲に及ぶ。

## FAA : Federal Aviation Administration
### 連邦航空局
1958年にアメリカの民間航空の安全を推進するため設立された。当時はFederal Aviation Agencyであったが、67年に運輸省の傘下になると同時に現在の名称に改められた。

## fabric
### 羽布、ファブリック
機体表面を覆う布。主に木綿、ダクロン、最近ではオラテックスなどが使用される。現在では一部の小型機にしか採用例がみられない。

## facility flight inspection
### 飛行検査、フライト・チェック
flight check 参照。

## factor of safety
### 安全率
常用運用状態において予想される荷重より大きな荷重の生ずる可能性ならびに設計上の不確実性に備えて用いる設計係数をいう。
　　⇒耐空性審査要領
ある部材が耐えうる（主として計算上）破壊荷重と、その部材に実際かかる最大荷重との比。飛行機の場合、この安全率は一般的に1.5である。しかし、材質、寸度、工作、検査上から強度に誤差が生じる恐れがあること、また腐食や磨耗などの使用中における衰損を考慮して、鋳物、ヒンジ軸受、連結金具などには、この安全率（1.5）に、さらに1.33、2.0、3.33、6.67といった特別係数を乗じて、その安全率としている。

## FADEC : full authority digital engine control
### デジタル電子式燃料管制装置、ファデック
従来の油圧／機械式燃料管制装置に対し、デジタル電子式により、すべての燃料コントロールを行うようにした装置。油圧／機械式に比べ、常に最適の運転が可能である。大型タービン・エンジンから、徐々に小型ピストン・エンジンにまで適用例が増えてきている。

## fahrenheit：°F
### 華氏
氷が32度で融解し、水が212度で沸騰するスケールの温度。摂氏℃は次のように表す。
$$℃ = (°F - 32) \times 5 / 9$$
$$°F = 9 / 5 ℃ + 32$$

## FAI : Fédération Aéronautique Internationale
### 国際航空連盟
スポーツ航空の普及・発達を主たる目的に設立（1905年）された組織で、百か国以上が加盟している。航空関係の記録の認定も業務の1つ。現在、本部はスイスのローザンヌに置かれている。我が国は（財）日本航空協会が正会員として窓口になっている。

## fail-safe construction/structure
### フェイル・セイフ構造
構造のどこか一部分が破壊したとしても、その破壊が発見され修理されるまでの期間、壊れたままで安全に飛行できるようにした構造。基本的に次の4つがある。
1. ダブル構造（double structure）
　　2個の部材を結合させた構造。片側に亀裂が入っても、結合面でくい止められる。
2. リダンダント構造（redundant structure）
　　複数の部材からなり、それぞれが荷重を分担して受け持っている。従って、1つの部材が破壊しても、他の部材がカバーするので構造全体としては致命的とはならない。
3. バック・アップ構造（back-up structure）
　　ある部材が破壊しても、予備の部材が代わって荷重を受け持つようにした構造。
4. ロード・ドロッピング構造（load dropping structure）
　　補強材を当てた構造で、亀裂が発生した場合は、補強材で亀裂の進行をくい止めるか、又は亀裂の進行方向を変更する。

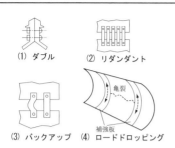

(1) ダブル　(2) リダンダント
(3) バックアップ　(4) ロードドロッピング

**fairing**
整形、流線型覆い、フェアリング

胴体のフィレット、発動機ナセル、固定脚機の脚カバーなどのように、干渉抵抗を減少するための覆い。

主脚支柱もフェアリング付き (Piper Aircraft Photo)

**falling leaf**
木の葉落とし

曲技飛行課目の1つ。左右の横滑り降下を交互に行う。あたかも木の葉が落ちるように見えるところから、この名称がある。

**false rib**
整形小骨、副小骨

翼前縁を成形し補強するための小骨。普通、翼小骨の間に2本設けられる。

**FAR：Federal Aviation Regulations**
連邦航空規則

アメリカFAAの規則集。航空機の型式証明の発行、航空従事者の免許付与、民間航空活動の監視、民間航空の安全確保等のために細部に渡る規則が定められている。

**farad：F**
ファラッド

1C（クーロン）の電気量が、コンデンサーの対極間に1V（ボルト）の電位差が生じる静電容量をいう。⇒ICAO

**fatal accident**
死亡事故

死亡事故を伴う航空事故をいう。

**fatigue**
疲労

航空機が離陸、上昇、降下、着陸を繰り返すごとに、機体には様々な荷重が負荷される。金属材料にあるレベル以上（疲労限界以上）の応力を負荷すると、回数と共に疲労が蓄積し、最終的に破断に至る。これを金属疲労、疲労破壊という。従って、機体寿命中には安全に運航を継続できることを確認するため設計段階から応力のレベルと、負荷試験等の実施により疲労破壊しないことを証明している。

**fatigue limit**
疲労限界

ある材料が繰り返し荷重を受けても、永久に破壊することのない応力の限界。

**FDP：flight data processing system**
飛行計画情報処理システム、FDP

運航に関する情報をコンピューター処理し、運航票などを作成、配布、また、ターミナル・レーダー情報処理システム（ARTS）、航空路レー

— 119 —

ダー情報処理システム（RDP）などに飛行計画の資料を提供する。

## feathering
### フェザリング

多発機で1つのエンジンが故障した場合、その故障エンジンのプロペラは大きな抵抗となる。そのため、そのプロペラの羽根角（ピッチ）を最大にしてブレードを進行方向に向けて抵抗を最小にすることをフェザリングという。羽根角は75％半径で約90度である。図の右側エンジン（向かって左）のプロペラがフェザリングの状態にある。

## feathering axis
### フェザリング軸、無羽ばたき軸

ヘリコプター用語。回転翼の翼端通過面を基準にして羽根の運動を考えると、フェザリングはしているがフラッピングはない。従って、この面に垂直な軸を無羽ばたき軸、又は単に純フェザリング軸という。

## feathering pitch
### フェザ・ピッチ

発動機を停止して飛行中、近似的に最小抗力を与える羽根角であって、風車トルクがほぼゼロに相当するものをいう。⇒耐空性審査要領

## feathering propeller
### フェザリング・プロペラ

制御ピッチ・プロペラの一種。フェザリング操作可能なプロペラのこと。

## fenestron
### フェネストロン

ヘリコプターのテール・ローターをテール・フィンに埋め込んだ形式のもの。本来、エアバス・ヘリコプター社の商品名。この形式の特長として、地上でテール・ローターが人や物に触れにくく安全なこと、飛行中の抗力が小さいことが上げられる。別名：fan in tail。

EC130B4への採用例（AIRBUS Helicopters Photo）

## field elevation
### 飛行場標高、フィールド・エレベーション

飛行場の基準地点（標点）の平均海面からの高さ。＝ aerodrome elevation

## field maintenance
### 野（や）整備

通常の整備基地を離れた場所での整備。通常は小規模の整備に限定されるが、陸上自衛隊では部隊名にもなっている。

## fighter
### 戦闘機

機銃、ロケット弾、ミサイルなどの攻撃兵器を装備し、主として敵の航空機に攻撃を加えることを任務とする航空機。単座又は複座があるが、主流は単座である。F-15、F-16、F-22、タイフーン、ラファール、Su-27、Mig-29などが代表的な機体。

## filler cap
### フィラー・キャップ、給油孔蓋

燃料給油孔につける蓋（キャップ）。通常ガス抜き孔とパッキングがあり、紛失しないよう、

fire extinguisher system

鎖がついているものが多い。また空気抵抗を減少するため、蓋の頂部の高さを周囲の外板と同じにしたものが多い。

**fillet**
**フィレット**
　翼と胴体の結合部に整形板のように、2つの構造の結合部を、滑らかな曲面で成形している部分で、バフェットの防止となる。

**fin**
**垂直安定板、フィン**
　方向安定性を付与するため、機体後部の垂直面内に設置される翼板。

**final approach：FNA**
**最終進入**
1．計器進入方式に従い進入する場合において、航空機が次に掲げる地点を通過してから飛行場周辺の着陸が可能となる地点又は進入復行点に至るまでの間の計器進入の部分をいう。
　(1)　方式旋回又は基礎旋回を完了した地点
　(2)　最終進入フィックス
　(3)　その他当該進入方式に指定された最終の直線経路が始まる地点
2．場周経路の最終部分をいう。
　⇒管制方式基準、飛行方式設定基準

**final approach and takeoff area：FATO**
**最終進入・離陸区域**
　ホバー又は着陸のための進入操作の最終段階が終了し、離陸操作を開始する特定区域をいう。第1級性能ヘリコプターにより供用される場合にあっては離陸中止可能区域を含む。⇒ ICAO

**final approach course**
**最終進入コース**
　ローカライザー・コースの中心線、放射方位もしくはベアリングにより示される最終進入の経路、もしくはこれらの延長線又は滑走路中心線の延長線をいう。⇒管制方式基準

**final approach fix/point：FAF／FAP**
**最終進入フィックス / 点**
　最終進入開始部分において計器進入方式が行われるフィックス又は点をいう。⇒ ICAO

**final approach segment**
**最終進入部分**
　着陸のためアライメント及び降下を完了する計器進入方式の部分をいう。⇒ ICAO

**FIR：flight information region**
**飛行情報区、飛行情報地区、FIR**
　飛行情報区とは ICAO（国際民間航空機関）の調整によって加盟各国に割り当てられた、飛行情報業務及び警急業務を供すべき担当の領空及び公海の上空（公空）をいう。
　各 FIR は ICAO 加盟国の領空主権よりも、むしろ航空交通の流れを促進するよう考慮され分割されている。そして各 FIR の名称には国名は付けず、担当する管制中枢（飛行情報センター）の名称が付けられており、日本は福岡飛行情報区（Fukuoka FIR）の名称で担当している。各情報区の中は領土領空の上空と公海の上空とに分かれ、それぞれによって管制密度が異なっている。また、QNH 適用区域内では、より密度の高い航空交通管制業務が行われている。advisory airspace 参照。

**fire control system：FCS**
**火器管制装置**
　機銃、ミサイルなどの攻撃兵器を効果的に発射させる機構や装置の総称。ジェット戦闘機の火器管制装置は、レーダー射撃照準器、コンピューター、自動操縦装置などからなっている。

**fire extinguisher system**

— 121 —

## 消火装置

航空機に火災が発生した時、これを消火するための装置。炭酸ガスなどが使用される。

## fireproof material
### 耐火性材料

１．第１種耐火性材料

鋼と同程度又はそれ以上、熱に耐え得る材料をいう。指定防火区域において火災を隔離し、又は密閉するために用いられる材料にあっては、最も過酷な火災状態において、かつ、当該区域で予想される燃焼継続時間において、上記の能力を有する材料をいう。

２．第２種耐火性材料

板又は構造部材として用いる場合にあっては、アルミニウム合金と同程度又はそれ以上、熱に耐え得る材料をいう。可燃性流体を送る管、可燃性流体系統、配線、空気ダクト、取付金具又は動力装置操作系統に用いる場合にあっては、当該材料が置かれた周囲条件によって起こることが予想される熱、その他の条件下において上記の能力を有する材料をいう。

３．第３種耐火性材料

発火源を取り除いた場合、危険な程度には燃焼しない材料をいう。

４．第４種耐火性材料

点火した場合、激しくは燃焼しない材料をいう。⇒耐空性審査要領

## fire wall
### 防火壁

エンジン区画に火災が発生した場合、他の区画に火災が及ばないように、他の区画との間に設置する隔壁。防火壁の材料には、ステンレス・スチール板、チタニウム板などが使用される。

## fire warning system
### 火災警報装置

火災発生を乗員に知らせる装置。エンジン・ナセル内、貨物室付近など、火災の発生しやすい機体各部に火災探知器が設置されており、操縦士は警報灯の区分により、火災の発生個所を知り、消火装置を作動させる。

## firing order
### 点火順序

ピストン・エンジンのシリンダーを点火する順序。混合気の分配、クランク軸や主軸にかかる力、捻じり振動、そのほか様々なことを考えて点火順序は決定される。

## first gust
### 初期突風

雷雲襲来直前、雷雲中の下降流が地表で四方に流れ出し、地表面に風向風速の急変をもたらす激風。

## fish mouth splice
### 魚口継ぎ

鋼材溶接法の一種。溶接する管材の一方を魚口状に割いて、他方に差し込み溶接する。

## fish tailing
### 尻振り滑空

狭地着陸に際し、滑空距離を減らすため、飛行機の尾部を左右に交互に振りながら横滑りをして降下する方法。

## fitting
### 取付金具、フィッティング

航空機を構成している各部の部材・構造（例えば内翼と外翼など）を結合するための金具。

## fix
### フィックス

高度、又は飛行経路を規制するため、航法援助施設の直上、同施設などによる位置の交差点、天測航法、又は地表の目視などにより設定される地理上の位置をいう。

・初期進入フィックス（IAF）
・中間進入フィックス（IF）
・最終進入フィックス（FAF）
・ステップダウン・フィックス（SDF）
がある。

## fixed landing gear
### 固定式降着装置、固定脚

引込み装置のない固定式の航空機の脚。引込み脚にすれば抗力は減少するが、反面で保守・整備の手間の増加やトラブルのもとにもなり、重量が増え、機体価格も上がる。そのため、低速機には固定脚機が多い。

代表的な固定脚機のセスナ172 (Textron Photo)

### fixed light
**不動光**

特定点から観測した場合、一定の光度を有する灯火をいう。⇒ ICAO

### fixed pitch propeller
**固定ピッチ・プロペラ**

プロペラ羽根角を固定したプロペラ。可変ピッチと比べ、効率は落ちるが保守・整備が容易である。小馬力の小型機に用いられている。

### fixed tab
**固定タブ**

tab 参照。

### fixed wing aircraft
**固定翼機**

回転翼航空機と異なり、翼が構造部に固定されている航空機（飛行機及び滑空機）。

### flame holder/stabilizer
**火炎保持器、フレーム・ホルダー**

アフターバーナー装置付きのターボジェット・エンジンに設置されている。通常、アフターバーナー部の2次燃料噴射管の少し下流に設置されている。フレーム・ホルダーはタービンを出た高熱ガスの速度を部分的に低くして火炎を安定させ、燃焼効率を上げる役割を果たす。

### flame out
**フレーム・アウト、エンジン停止**

タービン・エンジンの燃焼が何らかの原因で止まること。圧縮機失速、流入空気の乱れなどが原因である。

### flap
**下げ翼、フラップ**

主翼の後縁（前縁フラップもある）に装置される高揚力装置。これを下げることにより主翼の最大揚力係数が大きくなり、離着陸速度を低下できる。また最大限度まで下げることにより、抗力を増加させて着陸距離を短くするためにも使われる。フラップには次の種類がある。

1. 単純フラップ（plain/simple flap）

翼後縁部を単純に下方へ折り曲げる形式のもの。キャンバーを増すことにより揚力係数を増加させる。構造は簡単だが、あまり大きな揚力係数の増加にはならない。

単純フラップ

2. スプリット・フラップ（split flap）

翼後縁の下面の一部を下方へ折り曲げる形式のもの。これによって後縁の静圧を低くして揚力を増す。構造が簡単な割に揚力の増加は大きいが、抗力も著しく増える欠点がある。

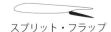
スプリット・フラップ

3. ファウラー・フラップ（fowler flap）

翼後縁から後方へずらすとともに下方へ折り曲げる形式のもの。後方へずらすことによる主翼面積の増加とあいまって、大きな揚力係数が得られる。

ファウラー・フラップ

4. 隙間フラップ（slotted flap）

フラップを下げた時、主翼後縁とフラップ前面との間に隙間をつくり、この隙間から主翼下面の気流が上面へ吹き抜けるようにした形式

# flap angle

のもの。この形式は揚力の増加の割に抗力の増加が少ない。このため、より効果を高めるために2重隙間フラップ（ダブル・スロッテッド・フラップ）や3重隙間フラップ（トリプル・スロッテッド・フラップ）とした機体もある。

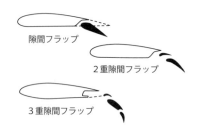

隙間フラップ
2重隙間フラップ
3重隙間フラップ

5. ザップ・フラップ（zap flap）
　下へ折り曲げると同時に後方へ移動させる形式のもの。構造が複雑な割に揚力増加が小さいため、現在ではほとんど採用機がない。

## flap angle
### フラップ角
　フラップの作動角。フラップ作動前の角度を基準に計測する。進入フラップ、着陸フラップごとに所定の角度を用いる。

## flapperon
### フラッペロン
　高揚力が必要な場合に、フラップとともに下げることができるエルロン。左右、同じように下がるばかりでなく、差動させることでロール運動も可能。

フラッペロン装備のF-18（US Navy Photo）

## flapping angle
### フラッピング角、羽ばたき角

　ヘリコプターのローターは回転中、重力、揚力、遠心力が釣り合う位置まで水平面から浮き上がる。この水平面とローターがなす角度を羽ばたき角と称する。この羽ばたき角はローターの1回転中に周期的に変化し、また前進速度によっても変化する。

## flapping hinge
### 羽ばたきヒンジ、フラッピング・ヒンジ
　ローター・ブレードと回転軸との結合部に設けられているヒンジ。ローターが回転している際、ブレードが上下に羽ばたけるような方向に設置されているものを指していう。

## flap position indicator
### フラップ位置指示計
　フラップの角度を操縦士に示す装置。計器で指示するもの、レバーの位置で指示するものがある。

## flare
### 引き起こし、フレアー
　飛行機の着陸時の衝撃を緩和して滑らかな着地を行う一連の機首上げ操作をいう。roundout 参照。
### フレアー
　赤外線誘導のミサイルを逸らすために、航空機から発射される熱源。

フレアーを発射するA-10（USAF Photo）

## flat-rate
### フラット・レイト
　タービン・エンジンにおいて、特定の大気温度以上ではタービン入口温度が許容値を越え

てしまう。ある大気温度以下では出力と大気温度曲線が平らになることによる名称。

## flat spin
### 水平キリモミ、フラット・スピン
異常キリモミの一種。水平キリモミに入ると、飛行機の機首は上がり、前後軸を水平近くに維持しながら旋回を続け降下する。落下速度は遅く、回転は速い。方向舵も昇降舵も効かないため、回復が難しい。

## flick roll
### 急横転、フリック・ロール
曲技飛行の横転の一種。操作は、水平飛行中に機速を徐々に落とし、少しずつ昇降舵を引いて機首を上げる。失速速度に到達しようとする時、操縦桿を左右いずれか手前に一杯引き、同時に方向舵を左右いずれかに蹴って自転を起こさせて横転する。水平軸回りのキリモミのような飛行である。= snap roll

## flight check、facility check
### 飛行点検、フライト・チェック
VOR、TACANなどの航法援助施設の電波が正常かなど、実際に航空機を飛ばして実施されるチェック。我が国では航空局のほか、航空自衛隊がそれぞれ保有する専用の航空機で実施している。

空自の飛行点検機 U-125(JASDF Photo)

## flight crew
### 飛行乗員、航空機乗組員、フライト・クルー

航空機に搭乗し、飛行に関する任務の遂行に当たる乗員。操縦士、航空機関士、通信士、航空士などがいる。

## flight crew member
### 航空機乗組員
飛行時間中、航空機の運航に欠くことができない任務を課せられている技能証明書を所持する乗組員をいう。⇒ ICAO

## flight data recorder：FDR
### 飛行記録装置、フライト・レコーダー
飛行状態（高度、対気速度、機首方位、垂直加速度、時間等）を記録する装置。最近のデジタル飛行記録装置（DFDR）は、機体姿勢、操縦翼の動き、エンジンの推力状況、無線の交信状況など数百種類のデータを電子メモリーに記録できる。装置は事故の衝撃、火災などに耐えられる構造になっている。

## flight director：FD
### フライト・ディレクター
航空機がある目的地に向かって飛行する場合、水平儀、高度計などにより姿勢、高度を知り、リモート・コンパス、偏位計などにより、あらかじめ設定した航路からの偏位を知って、これらの計器を見ながら頭で判断して操縦する。頭で判断する代わりにコンピューターで計算させ、垂直指針・水平指針を振らせ、これを見て指針が常に中央にくるように操縦すれば操縦士の負担は軽くなる。このようにした計器をフライト・ディレクターと呼んでいる。

## flight dispatcher
### 運航管理者、ディスパッチャー
航空機運航の技術管理をする者。航空法上、航空運送会社は運航管理者を置くことが義務づけられている。安全運航とスムースな運航調整、飛行計画の作成・監視に当たり、無線電話で航行中の航空機と交信する。運航管理者は、次の6つの経験を2年以上有するものが国家試験の技能検定に合格してなれる。①操縦の経験、②空中航法の経験、③気象業務の経験、④機上で

無線通信士を行った経験、⑤航空交通管制の経験、⑥運航管理者の補助を行った経験。試験は学科（航空工学、航空保安施設、無線通信、航空気象、空中航法、航空法規など）、実地は機種を定めて運航管理業務、天気図の解説及び航法の援助、飛行計画の作成、運航監視、ノータム解読について行われる。

## flight duty period
**飛行勤務時間**

航空機乗組員が飛行業務についたその瞬間、又は飛行の前の勤務を開始した時点から、その飛行又は一連の飛行が終わり、すべての勤務が終了するまでの総合計時間をいう。⇒ ICAO

## flight engineer：FE
**航空機関士、フライト・エンジニア、FE**

航空機に搭乗し、機体、エンジン、空調、与圧の管理、故障個所の発見などに当たる者をいう。最近の機体は機長、副操縦士の2名乗務が通常となり、航空機関士は過去の職種になりつつある。= second officer

## flight information center：FIC
**飛行情報センター**

飛行情報業務、警急業務を行うため設置された機関をいう。⇒ ICAO

## flight information publication／Flip：FIP
**飛行情報出版物**

航空機の安全運航に必要な情報（計器進入図、飛行場見取り図、航行援助施設のデータ等）を記載した出版物。防衛省は航空路誌（FIP）として高々度用、低高度用に分けて発行している。

## flight information region：FIR
**飛行情報区**

FIR 参照。

## flight information service：FIS
**飛行情報業務**

航空機の安全、かつ、円滑な運航に必要な

情報を提供する業務をいう。⇒管制方式基準

## flight instructor
**操縦教官、飛行教官**

航空機の操縦を教える人をいう。操縦士の技能証明に加えて、操縦教育証明（学科及び実技試験がある）を取得した者が教育に当たることができる。資格は飛行機、回転翼航空機、滑空機にわけられている。防衛省の飛行教官は、独自の基準で教官に任命されている。

## flight level：FL
**フライト・レベル**

標準気圧値 1,013.2hPa（29.92in）を基準とした等気圧平面であって、特定気圧により分隔した平面。

注．気圧高度計を規正する場合は次の方法による。

1．QNH の値により規正するときは「高度」を示す。

2．QFE の値により規正するときは、その QFE 標高からの「高さ」を示す。

3．1,013.2hPa（29.92 水銀 in）の気圧に規正するときは「フライト・レベル」を示すものとする。⇒ AIP

14,000ft 以上の高度は通常、フライト・レベルにより表される。

## flight line
**フライト・ライン**

飛行の準備をする飛行場の一区画。= ramp

## flight load
**飛行荷重**

飛行中の航空機に作用する空気合力。すなわち、飛行中の操舵、突風による荷重をいう。この荷重は、その航空機に作用する重力、推力及び慣性力と釣り合う。

## flight load factor
**飛行荷重倍数**

空気合力とその航空機の全重量との比。通常、「n」で表す。

— 126 —

## flight management system：FMS
### 飛行管理装置、フライト・マネージメント・システム

飛行のマネージメント（管理）を行う装置。高精度のコンピューターを利用し、様々な環境下で航空機の性能を最大限に発揮し、燃料消費量が最少で済むように開発された。

## flight manual
### 飛行規程、フライト・マニュアル
1．航空機の概要
2．航空機の限界事項
3．通常の場合とらなければならない各種装置の操作その他の措置
4．通常の場合における各種装置の操作方法
5．航空機の性能
を含み、当該型式の航空機の使用方法について述べられている書類。⇒施規12条の2

また、飛行規程には下記の種類がある。
1．基本飛行規程（basic）
　　標準装備の航空機に対する飛行規程
2．追加飛行規程（additional）
　　特殊装備、任意装備等のために基本飛行規程を補足又は変更する事項を記載したもので、基本飛行規程と対になって完全な飛行規程となるもの
3．原飛行規程（original）
　　構成、字句の統一、改訂の合理化等のため、同一型式の航空機に対して同時に共通して適用できるように作成し、管理する形態の飛行規程で、基本飛行規程及び／又は追加飛行規程からなる。
4．個別飛行規程（individual）
　　原飛行規程の適用を受けない航空機、又は特殊装備、改造等のため原飛行規程の適用を受けられない航空機に対する個別的な飛行規程で、基本飛行規程及び／又は追加飛行規程からなる。⇒TCM－50－004D－88

## flight navigator
### 航空士、ナビゲーター

航空機の位置・針路の測定、そのほか航法上の資料の算出に当たる乗員。一等・二等航空士の各資格があり、学科と実地の両試験に合格すれば資格が与えられる。最近では航法装置の発達で、軍用機を除き航空士が乗務する例はほとんどない。また新しい軍用機では航空士が廃止されている機体も多い。

## flight of extremely high speed
### 著しい高速の飛行

著しい高速の飛行とは、音速を超える速度で行う飛行をいい、航空法第91条により、
1．人又は家屋の密集している地域の上空
2．航空交通管制区
3．航空交通管制圏
以外の空域で行わなければならず、航空法施行規則により、当該航空機による衝撃波が地上又は水上の人又は物件に危害を与え、又は損傷を及ぼすおそれのない高度で飛行しなければならない。気象条件として飛行視程10,000m以上を保たなければならない。
　⇒航空法91条、施規197～197条の2、197条の4

## flight path
### 飛行経路、フライト・パス

航空機の重心点が航行に当たって描く軌跡のこと。

## flight plan
### 飛行計画、フライト・プラン

円滑な航空交通管制、救難捜索活動の実施のため、一定の書式で管制機関に提出される飛行計画書。各飛行ごとに提出され、記載内容は、航空機型式、識別、出発・到着地、搭載燃料、飛行経路、飛行方式、巡航速度、機長氏名等である。

## flight prohibited area
### 飛行禁止区域

航空機の飛行に関して危険を生ずるおそれがある区域で、その上空における航空機の飛行を全面的に禁止する空域。
　⇒航空法80条、施規173条、173条の2

## flight radio operator
### 航空通信士
　航空機に搭乗し、地上局、他の航空機との通信業務に当たる者。所定の学科・実地の両試験に合格して国土交通大臣より資格が与えられる。実際の通信業務は、操縦士が行うのが通常で、専任の航空通信士が乗務する例は少ない。

## flight recorder
### フライト・レコーダー
　航空事故／異常運航調査を補足し完全にする目的のために航空機内に装備するすべての記録装置をいう。⇒ICAO

## flight restricted area
### 飛行制限区域
　航空機の飛行に関して危険を生ずるおそれがある区域で、その上空における航空機の飛行を一定の条件の下に禁止する区域。
　　⇒航空法80条、施規173条、173条の2

## flight restriction over atomic energy facilities
### 原子力施設上空の飛行規制
　原子力施設に対する災害を防止するため、公示された施設付近の上空の飛行は、できる限り避けなければならない。また、一部を除く施設には原子力施設を示す黄色の閃光式灯火が設置されている。
　　⇒ AIP.ENR 5.4-5〜12

## flight simulator
### 模擬飛行装置、フライト・シミュレーター
　実機の操縦席、飛行特性、操縦席外部の景色を忠実に模擬し、実機訓練の変わりに多用されるようになった。モーション付きもあり、最近では油圧駆動から電気駆動に変わっている。

右上の黒い部分はビジュアル装置（航空振興財団）

## flight time
### 飛行時間、フライト・タイム、ブロック・タイム
　航空機が離陸してから着陸するまでの航行時間をいう。管理上は、航空機が所定の駐機位置を離れてから、着陸して駐機するまでの時間を飛行時間とすることが多い。この飛行時間は、エンジン等の使用時間、操縦士の飛行時間算定の基礎となる時間である。
### ブロック・タイム
　航空機が飛行の目的のために、当該機の動力を用いて動き出した時点から着陸後静止するまでの時間をいう。⇒ TCL-41A-71

## flight visibility
### 飛行視程
　飛行中に操縦席から視認できる前方距離。単位はメートルである。⇒管制方式基準

## FLIR：forward looking infrared
### 前方監視赤外線装置
　夜間や悪天候下で前方の視界が得られない場合に、赤外線映像で視界を確保する装置。軍用機のほかに捜索・救難機、国境警備隊・警察の機体など適用例は多い。また可視光線では得られない映像も得られる。

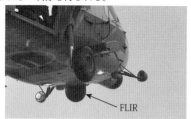
海自UH-60JのFLIR（JMSDF Photo）

## float
### フロート
　水上静止中・滑走中の水上機、飛行艇に浮力を与え、かつ縦横の釣り合いと安定を付与する舟型のもの。空気抵抗の少ない形状になって

いる。底面は水切れ、水離れの良い形態に作られている。主フロート、翼端フロートなどの別がある。通常はフロート2個の形態が多いが、1個のものは翼端フロートで安定を得ている。

### float plane
**フロート水上機**

降着装置にフロートを有する飛行機。単フロート式と双フロート式がある。さらにフロートに脚を付け、水陸両用とした機体もある。

フロート水上機(Maule Aircraft Photo)

### float type carburettor (-retor)
**フロート式気化器**

気化器の一種でフロート室を有するもの。フロート室にはフロート（浮子といい、合成樹脂、真鍮板等で作られている）があり、燃料を常に一定の基準面における高さに保っている。

### flood light
**照明灯、溢光（いっこう）灯**

夜間の諸作業、行動を容易にするために飛行場に設置される灯火。飛行場灯火施設ではない。

### flutter
**フラッター**

航空機がある速度に達すると、主翼、尾翼、胴体などが突然振動し、その振幅が急激に増大する現象。これは構造物に作用する慣性力、空気力、弾性力の相互作用により起こされる周期的に不安定な自励振幅が2つ以上の構造物間の連成振動として、ある速度以上で発生し、空気力の増大と共に、ますます不安定となる現象である。最悪の場合、機体の破壊に至る。

### flutter speed
**フラッター速度**

フラッター現象を起こし始める限界の速度。

### flux gate compass
**フラックス・ゲート・コンパス**

磁気誘導コンパスの一種。

### fly-by-light：FBL
**フライ・バイ・ライト**

操縦桿と油圧装置間を光ケーブルで結んだもの。フライ・バイ・ワイヤと違い、電波障害の影響を排除できる利点がある。フライ・バイ・ワイヤ（FBW）の次のシステムとして、実験段階から実用段階に入った。

### fly-by-wire：FBW
**フライ・バイ・ワイヤー**

操縦桿と油圧装置間を電気信号で結んだもの。電子技術の進歩により信頼性が高まり、安全確実な技術になっている。従来の操縦系統は機械的リンケージであり、磨耗、ガタ、剛性などの影響があり、系統重量も重くなり、整備の手間もかかる。FBWは、そうした影響を排除でき、コンピューターを介在させることで、操縦性、安全性も向上できる。FBWは最初、軍用機に適用され、今日では民間機にも広く採用されるようになっている。

(a) 人力式操縦装置

(b) 油圧ブースト式操縦装置

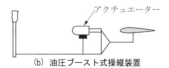

(c) フライ・バイ・ワイヤー式操縦装置

## flying boat
### 飛行艇
　水上飛行機の一種。胴体下の艇体により、水上に浮かび、離水又は着水を行う。ピストン単発の飛行艇から、ターボプロップ、さらにはジェット・エンジン搭載のものまで多数ある。最近の機体は、ほとんどが陸上飛行場からも離着陸を行えるよう、車輪も付け、水陸両用となっている。

## flying boom system
### フライング・ブーム・システム
　米国のボーイング社によって開発された空中給油方式。給油機の尾部からパイプを下げ、先端を受油機の受け口に差し込んで給油する。航空自衛隊のKC-767も使用している。プルーブ・アンド・ドローグ方式に比べ、短時間に給油できる。

米空軍のKC-135空中給油機とC-17 (USAF photo)

## flying speed
### 飛行速度
　飛行経路沿いの対気速度。

## flying tail
### フライング・テール
　水平尾翼全体を動かして操縦する方式で、オール・フライング・テールとセミ・フライング・テールがある。

## flying wing
### 全翼機
　機体が翼のみで構成されている機体。すなわち尾部に相当する部分はない。米空軍のB-2爆撃機が代表例（写真）

## flying wire
### 飛行張線
　複葉機、張線付き単葉機に張られている張線のうち、揚力に抗するよう張られた張線。ピアノ線、リボン線が使用される。

## FOD : foreign object damage
### 異物による損傷、FOD
　タービン・エンジンにおいて、外部からの異物によりエンジン内部が損傷を受けること。場合によっては、エンジンが完全に破壊されることもある。FODを未然に防ぐため、駐機中の機体の空気取入口にはカバーを付けたり、滑走路の清掃を入念に行うなど、様々な対策がとられている。

## foehn
### フェーン
　強い下降成分をもった乾燥し高温な風。山脈に吹きつけられた湿潤な空気は風上側を上昇する際、100 mごとに約0.5℃の割合（湿潤断熱減率）で冷却する。そして、この水蒸気は断熱冷却のために凝結して雨となって落下する。山頂付近で水蒸気を失った空気は風下側を吹き下がるが、その際、100 mごとに約1℃の割合（乾燥断熱減率）で温度が上昇する。しかも、空気中から水蒸気が失われているため乾燥した空気となっている。この現象をフェーン現象という。

## fog
### 霧

地表面付近に発生する、雲と同様のごく小さな水滴が大気に浮遊する現象で、視程1km未満のものをいう。大きく分けて、気団系（移流、放射）と前線系（降水）になる。海霧、季節風霧、海陸風霧、蒸気霧、滑昇霧、地霧、氷霧、降水霧、高い逆転層の霧などの種類がある。

**foot：ft**
**フート**
　0.3048 mに正確に等しい長さをいう。
　⇒ ICAO

**foot bar/pedal**
**踏み棒、踏み板、フット・バー、フット・ペダル**
　方向舵、ヘリコプターのテール・ローターを操作するためのバー。左側を踏むと機首は左に、右側を踏むと機首は右に動く。

**foot hole**
**足掛け穴**
　小型機に乗降する際、足を掛ける穴。

**forced landing**
**不時着**
　航空機の故障などの理由により、意図した目的地以外の場所に着陸すること。

**formation flight**
**編隊飛行**
　事前に打合せをして2機以上の航空機が航法、位置通報などを1機として行う飛行で、間隔の維持など安全についてはそれぞれの機長が責任を持って行う。航空法第84条、施行規則第192条、第193条により航空運送事業の用に供する航空機が編隊飛行を行うには国土交通大臣の許可を受けなければならない。編隊飛行に際しては、下記の事項を事前に打合せなければばらない。
　1．編隊飛行の実施概要
　2．編隊の型
　3．旋回その他行動の要領
　4．合図及びその意味
　5．その他必要な事項（緊急事態の措置など）

**サンダーバーズによるタイトな編隊 (USAF photo)**

**form drag**
**形状抗力**
　pressure drag 参照。

**former**
**整形小骨、形成物（具）**
　false rib 参照。

**forward slip**
**フォワード・スリップ**
　地上に対して、真っ直ぐな飛行経路を保持できるように、傾けた主翼の逆方向に方向舵を一杯使用して飛行する状態をいう。着陸進入において、滑走路の延長上を正しく飛行しながら、高度を急激に低下させる場合に行う。

**fowler flap**
**ファウラー・フラップ**
　flap 参照。

**fragility**
**脆弱（ぜいじゃく）性**
　要求した最大荷重までは構造の完全さ、硬さは保つが、それより大きい荷重からの衝撃に対しては壊れ、歪み、曲がるような、航空機に対して最小限の危険にとどめる物質の特性をいう。⇒ ICAO

**frame structure**
**枠組構造、フレーム構造**
　骨組を羽布で覆った構造。重量を減らすことが主目的で、スピードを出すことは二の次であった初期の飛行機構造に多く用いられた。

free balloon
自由気球
　紐やロープで係留されていない気球。気象観測などに使用される。

free flight tunnel
自由飛行風洞
　安定性、操縦性（キリモミ以外）の資料を得るための特殊風洞。模型は、風洞底部の着陸板上に設置される。この模型を糸で引いたまま風速を増せば上昇する。風洞を傾けて風を吹き上げれば模型は滑空姿勢になり、糸はたるみ、自由飛行する。突風や振動は風洞全体を傾斜させることにより達成される。この時の模型の振動、運動状態を撮影し記録する。模型は実機と形状ばかりでなく、質量、慣性的にも力学上相似にしたものが使用される。

free radical rocket
フリー・ラディカル・ロケット
　窒素とか水素などの分子の遊離分裂破片を反応器の中で再結合し、その際に発生する高温エネルギーを利用するロケット。

free spinning tunnel
自由キリモミ風洞
　spinning tunnel 参照。

free turbine
フリー・タービン
　圧縮機と直結されていないタービン。ヘリコプターのローター、ターボプロップ機のプロペラを駆動する。フリー・パワー・タービンとも呼ばれる。

freezing drizzle
着氷性の霧雨
　前線のような下層に寒気、上層に暖気を形成する場合、上層の暖気から霧雨が降り下層の寒気を通ると、過冷却状態になる。この寒気中を航空機が飛行すると不安定な過冷却状態の霧雨はたちまち氷（clear ice）となり航空機に付着する。0℃より低温の雨である。

freezing fog
着氷性の霧、霧氷
　過冷却状態の霧で視程1km未満のものをいう。この不安定な霧の粒子が物体に触れることにより着氷をおこす。0℃より低温の霧。

freezing level
フリージング・レベル
　空域の気温が0℃になる高度を結んだ線で表示されるレベル。

freezing rain
着氷性の雨
　着氷性霧雨と同様な条件で起こる。不安定な過冷却状態の雨の粒子は飛行中の航空機と衝突することによりすぐ氷結してしまう。0℃より低温の雨。

freighter
貨物輸送機、フレイター
　貨物輸送を主目的とした航空機。軍用機では輸送機を使用するが、民間機の場合は旅客機に大型の貨物扉を設けた機体を貨物機として使用する例が多い。また旅客と貨物の両方を積めるよう、短時間に機内の仕様を変更できる機体（通常QC〈クイック・チェンジ〉型という）もある。さらに機内を仕切って、同時に旅客・貨物を輸送するようにしたコンビ型も存在する。

frictional drag
摩擦抗力
　空気のように流体の粘性によって生じる抗

力。これは、その流体中にある物体表面の粗滑によるものであるから表面抗力ともいう。

## frictional heating
### 摩擦発熱
気体内部の摩擦による発熱現象。

## friction lock
### フリクション・ロック
スロットル、プロップ等のレバーが不用意に動かないように固定する装置

## friction wind
### 摩擦風
風は地表から 1,500 〜 2,000ft までの間では、地面摩擦により、風向風速の変化を受ける。

## front：FRONT
### 前線、不連続線
性質の異なる2つの気団の境を前線面又は不連続面というが、その面が地表面を切っている線のこと。温暖前線（warm front）、寒冷前線（cold front）、停滞前線（inactive/stationary front）、閉塞前線（occluded front）などがある。

## frontal fog
### 前線霧
前線付近にできる霧で、上空の暖かい雨が下層の寒気域に下降中、大気が飽和して発生する。温暖前線前面、寒冷前線後面にできる霧と、降下した雨が地表で冷やされ飽和してできる霧がある。

## frontal surface
### 前線面
性質の異なる2つの気団の境をいう。

## frontal thunderstorm
### 界雷（かいらい）、前線雷
寒冷前線、スコールライン、温暖前線、閉塞前線により発生する雷雲で上昇気流に伴い鉛直方向に発達する。雲底は地面に近い。

## frontal zone
### 前線帯
異なる気団の境界で、ある程度の幅をもつもので温度の急変、風の鉛直シアーなどの飛行障害がある。

## frost
### 霜
湿度の高い大気が0℃以下になった場合に大気中の水蒸気が昇華して付着する氷結晶。寒気中を飛行後、急に湿った暖気中に入ったとき、機体表面に霜がつき視界を妨げることがある。

## Froude number
### フルード数
1872 年、フルードが導入した係数。フロートあるいは艇体の水槽試験結果の表示に用いられる速度係数。曳航速度を Vm/s、フロート又は艇体の幅を b、重力加速度を g とすれば、フルード数 F は、

$$F = \frac{V}{\sqrt{gb}}$$

と表される。

## FSC：flight service center
### FSC、飛行援助センター
航空機に飛行安全のための様々な情報の提供等を行う「飛行場リモート対空援助業務」と管制業務等を行う「広域対空援助業務」を担う組織。

飛行場リモート対空援助業務は「○○リモート」のコールサインにより、遠隔操作で直接航空機と交信し、交通情報の提供や管制承認の中継などを行う。広域対空援助業務は「○○インフォメーション」のコールサインにより、飛行中の航空機から情報を受信するほか、気象情報等の送信を行う。

## FTD：flight training device
### 飛行訓練装置、FTD
フライト・シミュレーターと異なり、特定の型式のコクピットを模擬しておらず、またモーション装置も付かないのが普通である。

## fuel-air ratio indicator
## 混合比計
ピストン・エンジンのシリンダー内における燃料と空気との混合比を測定する計器。装置にはホィートストン・ブリッジの原理が用いられる。すなわち、一辺を構成する白金線の温度が、混合比の変化に応じて変わり、そのため抵抗値に変化をきたし、ブリッジの釣り合いが破れ、電流計の指針が振れる。この振れが混合比を示す目盛板の指示として示されるようになっている。

## fuel auxiliary tank（auxiliary fuel tank）
## 補助燃料タンク
搭載燃料の増加を図るために携行される燃料タンク。主翼・胴体内に設置されるセル・タンク、機外に設置される落下タンクなどがこれである。

胴体下に補助タンクを搭載したF-15（JASDF photo）

## fuel booster pump
## 燃料昇圧ポンプ、ブースター・ポンプ
燃料タンクより燃料を圧送するポンプ。燃料管の燃料タンク結合部に設置されている。通常、エンジン駆動式燃料ポンプのバックアップ機構として装備されている。

## fuel consumption
## 燃料消費量
1時間当たりに消費される燃料の量。単位はUSgal（ガロン）・1b（ポンド）・kg・リッター/h（時間）で表される。

## fuel crossfeed system
## 燃料移送装置
多発機にあって、機内に設置されている各燃料タンクの燃料を必要に応じて移送させるための装置（燃料交差供給装置）。これはタンク容量の差、消費順による必要性のほか、片側エンジン停止時の燃料の片減りを防ぐため必要になってくるものである。

## fuel dump system
## 燃料投棄（放出）装置
飛行中の航空機から、緊急時の機体重量軽減のため（最大着陸重量以下まで機体重量を減少させる）燃料を空中に放出する装置。放出レバーを引くと燃料放出弁が開き、燃料は翼端、尾部等に設置された放出管から大気中に放出される。= fuel jettison system

## fuel flow gauge
## 燃料流量計
エンジンの消費する燃料の量を示す計器。ベンチュリー管式、隔板式、ポンプ式がある。

## fuel injection
## 燃料噴射、インジェクション
ピストン・エンジンにおいて、気化器で空気と燃料の混合気を作る代わりに、燃料を高圧力下で吸気管内に噴射して空気と混合させるか、また直接シリンダー内に噴射してやる方法。現在のシステムは、ほとんど直接噴射方式である。

## fuel level
## 燃料基準面
気化器付属フロート室内における燃料面の高さ。これはある一定の基準、すなわち主噴霧孔よりも少し低めに定められている。

## fuel level gauge
## 燃料計
タンク内におけるガソリンの量を指示する計器。ガソリン量の増減に伴う浮子の上下を電気抵抗体の変化として取り出し、指示器の指針の振れ、また静電気容量の変化で残燃料量を表

す。

**fuel manifold**
燃料多岐管
　タービン・エンジンにおいて、各燃焼器に燃料を送付する数個の燃料管。

**fuel mixture indicator**
混合比計
　fuel-air ratio indicator 参照。

**fuel pressure indicator**
燃圧計
　燃料系統の圧力、すなわち燃料ポンプから気化器に至る燃料の圧力を知る計器。ブルドン管利用の直接指示方式と電気的な遠隔指示方式などがある。

**fuel pump**
燃料ポンプ
　ピストン・エンジンでは燃料タンクから燃料を吸い出しエンジンに供給するポンプ。タービン・エンジンでは燃料を燃焼室に供給するポンプをいう。歯車式、プランジャー式、遠心式などがある。

**fuel quantity gauge**
燃料計、燃量計
　fuel level gauge 参照。

**fuel strainer**
燃料濾過器、フューエル・ストレイナー
　燃料中に混入した異物を濾過するためのもの。通常、燃料タンクと燃料ポンプの間に取り付けられる。

**fuel tank**
燃料タンク
　燃料を貯蔵する容器。主燃料タンク、副燃料タンク、補助燃料タンクなどがある。

**full-scale wind tunnel**
実物風洞
　実物大の航空機を中に入れ、実際の速さの風を吹かしてテストする風洞。

**funnel cloud**
ろうと雲、じょうご雲
　積乱雲又は積雲の底から突き出した柱状の雲で地上に達しないものをいう。気圧の減少により強い回転気流と強い上昇気流をもつ。

**fuselage**
胴体
　仏語より転化した言葉。body に同じ。

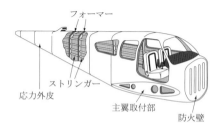

## G：gravity
### 重力、G
重力加速度を表す単位。航空界においては、機体や乗員に作用する荷重の単位として多用されている。

## galley
### 機内調理室、ギャレー
旅客機で乗員・乗客のための飲み物、食事を調理・保存するところ。給水・給湯設備、冷蔵庫、オーブン等が設置されている。

## gallon
### ガロン
液体の容積の単位。米ガロンと英ガロンがある。1米ガロン（US Gallon）= 3.785 リットル、1英ガロン（Imp Gallon）= 4.546 リットル。

## gasbag
### ガス嚢（のう）、ガス袋、気嚢
硬式飛行船の骨格内に設置されている浮揚ガスを充填するための袋。

## gas oil
### 軽油
原油を分溜して得られる軽くて沸点の低い油。

## gasoline
### ガソリン、揮発油
原油を蒸留する際、溜出する比較的揮発性を有する油分。その成分は主としてパラフィン族炭化水素及びナフテン族炭化水素で、これに少量の芳香族及びオレフィン族炭化水素が混じっている。沸点は一般に、30〜200℃である。航空用ガソリンは自動車用に比して、揮発性に富み、蒸溜範囲が小さく、またアンチノック性

が良好であることを必要とする。

## gas turbine engine
### ガスタービン・エンジン
燃料の連続燃焼で発生する高温・高速ガスをタービンに送って回転運動に変換し、これを駆動力として取り出したり、また高温・高速ガスを後方に噴出し、その反作用で推進するエンジン。ガスタービンはエネルギーの取り出し方によって、次のような種類に分けられる。

- ターボジェット ──┐
- ターボファン ──┴── ジェットエンジン（通称）
- ターボプロップ ──── プロペラ駆動用
- ターボシャフト ──── ローター駆動用

## GBAS；ground-based augmentation system
### GBAS、地上型補強システム
GPSなど航法衛星のデータを補強し、ILSに替わる計器着陸（GBASからGをとってGLS）を可能とするための地上の装置類。離着陸時以外に低視程下でも安全に空港内をタキシングが可能になる。A380、B787など新しい機体には、最初から機上装置が搭載されている。ILSと異なり、空港の複数の滑走路へGLSによる着陸が可能になるほか、曲線進入も可能である。

## GCA：Ground Controlled Approach
### 着陸誘導管制、地上誘導着陸方式、GCA
地上のレーダー誘導による着陸方式で、航空機の側はトランスポンダーと無線機があればよい。視界不良下に着陸しようとする航空機に対し、地上レーダーで着陸を誘導・監視し、必要な指示を与える。

レーダーは捜査（捜索）レーダー、精測レーダーの2組からなる。捜査レーダーは回転式アンテナを有する全方向レーダーで、飛行場の周囲、半径80km以内の区域を飛行中の機体の所在を写し出す。このレーダーにより所要の指示を操縦士に与え滑走路の延長線上1nmの地点まで誘導する。次いで精測レーダーに移管される。精測レーダーは高度と方位の2つのレー

ダーからなり、進入高度・降下角と、左右方向を絶え間なく監視し、無線で操縦士に微細な修正指示を与えながら滑走路に導く。

### geared engine
### 減速エンジン、減速歯車付きエンジン
　減速装置付きのピストン・エンジン。クランク軸とプロペラ軸の間に減速用の歯車機構が設置されている。これはクランク軸の回転速度を落としてプロペラ効率を高めるためのもの。一部のエンジンに適用例がある。減速歯車の付いたエンジンは、型式名に GSO-480 のように「G」の文字が入る（G が付かない例もある）。
　ターボプロップ・エンジンの場合は、タービンの回転速度が高いので、すべて減速してプロペラを駆動している。

### gear pump
### 歯車ポンプ
　航空エンジンの加圧、掃油に用いられる油ポンプ。大きさが同じで互いに外回りに回転する歯車が噛み合わされてケーシングに取り付けられている。一方の歯車がエンジンに駆動され、歯車の山と谷の間に入りこんだ油を加圧して送り出す。

### general aviation operation
### 一般航空運航
　商業航空輸送運航（定期航空運送事業、不定期航空運送事業）、又は航空作業運航（航空機使用事業）以外の航空機の運航をいう。
　⇒ ICAO
注：わが国で general aviation という場合、通常は航空機使用事業が含まれる。「ジェネアビ」「GA」などと称される事が多く、小型機運航の総称といえる。

### generator
### 直流発電機、ジェネレーター
　航行中の航空機に、所要電力を供給する発電機。エンジンに直結駆動され、直流電流を発生する。alternator 参照。

### geostrophic wind
### 地衡（ちこう）風
　気流の摩擦、加速度、等圧線の曲率などを無視した理論上の風で、気圧傾度力と偏向力が釣り合い、等圧線に平行に吹く風をいう。また、実際にはこれと似た風が上空（2,000ft 以上）で吹いている。

### German silver
### 洋白（銀）
　いわゆる「洋銀」と称されるもの。ニッケル、銅、亜鉛よりなる白色合金で、電気抵抗線などに使用される。

### G（gravity）-force
### G フォース
　航空機が運動すると荷重を受ける。これが G フォースである。水平飛行状態では＋1G、水平背面飛行状態では－1G である。曲技飛行をする A 類の機体は、＋6G、－3G 以上の機体強度を備えることが要求される。

### glass cockpit
### グラス・コクピット
　従来の数多い複雑な機械式計器を廃し、大型の液晶パネルなどの電子表示装置に、必要なほとんどの情報を表示する計器盤。表示する情報を選択でき、1 つのパネルが故障した場合は、別のパネルに情報をまとめて表示できるなど、柔軟性もある。最近の機体は、ほぼすべてがグラス・コクピットを採用している。機械式計器は一部が予備計器として残されているのみ。

Citation Latitude の計器板 (Textron Aviation)

## glass fiber
**グラス・ファイバー、ガラス繊維**

人造繊維の一種。無機ガラスを原料に作られる。耐熱性、耐化学薬品性に富み、伸張性が大で、電気に対する絶縁性がある。航空機用に防音、保温、耐熱材として用いられるほか、強化プラスチック材としても多用されている。

## glide
**滑空**

エンジンによる推進力を与えず、無動力状態で降下する飛行。

## glide path：GP
**グライド・パス**

最終進入における、降下の位置を決定する垂直的基準をいう。⇒ICAO

## glide path angle
**グライド・パス角度**

ILSグライド・パスの平均値を表す直線と水平面とのなす角度をいう。

## glide path width
**グライドパス幅**

機上に装備するクロス・ポインター計の指示値が±75マイクロ・アンペア（0.0875DDM）に偏位する角度幅をいう。

## glider：GLD
**滑空機、グライダー**

動力装置を備えず、かつその飛行中の揚力を、主としてそれぞれの飛行状態において固定翼面上に生ずる空力的反力から得る重航空機をいう。
　　⇒耐空性審査要領

航空法施行規則では、動力滑空機、上級滑空機、中級滑空機、初級滑空機の4種類に分類されている。また同規則の付属書第1において、次のように区分されている。

滑空機曲技A：最大離陸重量750kg以下の滑空機であって、普通の飛行及び曲技飛行に適するもの。

滑空機実用U：最大離陸重量750kg以下の滑空機であって、普通の飛行又は普通の飛行に加え失速旋回、急旋回、錐揉、レージーエイト、シャンデル、宙返りの曲技飛行に適するもの。

動力滑空機曲技A：最大離陸重量850kg以下の滑空機であって、動力装置を有し、かつ、普通の飛行及び曲技飛行に適するもの。

動力滑空機実用U：最大離陸重量850kg以下の滑空機であって、動力装置を有し、かつ、普通の飛行又は普通の飛行に加え失速旋回、急旋回、錐揉、レージーエイト、シャンデル、宙返りの曲技飛行に適するもの。

材質は最近の機体はFRPが多い。

滑空機実用UのDG-1000

## glide ratio
**滑空比**

高さhにある航空機が、滑空により到達し得る水平距離sとの比の逆数、s／hである。これは、揚力係数（$C_L$）／抗力係数（$C_D$）、すなわち揚抗比に等しい。

## glide slope
**グライド・スロープ**

ILS参照。

## gliding angle
**滑空角**

滑空飛行に際して、機体の前進方向と水平面とのなす角。この角θは、

$$\theta = \tan^{-1}\left(\frac{C_D}{C_L}\right)$$ として表される。

## gliding distance
**滑空距離**

滑空飛行の際、到達する水平距離。

## G-lock
### ジー・ロック
　戦闘機などで高いGをかけたときに起きる操縦士の意識喪失。脳内への血液不足から生起し、グレイ・アウト、次いでブラック・アウト、そしてジー・ロックへと至る。低空でジー・ロックになると墜落の危険性がある。

## G-meter
### Gメーター
　accelerometer 参照。

## GMT：greenwich mean time
### 国際標準時、グリニッチ標準時、GMT
　英国のグリニッチ天文台を通る子午線における平時を、世界共通の標準時刻としたもの。現在は UTC（協定世界時）に代わっている。

## GNSS：global navigation satellite system
### 全地球的航法衛星システム
　アメリカの GPS とロシアの GLONASS などから構成される航法衛星システム。ICAO による呼称。

## go around
### 着陸復行、ゴー・アラウンド
　着陸進入中の航空機が、管制塔からの指示、また気象不良、進入高度不適等の理由により着陸を断念し、再度上昇して着陸をやり直すことをいう。

## gottingen type wind tunnel
### ゲッチンゲン式風洞
　閉回路式風洞の代表的なもの。測定部の開放噴流式のものと閉鎖噴流式のものがある。
　独人プラントルが 1907 年ゲッチンゲン大学に 2 m 正方形断面の風洞を作った。1917 年、彼はこれを改良した直径 2.25 m の風洞を作り、最大馬力 350hp で風速 58m/s を得た。

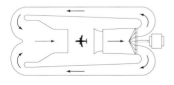

ゲッチンゲン式風洞復帰路型

## GPS：global positioning system
### 全地球航法
　米空軍が打ち上げた航法衛星（ナブスター）を利用する航法システム。精度が極めて高く、自動着陸にまで利用できる。また受信機は小型軽量で安価なことから、航空機に搭載されるケースが増えている。今後、もっとも普及が期待される航法器機である。

## GPU：ground power unit
### 地上動力装置、地上動力車、GPU
　地上の航空機に外部から動力を供給する装置。自走式、牽引式、またエプロンに埋め込まれた固定設置式がある。ランプ等で待機中の航空機がエンジンを回すことなく、また機上のバッテリーを温存しつつ、無線機やその他の諸装置を作動させたり、エンジン始動等に利用される。APU 参照。

## GPWS：ground proximity warning system
### 地上接近警報装置
　ground proximity warning system 参照。

## gradient wind
### 傾度風
　気流の摩擦、加速度を無視した（地衡風に等圧線の曲率を加味した）理論上の風で、気圧傾度力、偏向力、遠心力とが釣り合い、屈曲した等圧線に平行に吹く風をいう。

## GRADU：gradually
### GRADU、グラデュー
　天候の変化が予報期間、あるいはそのうちのある期間、大体一定の割合で漸移的に行われるときをいうが、現在は使われない。

## gravity tank

gravity wind

### 重力式タンク

タンク内の燃料が重力の作用によりエンジンの燃料系統に流れるように配置された燃料タンク。従って機体の高所に設置される。

### gravity wind
### 重力風

斜面下降風の1つ。下降気流の温度が山麓の気温より低い場合、山麓に蓄積された冷たく密度の高い気塊は、その重さのためさらに下降し、山腹に吹く。

### gray：Gy
### グレイ

1J／kg（ジュール／キログラム）に相当するイオン化放射により与えられるエネルギーをいう。⇒ICAO

### grease
### グリス、油脂、潤滑油

混成油、鉱油に石鹸類を混ぜて半固体状にしたもの。機体各部、例えば歯車類、ベアリング類、パッキンなどの潤滑に使用される。

### great circle
### 大圏

地球の中心を含む面で切るときにできる円周であり、その弧に添って飛行すれば最短距離で2地点を結ぶことができる（大圏コース）。

### green aircraft
### グリーン航空機

最低限の飛行は可能ではあるが、内装や顧客指定のアビオニクス等は設置されていない状態の航空機。

### green run
### 擦り合わせ運転

エンジンが新しく組み立てられた際、その慴動（しょうどう）ならびに歯車作動部分等の作動状況の具合をみるとともに各部のアタリを慣らす目的をもって行う運転。

### grooving
### グルービング

滑走路の滑走方向と直角に切られた溝。雨等で滑走路が冠水すると、路面と飛行機の車輪の間に薄い水の膜ができる。これをハイドロプレーン現象（hydroplaning）といい、車輪の操向性が失われたりブレーキ効果が減少する。これを予防するため、滑走路表面上に溝を切って水を排出させるのがグルービングの目的である。

### gross lift
### 総浮力

軽航空機（気球・飛行船）の有する浮力の総和。使用ガスの単位容積当たりの浮力とガス嚢（のう）容積との積で表される。

### gross thrust
### 総推力

エンジンの排気ノズルで発生する推力。すなわち排気ガスの運動量によって生じる推力と、エンジン内の全圧力を速度に変換できないため生じるノズルの静圧と外気の静圧との差による推力を加えたものである。この総推力では燃料と空気の流入運動量は考慮されない。総推力は次の式で表される。

$$F_g = \frac{W_a}{g}\ (V_j) + A_j\ (P_j - P_{am})$$

Fg ＝総推力
Wa ＝エンジンを通過する空気流量 (lb/sec)
Vj ＝排気ガス速度 (ft/sec)
g ＝重力加速度
Aj ＝ジェットノズルの面積 (sqft)
Pj ＝ジェットノズルにおける外気の静圧
(lb /sqft)
Pam ＝排気ノズルにおける外気の静圧
(lb/sqft)

飛行機が停止している時、すなわち飛行機とエンジンが空気に対し静止している時、ネット推力と総推力は等しい。

## gross weight
### 総重量、グロス・ウエイト
次の表の要素から構成される航空機の重量。

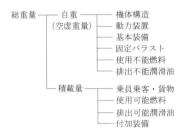

## ground controlled approach：GCA
### 着陸誘導管制所
着陸誘導管制業務を行う機関をいい、下記の業務を行う。
1．計器飛行方式により当該飛行場に進入する航空機で、ターミナル管制所から引き継いだものに対する管制許可及び管制指示
2．航空機に対するレーダー監視及び助言
3．(1) ターミナル管制所、進入管制所又は飛行場管制所の管制許可、管制指示の中継
　　(2) 航空機の離着陸の時刻、気象その他の情報の中継
4．飛行情報業務
5．警急業務

コールサインは「GCA」が割り当てられている。GCA 参照。

## ground effect
### 地面効果
飛行機が地面近くを飛行する時、主翼・尾翼の吹き下ろしにより飛行機と地面との間の空気が圧縮され、主翼・尾翼の揚力が増加する現象。この地面効果が生じると、同一馬力で飛行速度が増す。また飛行速度が少ないほど地面効果の影響は大きい。さらに地面効果は水平尾翼の迎え角を増すことになり、揚力の増加で機首下げモーメントを生じる。なお高翼機より低翼機のほうが地面効果は大きい。

回転翼航空機の場合は、地上付近で回転中のローターは地面との間の空気を圧縮し、その結果生じる反力により推力が増加する。地面からローターの回転面までの高さがその半径に等しい場合には推力は約 10％増加し、1/2 半径では約 20％増となる。

## ground equipment
### 地上機器
試験機器、貨物及び乗客の取扱機器を含む、地上においての航空機の整備、修理及び業務に使われる専門的性質をもつ物品をいう。
⇒ ICAO

## ground fog
### 地霧（じぎり）
放射霧の一種で、目の高さ以下（6 ft 未満）のもの。一般的に薄い霧なので空が透けて見える。太陽熱による気温の上昇や、風が吹くと消滅する。= shallow fog

## ground load
### 地上荷重
航空機が地上において受ける荷重。

## ground loop
### グラウンド・ループ
着陸後の地上滑走で、左右いずれかに回転すること。尾輪式特有の現象である。

## ground power
### 地上電源
GPU 参照。

## ground proximity warning system：GPWS
### 地上接近警報装置
操縦士が気づかないまま航空機の高度が低下したり、山に異常接近した場合、操縦士に警報を発する装置。略して GPWS という。この GPWS は警報器とコンピューターで構成されており、コンピューターには電波高度計の高度、上昇・降下による気圧高度の変化率、着陸装置・フラップの位置、グライドスロープからの偏位量などの情報が入っている。航空機が地上に異

— 141 —

常接近した場合、操縦席にある赤色の警報灯が点滅し、同時に"woop, woop"という警報音、また"pull up"という音声が発せられる。

## ground resonance
### 地上共振
　回転翼航空機が接地しているときに生ずる力学的不安定振動（回転翼航空機が地上又は空中にあるとき、回転翼と機体構造部分との相互作用によって生ずる不安定な共振状態）をいう。
　　⇒耐空性審査要領

## ground speed：GS
### 対地速度
　飛行中の航空機の地面に対する相対的な水平速度。航空機の真後ろから風が吹いている場合、対地速度は「飛行速度＋風速」になる。真正面からの風の場合、対地速度は「飛行速度－風速」になる。

## ground speed meter
### 対地速度計
　対地速度を指示する計器。

## ground-to-air communication
### 地対空通信
　地上の局から航空機への間の一方通信をいう。⇒ICAO

## ground visibility
### 地上視程
　地上観測により得た視程（メートル単位）であって、地平円の半分以上に適用される最大値（卓越視程）をいう。⇒管制方式基準

## GTF：geared turbofan
### GTF、減速歯車付きターボファン
　Ｐ＆Ｗ社の商品名であり、同社が長年に渡って開発を続けてきた新エンジン。低圧コンプレッサーとタービンは最適な回転数にする一方、ファンは減速ギアで低速で回転させ大幅な燃料消費の低減を可能にするほか、同時に騒音と排出物も減少させようというもの。三菱の

MRJほか、採用例が増えている。

## guidance limit
### 誘導限界
　レーダー着陸誘導を継続しうる限界であって、次の場合をいう。
1．精測レーダー進入を行う航空機（3の航空機を除く）が精測レーダー進入に係る決心高度に到達した場合
2．捜索レーダー進入を行う航空機（3の航空機を除く）が進入滑走路の末端から1nmの点に到着した場合
3．周回進入へ移行する航空機が、当該周回進入に係る最低降下高度に降下し、進入滑走路の末端から最低気象条件の地上視程の距離にある点に到達した場合。
　　⇒管制方式基準

## guided missile
### 誘導ミサイル
　飛翔体自体の装置、又は外部の装置による操作で飛翔経路を管制されながら目標に飛翔することのできるミサイルをいう。誘導方式としては、有線、予調、地測、慣性、無線、近接、指令、ビーム、TV、衛星などの各方式がある。

## gull type wing
### カモメ翼、ガル・ウィング
　正面から見て、飛行機の主翼が、ちょうどカモメが翼を広げたような形状をしているものを指している。グライダーのソアラーや戦闘機、飛行艇の一部に見受けられた。逆に反った「逆ガル翼」もある（下図）

コルセアF4U戦闘機

## gun camera
### 写真銃、ガン・カメラ
　機上搭載機銃の発射と同調して連続撮影できる仕組みの小型カメラ。主として射撃訓練に使用

— 142 —

され、映像は技量向上のための結果判定に使用される。また実戦において、戦果確認のためにも使用される。

## gunner
### 射手、砲手
機上火砲の操作に当たる乗員。

## gun sight
### 射撃照準装置、ガン・サイト
機上火砲の射撃照準に際して使用される装置。光像式、ジャイロ式、レーダー式などがある。

## gust
### ガスト、突風
不規則で断片的に吹く風で、最大瞬間風速値が10分間平均で10ktを上回るものをいう。上下気流のシアー、障害物により起こる気流の乱れによる渦などが原因となる。高速飛行時は加速度が過大となり、低速飛行時は失速のおそれがある。

## gust envelope
### 突風包囲線
ある航空機の突風荷重に対する安全飛行の限界を示す線図。縦・横の軸に、それぞれ荷重倍数n、飛行速度vをとり、突風荷重倍数とこれに対応する飛行速度とを求めていき、得られた各点を結べば、この線図が得られる。

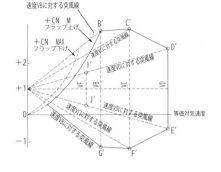

## gust load
### 突風荷重
飛行中、突風に遭遇した航空機の機体(主として翼)にかかる空気力。

## gust load factor
### 突風荷重倍数
飛行中、突風を受けた航空機に働く空気合力を、その航空機の総重量で割った値。普通、強度計算では次式で表される。すなわち、これをnとすれば、

$$n = 1 + \frac{KUV\,m}{57.6\,(w/s)}$$

ここに $K = 0.377\,(w/s)^{1/4}$
　　　　ただし $w/s < 78kg/m^2$

$$K = 1.33 - \frac{8.76}{(w/s)^{3/4}}$$

ただし $w/s > 78kg/m^2$
U：垂直突風　m/s
V：飛行機の速度　km/h
m：主翼揚力曲線の傾斜(ラジアン)
m/s：翼面荷重　kg/m²

## gust lock
### ガスト・ロック
地上係留中、航空機の動翼類が風で動かないように固定する装置。通常、操縦系統を中立位置に固定して行う。翼挟み類をガスト・ロックと称することがある。

## gust tunnel
### 突風風洞
航空機が突風に遭遇した場合の技術資料を得る目的の風洞。上向きに気流が送られ、そこへ射出された模型の運動を高速度撮影器で撮影する仕組みになっている。

## gyro
### ジャイロ
コマを空間においていかなる位置をも占め

ることができるように３つの自由度を有するように支持して回転させると、その軸は常に空間において一定の方向を保つ性質がある。また、そのコマに力を加えると、コマの軸はその力と垂直の方向に傾いて、いわゆる歳差運動を起こす。この性質が水平儀、定針儀、自動操縦装置などの指向性を必要とする計器に応用されている。コマの駆動方法には空気式と電気式がある。最近ではレーザーを利用したレーザー・ジャイロが主流。

### gyrodyne
### ジャイロダイン
　ヘリコプターとオートジャイロを組み合わせた航空機。すなわち、機体の鉛直軸の周囲に動力駆動される回転翼により揚力を発生し、別にプロペラ又はジェットにより水平方向の推進力を発生する構想のもの。ただし、水平飛行の際には、回転翼の動力は切れ、オートジャイロのように前進風圧による風車回転として揚力を得るようにする。実用機としての成功例はない。

### gyro instrument
### ジャイロ計器
　ジャイロの指向性を利用した計器の総称。水平儀、定針儀、旋回傾斜計、ジャイロ磁気コンパス、ジャイロシン・コンパスなどがある。

### gyro-magnetic compass
### ジャイロ磁気コンパス
　定針儀と磁気コンパスとの組合せからなり、定針儀による狂いを自動的に補正するようにした計器。

### gyro pilot
### ジャイロ・パイロット
　automatic pilot system 参照。

### gyroplane
### ジャイロプレーン
　起動時のみ発動機駆動によるが、飛行中は空気力の作用によって回転する１個以上の回転翼により揚力を得、推進力はプロペラによって得る回転翼航空機をいう。⇒耐空性審査要領
　いわゆるオートジャイロの一種。すなわち機体の鉛直軸の周囲に回転する回転翼があり、前進風圧によりこれを自由回転して揚力を発生し、これとは別に前向き推進力をプロペラ又はジェットにより得て前進しようとする航空機。

２人乗りジャイロプレーン（AutoGyro photo）

### gyroscope
### ジャイロスコープ
　gyro 参照。

### gyrosyn compass
### ジャイロシン・コンパス
　ジャイロ・コンパスの一種。フラックス・バルブと名付けられた地磁気受感部を有し、ジャイロ回転軸の方向が常に地磁気の方向に一致するようになっている。つまり定針儀と羅針盤双方の機能を合わせたような働きをするものである。

### gyro turn indicator
### ジャイロ旋回計
　ジャイロの有する才差運動の性質を利用し、航空機の旋回を示す計器。ボール傾斜計と組み合わせて使用される。
　turn indicator 参照。

## hail
### 雹（ひょう）

雷雲の最盛期に作られる氷の粒で、直径が5mm以上のものをいう。激しい上昇気流によって、温暖下層の水蒸気がそのまま急速に吹き上げられ、凍結高度以上に達すると氷結する。このようにしてできた氷晶が大きくなると重さのために落下し、途中の過冷却気層を通過する際、水滴が捕らえられて凍りつき、次第に成長していくものと考えられている。雲中に強い上昇流、多量の水滴、温度の低い水滴があるほど大きな粒となる。地上落下速度は直径5mmのもので10m/s、50mmのもので30m/sくらいとされており、時には航空機に損傷を及ぼす。

## half roll
### 半横転、ハーフ・ロール

曲技飛行の一種。普通、緩横転の飛行動作の前半分だけに止めておく飛行をいう。

## half snap roll
### 急半横転

曲技飛行の一種。急横転の前半分だけに止めておく飛行。

## hammer-head stall
### 失速反転、ハンマー・ヘッド・ストール

曲技飛行の一種で上昇反転に似た課目。操作は、巡航速度でスロットルを閉じ、操縦桿を引いて機体を上昇姿勢に入れる。機速が減って失速速度に近づいたら、機を左（又は右）に傾けると同時に方向舵を左（又は右）に踏む。その結果、機は左（又は右）に旋回するが、それと同時に翼が垂直になる。機は失速状態に入り、機首を急激に下げて降下姿勢となる。次いで、機体はもと来た方向に向き始める。これと共に速度が増し始める。3舵を徐々に中立に戻す。機体を徐々に引き起こすと共にスロットルを開き水平飛行に戻る。この飛行は急降下に入れる場合や、元の方向に短時間に戻ろうとする場合に用いられる。飛行パターンがハンマーの頭に似ているところから、こう呼称される。

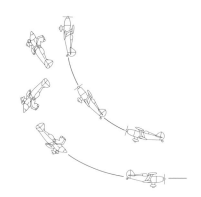

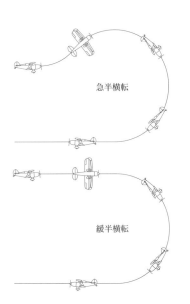

## handoff function
### 移送機能

特定のレーダーターゲットに係るデータ・ブロックの移送、継受及び撤回を行う機能をいう。⇒管制方式基準

## hangar：HGR

格納庫、ハンガー
　航空機を収容し、格納するための建物。航空機を風雨から守り、内部で整備作業等を行うことができる。

hang glider
ハング・グライダー
　操縦者が機体にぶら下がりながら飛行する軽量小型のグライダー。滑空の始祖、ドイツのリリエンタールのグライダーもこれに相当する。現代では、もっぱらスポーツ航空の世界で愛好されている。固定翼に代えパラシュートを用いたものがパラ・グライダーである。共にエンジン付きの機体もある。

アメリカ製のハング・グライダー（Wills Wing）

HAPI：Helicopter Approach Path Indicator
ヘリコプター着陸誘導装置
　固定翼機の場合、着陸の進入角は PAPI によって知るが、PAPI は角度が3度前後とヘリコプターの進入には適していない。そのため、特にヘリコプターの進入用に進入角度を6度から8度に設定した光学誘導装置が HAPI である。進入角度が適正なら緑の不動光、高い場合は緑の明滅、低い場合は赤の不動光、低すぎる場合は赤の明滅でパイロットに知らせる。本装置は ICAO の勧告もあり、欧米では多くのヘリポートで使用されている。

hardening
焼き入れ
　鋼を変態点以上に加熱した後、これを急冷して結晶構造に変化を及ぼし、硬化させる操作。

hard filmed aluminium
硬被アルミニウム
　アルミ合金に陽極酸化皮膜を施したもの。耐磨耗性、耐食性、耐電性に優れている。

hardness test
硬性試験、硬度試験
　材料の硬性を知るために行う試験。硬性ばかりでなく、その材料の機械的性質も知ることができる。ブリネル法が著名であるが、他にロックウェル硬度、ビッカース硬度など様々な標準がある。

hard point
ハード・ポイント
　主に主翼下面において、爆弾、ミサイル、等を搭載できるようにされた箇所。

ハード・ポイントの多いトーネード（BAe Systems）

hard rime
粗氷（そひょう）
　主として過冷却した霧粒が地物に吹きつけられて形成した半透明、また透明に近い氷層。航行中の航空機も、過冷却した大水滴からできている結氷点近くの濃密な雲の中を飛ぶ際に形成される。白色、不透明で海綿状を呈し、翼、支柱、プロペラ・ブレードなどに付着する。

hard time：HT
ハード・タイム方式
　整備の技法の1つで、機体構造及び装備品等を一定の間隔で機体から取り降ろし、オーバーホールを行うか又は廃棄する方式をいう。
⇒整備規程審査要領 TCM-27-001-74

## hazard beacon：HBN
## 危険航空灯台
　航行中の航空機に特に危険を及ぼすおそれのある区域を示すために設置する灯火。
　⇒施規113条
　・航空赤の閃光
　・閃光回数：20〜60回　⇒施規116条

## haze
## 煙霧（えんむ）、煤煙
　乾燥した微粒子が多量に大気に浮遊する現象。都市の煤煙により発生する。

## heading：HDG
## 針路
　航空機の先端の縦軸（機軸線）の示す方向で、通常、北（真北、磁北、羅北、グリッド北〈経度の北〉）からの度数により表す。⇒ICAO

## （reciprocal）heading
## 反方位針路
　航空機の機首方位の180度反対方向。
　＝ reciprocal heading

## （true）heading
## 真針路
　①真北から時計回りに計測した度数で表す針路。②真方位に偏流修正角を加えたり除いたりしたもの。＝ true heading

## head rest
## ヘッド・レスト
　搭乗者が座席にあって大きな慣性力を受けた時、その頭部を保護するためのもの。

## head-up display：HUD
## ヘッド・アップ・ディスプレイ、ハッド
　航空機の操縦士前方の計器盤上部又は風防ガラスに、外景の視認を妨げることなく、速度、高度、機首上下角、照準装置等の参照指標を表示する装置。HUDの利点は、操縦士は常に前方を向いていればよく、下を向いて計器板を見る必要がないので、安全性は向上し、疲労が低減する。戦闘機などでは特に有効であり、着陸進入や空中戦、高速低空飛行などに威力を発揮する。最近では民間機にも旅客機はじめ搭載例が増えてきた。

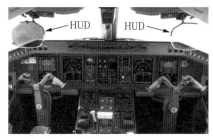

E190旅客機に搭載されたHUD(Embraer photo)

## head wind
## 向かい風、正対風
　航空機の進行方向と反対の方向から吹いている風。

## heat engine
## ヒート・エンジン
　熱エネルギーを機械エネルギーに変換する装置。航空機の場合はピストン・エンジンとタービン・エンジンに代表される。

## heat resistant material
## 耐熱材料
　約650℃以上の高温でも耐食性に優れ、また強度、特にクリープ強度に優れている材料を耐熱材料という。現在使用されている耐熱材料の使用温度は冷却により1,700℃までで、主にタービン・エンジンの燃焼室、タービン、排気ダクト、スラスト・リバーサーなど、極めて高い温度に曝される個所に用いられる。一方マッハ2程度で飛行する航空機の外板はアルミニウム合金であるが、マッハ2.3以上の高速になると機体表面温度はアルミニウム合金では耐えられない。このような高速機には現在、チタニウム合金が使用されている。

## heat treatment
## 熱処理
　いわゆる"焼き入れ""焼き戻し""焼きなまし"

など、鉄鋼その他の金属材料に所要の性質を付与するための加熱ならびに冷却操作を指す。

## heavier-than-air aircraft：HTA
### 重航空機

その飛行中の揚力を主として地表面に対する空力的反力から得るすべての航空機をいう。
⇒耐空性審査要領

機体重量が、その排除する空気の重さより重く、空気に対して相対運動をする翼に作用する揚力を利用して飛行するものであり、飛行機、滑空機、ヘリコプター、オートジャイロの類いである。重航空機に相対する航空機が飛行船など軽航空機である。

## heavy bomber
### 重爆撃機

多量の爆弾積載量と長大な航続距離を有する大型爆撃機。該当する機種としては、アメリカのボーイング B-52、ロックウェル B-1 等、ロシアのツポレフ Tu-22、Tu-160 等がある。

## heavy jet aircraft
### ヘビー・ジェット機、ヘビー機

最大離陸重量が 30 万 lb（136 トン）以上の航空機をいう。
例：ボーイング（Boeing）：B-747、B-777
　　ダグラス（Douglas）：DC-10、MD-11
　　エアバス（Airbus）：A300、A330、A340
⇒管制方式基準

ヘビー機のエアバスA330neo（Airbus Photo）

## hecto pascal
### ヘクト・パスカル

圧力の国際単位で、Pa（パスカル）が世界気象機関で気圧表示の単位として定められている。1 ㎡当たり 1 N（ニュートン）の力が加わる圧力を Pa という。その 100 倍を hPa という。

## height
### 高さ

ある面、点、もしくは点と考えられる物件まで、ある基準点から計測した垂直距離。
⇒飛行方式設定基準

## helicopter：HEL
### ヘリコプター

ほぼ垂直な軸まわりに回転する1個以上の発動機駆動の回転翼により揚力を得る回転翼航空機をいう。⇒耐空性審査要領

代表的な回転翼航空機。回転翼を回転ならびに操作することにより揚力、推進力を得る。水平飛行は前進方向へ回転翼の回転面を傾けて行う。ヘリコプターは回転翼の形式別に次のように分類できる。単回転翼式、双回転翼式、同軸逆回転翼式、交差回転翼式、串型回転翼式、多回転翼式。大半は単回転翼式の機体である。

初期の実用ヘリ、シコルスキー社ドラゴンフライ

## helicopter carrier
### ヘリ空母

航空母艦の一種。ヘリコプターを搭載し、その発着に供される。固定翼を運用する空母に比べ、比較的小型の艦船である。

## helicopter clearway
### ヘリコプター承認経路

第1級性能ヘリコプターが加速し、特定の高さに達することのできる適当な区域として当局が選定／用意した地上又は水上の限定された区域をいう。⇒ ICAO

## helicopter ground taxiway
### ヘリコプター地上誘導路
　ヘリコプターのみが利用することができる地上誘導路をいう。⇒ ICAO

## helideck
### ヘリデッキ
　浮遊又は沖合に固定された構造物上にあるヘリポートをいう。⇒ ICAO

## heliport
### ヘリポート
　ヘリコプターの到着、出発、地上移動の全般又は一部の供用を意図した飛行場又は構造物上の特定区域をいう。⇒ ICAO

## heliport operating minima
### ヘリポート最低気象条件
　離陸又は着陸に関するヘリポートの使用限界をいう。通常、視程、滑走路視距離、決心高度／高（DA ／ H）、最低降下高度／高（MDA ／ H）のいずれかと雲の状態を専門用語で表す。⇒ ICAO

## Henry：H
### ヘンリー
　回路中の電流が 1 A/sec（アンペア / 秒）の割合で均等に変化する場合、1 V の起電力が回路内で生ずるインダクタンス（起電力と電流の変化する速さとの比）をいう。⇒ ICAO

## Heroult electric furnace
### エルー式電気炉
　電気製鋼炉の代表的なもの。1900 年に、Paui Heroult の創製になるもので、特にアルミナの溶解、良質鋼の生産に適している。

## Hertz：Hz
### ヘルツ
　周期が 1 秒である現象の振動数をいう。⇒ ICAO

## HF：high frequency

## 短波、HF
　短波無線のこと。VHF（超短波）は到達距離が見通し距離に限られるが、短波は電離層のF 層で反射されるので、より遠距離の通信が可能。ただ、電離層の変化によりフェージングが現われたりデリンジャー現象の影響を受ける。

## hiduminium
### ヒジュミニウム
　アルミニウム、銅、ニッケル合金の一種。

## high
### 高気圧
　周囲に比べ気圧が高い地域。上空からの下降気流があり雲はできにくい。下層大気の低温化で密度の高い背の低い寒冷高気圧と、上空の収束で起こる背の高い温暖高気圧とに大別でき、停滞性のもの、移動性のもの、局所的なものがある。亜熱帯高気圧、大陸性高気圧、移動性高気圧、ブロッキング高気圧等の種類がある。＝ anticyclone

## high cloud
### 上層雲
　平均下面約 6,000 m 程度の雲の総称。巻雲、巻積雲、巻層雲がある。

## high grade cast iron
### 高級鋳鉄
　普通の鋳鉄に比べ機械的、物理的性質に優れた鋳鉄。一般に引っ張り強さ 30kg/ ㎟以上のものを指す。耐衝撃性、耐摩性、耐熱性が大で、シリンダー、ピストン・リング等の材料として使用される。

## high inversion fog
### 高い逆転層の霧
　放射霧の一種で、放射冷却により逆転層に発生する霧。

## high lift device
### 高揚力装置
　航空機の揚力を増加させる装置。すなわち

失速速度を下げて、離着陸を容易にする目的のフラップ、翼キャンバー可変装置類、あるいは気流の剥離を防止する目的の境界層吸い込み・吹き出し装置類をいう。

### high performance aircraft
### 高性能航空機
アメリカ FAA の航空機区分で、出力 200 馬力以上、定速プロペラ・引き込み脚装備の単発機、及びタービン機はすべてが該当する。

### high pressure compressor
### 高圧圧縮機
high pressure turbine 参照。

### high pressure turbine
### 高圧タービン
2 軸又は 3 軸式のタービン・エンジンの場合、燃焼室の直後にあるタービン。高圧圧縮機に結合されている。1 軸ではサージングやストールを起こしやすいが、2 軸、3 軸では、それらを解消している。

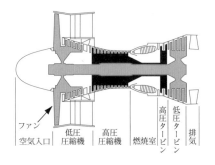

### high speed approach/quick stop
### 高速進入 / 急停止着陸
ヘリコプターにおいて第 3 旋回以後、ほぼ巡航速度のまま、やや浅い降下角で進入し、地面近くで機首上げ（フレアー）操作により速度を急激に減らして、目標点に着陸する方法をいう。

### high speed steel
### 高速度鋼
工具鋼の一種。一般の高炭素鋼、その他の工具鋼は、切削作業中、摩擦熱で高温になると焼きが戻って切れ味が悪くなる。しかし高速度鋼は 600℃ くらいの温度になっても高い硬度を有したままである。このため普通の炭素鋼工具に比して数倍の高速度で削ることができる。このため高速度鋼の名で呼ばれる。組成は炭素 0.6 ～ 0.9％、タングステン 14 ～ 24％、クローム 3.5 ～ 4.5％、バナジウム 2％以下、モリブデン 1％以下、コバルト 2 ～ 10％、残余が鉄となっている。

### high speed tunnel
### 高速風洞
空気の圧縮性の影響を調べられるようにした風洞。200 m /sec 以上の風速を出せる。高速風洞による試験は古く、1920 年当初より行われているが、飛行機設計上、信頼し得る資料を提供したものは 1928 年、英国のスタントンが作った高速風洞である。少し遅れて、ドイツのゲッチンゲン大学プラントル教授が新形式の高速風洞を作っている。また同年にアメリカの NACA（現 NASA）においてジェーコブス氏らにより、さらに新形式の高速風洞が作られている。高速風洞は普通風洞式、噴射誘導式、吸い込み式などに大別される。

### high wing monoplane
### 高翼単葉機
主翼が胴体の上方に配置されている形式の単葉機。乗員乗客の下方視界が優れている。軽飛行機、貨物機などに多く使用されている。

高翼単葉機のセスナ 172 JT-A(Cessna Photo)

### hinge bearing

## ヒンジ軸受

主翼と補助翼、垂直安定板と方向舵、水平安定板と昇降舵の結合部等に用いられている軸受。球軸受又はプレーン軸受などが使用されている。

## hinge moment
### ヒンジ・モーメント

補助翼、方向舵、昇降舵など動翼類のヒンジ軸のまわりに作用する空気力学的力。すなわち、飛行中、これらの動翼を操作すると動翼面は風圧を受け、その空気力でヒンジ軸のまわりに翼面を元に戻そうとする力が働く。これをヒンジ・モーメントという。

## hoar frost
### 白霜（しろしも）

大気中の水蒸気の昇華により物体表面にできる微細な白色結晶状の氷。地物が凍結点以下に下がり、それに接する空気が飽和状態に達すると、水蒸気は地物の表面に氷結して霜を作る。

## holding
### （空中）待機、ホールディング

追加管制承認又は進入許可が与えられるまで航空機が定点（フィックス）に基づいた特定の空域を一定の方式に従って飛行すること。
⇒管制方式基準
場所、高度を定めて航空機を空中で待機させ、管制間隔を調整すること。また天候の回復を待つためにも行われる。

## holding area
### 待機区域

待機経路の外側に、指示対気速度、傾斜角、旋回率、航空保安無線施設の円錐効果区域、風速、気温などを考慮し、安全のため設定された区域。

## holding bay
### ホールディング・ベイ

航空機の地上移動の効率を促進するため、航空機を待機させ、通過させる指定区域をいう。

⇒ ICAO

## holding fix
### 待機フィックス

航空機が待機中その位置を特定空域内に保持するために使用するフィックスをいう。
⇒管制方式基準

## holding fuel
### 空中待機燃料

管制許可待ち等の理由で空中待機を余儀なくされた場合、エンジンの出力を絞って待機するための予備燃料をいう。天候、交通量等を考慮し、飛行計画の際、予め考慮する必要がある。

## holding pattern
### 空中待機経路、ホールディング・パターン

飛行場や飛行経路の航空交通が混雑している場合や、天候が悪く回復を待つ時など、追加管制承認が与えられるまで、航空機が特定の地点上空の空域内で一定の方式に従って飛行する経路。

インバウンド・レグ、フィクス・エンド、アウトバウンド・レグ、アウトバウンド・エンドにより構成され、右旋回のスタンダード・ホールディング・パターン、それ以外のノンスタンダード・ホールディング・パターンがある。一般に NDB、VOR、VORTAC などの上空又はその近くの空域で行うよう定められている。

## holding pattern airspace area
### 滞空旋回圏

空港等に着陸しようとする航空機の滞空旋回のために安全最小限と認められる空港等上空の所定の空域。⇒施規 79 条

## holding procedure
### 待機方式

航空機が、ある指定空域において待機する場合の指定した飛行方式。⇒ AIP

## homebuild aircraft
### 自作航空機、ホームビルド機

航空機メーカーでなく、個人が趣味のために自作した航空機。メーカーの量産機のような厳しい耐空性基準は適用されない。アメリカの場合、カテゴリーはエクスペリメンタル（Experimental）になる。

アメリカの自作ジェット機SubSonex（sonex photo）

## homing
**ホーミング**

航法援助施設に向かって飛行すること。ただし風に対する修正をせずに、常に機首を局に向けた飛行なので、風向により航跡は必ずしも直線とはならないが、最終的に局の直上に至る。

## homing system
**近接方式、ホーミング・システム**

ミサイル又は無人機誘導方式の一種。能動式（アクティブ）と受動式（パッシブ）に大別され、その中間的存在として半能動式（セミ・アクティブ）もある。前者は飛翔体自身から電波、光波などを発し、目標からの反射波を捉え、それによって飛翔経路を修正しながら目標に到達する。後者は目標からの光、熱、音、磁気などを探知し、飛翔経路を修正しながら目標に到達する。前者は内部に多くの装置を収納する必要があり、重量的、容積的に制限を受ける。半能動式は地上から目標に向かって発射された電波の反射波を受けて誘導される方式で、飛翔体頭部に受信円板を付設する必要がある。この方法は目標に近接するほど精度が向上するので、ビーム・ライダー方式と併用されているものが多い。

## honey-comb core
**蜂の巣状芯材、ハニカム・コア**

ハニカム・サンドイッチ構造の芯となるもの。金属製のものとしては、アルミ箔を蜂の巣のように組み合わせたものが普通使用される。その他、鋼、チタン、合成樹脂、ペーパー、木綿を材料としたものもある。

## honey-comb radiator
**蜂の巣状冷却器、ハニカム・ラジエター**

冷却器の一種。この冷却器を正面から見た場合、六角形の空気流通部が多数集まっており、あたかも蜂の巣のように見えることから命名された。この冷却器は冷却効率は良好な反面、空気抵抗が大きいのが欠点。

## horizontally opposed engine
**水平対向エンジン**

opposed piston engine 参照

## horizontal stabilizer
**水平安定板**

通常、航空機の後部に水平に設置されており、縦安定を付与する役割をする。その多くは胴体に一定の取付角で設置されているが、取付角可変式のものもある。なお、この水平安定板は機種（前翼機機）によっては機体前部に取り付けられている。また、一部の機体では、水平安定板を燃料タンクとしている。

## horizontal surface
**水平表面**

空港等の標点の垂直上方45mの点を含む水平面のうち、この点を中心として4,000m以下で国土交通省令で定める長さの半径で描いた円周で囲まれた部分をいう。⇒航空法2条

陸上空港等（等級）

| A | 4,000m | F | 1,800m |
|---|---|---|---|
| B | 3,500m | G | 1,500m |
| C | 3,000m | H | 1,000m |
| D | 2,500m | J | 800m |
| E | 2,000m | | |

水上空港等（等級）

| A | 4,000m | D | 2,500m |
|---|---|---|---|
| B | 3,500m | E | 2,000m |

C 3,000m

ヘリポートにあっては 200 m以下で国土交通大臣が指定する長さ。⇒施規 3 条

## horizontal tail plane
### 水平尾翼

機体尾部に水平に設置されており、縦安定を付与するとともに縦の操縦をつかさどる。通常、水平安定板と昇降舵からなる。遷音速機、超音速機では水平尾翼全体を 1 枚として操作するもの（オール・フライング・テール）や、後縁に昇降舵を有し、高速時のみ水平安定板と一緒に動かすセミ・フライング・テールとがある。

## horn balance
### 張り出し釣り合い、ホーン・バランス

方向舵、昇降舵、補助翼などの操舵に要する力を軽減するため、これらの舵面のヒンジ（蝶番）軸より前方に若干の張り出し部分を設けることがある。この部分を指してホーン・バランスという。しかし、この部分が大きすぎると舵が軽くなりすぎ、かえって舵をとられ危険である。この現象を舵のオーバー・バランスという。また抗力が増大し、フラッター発生の原因にもなる。

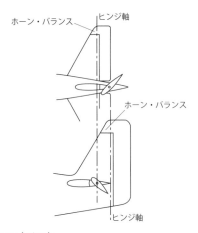

## horse latitude
### 中緯度高気圧帯

北緯及び南緯 30 〜 35 度付近に存在し、地球を取り巻いている高気圧帯。すなわち偏西風帯と北東（あるいは南東）貿易風帯との間に存在する。これは地球大気の大循環に関連して生じるもので、この高気圧圏内では風は弱く無風のこともある。

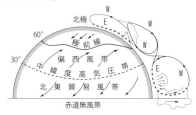

## hot section
### ホット・セクション

タービン・エンジンにおいて、高温となる部分。燃焼室、タービン、排気部分が該当する。

## hot start
### ホット・スタート

タービン・エンジンの始動中に排気ガス温度（EGT）が異常に急上昇する現象。原因は燃料流量が多すぎたり、何らかの理由で一時的に多量の燃料に着火した場合が考えられる。この現象によりタービン・ブレードが溶解することがある。

## hovering
### ホバリング、空中停止

回転翼航空機にあって、対気速度零の飛行状態をいう。⇒耐空性審査要領

ヘリコプターならではの飛行特性の 1 つ。ローター・ブレードのピッチ角を調節することにより、機体重量と推力を等しくし、空中の一点に停止する。この場合、風があれば、風速に等しい速度で風と反対方向に進むようローターを傾けて、地上に対し、定点を保つ。

## hovering ceiling
### ホバリング限度

ホバリングが可能な最大高度。空気密度は高度の増大と共に減少し、これはエンジンの出力、ローターの推力も減少させる。そのため、ホバリングが不可能になる限界高度が存在す

HSI：horizontal situation indicator

る。ただし、地面効果を利用すれば、ホバリング限度は増大し、高い山の上でもホバリングが可能になる。これは離着陸可能な飛行場を知る意味で重要である。また空気密度は温度にも影響されるので、垂直離陸できるか否かを知る意味からも重要である。なお通常、地面効果のあるホバリング限度（IGE）は、ない場合（OGE）の2倍程度のことが多い。

### HSI：horizontal situation indicator
### 水平位置指示器、HSI

航法に必要な各種情報を1つの計器にまとめたもの。ADI（参照）と対になっており、この両計器が飛行計器の主をなしている。HSIで機首方位、現在位置などの情報を、ADIで機体姿勢などを知ることができる。

液晶計器のHSI表示部分（FAA）

### HST：hypersonic transport
### 極超音速輸送機、HST

音速の5倍以上の速度で飛ぶ輸送機。各国で研究されているが、新しい機体材料の開発や新エンジンの開発など難問は多い。

### HUD：head up display
### ハッド、HUD

head up display 参照

### hull
### 船体、艇体、ハル

飛行艇の胴体。水上での浮力を付与すると共に、水上静止・滑走中の釣り合い、安定をつ役割をする。

### hump
### ハンプ

水上機、飛行艇の離水滑走時における状態。すなわち、低速の間はフロート又は艇体の静的浮力が機体重量を支えているが、高速ではフロート又は艇体の動的浮力が機体を支えるようになってくる。この双方の遷移点では滑走姿勢が大きく変化し、水の抵抗も変化する。このような状態をハンプという。この状態では水抵抗は最大値（ハンプ抵抗）に達しており、この抵抗に打ち勝たなければ離水できない。

### hump speed
### ハンプ速度

ハンプ状態が発生する付近の速度。通常、離水速度の30〜40％程度である。

### hung start
### ハング・スタート

タービン・エンジンの始動中、燃焼が始まったのに、いつまでもアイドル回転まで加速しない状態。原因はスターター関係の不具合、燃料の供給不足などが考えらえる。

### hurricane
### ハリケーン

台風と同類の強烈な熱帯性低気圧。最大風速118 km／h（64kt）以上のもの。北半球では特に発生地点が経度180度以東のものを呼ぶ。南半球ではこのような区別はせず、一様にハリケーンと呼ぶ。

### hydraulic shock absorber
### 油圧緩衝装置

油がオリフィスを流れる際のエネルギー損失の現象を利用して振動、衝撃力を吸収・緩和する装置。普通、伸縮的にからまり合う内外のシリンダーからなり、下方の部室に油が溜められ、上方の部室に圧搾空気又はコイルバネが入れられている。着陸時の衝撃で全長が縮むと細いオリフィス（穴）を通じて油が移動する。その際、狭いオリフィスを通る油の抵抗によって衝撃を吸収・緩和する仕組みである。航空機の

脚緩衝装置は、ほとんどすべてが油圧緩衝装置を採用している。

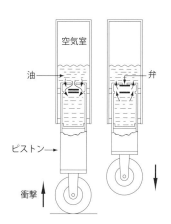

### hydraulic system
### 油圧装置

高圧作動油を利用して動翼、フラップ、ブレーキ、降着装置などを操作する一連の系統。動力源としては、通常はエンジン直結の油圧ポンプが用いられ、貯油槽、蓄圧器、油圧調整器、作動器などからなる。

### hydrazin
### ヒドラジン

分子式 $N_2H_4$、沸点 113℃、融点 1.4℃、比重 1.01 でアンモニアから製造する。ロケット燃料として使用される。極めて高価である。

### hydrodynamic
### 流体力学

一般に流体の運動ならびに液体と物体との相互作用について研究する学問。

### hydrofoil
### 水中翼

胴体下方又は艇体下面に設置された小翼。静止時には水中にあるが、加速滑走と共に次第に揚力を発生し浮上に至る。

### hydrogen peroxide
### 過酸化水素

分子式 $H_2O_2$ の無色透明の液体。ロケット推進剤の酸化剤として、また単独で一元推進剤（モノ・プロペラント）として用いられる。過マンガン酸カリや二酸化マンガン、銅などが分解反応の触媒として使用される。比推力は 120kg・sec/kg 程度である。このほか過酸化水素はメタノール、ニトロメタン、ヒドラジンなどを燃料とする二元推進剤（バイ・プロペラント）に使用される。この場合の比推力は 225〜250kg・sec/kg に達する。その他、過酸化水素はタービン・ポンプの駆動剤として独特の使途を有している。

### hydromatic propeller
### ハイドロマチック・プロペラ

油圧制御ピッチ・プロペラの一種。米国のハミルトン・スタンダード社の製品の商品名である。

### hydronatlium
### ヒドロナトリウム

Al-Mg 系合金の一種。海水、アルカリ液などに対する耐蝕性に富んでおり、耐熱性の鍛錬用、鋳造用合金として航空機材料に広く用いられている。

### hydroplaning
### ハイドロ・プレーニング

滑走路の冠水により、水の上を滑るように滑走すること。低タイヤ圧、摩耗したタイヤ、速い滑走速度の場合になりやすい。grooving 参照。

### hygrograph
### 自記湿度計

湿度による毛髪等の伸縮を利用した湿度測

hypersonic

定器。毛髪の伸縮をテコで拡大し、ペンに伝え、時計仕掛け又はモーターで回転する紙の上に記入する。現在ではバイメタル式、電気式など、湿度センサーは様々ある。

## hypersonic
### ハイパーソニック

マッハ5以上の速度。

## hyperventilation
### 呼吸過多、過呼吸、ハイパーベンチレーション

早過ぎる呼吸を続けることで、操縦練習生によく見受けられる。緊張や不安に対し人間の体は自動的に反応するが、その1つに呼吸回数の増加がある。これは血液中の二酸化炭素の著しい減少を招く。二酸化炭素は呼吸作用を自動的に調節するのに欠かせないもので、この状況における症状としては目まい、吐き気、熱くなったり、寒けを感じたり、また手足の痛み、眠気などがあり、最後には意識不明になる。これら多くの症状は酸素欠乏症や航空病の場合にもよく見られる。この症状を軽減するには、意識的に呼吸の回数を減らしたり、大声で話したり、紙袋に口と鼻を当て、ゆっくり呼吸するとよい。

## hypoxia
### 低酸素症、ハイポキシア

酸素欠乏。航空機が高度1万m以上の高空へ上昇すると、空気中の酸素量が減少し、反応の鈍化、思考力の欠如、倦怠感、鈍頭痛等の症状が自覚症状を伴わずに進行する。そして意識不明、操縦不能に至るので注意が必要である。飲酒や喫煙は症状を助長し、個人差や体調によって違いがあるが、より低い高度で徴候が現れるようになる。

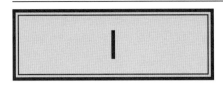

**IAS：indicated air speed**
指示対気速度
　海面上における標準大気断熱圧縮流の速度を表すように目盛りがつけてあり、かつ、対気速度計系統の誤差を修正していないピトー静圧式対気速度計の示す航空機の速度をいう。
　⇒耐空性審査要領

**IATA：international air transport association**
国際航空運送協会、イアタ
　国際定期航空会社の運賃やサービス内容まで、幅広く標準化や勧告、飛行安全のための研究を行っている機関。ただし、国際定期航空会社のすべてが加盟しているわけではなく、脱退、新規加盟などの動きも多い。1945年の設立。

**I beam**
アイ・ビーム
　その断面がアルファベットの「I」の形状をした構造部材。

**ICAO：international civil aviation organization**
国際民間航空機関（機構）、イカオ（アイカオ）
　国際民間航空輸送の健全な発展を助長することを目的として、シカゴ国際民間航空条約により設立が規定され、1949年に国連の下部機関として発足した。主要機関は総会、理事会、事務局から構成され、さらに専門部会として航空委員会（技術を担当）、航空運送委員会（運送を担当）、法律委員会（航空法を担当）、共同維持委員会（航空保安施設を担当）などで構成されている。本部はカナダのモントリオール。わが国は1953年10月に加盟国となった。2017年12月現在の加盟国数は191か国。

**ICBM：Inter Continental Ballistic Missile**
大陸間弾道弾、ICBM
　射程8,000 km以上の核爆弾搭載の長距離地対地ミサイル。

**ice accretion**
着氷、アイシング
　気温が0℃に近く、相対湿度が高い場合、飛行中の航空機に氷が付着する現象をいう。その成因、形状などから雨氷、樹氷、粗氷、樹霜に大別される。また色により透明又は半透明のクリアアイス、不透明のライムアイスに区分される。翼前縁、プロペラ、無線アンテナ、ピトー管、風防ガラスなど機体各部の進行前面の表面に付着しやすい。着氷は航空機の重量・抗力を増加し、揚力を減少させるなど、極めて危険な障害を及ぼす。防氷手段としては、着氷の起こりやすい箇所を加熱するか、それらの外表面に皮膜を形成するなどの方法が取られる。除氷手段としては、デアイサー・ブーツなどが用いられる。気化器の着氷は、別にキャブレター・アイシングという。この着氷は、他と異なり、氷点温度以上でも起こり、また湿度の高い場合は晴天の日であっても起こり得る。気化器の着氷は、キャブ・ヒートで対処する。

**ice crystal**
氷晶、細氷（さいひょう）
　目に見える微氷晶が空中に浮遊している現象で、視程1 km以上のものをいう。針状、柱状、板状の結晶でゆっくり降ってくる。ダイヤモンド・ダストともいわれる。視程1 km未満のものを氷霧という。

**ice fog**
氷霧（ひょうむ）
　非常に低温の大気中に直径12〜20 μ（ミクロン）の氷晶が浮遊する現象で、風が静穏なときに発生するもので、視程が1 km未満である。

**ice pellets**
凍雨（とうう）
　直径5 mm以下の透明な球状、不規則、まれに円錐形の氷粒子の降水。

## icing：ICE
### 着氷、アイシング
ice accretion 参照。

## identification beacon：IBN
### 補助飛行場灯台
航行中の航空機に空港等の位置を示すためにモールス符号をもって明滅する灯火。
⇒施規114条、117条

## identification plate
### 識別板
航空機の所有者の氏名又は名称及び住所並びにその航空機の国籍記号及び登録記号を打刻した長さ7cm、幅5cmの耐火性材料で作ったもので、当該航空機の出入口の見やすい場所に取り付けなければならない。⇒施規141条

## idle power
### 緩速（かんそく）出力、アイドル・パワー
エンジンの最低出力。

## idling
### 緩速（かんそく）運転、アイドリング
エンジンの最低回転。

## IDR：instrument departure route
### 計器出発経路
SID の旧称。現在は使用されていない。SID 参照。

## IFR：instrument flight rules
### 計器飛行方式、IFR
1．航空交通管制圏、情報圏のある空港等からの離陸及びこれに引き続く上昇飛行、又は航空交通管制圏、情報圏にある空港等への着陸及びそのための降下飛行を、国土交通大臣が定める経路又は国土交通大臣が与える指示による経路により、かつ、その他の飛行の方法について、国土交通大臣が与える指示に常時従って行う飛行の方式。
2．1の飛行以外の航空交通管制区における飛行を国土交通大臣が経路その他の飛行の方

法について与える指示に従って行う飛行の方式。⇒航空法2条

## IGE：in ground effect
### 地面効果内
ヘリコプターのホバリング時に用いられる用語で、OGE（out of ground effect）の対語。地面近くでは必要パワーが減少し（地面効果）、OGE ではホバリングできない状況でも IGE の場合はホバリングできることもある。

## ignition switch
### 点火スイッチ、イグニッション・スイッチ
マグネトーを作動させるためのスイッチで、マグネトー・スイッチともいう。

## ignition system
### 点火装置
エンジン内の燃料と空気の混合気に点火する電気システム。

## ignitor plug
### プラグ、点火栓
燃料に点火するプラグ。タービン・エンジンは始動の際だけ点火すればよく、以後は燃焼室内での連続燃焼により火焔は保持される。ピストン・エンジンの場合は、各シリンダーに2本ずつ取り付けられており、間欠的に火花を飛ばして混合ガスに点火している。

## ILS：instrument landing system
### 計器着陸装置
着陸進入中の航空機に対し、地上から指向性の誘導電波を発射し、安全に着陸を行わせる装置。地上設備としては、進入角を示すためのグライド・パス発信機と滑走路進入方向を示すローカライザー発信機、さらに滑走路延長線上に、その末端から約1km及び8kmの位置に付設されたマーカー・ビーコン（無線位置標識）からなる。一方、機上設備は、グライド・パス、ローカライザー、マーカー・ビーコンの3つの受信機からなる。地上設備として、マーカー・ビーコンに替へ、また併用して DME が設置されて

いることもある。

## ILS zone
### ILS ゾーン
1．ILS ゾーン 1
 　ローカライザー及びグライドパスのカバレージ末端からポイント A（滑走路進入端から 4 nm〈7.4 km〉の点）までの範囲をいう。
2．ILS ゾーン 2
 　ポイント A からポイント B（滑走路進入端から 3,500ft〈1.05 km〉の点）までの範囲をいう。
3．ILS ゾーン 3
 　ポイント B からポイント C（滑走路進入端を含む水平面上空 100ft〈30 m〉の高さにおいて通過する点）までの間をいい、CAT －Ⅱについてはポイント B から滑走路進入端までの範囲をいう。
4．ILS ゾーン 4
 　滑走路進入端からポイント D（滑走路進入端から内側に 3,000ft〈900 m〉のところで中心線上空 12ft〈4 m〉の点）までの間をいう。

## IMC：instrument meteorological condition
### 計器気象状態、IMC
　視程及び雲の状態を考慮して国土交通省令で定める視界上不良な気象状態（有視界飛行状態以外の気象状態）をいう。⇒航空法 2 条
　VMC 参照。

## immelmann turn
### インメルマン反転、インメルマン・ターン
　曲技飛行課目の一種。宙返りの頂点付近で緩横転の後半とほぼ同じ操作を行い、背面から水平飛行に移る方法。方向は 180 度変化する。第 1 次世界大戦の空中戦の戦技から生まれた。「インメルマン」は考案者の名前に由来する。

## impact test
### 衝撃試験
　材料又は構造部品に衝撃荷重を与えて、その耐力をテストすること。

## impulse
### インパルス
　ロケット・エンジンがその燃焼時間に発生する全推力。

## INCERFA
　不確実な段階を示すため使用される信号略語をいう。⇒ ICAO

## incidence
### 投射、入射
　「angle of incidence」として、迎え角、投射角、翼断面の弦線が気流となす角。ただし、「angle of incidence ＝迎え角」は、英国の解釈。迎え角は、「angle of attack」が一般的。

## incidence wire
### 迎え角張り線
　複葉機において、前後の翼間支柱により構成される側面張間に対角線状に張られた張線。ピアノ線又はリボン線が使用される。

## incident
### インシデント、準事故
　航空機の運航に関連して、運航の安全に悪影響を与える、もしくは与える可能性のある事柄で、航空事故（アクシデント）以外のものをいう。
　⇒ ICAO

## inclinometer
### 傾斜計
　飛行中の航空機の前後・左右方向の傾斜を知るための計器。これは地球重力の方向に対す

る傾斜を知る絶対傾斜計と、重力と航空機の加速度との合成方向に対する傾斜を知る相対傾斜計とに大別される。

## inconel
### インコネル

　耐酸性、耐熱性に優れ、高温強度が大きいところから、電熱品の部品、高温計の保護管、エンジンの排気弁その他に使用されている。Ni-Cr-Fe からなる合金。

## incus
### かなとこ雲

　積乱雲頂上部から横に流れたような薄い雲。遠方から望んだ場合、形状が"かなとこ"状をしているところからの名称。この雲は激しい上昇気流によって押し上げられた積乱雲の最上部の上昇が止まって上層風に流されて横に伸びてできる。= anvil cloud

## indicated air speed：IAS
### 指示対気速度

　いわゆる動圧型速度計の指示する速度。この速度指示にはピトー管取付位置ならびに機体姿勢の変化に伴うピトー管と気流とのなす角度の変化などによる影響と誤差が含まれてくる。この速度は計器速度ともいう。IAS 参照。

IAS計

## indicated altitude：IA
### 指示高度

　高度計によって指示された高度。地上気圧に高度計規正された高度計の示す高度。

## indicated stalling speed
### 失速指示速度

　失速の発生瞬間における速度計の指示。計器失速速度ともいう。

## indicator diagram
### インディケーター線図

　ピストン・エンジンの1サイクルにおけるガス圧力分布を示す縮図。シリンダー内におけるガス容積を横軸に、圧力を縦軸にとる。

## indirect operation cost
### 間接運航費

　航空会社の経費のうち、航空機の運航に間接的に関連のある経費をいい、航空運送事業では次のように分類している。①貨客費（キャビン・クルー費、搭載費、機内サービス費）、②事業販売費（社内及び代理店販売手数料、コンピューター経費、宣伝費）、③一般管理費（社内一般の事務管理費、建物管理費）、④借入金利息費。

## induced angle of attack
### 誘導迎え角

　有限翼にあっては、自由渦が翼より後方へ流れ出て翼に下向きの誘導速度が生じ、翼に当たる気流は少し下方に曲げられる。この曲げられる角度を誘導迎え角という。別に吹き下ろし角ともいう。

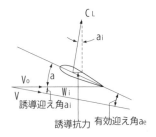

## induced drag
### 誘導抗力

　揚力の発生、迎え角の増加で生じる抗力。有限翼にあっては、自由渦が翼より後方へ流れ出て翼に下向きの誘導速度（v）を生じ、翼に当

たる気流は θ だけ下向きに曲げられる。そのため揚力の方向も θ だけ後方に傾けられることになり、その傾きのために元の気流方向に、その分力ｗｉが生じる。このｗｉを指して誘導抗力という。

## induced velocity
**誘導速度**

downwash 参照。

## induction compass
**磁気誘導コンパス**

電気の導体（例えばコイルなど）を地球磁場内で運動させると、その導体に起電力を発生する。この起電力の変化を利用して航空機の方位を指示させるようにした計器。

## induction quenching
**高周波焼き入れ**

高周波誘導電流により鋼材の表層に熱処理を施し硬化させる方法。カムシャフト、クランクシャフトなどの表面硬化に用いられる。

## induction system
**吸気系統**

レシプロ・エンジン等において、燃料と空気の混合気をシリンダーに供給するシステム。エアインテイク、キャブレター、インジェクター、吸気マニフォールド等が含まれる。

## inertial navigation system：INS
**慣性航法装置**

地上の航法援助施設を必要としない自立航法装置の一種。ロケットの誘導装置として最初開発されたもので、原理はニュートンが発見した「慣性の法則」である。すなわち、静止あるいは等直線運動をしている物体は、外部から力が加えられない限り、静止あるいは直線運動を続ける、というもの。このことは次式で表される。

$$F = ma \qquad a = \frac{F}{m}$$

$$F：力 \quad m：質量 \quad a：加速度$$

この式でmは航空機の重量であり、既知の数値であるから、Ｆを求めれば加速度が求められる。この加速度に時間を掛ければ航空機の変位が求まる。この加速度を求めるために INS はプラットホームと２つのジャイロ、及び３つの加速度計を用いている。ジャイロによりプラットホームは地球に対し正しい姿勢を保っている。また加速度計による加速度情報はコンピューターに送られ、地球の回転による誤差を修正して表示装置に情報を送る。得られる情報としては、対地速度、風向風速、現在地等。自動操縦装置と INS を組み合わせれば、地球上どこへでも数マイルの誤差で飛行できる。

## inertial reference system：IRS
**慣性基準装置**

基本的に INS と同じだが、機械式のジャイロに替え、リング・レーザー・ジャイロを使用している。

## inertial starter
**慣性始動機**

小型のハズミ車を高速回転させ、その慣性によってエンジンのクランク軸を駆動し、始動させる装置。かつてピストン・エンジン機に採用されていた。

## inertial system
**慣性方式**

ミサイル、無人機誘導方法の一種。慣性を利用して飛翔体の速度を求め、求められた速度から飛翔経路沿いの飛行距離を算出し、飛翔高度、姿勢などを調節する。

## inflow
**流入、流入気流**

プロペラ回転面直前の気流のこと。その軸方向速度は、プロペラの吸引力により増加する。

## information zone
**情報圏**

管制圏を指定されていない飛行場のうち国土交通大臣が告示で指定するもの及びその上空付近の空域であって、飛行場及びその上空の航

－ 161 －

空交通の安全のために国土交通大臣が告示で指定したもので、管制機関の許可を受け特別有視界飛行も実施することができる。ただし、空港から出発し情報圏外に出域する場合又は、情報圏外から入域し空港に到着する場合に限られる。⇒施規198条の4、AIP.RAC 3-6

## initial approach area
### 初期進入区域

　ある定められた幅をもった区域であって、航空機が最後に通過した航法上の点、又は推測による地点と計器進入の開始に利用する施設、又はこれに基づいて設けた初期進入の完了を規定する点いずれかの間に設定した区域をいう。
　　⇒ AIP
　注：区域の指定のない場合は計器進入方式図に記載の最低扇形別高度を適用する。

## initial approach fix：IAF
### 初期進入フィックス

　計器進入方式において初期進入セグメントの開始点、場合により到着セグメントの終了点を示すフィックスをいう。⇒管制方式基準

## injection carburetor
### 噴射気化器、インジェクション

　気化器の一種。フロート式気化器と異なり、燃料を燃料ポンプによって噴射口から噴霧状に吹き込む形式の気化器。フロート式気化器は機体の旋回、上昇降下等による慣性力によって供給に過不足が生じるが、噴射気化器は圧力を加えることにより慣性力の影響を排除でき、また回転速度、吸気圧力・温度、背圧などで流量を調節できる。

## inlet air temperature indicator
### 吸気温度計

　ピストン・エンジンにあって、その吸気管内の混合気の温度を知る計器。

## inlet guide vanes
### インレット・ガイド・ベーン

　タービン・エンジンにおいて、圧縮機の前方に置かれるベーン。最適の角度で圧縮機に空気を送り込む役割を果たす。固定式以外に、角度を変えられるものもある。

## in-line engine
### 列型エンジン、インライン・エンジン

　シリンダーがエンジンの前後方向に1列又は数列に配置されている形式のエンジン。主として液冷エンジンに採用されているが、小型空冷式もある。ウルトラライト機や最近の航空用ディーゼル・エンジン機に搭載例がある。

## inner cone
### 内部円錐、インナー・コーン

　タービン・エンジンの尾部円錐内に設置されている耐熱鋼板製の円錐体。タービン・ブレードから出てきた排気ガスをテール・パイプに導くと共に拡散する役割をする。流線型断面の中空支柱により、タービン・ブレードの背面を覆うように設置されている。

## inner marker：IM
### 内側無線位置標識、インナー・マーカー

　計器飛行状態下に着陸進入する航空機に対し、滑走路末端から約1kmの地点の上空を通過中であることを知らせる扇形無線位置標識。
　ILS参照。

## INREQ：request for information
### インレック

　管制区管制所（ACC）で管制を行っている航空機で消息不明のものがあった場合、最寄りのACC又は関係機関にテレタイプで当該機に関する情報を要求する。これをインレックという。

## （annual）inspection
### 12か月検査、耐空検査

　アニュアル・インスペクションのことで、法規により年1回行う検査をいう。航空運送事業の用に供しない航空機は12か月ごとに保守検査を受けなければならない。航空運送事業の用に供する航空機の保守検査期間は、国土交通大臣が定める期間となっている。

— 162 —

### (preflight) inspection
### 飛行前点検
製造会社によって作成されたチェックリストに従って行う飛行前の機体外部、内部の点検。損傷や異常がないか、また各部が飛行に支障がないように作動するかをチェックする。

### inspection of repair or alteration
### 修理改造検査
大修理（予備品証明を持つ部品を用いての大修理を除く）及び改造（滑空機については大改造）を行った場合、当該航空機が耐空性基準に適合するかどうかの国土交通大臣の検査。
⇒航空法16条、施規24条

### instantaneous wind velocity
### 瞬間風速
通常、プロペラ型風速計によって測定された風速を表す。

### instruction
### 管制指示
航空機に対して管制機関が与える指示（航空法第96条第1項及び第2項）のうち命令的なものをいう。⇒管制方式基準

### instrument：INST
### 計器
機械的又は電気・電子的な機器で、測定した情報を分かりやすく表示するもの。

### instrument approach
### 計器進入
計器飛行方式により飛行する航空機が行う計器進入方式による進入及びレーダー進入をいう。⇒管制方式基準

### instrument approach procedure：IAP
### 計器進入方式
計器飛行方式により飛行する到着機が秩序よく進入し着陸するために必要な飛行経路、旋回方向、高度及び飛行区域を定めた一連の飛行方法をいう。

注　計器進入方式の名称は、精密進入では当該進入のシステム名称（ILS等）、RNAVによる非精密進入ではRNAV、RNAVによらない非精密進入では最終進入における水平方向ガイダンスを提供する無線施設の名称（LOC、TACAN、NDB等）によって表される。⇒管制方式基準

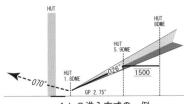

ILS進入方式の一例

### instrument flight
### 計器飛行
航空機の姿勢、高度、位置、針路の測定を計器のみに依存して行う飛行をいう。
⇒航空法2条
外界を見ることなく、高度計、定針儀、水平儀、昇降計、旋回計その他、計器の指示に応じて自機の姿勢、速度、高度、針路を保持すると共に、必要に応じて旋回、変針などを行う飛行。これは純計器飛行であるが、一般の飛行においても随時必要に応じ計器飛行の手法が取り入れられる。計器飛行には、以上のほかに、VOR／DME、着陸進入にはGCA、ILS等も利用される。

### instrument flight certification
### 計器飛行証明
計器飛行状態下で飛行する際に計器飛行の技量を有する操縦士であることを証明する資格。事業用操縦士又は自家用操縦士たる技能証明を有する者で、①50時間以上の機長としての飛行時間を有すること、②40時間以上の計器飛行の練習を行っている者に対して受験資格が与えられ、所定の学科ならびに実地試験双方に合格した者に対して国土交通大臣より資格証明が与えられる。⇒航空法34条

### instrument flying hood
### フード

計器飛行の訓練を行うに際して使用する被り。視野を制限するためのもの。

フード

### instrument for aircraft
**航空計器**

飛行を安全かつ正確に行うため必要な機上装備計器の総称。操縦用計器、航法用計器、エンジン用計器に大別される。

### instrument landing system
**計器着陸装置**

ILS 参照。

### instrument navigation flight
**計器航法**

航空機の位置及び針路の測定を計器のみに依存して行う飛行をいう。ただし、計器飛行証明の未取得者は、110 km又は 30 分を超える飛行を行ってはならない。⇒航空法 34 条

### instrument panel
**計器板**

各種計器を取り付けるパネル。振動を防ぐため防振ゴムを間に介して機体に取り付けてある。

### instrument runway
**計器滑走路**

計器進入方式を用いる航空機の運航を目的とする滑走路をいう。非精密進入滑走路、カテゴリーⅠ精密進入滑走路、カテゴリーⅡ精密進入滑走路、カテゴリーⅢ精密進入滑走路（A、B、C）に区分される。⇒ICAO

### intake stroke
**吸気行程**

ピストン・エンジンにおいて、ピストンの移動により新しい混合気がシリンダー内に吸入される段階をいう。

### intake valve
**吸気弁**

ピストン・エンジンのシリンダー頭部に組み込まれ、混合気のシリンダー内への流入を制御する弁。クランク軸より調時連動されるカム軸により作動される。一般にキノコ状をしており、高温においても十分な強度を有するよう特殊鋼で作られる。

### integral construction
**一体構造**

機体構造各部を１つの素材から一体的に作りだした構造。従来は、構造各部は翼小骨、フレーム、桁、外板など別々の部材を結合して形成されていた。一体構造は材料・工作技術の進歩により可能になったもので、部品数の減少に伴う工程の簡易化、剛性の向上、重量の減少などの利点がある。

### integral (fuel) tank
**作り付けタンク、インテグラル・タンク**

主翼構造内に作り付けとした燃料タンク。主翼桁、小骨、外板によって囲まれた空間をそのまま燃料の収容に用いている。

### integrate aeronautical information package
**総合航空情報パッケージ**

航空情報業務の自動化の推進及び航空情報業務の正確性、効率性、速さ及び有効性を改善するために導入されたものであり、次の形式による情報で構成される。

1．航空路誌（AIP）
2．航空路誌改定版（AIP amendment）
3．航空路誌補足版（AIP supplements）
4．ノータム（NOTAM）
5．航空情報サーキュラー（AIC）
6．チェックリスト、サマリー（checklists and summaries）⇒AIP

## INTER
インター

intermittenty の略で、天候の卓越現象のうち、断続的変化が頻繁に起こると予想されるときに用いる。現在は使われていない。

## interceptor fighter
迎撃戦闘機

敵侵攻機を捕捉、撃墜するための戦闘機。特に速度、上昇力が大きいことが求められる。

## interference drag
干渉抗力

流れの中に2つの物体が組み合わされた場合、相互の干渉によって生じる抗力。例えば主翼と胴体の結合部付近に生じる干渉抗力などである。

## intermediate approach fix
中間進入フィックス

計器進入方式において初期進入セグメントの終了点及び中間進入セグメントの開始点を示すフィックスをいう。⇒管制方式基準

## internally blown flap
インターナリー・ブロウン・フラップ

boundary layer control 参照。

## international air-ground radio station
国際対空通信局

国際運航を行う洋上の航空機に対して、気象情報・航空情報の提供、管制承認の中継、位置通報の受理、その他航行の安全に関わる通信を行う機関。コールサインは「TOKYO」（東京レディオ）が用いられる。

## international airport
国際空港

国際間の航空運送事業に従事する航空機が離着陸する空港として、締約国が指定した領土内の空港で、税関、出入国管理、公衆衛生、動植物の検疫に付随した手続及びこれと同様の手続が実施される。⇒ICAO

## international soaring badge
国際滑空記章

グライダー操縦の技量を示す基準として、国際航空連盟が規定した世界共通の資格章。銀章、金章、ダイヤモンド章の3種がある。資格は世界共通だが、試験の実施と記章の授与は各国の航空協会に任せられている。

1. 銀章：滑空＝最小限5時間の飛行1回。距離＝最小限50 kmの飛行1回を直線飛行又は最短辺28％の三角コースの1周飛行で行う。高度＝最小限1,000 mの高度獲得1回。このすべてを達成した者に授与される。
2. 金賞：滑空＝最小限5時間の飛行1回。距離＝最小限300 kmの飛行1回を直線飛行又は最短辺28％の三角コースの1周飛行、各辺最小限80 kmの最大限3辺の折線飛行で行う。高度＝最小限3,000 mの高度獲得1回。このすべてを達成しを者に授与される。
3. ダイヤモンド賞：距離＝最小限500 kmの無着陸飛行を直線飛行又は最短辺28％の三角コースの1周飛行、各辺最小限80 kmとした最大限3辺の折線飛行で行う。最小限300 kmの目的地距離飛行1回を直線飛行又は各辺最小限80 kmの最大限3辺の折線飛行で行う。高度＝最小限5,000 mの高度獲得1回。

## interplane strut
翼間支柱

複葉機で、上下の翼を連結し、翼間隔を保つために付設した支柱。流線型断面に加工されており、鋼管、アルミ合金管、木材等で作られ

ている。

### intersecting runways
**交差滑走路**
　２本以上の滑走路が交差、又は接しているものをいう。⇒管制方式基準

### intersection
**インターセクション、交点、交差点**
1. ２つ以上の航法援助施設によるコース、ラジアル、ベアリングの組合せにより位置を識別された点をいう。
2. ２つの滑走路、誘導路と滑走路、あるいは２つの誘導路の交点をいう。

### intersection departure
**インターセクション・デパーチャー**
　使用可能な滑走路の全長を使用しないで、滑走路の中途から、又は誘導路との交差地点から滑走を開始する離陸の方法をいう（図）。

### inter tropical convergence zone：ITCZ
**熱帯収束帯**
　北東貿易風と南方貿易風が収束する帯状の地域をいう。積乱雲を発生し、高度40,000ft以上に達する。

### invar
**不変鋼、インバー**
　36％のニッケルを含むニッケル鋼。常温における熱膨張率が低く、水の腐食に極めて強い。時計部品や計器などに用いられている。アンヴァともいう。

### inversion（temperature inversion）
**逆転、気温の逆転**
　大気中の気温は、高度の増加と共に減少する。ところが、高層の温度が低層より高いことがある。これを気温の逆転という。
　= temperature inversion

### inversion layer
**逆転層**
　気温の逆転現象が発生している気層。このような気層は前線付近に必ず存在する。また同一気団内でも、夜間の放射冷却で地上が早く熱を失い、その結果、下層の空気は冷却するが、その冷却が上層にまで及ばないため、上層の空気は下降せず、上層の空気のほうが温度が高くなることがある。このような逆転層があると対流を生じず、下方の気層が安定し、煙霧などを発生しやすい。

### inverted engine
**倒立エンジン**
　列型エンジンの一種でクランク軸がシリンダーより上方にあるもの。倒立直６シリンダー、倒立Ｖ型12シリンダーなどがある。

### inverted flight
**背面飛行**
　航空機が上下逆、つまり操縦士の頭が下方、足が上方の姿勢で行う飛行をいう。背面飛行を可能とするためには、燃料・滑油その他の系統に背面時に対処した設計が必要であり、また強度上も特殊な設計が必要なため、軍用機や曲技専用機等、一部の機体のみしか実施できない。また時間制限が付くのが普通である。
　写真は米海軍のアクロチーム、ブルーエンジェルスのソロ機による背面飛行。

### inverted normal loop
### 背面宙返り
　背面飛行の状態から機首を下方に下げて行う宙返り。

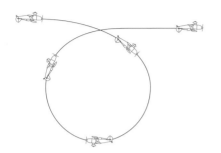

### inverted outside loop
### 背面逆宙返り
　背面飛行の状態から機首を上方に上げて行う宙返り。強いマイナスの荷重がかかる。

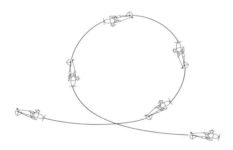

### inverted spin
### 背面キリモミ
　背面飛行状態にある機が、失速の結果入るキリモミ。

### inverter
### インバーター
　機上直流電源より得られる直流電力を交流電力に変換する装置。

### ionosphere
### 電離層
　電子密度が高く電波を反射する大気上層部の層。一般に電離層内では、太陽紫外線の放射が吸収されて、大気の一部がイオン及び電子となって存在している。イオンの密度は高度の増加と共に増加する傾向にあるが、この電離層はＤ層（平均高度 75 km）、Ｅ層（90〜130 km）、Ｆ層（180〜400 km）とに大別され、Ｆ層はさらにＦ１、Ｆ２の２層からなっている。

### IRAN：inspection and repair as necessary
### アイラン、IRAN
　航空機の定期点検の整備方式。工場へ搬入して大がかりな整備を実施する。

### IRBM：intermidiate range ballistic missile
### 中間射程弾道ミサイル
　射程 4,000〜6,000 km程度の地対地ミサイルをいう。

### irreversible controls
### 不可逆操縦装置
　操縦系統において、操縦桿、踏棒（フットバー）の側からは操縦舵面を動かすことができるが、逆に舵面の側からは動かすことができない操縦装置をいう。これは翼のフラッターなど、悪影響を防ぐためである。

### ISA：internationl Standard Atmosphre
### 国際標準大気
　standard atmosphre 参照

### isallobar
### 気圧等変化線
　天気図で過去一定時間における気圧変化の量が等しい点を連ねた線のこと。

### isallobaric wind
### 変圧風
　コリオリの力が地衡風と釣り合った時に吹く風。

## isentrope
### 等温位線
　温位の等しいところを連ねた線。これによって気団の動きを予想する。

## isobar
### 等圧線、アイソバー
　天気図上で気圧の等しい点を連ねた線。

## isogon
### 等風向線
　風向の等しいところを連ねた線。

## iso-octane
### イソオクタン
　原油の直接蒸留によってできた灯油、軽油を、さらに分解する時に生じる軽質のブタンガスやブチレンガスを重合させ水素を添加して作る。オクタン価は95。航空燃料に利用する際には原油から採った70オクタンくらいのガソリンにイソオクタンを4〜6割加え、さらに四エチル鉛を加えて100オクタンにする。ブチレンガスを作るにはブタノール（$C_4H_{10}O$）から水分を取って炭化水素（$C_4H_9$）に異性化させて作ることもできる。ブタノールはブチレン・アルコールの国際名である。

## isopropyl alcohol
### イソプロピル・アルコール
　機体防氷用に用いられる無色特臭の液体。分子式（$CH_3$）$_2CHOH$、沸点82.5℃、融点－85.8℃、比重0.79。水ほか大部分の有機液体と混合する性質がある。

## isotach
### 等風速線
　天気図上で風速の等しい点を連ねた線。
　isovel に同じ。

## isotherm
### 等温線
　天気図上で温度の等しい地点を連結した線。

## isovel
### 等風速線
　isotach 参照。

### JAA：Joint Aviation Authorities
### 欧州共同航空局

ヨーロッパの40か国近くが参画していた組織。1970年に耐空性基準をヨーロッパ内で統合することを目的に各国が参集して発足したもので、ほかに規則・基準、運航、整備、免許など幅広い分野で各国が協調をとるための組織になっていた。JAA は JAR（Joint Aviation Requirements：欧州共同航空規則）を定めており、これはアメリカの FAA の規則（FAR）とも整合性をとっている。現在、JAA の役割は EASA（参照）に受け継がれている。

### jamming
### 電波妨害、ジャミング

レーダー上の航空機の表示、あるいはラジオ交信、無線航法を妨害する電子的又は機械的干渉をいう。

### JATO：jet assisted take-off
### 離陸補助ジェット

飛行機の離陸距離を短縮するための、短時間に大推力を発生する補助ロケット。狭い滑走路からの離陸時や大きな角度での上昇が必要な場合等に使用されるが一般的ではない。敵が近くにいる場合など、一挙に高度を得るためにも使用される。

JATOを使用した急上昇の離陸（USN Photo）

### jet engine
### ジェット・エンジン

タービン・エンジンのうち、ターボジェットとターボファンの総称をジェット・エンジンと呼んでいる。

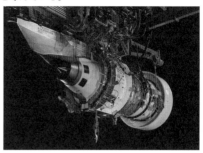

最新のP&W1217Gエンジン（P&W Photo）

### jet flap
### ジェット・フラップ

boundary layer control 参照。

### Jet fuel
### ジェット燃料

航空用タービン・エンジンに使用される燃料。この燃料の必要条件としては、①大量生産性があること、②始動性、流動性の良好なこと、③引火性の少ないこと、④気化性の適当なこと、⑤燃焼性の良好なこと、⑥炭素堆積性の少ないこと、⑦発熱量の大きいこと、⑧腐食性の少ないことなど。灯油又は、灯油とガソリンの中間的存在のものが使用されいる。

米軍規格燃料では JP-1、JP-2、JP-3、JP-4、JP-5、JP-6 などがある。民間規格燃料では Jet A、Jet B に大別できる。

うち Jet A は JP-5 に相当し、引火温度 43〜66℃、凍結温度－40℃、Jet B は JP-4 に相当し、引火温度－18℃、凍結温度－60℃。

### jet reaction rotor
### ジェット駆動回転翼

回転翼航空機の一種。ローター・ブレードの先端に装備されたラム・ジェット、パルス・ジェットにより駆動される形式のもので、機体にトルクが伝達されないので、尾部ローターはいらない。実験機は数機種存在したが、実用機にまで発展した機体はない。tip jet rotor とも

いう。

### jet route
ジェット・ルート
　高々度管制区（24,000ft 以上）に設定された直行経路の一種で、VORTACやTACANで結んでいる。

### jet stream：JTST
ジェット・ストリーム、ジェット気流
　圏界面付近にほぼ水平軸に集中している長さ数千km、幅約100 km、厚さ数kmで、ジェット軸における風速は最低限30m/s（60kt）であるものをいう。
　ジェット気流は、寒帯前線ジェット気流、亜熱帯ジェット気流、極夜ジェット気流、熱帯ジェット気流に区分される。その他に下層ジェット気流、偏東風ジェット気流がある。一般的に夏期に弱く、冬期に強くなる。また、ジェット気流の近くに晴天乱気流が存在することがある。

### jettison
投下、投棄
　航空機から緊急時に落下タンク、燃料などを投下すること。

### jig
治具、ジグ
　工作用具の一種。一般に工作に際し、工作物や型などを所定の位置に保持し、工作の案内とさせるもの。工作の正確化と能率化を図るのが目的。工作治具と組立治具に大別される。

### Joule：J
ジュール
　1N（ニュートン）が作用する点で、その作用する方向に1m移動する場合の仕事量をいう。
　⇒ ICAO

### joy stick
操縦桿
　操縦桿の俗称。control column 参照。

### JST（I）：Japan standard time
日本標準時、中央標準時
　東経135度を通る子午線における地方時を日本全国で共通の時間として使用することになっている。これを日本標準時といい、この子午線を地方標準子午線という。兵庫県明石市の標準子午線に平均太陽が正中した時、東京では正中より19分経過しており、福岡では正中前18分であるが、全国すべて一律に正午（12時）としている。中央標準時ともいう。Z（協定世界時）に対してIで表される（例：0127 I）。

### JTSB（Japan Tranport Safety Board）
運輸安全委員会
　国土交通省傘下にあり、米国のNTSBの日本版。

### jumbo jet aircraft
ジャンボ・ジェット航空機
　ヘビー・ジェット機のうち、最大離陸重量が40万lb以上の航空機。例としてボーイング747、777、787、エアバスA330、A340、A350、A380などがある。一般的には、ジャンボ機とはボーイング747をいう。

インドネシア　ガルーダ航空のA330

### jump seat
ジャンプ・シート
　通常、コクピットの操縦席後方に設置された簡易座席で、査察官、試験官を同乗させる場合など、幅広く使用される。

### jury strut
仮支柱、応急支柱
　機体を分解又は折り畳み状態にしておく場合に使用される支柱。

— 170 —

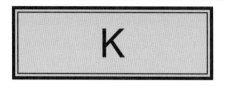

### karman vortex street
**カルマン渦列**
　カルマン博士の研究によって知られる渦列。物体の後方にできる2列の渦糸の間隔（h）が渦糸間の距離(l)の28.06％、h＝0.28061である場合、これらの渦糸配列は安定であるというもの。

### katabatic wind
**斜面下降風**
　斜面を吹き降りる風をいい、フェーン、重力風の2種類がある。

### katafront
**カタフロント**
　前線に沿い暖気が降下している前線。前線は活発でなくなる。

### keel
**竜骨（りゅうこつ）、キール**
　艇体又はフロートの底部を前後方向に走る主構造部材。

### keel line
**キール線**
　艇体又はフロートの中心面底部の描く輪郭。

### keelson
**副竜骨（りゅうこつ）、副キール**
　艇体又はフロートの底面内部を、キールと平行して前後に走る構造部材。内竜骨は kelson という。

### kelvin：K
**ケルビン、絶対温度**
　水の三重点（物質の気相、液相、固相の共存する状態）の熱力学的温度の1／273.16である単位をいう。⇒ ICAO

### kerosene
**灯油、ケロシン**
　原油の分留過程において揮発油（ガソリン）と軽油の中間留分として得られる油分。灯油、石油エンジン、溶剤などに使用される。タービン燃料も「ケロシン」と通称される。

### kick back
**はね返り、蹴り返し、キック・バック**
　早期点火やタイミングのズレにより発生するレシプロ・エンジン始動中の逆回転現象をいう。

**返送**
　レーダー管制システムで、機長が提出したフライト・プランが FDP から RDP に送られたあと、フライトプランの記載ミスで FDP に返送されること。

### kinematic coefficient of viscosity
**動粘性係数**
　粘性係数を密度で割った値。

### kite baloon
**凧式気球**
　係留気球の一種。気嚢を流線型とし、その両側と下部にそれぞれ安定袋、舵袋を付け、頭部が風に向かって立つようにしたもの。

### knife edge
**ナイフ・エッジ**
　曲技飛行の一科目。機体を90°回転させた状態で（片翼が地面を向いている）の飛行。

サンダーバーズによるナイフ・エッジ（USAF photo）

### knocking

## ノッキング

ピストン・エンジンのシリンダー内において、燃料と空気の混合気の未燃焼部分が急激に燃焼し、その結果、圧力及び温度の異常上昇をきたし、特殊な金属音を発生すること。

## knot
### 海里 / 時、ノット

速度の単位で、毎時 1 nm（1,852 m）の速度を 1 kt と表示する。航空機の運航において最も広く用いられる速度の単位である（km/h、陸マイルを使用する一部の国、機体を除く）。

## known traffic
### 既知の航空機

ATC クリアランス等に関して使われる用語。管制機関に高度、位置、方向、意図が知らされている航空機を意味する。

## Kollsman window
### コールスマン・ウインドウ

精密高度計において、入手した QNH で規正したり、調整する部分。

## krueger flap
### クルーガー・フラップ

前縁フラップの一種。巡航時には主翼前縁に完全に収納されているが、離着陸時には前縁からせり出して高揚力を発生させる。

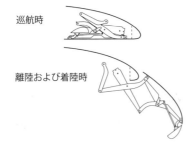

巡航時

離陸および着陸時

## kutta-joukowsky's law
### クッタ・ジューコフスキーの定理

ドイツのクッタと旧ソ連のジューコフスキーの両名が別個に証明した定理。完全流体の 2 次元的な流れの中にある物体には、その流体の密度を $\rho$、速度を $V$、循環の大きさを $\Gamma$ とすれば、$\rho \times V \times \Gamma$ なる力が流れに直角に作用するというもの。力の向きは流れの向きから循環流とは逆向きに 90 度だけ回転した向きをとる。

## lambert chart
### ランバート航空図、ランバート・チャート

正角（等角）円錐図法による航空図。地球表面の一部を北又は南を頂点とした円錐面に投影したもの。この地図に引いた直線は、ほぼ最短距離（大圏）に一致するので、長距離航法における利用価値が高い。ただし、子午線は平行しておらず、また緯度線は曲線となるので注意を要する。現在の航空図のほとんどは、この方法で作成されている。

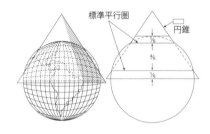

## laminar airfoil
### 層流翼

翼型抗力の大部分を占める摩擦抗力の減少を図るため、翼表面を流れる気流の圧力上昇を小さくし、境界層の層流より乱流へと移行する点をできるだけ翼後縁にもっていくようにした翼。したがって前縁半径が小（前縁が尖っている）、最大翼厚位置が40〜45％（翼弦の中央付近が最も厚くなる）、翼厚比が小となる。

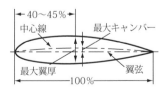

## laminar boundary layer
### 層流境界層

空気が規則正しい層をなして流れている境界層。

## land and sea breeze fog
### 海陸風霧

季節風霧や海霧が海陸風により陸地に移動した霧をいう。

## land and sea breezes
### 海陸風

海と陸の熱容量の差が原因となって起こる風。普通、風は等圧線の傾度に吹くのであるが海岸線地方では、昼間には日射により陸地が温められて上昇気流を生じ、温度の低い海上より風が吹き込むが、夜間には大地が冷却し、海面は昼間の日射熱を蓄えているので反対の現象を生ずる。なお、山谷風なども類似の現象である（下図参照）。

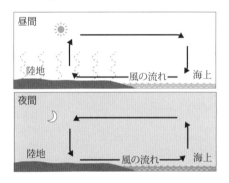

## landing angle
### 着陸角

着陸進入から接地に至るまでの飛行経路と水平面とのなす角。

## landing approach
### 着陸進入

着陸のために行われるアプローチであり、他の目的のためのアプローチとは区別される。

## landing area
### 着陸区域

移動区域の一部で、航空機の離発着を目的としている区域をいう。⇒ ICAO

## landing area flood light：LAFL

landing beam

## 着陸区域照明灯

着陸区域を照明するために設置する灯火。航空可変白の不動光。⇒施規 114 条、117 条

## landing beam
## ランディング・ビーム

夜間又は計器飛行状態下に着陸進入しつつある航空機の操縦士に対し、その着陸を安全に行わせるために飛行場より送信される着陸援助施設の無線ビームをいう。

## landing circle
## ランディング・サークル

着陸の前に飛行場の周囲を周回した航空機が描いた円をいう。

## landing decision point：LDP
## 着陸決心点

第 1 級性能ヘリコプターの着陸性能の決定に用いられる点であり、1 つの動力装置が故障した場合、安全に着陸が継続できるか、又は進入復行する点をいう。⇒ ICAO

## landing direction indicator：LDI
## 着陸方向指示器

着陸しようとしている航空機に着陸方向を示すために滑走路付近に設置された T 型又は四面体の形象物をいう。

## landing direction indicator lights
## 着陸方向指示灯

着陸しようとする航空機に着陸の方向を示すために T 型又は四面体の形象物に設置する灯火。⇒施規 114 条、117 条

## landing distance
## 着陸距離

着陸進入中の航空機が高さ 15 m に達してから地上に完全停止するまでの距離。

## landing distance required：LDRH
## 必要着陸距離

着陸表面から 10.7 m（35ft）の高さから着陸し、完全停止するまでに必要な水平距離をいう。⇒ ICAO

## landing gear
## 着陸装置、ランディング・ギアー

航空機が離着陸（水）に際して使用する装置（装備）。機種により、使用されている着陸装置は次のように分かれる。
・軽航空機（気球、飛行船）…車輪、緩衝袋
・陸上機………………………………車輪
・水上機…………フロート、ハイドロスキー
・飛行艇……………艇体及び翼端フロート
・雪上機………………………………スキー
・ヘリコプター…………車輪、スキッド（橇）
・グライダー…………車輪、スキッド（橇）

## landing gear door（bay）
## 着陸装置扉

引込式着陸装置（主脚、前脚、尾輪など）を引込めた場合、その出入口をふさぐ扉。

## landing gear extended speed：$V_{LE}$
## 着陸装置下げ速度

着陸装置を下げた状態で航空機が安全に飛行できる最大速度。⇒耐空性審査要領

## landing gear operation speed：$V_{LO}$
## 着陸装置操作速度

着陸装置を安全に上げ下げできる最大速度。

## landing gear warning device
## 着陸装置警報装置

引込式着陸装置を有する機体で、操縦士に引込脚が完全に出（又は入）状態になっていることを示す装置。ランプやブザーなどが使用される。

## landing light
## 着陸灯

翼、脚、又は機首に装備され、夜間また悪天候下の着陸に際して前方を照射する灯火。また昼間でも点灯し、他機や管制塔から視認しやすくしたり、合図のために使用することもある。

— 174 —

主翼前縁に取り付けられた着陸灯

### landing load
### 着陸荷重
航空機の着陸（水）及び滑走に際して、地面又は水面から着陸（水）装置に直接かかる荷重。

### landing minima
### 着陸最低気象条件
計器進入方式による航空機の着陸にあたり、最低気象条件と進入限界高度の2つの基準を満たしたものをいう。それぞれの滑走路に対し進入方式ごとに飛行視程、RVR、決心高、決心高度、最低降下高度のいずれかの最低値が定められている。また、飛行場灯火、航空機の区分及び運航規程により定められた操縦士の資格別に最低値は決定される。

### landing roll
### 着陸滑走
接地点から航空機が停止あるいは滑走路を離脱できる地点まで地上滑走すること。

### landing rope
### 着陸索
飛行船の着陸に際して使用される索。綱又は柔軟な鋼索で、船首より地上作業員に投下される。

### landing run
### 着陸滑走距離
着陸接地より完全停止に至るまでの距離。

### landing sequence
### 着陸順位

着陸しようとする複数の航空機の着陸の順番をいう。

### landing speed
### 着陸速度
着陸速度が速いと滑走距離が長くなり、逆に過度に着陸速度を遅くすると失速の危険が生じる。このため各航空機には適正な着陸速度が定められている。また、この着陸速度は機体重量、大気の条件によって変化する。このため、飛行規程等には、詳細に着陸速度が定められている。

### landing strip
### 着陸帯
特定の方向に向かって行う航空機の離陸・離水、又は着陸・着水の用に供するため設けられる空港等内の矩形部分をいう。
⇒航空法2条

### landing strip marking
### 着陸帯標識
陸上ヘリポート、水上飛行場、水上ヘリポート（着陸帯の境界が明確でない場合に限る）の着陸帯の長辺に、着陸帯の境界線を明瞭な1色又は対称的な2色により標示する。

(1) 陸上ヘリポート

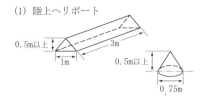

(2) 水上飛行場又は水上ヘリポート

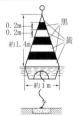

### landing surface

## 着陸表面

航空機が着陸のため、特定の方向に、通常の地上・水上滑走が可能であると公表した飛行場の一部分をいう。⇒ ICAO

## landing weight
### 着陸重量

着陸に際しての航空機の重量。

## landing wire
### 着陸張線

着陸荷重を支えるワイヤ。= anti-lift wire

## land mark
### 地表物標、陸標、ランド・マーク

飛行中に自機の位置を確認するため、利用できる地上の物標。特に空中から視認しやすいもの、目立つものが望ましい。例えば、塔状のもの、著名な建築物、大型施設、橋、湖、団地、工場、レース場、島、半島など。

## land mark beacon
### 地標航空灯台

航行中の航空機に特定の1点を示すために設置する灯火。
・航空白の閃光又はモールス符号
・閃光回数：12 〜 20 回
・発信速度：1分間に6〜8語
⇒施規 113 条、116 条

## land plane
### 陸上機

陸上飛行場を根拠地として運航される航空機。水上機（sea plane）の対語。

## large airplane
### 大型飛行機

通常、最大離陸重量が 12,500lb（5,700kg）以上の航空機。

## lateral axis
### 左右軸

機体の重心を通り、左右翼の方向へ向かう軸。

## laterally disposed dual rotor type helicopter
### 双回転翼式ヘリコプター

ヘリコプターの一形式。機体の左右両端にそれぞれ反対方向に回転するローターを設置した機体。これによりトルクの反作用を打ち消す。この形式は前面面積が大きく、また格納に不便である。この形式の機体としては、1937 年に初飛行したドイツのハインリッヒ、旧ソ連のミル Mi-12 が有名である。現在、実用機はない。

## lateral navigation(LNAV)
### エルナブ、LNAV

広域航法（RNAV）装置の機能の一つで、横方向のガイダンスを表す。

## lateral stability
### 横安定

機体の機首から尾部を通過する前後軸回りの安定性。横安定を強化する方法には主翼に上反角を付ける、後退翼にするなどの方法がある。

## latitude
### 緯度

赤道を起点に北が北緯、南が南緯と表す。単位は度（°）、分（′）、秒（″）になる。

## launching hook
### 射出フック

グライダー曳航時に使用されるゴム索を機体に取り付けるための拘束金具。

## lazy eight
### レージー・エイト

ゆっくりした上昇降下旋回を連続しながら180 度の連続方向変換を行い、機首が水平線上に「8の字」を描く飛行。連続した飛行姿勢変化に、調和のとれた操縦を対応させることによって、計画性、方向感覚、速度感覚、及び潜在的な飛行感覚等を総合的に養成することを目的としている。

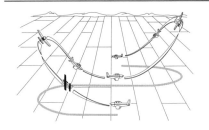

### lead bronze
### 鉛青銅
鉛、銅、錫の合金。主として軸受に使用されるので軸受青銅ともいわれる。

### leading edge
### 前縁
翼の最前端。aerofoil、wing 参照。

### leading edge fence
### 前縁渦発生板
dog tooth 参照。

### leading edge flap
### 前縁フラップ
飛行機の主翼前縁に付けたフラップ。後縁フラップと共に、翼の揚力係数を増大する目的で開発された。後縁フラップのみでは離着陸時の揚力が不足する高速機に主に採用されている。

後縁フラップと連動して、前縁の一部を下げたり、張り出したりする。これにより、迎え角を大きくとれ、揚力係数を大きくできる。

krueger flap、slat 参照。

### lead susceptibility
### 加鉛効果
ガソリンに四エチル鉛を添加することによるアンチノック性の増大効果のこと。適正量を超える添加は逆にアンチノック性を減少させる。

### lead time
### 導入期間
航空機の試作又は生産を開始してから引き渡しが完了するまでの期間。

### lean blowout
### リーン・ブローアウト
タービン・エンジンにおいて、燃料量の過少により、燃焼室内の火炎が消失する現象。
rich blowout 参照。

### leg
### 脚支柱
航空機の降着装置を構成している支柱。緩衝支柱と抗力支柱に大別される。
### 経路、レグ
飛行経路の一部分をいう。

### lenticular cloud
### レンズ雲
山岳波発生時、気流にある程度以上の湿度がある場合、その波動のため、山の風下側、山頂高度以上にできるレンズの形に似た雲。この雲が発生しているときは、山岳波が予想されるので十分な注意が必要である。
mountain wave 参照。

### let down
### 降下、高度下げ、レット・ダウン
進入・着陸のために巡航高度から降下することをいう。

### level
### レベル
飛行中の航空機の位置について、高さ、高度、フライトレベルなどの総称をいう。⇒ ICAO

### level landing
### 水平着陸
水平又は少し機首上げ姿勢で着陸する方法。尾輪式の機体では接地後、操縦桿を少し抑え気味にし、ブレーキは尾輪が接地した後に操作する。＝ wheel landing

### liason airplane
### 連絡機

life jacket

各種の連絡業務に使用される航空機。特に軍用の用語。使用される機体は小型機が多い。

## life jacket
**救命胴衣、ライフ・ジャケット**

水上に不時着水した場合、体を浮かすために使用される胴衣。泡気性繊維を入れたもの（カポック入布製等）や圧縮空気を入れたもの（ゴム袋製）がある。＝ life vest

## life limited part
**時間（回数）制限付き部品**

航空機の部品で、寿命が飛行時間、又は運航回数で制限されているもの。

## life raft
**救命イカダ、ライフ・ラフト**

水上に不時着水した場合、乗員・乗客が漂流しながら救助を待つためのゴムボート等。非常用食料、救急用品、薬品、信号灯、通信装置等が備えられている。普段は小さく畳んで機内に格納しておき、使用時にヒモを引くことにより、また着水時に自動的に圧縮ガスにより展張する。
dinghy 参照。

大人数用救命イカダ(USAF Photo)

## life support system
**生命維持系統**

酸素系統や与圧系統など、航空機において生命を維持させるための装置類。

## life vest
**救命胴衣、救命チョッキ**

life jacket 参照。

## lift

## 揚力

航空機が空中を進むと、翼に相対風が当たり翼を上へ引っ張り上げる負の力を生じる。この力を揚力という。揚力は翼の迎え角によって変化する。揚力 L（kg）は、翼面積を S（㎡）、速度を V（m/s）、空気密度を ρ（kg・sec²／m⁴）とすれば、次の式で表される。

$$L = 1/2\, \rho\, C_L S V^2$$

$C_L$ は揚力係数であり、翼断面によって、また同じ翼断面でも迎え角によって変化する係数である。

## lift coefficient
**揚力係数**

揚力を翼面積と流れの動圧との積で割ったもの。lift 参照。

## lift/drag ratio
**揚抗比**

翼の同じ迎え角における揚力と抗力の比で次の式で表される。L は揚力、D は抗力、$C_L$ は揚力係数、$C_D$ は抗力係数、θ は滑空角である。

$$揚抗比 = \frac{L}{D} = \frac{C_L}{C_D} = \cot\theta$$

L／D つまり $C_L$／$C_D$ の大きい翼の飛行機は滑空性がよく、航続距離も長い。

## lift engine
**リフト・エンジン**

ある種の VTOL 機の装備エンジンで、離着陸時専用のもの。通常飛行に移行したら停止させる。

## liftfan
**リフトファン**

VSTOL 機において、下方に空気又は排気を噴出して推力を得るためのファン。

## lifting body
**リフティング・ボディ**

胴体が揚力を発生する形状にされた航空機。主翼がなくても飛行でき、実験機が何機種か作られている。

X-24Bリフティング・ボディ実験機(NASA Photo)

## lift off speed：V<sub>LOF</sub>
**離陸速度、浮揚速度、リフト・オフ速度**

飛行機が V<sub>R</sub>（引き起こし速度）に達した後、滑走路から主車輪が浮き上がる速度。

## lift strut
**揚力支柱**

半片持ち高翼単葉機にあって、翼の揚力を胴体に伝える役目をする支柱。

## light airplane
**軽飛行機**

明確な定義はないが、一般的に最大離陸重量が 5,700kg 以下の、A類、U類、N類の機体が該当する。

## light chop turbulence
**ライト・チョップ・タービュランス**

乱気流の一種。航空機の高度・姿勢に大きな変化はなく、わずかで急変、かつリズミカルに飛び跳ねるような、針路の変化を伴わない揺れを引き起こす乱気流のこと。

## lightenning hole
**肉抜き穴、重量軽減穴**

重量軽減のため、構造部材に打ち抜いた穴。強度上支障をきたさない箇所に開けられる。

## lighter than air aircraft：LTA
**軽航空機**

飛行中の揚力を主として空気よりも軽い気体を容れた容器の浮力から得るすべての航空機をいう。⇒耐空性審査要領

気球、飛行船が該当する。ただし、気球は日本では正式な航空機とはなっていない。

## light gun
**指向信号灯、ライト・ガン**

管制塔の管制官により操作される指向性の強い光信号装置。白・赤・緑のビームを発射し、無線機故障の機体に指示を与えたり、滑走路を横断しようとしている人・車両等に指示を与えるためのもの。

## light gun signal
**可視信号**

無線電話通信が設定できない場合の指向信号灯は次のように使用される。

| 種　類 | 意　味 |||
|---|---|---|---|
| | 航空機が地上にある場合 | 航空機が飛行している場合 | 走行地域における車両または人 |
| 緑色の不動光 | 離陸支障なし | 着陸支障なし | 横断（または進行）支障なし |
| 緑色の閃光 | 地上滑走支障なし | 空港等に帰り着陸せよ※ | ― |
| 赤色の不動光 | 停止（または待機）せよ | 進路を他機に譲り場周経路を飛行せよ | 停止（または待機）せよ |
| 赤色の閃光 | 滑走路の外へ出よ | 着陸してはならない | 滑走路または誘導路の外へ出よ |
| 白色の閃光 | 空港等の出発点に帰れ | この空港等に着陸しエプロンに進め※ | 空港等の出発点に帰れ |
| 緑色および赤色の交互閃光 | 注意せよ | 注意せよ | 注意せよ |

注：不動光とは5秒以上点滅しない灯光をいい、閃光とは約1秒間の間隔で点滅する灯光をいい、交互閃光とは色彩の異なる光線を交互に発する灯光をいう。

※の灯光は、着陸許可又は地上滑走に関する指示を意味しない。

指向信号灯は、①航空機が互いに接近して衝突のおそれがあると管制官が判断した場合。②障害物、滑走路面の凍結など危険な状態があって航空機又は車両が安全運航のために特に注意を払う必要がある場合。③管制官が航空機の機体について異常を発見し、操縦者がそれに気づいていないと考えられる場合。④その他、管制官が必要と判断した場合に航空機、車両又は人に対して発出する。

通信内容を当該航空機が了解した旨を応答する場合は、次の要領で行う。

昼間においては、①航空機が地上にある場合は、補助翼又は方向舵を動かす。②航空機が飛行中は主翼を振る。

夜間においては着陸灯を点滅又は点灯する（この方法は昼間においても使用することができる）。⇒施規202条、管制方式基準

## light plane
**飛行機**

light airplane 参照。

## light sport aircraft
**LSA、ELA、軽量スポーツ航空機**

新しいカテゴリーの機体としてFAAにより規定が定められた。規格は最大離陸重量600kg（水上機は649kg）以下、最大速度120kt（222km/h）以下、失速速度最大45kt（83km/h）、最大2人乗り、固定脚、固定ピッチ・プロペラ（調整ピッチ・プロペラも可）、ピストン・エンジンとなる。EASAではELA(Europian Light Aircraft) と呼称している。

LSA機の一例、CH650（ZODIAC Photo）

## light twin
**軽双発機**

比較的小型の双発機のこと。飛行機、ヘリコプターの両方で使用される用語。

## limiting speed
**制限速度、限界速度**

ある航空機の、特定の状態、形態で許容される最大速度。

## limit load
**制限荷重**

常用運用状態において予想される最大の荷重をいう。⇒耐空性審査要領

航空機の運用状態において起こると予想される最大の荷重。つまり、この荷重範囲内では、各構造の機能を害するような変形、また有害な残留変形も起きない。

## limit load factor
**制限荷重倍数**

制限重量に対応する荷重倍数。
⇒耐空性審査要領

制限荷重を航空機の重量で割った値。その値は機種によって異なる。

## line maintenance
**ライン整備、列線整備**

航空機を格納庫やドックに入れないで、エプロンで軽微な整備や修理をすること。

## line of discontinuity
**不連続線**

front 参照。

## Link trainer
**リンク・トレーナー**

計器飛行に必要な基本的操作を地上で安全かつ安価に習得させるための装置。もともとLink Aviation 社の商品名。

## liquid ammonia
**液体アンモニア**

化学式 NH3、沸点 −33.4℃、比重 0.62。炭素分子を含有せず、分子量が小さい。液体ロケット燃料として用いられ、液体酸素と組み合わせた場合の比推力は 255lb／sec である。

### liquid cooling (cooled) engine
### 液冷エンジン
　液体によって冷却をするエンジン。冷却液としては自動車エンジンにも使用されているグリサンチン等が使用される。冷却液がシリンダー周囲、またジャケットと称される壁内を循環するようになっており、熱された冷却液は放熱器で放熱され、再びエンジンへ戻される。水冷式のものに比べ放熱効果が大きく、それだけ放熱器を小さくできる。

### liquid hydrogen
### 液体水素
　ロケット燃料として用いられる。沸騰点が低く（−253℃)、比重も小さいのが欠点である。

### liquid oxidizer
### 液体酸化剤
　ロケット推進剤の燃焼酸化に使用される液状薬剤。液体酸素、過酸化水素、硝酸（白煙硝酸、赤煙硝酸)、過酸化窒素、液体フッ素、液体オゾンなどがある。

### liquid propellant
### 液体推進剤
　ロケット用推進剤の一種で液状のもの。これにはモノ・プロペラント（一元推進剤）とバイ・プロペラント（二元推進剤）とがある。モノ・プロペラントとしては過酸化水素、ニトロメタン、テトラニトロメタン、硝酸エステルエチレンオキサイドなどがある。バイ・プロペラントとしては、燃料に液体水素、液体アンモニア、ヒドラジン、アニリン、メチル、エチルアルコールなどがあり、酸化剤に液体酸素、過酸化水素、硝酸、過酸化窒素、液体フッ素、液体オゾンなどがある。

液体燃料ロケットのデルタⅣ (NASA Photo)

### liquid propellant rocket
### 液体燃料ロケット
　推進剤を液体とする形式のロケット。一般的に、液体推進剤は液体燃料と液体酸化剤からなり、供給方法により高圧ガス圧送式とターボ・ポンプ圧送式とがある。

### load dropping construction
### ロード・ドロッピング構造
　fail safe construction 参照。

### load factor
### 荷重倍数、ロード・ファクター
1．航空機に働く荷重と航空機重量との比をいう。⇒耐空性審査要領
　操舵や突風により生じた空気力、又は慣性力、離着陸時の地面や水面の反力など、運動する航空機に作用する力が、その航空機の重量の何倍に当たるかを表したもの。
2．航空機、特に旅客機において、乗客の搭乗できる座席数に対して、何人が乗っているかを％で示したもの。ロード・ファクターは航空会社の収益に大きな影響を与える要素である。L/F と略記することもある。

### loading chart
### 積載チャート
　航空機の重量・重心が規定内に収まっているか図示するチャート。

### load test

### 荷重試験

航空機などの構造各部が、所要の強度・剛性を有するか否かを確かめる目的で行う試験。部品の荷重試験と全機の荷重試験とに大別され、その構造各部が運用中に受けると考えられる荷重状態に則して行われる。なお、これには静的荷重試験と動的荷重試験がある。新型機の強度を最終的に確認するための重要な試験である。

NASAによるE-2Cの荷重試験(NASA Photo)

### localizer：LLZ (LOC)
### ローカライザー

航空機がILSによる進入・着陸を行う際に利用される設備の1つ。ローカライザー無線標識とローカライザー受信機で構成される。ILS参照。

### localizer beam
### ローカライザー・ビーム

航空機がILSによる進入・着陸を行う際に利用される地上設備の1つ。鋭い指向性のある電波を送信する無線発信機である。滑走路の進入方向と反対側に設置されており、航空機は、受信電波により滑走路軸線に対する左右のずれを知る。ILS参照。

### localizer course
### ローカライザー・コース

水平面上でDDM（変調の深さの差）が零になる点の軌跡をいう。⇒ AIP
注. 受信側から見た場合には、正常に調整された機上ローカライザー用計器の指針は中央を指す。

### localizer course width
### ローカライザー・コース幅

機上に装備するクロス・ポインター計の指示値が±150マイクロ・アンペア（0.155DDM）に偏向する角度幅をいう。

### localizer critical area
### ローカライザー危険区域

地上交通によりILSの電波が妨害され、ILSアプローチに影響が及ぼされる範囲。ローカライザーの送信用アンテナから滑走路の進入端の方向に1,000ft、滑走路中心線の両側に200ft伸びた長方形の区域である。

### localizer receiver
### ローカライザー受信機

ILS方式で着陸する航空機が機上において使用する受信設備で、ローカライザー無線標識より送られてくる電波を受信し、滑走路軸線よりのずれが十字型指示器の垂直指針によって示されるようになっている。

### local mean time：LMT
### 地方時、地方平均時間

平均太陽が、ある子午線の上支線に正中した時を正午（12時）とし、反対側（下支線）に正中した時を夜中の0時とする。午前中、太陽はその子午線の東側にあり、午後は西側にあることになる。このような時刻は各子午線ごとに定めたものである。

### local traffic
### ローカル・トラフィック

管制塔から見える範囲内を飛行する航空機をいう。また、局地訓練空域へ出発したり、帰投する航空機、さらに飛行場へ向かって計器進入を行う航空機も含まれる。

### log
### ログ、日誌

パイロットが使用するフライト・ログや、

機体、エンジン、プロペラ、ヘリコプターのローターなど、個別に使用時間、整備内容などを記録するもの。

パイロットの飛行時間記録用ログ

### longeron
**強力縦通材、ロンジェロン**

セミ・モノコック構造の項で説明したように、胴体の前後に並べられた部材。ストリンガーの一種。

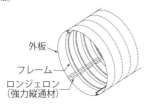

### longitudinal axis
**前後軸**

航空機の対称面に含まれ、重心を通り、前後に走る軸。通常「X軸」として表される。

### longitudinal bulkhead
**縦隔壁**

機体構造で、前後方向に設けられた隔壁。水上機のフロートなどによく見受けられる。

### longitudinal stability
**縦安定**

航空機の前後方向に関する安定。

### loop
**宙返り、ループ**

曲技飛行の一種。操作は、まず所定の開始速度が得られるまでエンジンの過回転に注意しながら増速する。開始速度に到達したら操縦桿を軽く手前に引く。機は上昇を始めるが、これと共に操縦桿を強く引く。機の姿勢は垂直から背面になり、次いで垂直降下の姿勢となる。操縦桿はそのまま引き続ける。機は次第に加速し元の位置に戻り、やがて水平姿勢に復する。

### loop antenna
**わく形空中線、ループ・アンテナ**

受信用アンテナ。円形に何回も巻いたワイヤからなり、強い指向性を有する。8字型の特性があり、ループの面に垂直な方向（A及びB）からの電波に対しての受信電圧は零で、ループの面の方向（C及びD）からの電波に対しては最大となる（OC及びODの長さをもって受信電圧を表す）。その他の方向、例えばE方向に対してはOEの長さに相当する感度を有する。

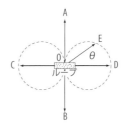

### LOP：line of position
**位置の線、ロップ**

航空機が地上のある定点（例えば無線局等）から何度の線上にいるかを示す方位線のこと。

### LORAN：long range navigation
**ロラン**

長距離航法装置の一種。地上の2か所以上のロラン局から発射される電波を機上のロラン受信機で受信し、電波の到来時間差を測ってチャート上に2本の位置線を決定し、交点を求めて現在位置を決定する航法である。現在ではGPSの普及で航空用としての役割は終えた。

## low
### 低気圧
気圧が周囲より低い地域をいい、下層で収束が起こると付近の大気の質量が低下して発生する。北半球においては、地表で風が反時計回りに吹き込む。偏西風の不安定現象で作られる温帯低気圧、日射による上昇気流で作られる熱低気圧、力学的に作られる地形性低気圧に分けられる。副低気圧、トルネード、竜巻、熱帯低気圧（台風、ハリケーン、サイクロン）も低気圧の一種である。depression 参照。

## low approach
### 低空進入、ロー・アプローチ
計器進入により滑走路又は空港上空まで進入すること。またVFR機では、あらかじめ着陸復行を意図した進入で、接地せずに滑走路上又はその付近上空を低空で通過すること。

## low cloud
### 下層雲
平均上面は 2,000 m、平均下面は地表付近に存在する雲で、層積雲、層雲などがある。

## low level jet stream
### 下層ジェット気流
対流圏上部以下のジェット気流。

## low level wind shear：LLWS
### 低高度（低層）ウインド・シアー
最終進入コース又は離陸もしくは初期上昇経路沿いのウインド・シアーをいう。
⇒管制方式基準
特に飛行経路に沿った短区間、高度 1,500ft 以下の高度に発生するウインド・シアーは航空機の着陸に影響を及ぼす。激しいウインド・シアーの発生原因には、気温の逆転、雷雨、前線の活動などがあげられる。

## low level wind shear alert system：LLWSAS
### 低層ウインド・シアー警報装置
空港の各所に設置された風感知器から送られてきたデータをコンピューター処理し、低層ウインド・シアーが発生する可能性のある場合は、管制官から到着機、出発機に警報を発するシステムである。

## low pass
### 低空通過、ローパス
低高度で特定地点の上を通過する飛行法。

## low pressure compressor
### 低圧圧縮機
high pressure turbine 参照。

## low pressure turbine
### 低圧タービン
high pressure turbine 参照。

## low-wing monoplane
### 低翼単葉機
主翼が胴体下方についている単葉機。高翼単葉機に比べ下方視界の点で劣るが、片持単葉とした場合、翼と胴体との結合がうまくいき、引込み脚の設置に都合がよい。ただし、主翼上面と胴体との間に生じる気流干渉を防止するために、フィレットを設ける必要がある。

低翼単発機の一例，パイパー6X

## LOX
### LOX
液体酸素（liquid oxygen）を表す略語。

## LRU：line replacement unit
### LRU
エプロンなどで容易に交換できるようユニット化された部品。

## lubber line

**首線**

　コンパスの 外筐(がいきょう)上に、航空機の機首方向と一致するように描かれた指示線。

**lubricating oil**

**潤滑油**

　互いに相接して運動する物体の摩擦面に生じる摩擦力を減少し、磨耗、焼き付きなどを防止するための油。潤滑油として考慮すべき要素は、適当な粘性を有し、しかも温度により粘性が著しく変化しないこと、高温度においても分解しないこと、低温度においても活動性を有すること、化学的に安定なこと、油性の大きいこと、金属を腐食しないこと、炭化傾向の少ないことなどである。＝ lubricant

**lumen：lm**

**ルーメン**

　1 C（カンデラ）の光度の光源から 1 単位立体角に放射する光束をいう。⇒ ICAO

**lux：lx**

**ルクス**

　1 lm（ルーメン）の光束が、1 ㎡の表面に一定に分配される照度をいう。⇒ ICAO

# Mach indicator(meter)

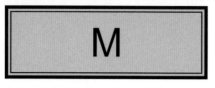

## Mach indicator(meter)
### マッハ計

各高度の音速をマッハ1とし、これに対する気流の速度比で表すようにしたもの。例えば海面上の機速が880km/hとすれば、マッハ計の読みは音速の0.72を少し上回る値であるが、これが高度10,000m程度になると同速度のマッハ計による読みは0.83を示すことになる。計器装置の概要は、ピトー静圧管より動圧と静圧を速度空盒の内外、すなわち計器内部に導いてあり、速度の増加と共に動圧、静圧の差が増大して空盒が膨張し、その動きを指針に伝えて各速度に応じたマッハ数として指示するようになっている。

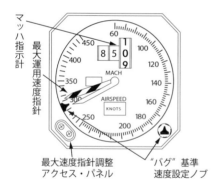

## Mach number：M
### マッハ数、マック数

航空機の真対気速度を音の速度で除して得た数値であって、小数点第3位以下を切り捨てたものをいう。⇒管制方式基準

音速前後の高速気流が物体に当たると、空気は圧縮されて密度が増加し、空気抗力に著しい変化をきたす。すなわち、空気の圧縮性の影響が現れるわけである。この空気の圧縮性の影響の度合いを表す尺度としてマッハ数Mを用いる。マッハ数は飛行速度vと音速aとの比で表され

$$M = \frac{v}{a}$$

これは1885年、オーストリアの物理学者、エルンスト・マッハ教授によって考察されたものである。

## Mach number technique
### マック・ナンバー・テクニック

洋上管制において、特定の飛行経路を同一の高度で飛行するターボジェット機相互間に縦間隔を維持するため、マック数を指示する管制方式をいう。⇒管制方式基準

## macroburst
### マクロバースト、大型噴流

下降奔流（ダウンバースト）のうち風の吹き出しが4km以上になるもの。ドップラー・レーダーでの探知が可能である。

## magnalium
### マグナリウム

マグネシウムの含有が10～30%のアルミニウム・マグネシウム合金。耐蝕性が良好。

## magnesium alloy
### マグネシウム合金

マグネシウムにアルミニウム、亜鉛、マンガン、珪素などを添加した合金。大別して鋳造用（AZF、AZGなど）と加工用（AM503、AM537など）があり、軽量な航空機用材として多用されている。

## magnetic bearing
### 磁方位

磁北から測った平面上の角度。

## magnetic compass
### 磁気コンパス

地磁気を利用したコンパス。欠点として旋回誤差、動揺・加速度による誤差があり、時間的遅れがある。このため、定針儀と併用される。

## magnetic course：MC
### 磁航路
ある地点からある地点に向かって地図上に引いた航路を、磁気子午線を基準に測ったもの。

## magnetic deviation
### 自差、磁気偏差
磁気コンパスは機体に用いられている鉄などの磁性体、エンジン、配線などの影響で磁北を指すことはほとんどなく、ある範囲の誤差を生じる。これを磁気偏差といい、この修正値を得るために各空港にはコンパス修正台が付設されている。

## magnetic drain plug
### マグネティック・ドレイン・プラグ
エンジンの潤滑系において、部品の破損などで剥がれた金属の小片を吸着させる磁石付きのドレイン・プラグ。

## magnetic equator
### 磁気赤道
地表面でコンパスの傾きがない点を連ねた線。

## magnetic heading：QDM
### 磁針路
磁北から測った機首方位。

## magnetic north
### 磁北
地球の回転軸である真北に対し、地磁気が北で収斂するポイント。

## magnetic variation
### 磁針偏差
真北と磁北との間の角度差をいう。
⇒ ICAO
variation 参照。

## magneto generator
### マグネトー発電機
ピストン・エンジンにおいて、混合気の点火に必要な電流を発生させる発電機。クランク軸によって駆動される。発電子を通る磁束変化の方法によって、発電子回転型、誘導子回転型、磁鋼回転型の3種類に区分される。
1. 発電子回転型
永久磁石の両極間で発電子が回転するもので、2次側に高圧電気を誘発する回数は、回転体の1回転ごとに2回。
2. 誘導子回転型
発電子と永久磁石は固定してあり、誘導子と称する軟鉄片のみを、磁石の両極間に回転させるもの。高圧電気発生回数は、1回転につき4回。
3. 磁鋼回転型
永久磁石のみを直接回転させるもの。高圧電気発生回数は、1回転につき4回。この型は構造が比較的簡単で能率がよく、現用のマグネトー発電機として最も多用されている。

## magneto system
### マグネトー系統
ピストン・エンジンにおいて、シリンダー内の混合気を電気により点火・爆発させるための一連の系統。電気を発生するマグネトー発電機、発電機により生じた高圧電気を導く電線、高圧電気を発火させる点火プラグ、これらを任意に操作する開閉器（断続器）で構成されている。

## magnus effect
### マグヌス効果
H.G.マグヌスが1852年に砲弾などの研究により解明した現象。これは、円筒を気流に直角に置き、円筒に回転運動を与えると、粘性のため周囲の空気も円筒面について回るようになるため、最初の気流に円筒周りの円運動が加わ

り、その気流に歪み、偏りを引き起こし、円筒は流れに直角な方向の力を受ける、というもの。

## main bearing
**主軸受、メイン・ベアリング**

ピストン・エンジンのクランク室に取り付けてある軸受。クランク・シャフトを一定の位置に保つと共に荷重を受け持つ。金属摺動面の摩擦を少なくする役目があり、平軸受、玉軸受、ローラー軸受に大別される。

## main control surface
**主操縦翼面**

飛行機の3軸回りの操縦を受け持つ昇降舵、方向舵、補助翼の3舵をいう。補助翼の役割をスポイラが代替している機体もある。

## main landing gear
**主着陸装置、メイン・ランディング・ギア**

地上において航空機重量の大部分を受け持ち、着陸に際しては衝撃を吸収して安全に着陸させるためのもの。普通は、2個の主車輪（大型機では4個、8個、16個の例もある）と、それを機体構造部に連結する支柱部材（緩衝支柱、脚引込作動筒、抗力支柱等）、ブレーキ、歯車機構等などからなる。大型機では、胴体下にも配置されていることがある。固定式と引込式に大別できる。

## main rotor
**主回転翼、メイン・ローター**

回転翼航空機を空中に支持するための主要なる回転翼をいう。⇒耐空性審査要領

## main spar
**主桁**

桁のうち、翼にかかる荷重（空気力、重力、慣性力など）の大部分を負担する桁。桁の破壊は大事故に直結する。それだけ重要な構造部材である。

## main step
**主ステップ**

艇体又はフロートの底面に設置されているステップのうち、最前部のもの。

## maintenance
**整備、保守、メインテナンス**

航空機の耐空性を維持するための作業。機体の点検、整備、修理、改造等が含まれる。

## maintenance manual
**整備規程、メインテナンス・マニュアル**

航空機の点検、整備、簡単な修理方法を記載した書類。各航空機の型式ごとに製造者が作成するもので、航空運送事業者は、その事業ごとに整備規程を設定することが義務付けられている。

## major overhaul
**メジャー・オーバーホール**

エンジンを細部まで分解し、洗浄、検査、修理、点検して再組立すること。

## mandatory altitude
**指定維持高度、マンダトリ高度**

計器進入方式を示したチャート上に記された高度で、航空機が維持しなければならない高度。

## maneuverability
**運動性、機動性**

旋回、横転など、航空機の各種運動の能力的特性。安定性と共に、航空機の性質を決定する重要な要素。戦闘機、攻撃機、曲技専用機などは高い運動性が求められる。

## maneuvering area
**走行地域**

航空機の離着陸、及び地上移動のために使用される飛行場内の地域であって、エプロンを除くものをいう。⇒管制方式基準

## maneuvering envelope
**運動包囲線**

飛行速度Vに対する制限荷重倍数nの関係

marker beacon

を示した線図を運動包囲線またV－n線図という。すなわち、ある航空機が速度Vで運動してよい範囲を制限荷重で示し、運動の制限を定めたもの。つまり、その速度で、その制限荷重を越えることはできないことを示したもの。

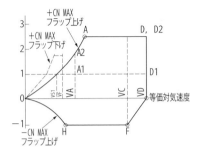

## maneuvering load factor
**運動荷重倍数**

制限荷重倍数の1つ。飛行中各種の運動を行った場合に対するもの。この値は耐空類別によって異なり、次の値以上に定められている。

・飛行機輸送T類

$$n = 2.1 + \frac{10,866}{W+4,536}, -1.0$$

$$\left[ n = 2.1 + \frac{24,000}{W+10,000} \right]$$

W：飛行機の重量をkg（lb）で表したときの設計最大離陸重量とする

ただし、nは2.5より小さくてはいけなく、3.8より大きい必要はない。

$$n = 2.1 + \frac{10,900}{W+4,540}, -0.4$$

$$\left[ n = 2.1 + \frac{24,000}{W+10,000} \right]$$

・飛行機輸送C類、普通N類
W：飛行機の重量をkg（lb）で表したときの数値

ただし、nは3.8より大きい必要はない。
・飛行機実用U類　n＝4.4、－0.4
・飛行機曲技A類　n＝6.0、－0.5

・回転翼航空機普通N類　　n＝3.5、－1.0
・回転翼航空機輸送TA級、TB級
　　　　　　　　　　　　n＝3.5、－1.0

## manifold air pressure：MAP
**吸気圧力、マップ**

指定された点で測定された吸気通路の絶対静圧力をいい、通常水銀柱cm（in）で表す。
⇒耐空性審査要領

ピストン・エンジンにおいて、吸入空気がシリンダーに入る前、つまり吸入多岐管内の圧力。エンジンの出力は吸入空気量で変化する。回転数が一定であれば吸気の温度と圧力で吸入空気量が決まる。吸気圧力を知ることはエンジン出力を知る重要な目安である。

＝MP：manifold pressure

## marginal weather condition
**中間気象状態、限界気象状態**

有視界気象状態（VMC）及び計器気象状態（IMC）の中間、あるいは、IMCとbelow minimumの中間の気象状態をいい、運航上、どっちつかずの気象状態をいう。

## margine of safety factor
**余剰安全率**

構造部材の破壊荷重が、計算上の終極荷重を上回る分の終極荷重に対する百分率。
次の式で表される。

$$余剰安全率 = \frac{破壊荷重}{終極荷重} - 1 (\%)$$

## marker
**標示、マーカー**

障害物を示すため、又は境界を定めるために地上に表示する物件をいう。⇒ICAO

海上で遭難者を発見した場合など、航空機から投下して遭難者を見失わないようにするダイ（染色）マーカーなどのこと。

## marker beacon
**マーカー・ビーコン、無線位置標識**

marker indicator

指向性の電波を直上に発射し、航行中の航空機に定点の直上を通過したことを知らせる無線位置標識。航空路、ILS の着陸経路上などに付設される。ILS 参照。

## marker indicator
### マーカー・インディケーター
航空機の操縦席の計器板上に付設され、その航空機が経路上のマーカーの直上を通過したことを色彩と音声で表示する計器。ILS 参照。

## marking
### 標識
航空情報を伝える目的で、移動区域に表示された記号をいう。⇒ ICAO

## mass balance
### 釣合い錘、マス・バランス
balance weight 参照。

## master minimum equipment list：MMEL
### 基本最低運用基準
飛行の開始にあたって1つ以上の不作動が許されるリストで、製造者が特定の航空機型式について、特別の運航状態、制限、又は方式に関連して設定し、製造国が承認したものをいう。
⇒ ICAO

## master switch
### 主スイッチ、マスター・スイッチ
航空機の電気系統を開閉するスイッチ。通常、小型機においては、1つのスイッチでオルタネータのフィールドと、バッテリー・リレーの両方を開閉する方式が多く見られる。また、一部の航空機では、電気式時計、航法装置のメモリー、失速警報等において、主スイッチに関係なく常時電力が供給されるシステムも存在する。

## maximum camber
### 最大矢高、最大キャンバー
翼型中心線と翼弦線との間隔。つまり、キャンバーの最大値で翼弦長に対する百分率で表す。

## maximum climb
### 最大上昇
指定された最大の出力で最も早く高度が得られるような上昇をいう。

## maximum climb thrust
### 上昇最大推力
通常の上昇が認められた最大推力をいう。この定格推力は、あらかじめ決められた EPR（エンジン圧力比）が得られるようにスロットルをセットすることで得られる。

## maximum continuous thrust
### 連続最大推力
連続使用が認められた最大推力。この定格を設定する目的はエンジンの寿命を延ばすためであり、安全飛行上必要な場合のみ操縦士の判断で使用できるタービン・エンジンの定格推力である。軍用のジェット・エンジンにおいては、特殊な地上状態、あるいは出力レバーを最大継続（maximum continuous）の位置にセットした時の飛行状態で連続して発生する最も高い推力をいう。

## maximum cruise、Vcmax
### 最大巡航
所定の高度において最大の巡航速度が得られるような出力の設定をいう。高速の反面、燃費が増加し、航続距離は伸びない。high speed cruise ともいう。

## maximum cruise thrust
### 巡航最大推力
巡航時に認められた最大推力をいう。

## maximum landing weight
### 最大着陸重量
飛行機が着陸を許容される最大の重量。大型機では最大離陸重量より少し小さな重量である。この重量に基づいて脚構造などの強度が設計されているため、もしこの最大着陸重量より

— 190 —

大きい重量で着陸した場合には、接地時の衝撃が大きく、機体を破損することがある。従って、大型機では離陸直後の故障等で着陸しなければならない場合、重大な故障でなければ燃料を空中で放出したり消費したりして最大着陸重量以下にしてから着陸するように定められている。

### maximum mass
### 最大質量
証明された最大離陸質量をいう。⇒ ICAO

### maximum power
### 最大出力
使用できるエンジン出力の最大値をいう。運転時間に制限がつく。

### maximum ramp weight
### 最大ランプ重量
最大離陸重量にタクシー及びランナップ燃料を加えた重量。

### maximum take-off weight
### 最大離陸重量
航空機が離陸できる最大の重量で、機体構造、性能、運用上の1つの基準となる。離陸距離や離陸速度もこれによって定められる。

### maximum zero fuel weight
### 最大ゼロ燃料重量
燃料がゼロのときの主翼の付け根強度を考慮した最大重量。⇒ zero fuel weight

### MAYDAY
### 遭難信号、メイデイ
航空機及び船舶が、緊急救助を要請する場合に発する無線電話信号の1つ。無線電信のSOSに相当する。国際基準では3回続けてコールすることになっている。

### MCP：multi crew pilot
### 准定期運送用操縦士、MCP
大型の2人乗り飛行機専用の副操縦士としてのライセンス。受験に必要な飛行経歴が（独

法）航空大学校、指定養成施設での飛行経歴に限られる。

### MDA：minimum descent altitude
### 最低降下高度
minimum descent altitude 参照。

### MEA：minimum en-route altitude
### 最低経路高度
minimum en-route altitude 参照。

### mean aerodynamic chord：MAC
### 空力平均翼弦
翼全体を通じて1つの翼弦線、つまり空力学的特性を代表するように想定された翼弦線。これは、飛行機の翼厚は翼付け根から翼端まで一定ではなく、矩形翼以外の翼弦線は翼端のほうが小さく（テーパー）なっている。さらに、翼端失速を防ぐために翼に捩り下げを付けている機体もあるなど、複雑な形状であるため、MACが定められている。MACを用いることにより、主翼はMACを翼断面とする矩形翼として扱うことが可能となる。テーパー翼の場合、このMACを計算により求めると次のようになる。

$$\mathrm{MAC} = \frac{2}{3}\, t_0 \left( 1 + \frac{k}{1 + k^2} \right)$$

$t_0$：翼付け根の翼弦長
$k$：テーパー比

### mean camber line
### 平均反り線、平均キャンバー線
翼型の厚さの中点を結んでできる曲線。翼型中心線又は矢高線（キャンバー・ライン）ともいう。

### mean effective pressure
### 平均有効圧力
ピストン・エンジンのシリンダー内ガス圧力の平均で、インディケーター線図に基づいて求められる。理論平均有効圧力、図示平均有効圧力、正味平均有効圧力の3通りがある。

— 191 —

## mean sea level：MSL
### 平均海面、MSL
　海面高度は満潮、干潮等によって異なるが、それらを平均化して基準値としたものをいう。航空図における飛行場標高又は山岳等の標高は、この平均海面からの値を示してある。

## mechanical efficiency
### 機械効率
　ブレーキ馬力を指示馬力で割ったもの。次の式で表される。

$$機械効率 = \frac{ブレーキ馬力}{指示馬力}$$

## MEDEVAC
### メデヴァック、MEDEVAC
　緊急患者輸送など、医学的な理由で管制機関に優先的な取り扱いを求める場合に使用される管制用語。medical evacuation の略。

## medical certification
### 航空身体検査証明
　日本では第 1 種及び第 2 種があり、自家用操縦士、2 等航空士、航空通信士は第 2 種、それ以外の乗員は第 1 種に合格する必要がある。航空身体検査指定機関で検査を受け、合格すれば証明書 (Aviation Medical Certificate) が発行される。証明書の有効期間は定期運送用操縦士、自家用操縦士など各資格、操縦士の年齢で異なる。

## medium cloud
### 中層雲
　平均上面 6,000 m、平均下面 2,000 m の間に存在する雲。高積雲、高層雲、乱層雲がこれに含まれる。

## mercator chart
### メルカトール図、マーケイター図
　円筒投影を数学的に改良したもの。円筒投影をそのまま平面に開いたのでは正角（地表上で 2 線が交わる角度と、地図上で 2 線が交わる角度が同じであること）にはならない。したがって、メルカトール図では緯度が高くなるにつれ、緯度幅が sec に比例して拡大して正角となるようにしてある。このため航空図として利用できるのである。メルカトール図は正角であること、また航程線が直線となり作図がしやすいという長所がある反面、一定尺がない、あるいは高緯度では歪曲が大きくなるという短所がある。

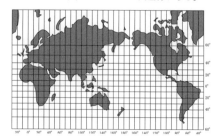

## metal propeller
### 金属プロペラ
　プロペラ・ブレードの材料にアルミニウム合金、又は鋼などの金属を使用したプロペラ。鋼製のものは、ほとんど中空である。金属プロペラは木製プロペラに比べ外傷に強い。

## metal to metal adhesive
### 金属接着剤
　金属と金属とを接着する接着剤。航空機の構造用接着剤として用いられる。リダックス、アラルダイト、メタルボンド等の種類がある。

## METAR：aviation routine weather report
### 定時航空実況気象通報式、メター
　空港の定時観測時刻の 10 分前の気象状況を発表する。各国独自の電文型、WMO（世界気象機関）で制定した記述式、口頭型式により、観測日時、地点、地上風、視程、滑走路視距離（RVR）、現在天気、雲の状況、気温、露点温度、気圧及び記事を内容とする。

## meteorological authority
### 気象主管庁
　締結国のために国際航法用の気象業務の準備を調整し、又は供給する主管庁をいう。
　⇒ ICAO

## meteorological information
## 気象情報

気象観測、解析、予報、及び現況又は予想される気象状態の発表をいう。⇒ ICAO

## meteorological radar
## 気象レーダー

機首又は翼内・翼下ポッド（機首にエンジンを搭載した単発機の場合）に装備され、飛行コース前方の気象を映し出すレーダー。船舶用レーダーに比べ精度が高い。PPI 方式、RHI 方式などがある。

= weather radar

気象レーダーを格納した機首部

## metering
## ミータリング

航空交通管制において、あらかじめ決定されたターミナル処理能力を越えないように、ターミナル区域への到着機の流れを調節する時間的方法をいう。

## METO power : maximum except takeoff power
## メトー、METO

ピストン・エンジンにおいて、離陸時以外で許容される最大出力。

## MFD : multi function display
## 多機能表示装置、MFD

従来の機械式計器に変わり、液晶の大型画面に様々な情報を表示できる計器。

## microburst
## マイクロバースト、小型噴流

下降気流（ダウンバースト）のうち風の吹き出しが 1 km 以上 4 km 以下のもの。ドップラー・レーダーでは降雨・降雪がないと探知が不可能（ドップラー・ライダーは可能）である。

## middle cloud
## 中層雲

medium cloud 参照。

## middle marker
## ミドル・マーカー、中央無線位置標識

計器飛行状態下に、着陸進入してくる航空機に、滑走路末端からの距離を知らせる扇形無線位置標識。内側無線位置標識（インナー・マーカー）と外側無線位置標識（アウター・マーカー）との中間に設置される。航空機がこの標識の直上を通過すると、機上の中間標識灯が点灯する。最近は廃止が続いている。ILS 参照。

## middle range ballistic missile : MRBM
## 中距離射程弾頭ミサイル

2,500 ～ 3,000 km 程度の射程を有するミサイルをいう。

## mid longitude : ML
## 中分経度

2 線の経度の中間の経度。E、W の区別を要す。例えば、70 度 E と 140 度 E の場合、次の式のようになる。

$$L_m = \frac{70+140}{2} = 105度$$

## mid point RVR
## ミッド・ポイント RVR

滑走路中央付近で観測される RVR をいう。

## mid-wing monoplane
## 中翼単葉機

単葉機の一種。主翼が胴体のほぼ中間から出ている形式のもの。

## military aircraft
## 軍用機、軍用航空機

戦闘機、爆撃機、攻撃機、偵察機、哨戒機、

給油機など、軍事目的に使用される航空機の総称。

## millibar
### ミリバール
圧力の単位。1㎡当たり1,000ダインの力が加わる圧力。重さの単位で表すと1.02kgの重量に相当する。現在はhPa（ヘクトパスカル）に移行している。

## MIL standards(specification)
### 軍用標準（規格）、MIL-SPEC、ミルスペック
米軍が物品を購入する際の標準となる基準を定めたもの。部品の標準化、また互換性を保つために重要。「ミルスペック」と略されることが多い。

## mineral lubricating oil
### 鉱物性潤滑油
原油中の沸騰点の高い部分から成り立っており、原油を比較的高温度で蒸留した粘性の低い滑油と、原油蒸留後の残留物から精製した粘性の高い滑油との2種がある。系統的にはパラフィン系、ナフテン系、アスファルト系の3種に大別される。パラフィン系は比重が最も小さく、酸化に対し最も安定である。アスファルト系は比重が最も大きく、最も酸化しやすい。ナフテン系のものは、その中間の性質を備えている。なお、一般に滑油を重い（heavy）、軽い（light）と称するのは、その比重の軽重ではなく、粘性度の高低を指している。

## minima/minimum weather
### 最低気象条件
航空機の運航に当たって必要とされる最低気象条件。IFRによる離着陸ミニマや、IFRによるフライト・プランをファイルする時に必要なalternateミニマあるいはVFRフライト・ミニマなどがある。

## minimal flight
### ミニマル・フライト
高度による風の変化、航空機の効率などを考慮し経済的に飛行する方法。

## minimum control speed：VMC
### 最小操縦速度
臨界発動機が不作動となった場合、方向舵、補助翼を使って飛行機の方向が維持できる最小速度。VMC には VMCG と VMCA がある。

## minimum control speed air：VMCA
### 空中最小操縦速度
臨界発動機が不作動となった場合、5度以下のバンク角で飛行機の方向を維持できる最小速度をいう。

## minimum control speed ground：VMCG
### 地上最小操縦速度
離陸滑走中に臨界発動機が不作動となった場合、速度が十分でないと方向舵のみで飛行機の方向を維持することはできない。しかし速度が増せば方向舵の効きもよくなり、方向を維持できるようになる。このような、飛行機の方向を地上で維持できる最少速度のこと。

## minimum crossing altitude：MCA
### 最低通過高度
低い最低経路高度の経路から高い最低経路高度へ飛行するIFR機のために設定された当該経路の接続点となるフィックス上空における最低安全高度をいう。⇒管制方式基準

## minimum descent altitude：MDA
### 最低降下高度
非精密進入及び周回進入を行う場合の進入限界高度をいう。
⇒管制方式基準、飛行方式設定基準
着陸のための進入中に、必要な視覚条件が満たされない場合、進入復行を開始しなければならないと指定された高度。

## minimum enroute altitude：MEA
### 最低経路高度
無線施設の電波の到達距離及び地表又は障害物からの距離を考慮して無線施設間等の各区間について設定されたIFR機のための最低安全高度をいう。⇒管制方式基準

MEA は航空路等の各区間ごとに障害物間隔高度及び最低受信可能高度以上の高度で設定する。

## minimum equipment list：MEL
### 最低運用許容基準
　特定の条件に従い、装備品が不作動の状態で航空機を運航することを定めたリストで、運航者により航空機型式について設定された基本最低運用基準に適合するよう、又は制限的に作成したものをいう。⇒ ICAO

## minimum fuel
### 最少燃料
　航空機が目的地上空に到達した時、残存燃料が少なくて、わずかな着陸の遅れも許されない状態になっていることを示すもの。このことが同時に緊急事態というわけではないが、着陸に遅れが生じた場合は緊急事態に発展する可能性があることを示している。

## minimum holding altitude：MHA
### 最低待機高度
　ホールディング・パターンで待機するために設定された最低高度。航法上の電波の受信と無線の交信ができることが確認されていて、障害物の高さに 1,000ft を加えた高度、また場合によっては加算高度をさらに加えた高度をいう。

## minimum IFR altitude：MIA
### 最低 IFR 高度
　IFR 運航のための最低高度。この高度は航空図、標準計器進入方式の中に示されている。管制機関からの指示あるいは最低 IFR 高度の指示がない場合は、次の高度である。①山岳地帯にあっては、目的の飛行コースから 5 sm の水平距離内の最も高い障害物から 2,000ft の高さ。②山岳地帯以外にあっては、目的の飛行コースから 5 sm の水平距離内の最も高い障害物から 1,000ft の高さ。⇒ FAA

## minimum obstruction clearance altitude：

## MOCA
### 最低障害物間隔高度
　航空路等の空域内の最も高い障害物の高さに 2,000ft を加えた高度とする。ただし、航空路等の外縁から 5 nm 以内の障害物の高さに所定の高度を加えた高度のうち最も高いもの未満であってはならない。⇒航空路等設定基準
　航空路等の中心線から一定の範囲内にある障害物の高さに所定の垂直間隔を加えて得られる高度のうち最も高いものをいう。

## minimum reception altitude：MRA
### 最低受信可能高度
　無線施設（VOR、VORTAC、TACAN に限る）を利用して設定されたフィックスにおいて、同フィックスを構成する無線施設の信号を良好に受信することが可能な最低高度をいう。
　　⇒管制方式基準

## minimum safe altitude
### 最低安全高度、MSA
　航空機は離陸又は着陸を行う場合を除いて地上又は水上の人又は物件の安全及び航空機の安全を考慮して国土交通省令で定める高度以下の高度で飛行してはならない。ただし、国土交通大臣の許可を受けた場合はこの限りではない。
1．有視界飛行方式により飛行する航空機
　　飛行中、動力装置のみが停止した場合に地上、又は水上の人、又は物件に危険を及ぼすことなく着陸できる高度、及び次の高度のうちいずれか高いもの。
　⑴　人又は家屋の密集している地域：当該航空機を中心として、水平距離 600 m の範囲内の最も高い障害物の上端から 300 m の高度
　⑵　人又は家屋のない地域及び広い水面：地上、又は水上の人、又は物件から 150 m 以上の距離を保って飛行することのできる高度
　⑶　⑴、⑵以外の地域
　　　地表面又は水面から 150 m 以上の高度
2．計器飛行方式により飛行する航空機にあっ

ては、告示で定める高度
⇒航空法 81 条、施規 174、175 条

## minimum sector altitude：MSA
### 最低扇形別高度
　航行用無線施設を中心とした半径 25nm の円内の部分に含まれる区域に所在するすべての障害物件から、平野部については 300m（1,000ft）、山岳部については 600 m（2,000ft）の垂直間隔をもって設定した緊急用の最低高度。⇒ AIP

## minimum unstick speed：V_MU
### 最小アンスティック速度
　飛行機が安全に浮揚し、離陸を継続できる最小速度。この値には全発動機作動時の速度と 1 発動機不作動時の速度がある。この速度は機首を一杯に引き起こし尾部を地面に付けたまま離陸滑走を行い求められた速度である。

## minimum vectoring altitude：MVA
### 最低誘導高度
　レーダー誘導を行う際、航空機に指定することができる最低高度をいう。⇒管制方式基準
　地形、レーダー性能、飛行経路など種々の条件により決められる。

## missed approach
### 進入復行、ミスト・アプローチ
　進入復行点（missed approach point）に達しても、着陸ができないと判断された場合、又は管制機関から着陸の中止、もしくは復行（go around）を指示された場合に着陸を断念して上昇すること。進入復行には直線進入復行、旋回進入復行等がある。

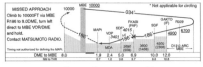

ミスト・アプローチの一例

## missed approach point：MAPt
### 進入復行点、ミスト・アプローチ・ポイント

最低必要障害物間隔を確保するために、その到達時又はそれ以前で規定の進入復行方式を開始しなければならない計器進入方式上の地点。⇒飛行方式設定基準
　標準計器進入方式により着陸しようとする航空機が、必要な地表目標物を視認できずに着陸を中止する点をいう。

## missile
### ミサイル、誘導弾
　直接人的操作によらず、機械的操作により目標に向かって飛翔する無人の攻撃兵器。

F/A-18 から発射される対空ミサイル (USN photo)

## mist
### もや、brouillard（仏語）
　微細な水滴又は吸湿性の粒子が大気中に浮遊している現象で、視程が 1 km 以上のものをいう。色は灰色がかっている。

## mixed-flow compressor
### 混流圧縮機
　タービン・エンジンの圧縮方式において、遠心式と軸流式の中間的存在だが、やや遠心式に近い構造のもの。吸い込み部の直径を大きく取り、流入空気はミックス・フロー型扇車を通じて斜め外方に流れ、軸流型デフューザーを経て環状燃焼器に入るようになっている。

## mixing ratio
### 混合比
　1 kg の乾燥空気に対する水蒸気のグラム数をいう。混合比 X は次の式で表す。
$$X = 622e / (p - e) \ (g/kg)$$
$e =$ 蒸気圧　　$p =$ 全気圧

## mixture control
### 混合比制御
　気化器の混合気を高度に応じて調整し、一定の混合比を保つようにする操作のこと。これは空気密度が高空へ行くに従い減少するからで、燃料流量に制限を加えるか、又は空気を余分に流してやる。

## mixture ratio
### 混合比
　air-fuel ratio 参照。

## MLS：microwave landing system
### マイクロ波着陸装置
　マイクロ波を用いた着陸装置で、現用のILSより精度が高い。水平及び垂直方向のガイダンスを航空機に与え、航空機は機上の電子装置により着陸することができる。従来のILSは進入コースが1つであったのに対し、MLSは複数の進入コースが自由に選択でき、市街地や障害物を避けて飛行できる。MLSでは平面状の電波を発射し、これを水平方向で40度、垂直方向で20度の幅で団扇のように周期的にあおぐと、航空機ではこの電波を周期的に受信することになる。この時の受信間隔を機上のコンピューターが計算し機位を決定する。

## M-marker
### 中央無線位置標識
　middle marker beacon に同じ。ILS 参照。

## MOCA：minimum obstruction clearance altitude
### 最低障害物間隔高度
　minimum obstruction clearance altitude 参照。

## mock up
### 実物大模型、モック・アップ
　航空機の試作設計がある程度進んだ段階で作られる実物大の模型。これは、操縦席周辺、人員配置、主要装備品の配置等をチェックするためである。最近はCADの進歩で必要性が薄れた。

## mode
### モード
　航空用語においては、2次レーダーの質問装置（インテロゲータ）から送信される質問信号の特定のパルス間隔に割り当てられた文字又は数字をいう。モードA(軍民共用のATC)、モードB（民間用ATC)、モードC（高度情報)、モードD（用途未定）の4つのモードがある。

## model basin
### 走行試験水槽
　飛行艇の艇体や水上機のフロートの水上性能を試験するための長い水槽。水槽の両側壁上にレールを敷き、橋状に水槽を跨がせ、台車に計測装置、記録装置、測定者を乗せ、この台車で模型を曳航する。様々な速度で曳航し、その時の抵抗トリム・モーメント、水中への沈下速度などを計測する。

## modular(module) engine
### モジューラー・エンジン
　タービン・エンジンにおいて、各主要部分がモジュール化（ユニット化）されたもの。整備・交換も、そのモジュールごとに比較的容易に実施できる。

## moist tongue
### 湿舌（しつぜつ）
　南方から高温多湿な気塊が高気圧の縁を通り、舌状に流れ込むことをいう。上層に寒気があると不安定になり大雨をもたらす。台風、熱帯低気圧が湿舌を送り込む。

## mole：mol
### モール
　炭素（質量12）の0.012kg中の原子と同数の元素に含まれる組織の物質量をいう。
注. モールが使用されるとき、原子、分子、イオン、エレクトロン、その他の粒子などの元素を記入しなければならない。
　　⇒ ICAO

## moment coefficient

## モーメント係数

翼においてある適当な点、例えば翼の前縁又は前縁から翼弦長の 1/4 だけ後方の点などにおける合力のモーメントを動圧と翼面積と平均翼弦との積で割ったものをいう。すなわち空気密度を $\rho$、速度を V、翼面積を s、平均翼弦を t、合力のモーメントを M とすれば、モーメント係数 C m は次の式で表される。

$$C_m = \frac{M}{1/2\ \rho v^2 \times s \times t}$$

## Monel metal
### モネル・メタル

1906 年、アムブコズ・モネルが創製したニッケル・銅合金。ニッケル 64 〜 70％、鉄 2.5％、マンガン 2.0％、残りは銅。きわめて耐蝕性に富み、軟鋼に匹敵する強度を有する。バネ、バルブなどに使用される。

## monocoque construction
### モノコック構造

航空機の構造を、その構造型式により分類すると、次のようになる。

・枠組構造（トラス構造）

・応力外皮構造 ─┬─ モノコック構造（張殻構造）
　　　　　　　　└─ セミモノコック構造（半張殻構造）

このうちモノコック構造とは、図のように外板とフレームから作られた構造で、外板は曲げ応力、剪断応力を受け持っている。

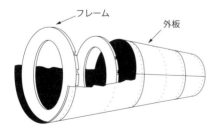

## monoplane
### 単葉機

主翼が 1 枚の飛行機。胴体と主翼との配置具合で、高翼、中翼、低翼の 3 種類に分かれるが、さらに肩翼機も高翼機の派生型として存在する。

高翼機（例：ボンバルディア DHC-8-300）

中翼機（例：ヤク YAK-54）

低翼機（例：ボンバルディア CRJ200）

## monopropellant
### 一元推進剤、モノプロペラント

プロペラント（推進剤）の一種。固体、液体を問わず燃料であると同時に酸化剤であり、酸化剤であると同時に燃料でもあるというように、両方の性質を兼ね備え、同時に両方の働きをするものをモノプロペラントという。最初の分解によって燃料として働く部分と酸化剤として働く部分とに分かれ、それらが互いに反応して燃焼を継続していく。ニトログリセリン、過酸化水素、ニトロメタンなどがある。

## monopropellant rocket
### 一元推進剤ロケット、モノプロペラント・ロケット

モノプロペラントを使用するロケット。

## mono-spar wing
### 単桁翼

1 本の桁を有する翼。桁は風圧中心位置に設ける。この桁から前縁までを合板又は金属外板で包みこんで、いわゆる抗振力筒を形成する。

## monsoon
### モンスーン、季節風
　冬季には大陸から海洋に、夏季にはその逆に海洋から大陸に吹く風をいう。陸地は海上より比熱が小さく、冬季、陸地は海上より冷やされ海上は陸地より暖かくなるので低圧部となり、陸地から海上に風が吹く。夏季はこの逆に海上より陸地に風が吹く。従って、陸地と海上の間にあるような地域では、夏と冬とで風向が反対になる。北部オーストラリア、西アフリカ、チリ、インド大陸、極東区域などに著しい。

## monsoon fog
### 季節風霧
　季節風の吹く頃、海岸線に発生する。移流霧の1つ。海上の温暖な湿った空気が冷たい陸地に移動、又は、陸地の暖気が冷たい海上に移動すると発生する。

## mothball
### モスボール
　航空機が余剰になった場合、将来、良好な状態で再稼働できるよう、湿気を取り去った状態で機体全体をカバーで覆うこと。

## motor glider
### 動力滑空機、モーター・グライダー
　動力装置を備え、かつ、滑空を主とする重航空機をいう。⇒耐空性審査要領
　動力滑空機は、通常の飛行機タイプと、エンジン／プロペラを胴体に格納可能な滑空機タイプに分かれ、前者は「曳航装置なし動力滑空機」、後者は「曳航装置付き動力滑空機」として明確にカテゴリーが分類されている。

## moulinet
### ムリネ
　エンジンの試運転の際、動力吸収に用いられるプロペラ。通常のプロペラに比べ直径が小さい。固定ピッチ、木製のものが多い。

## mountain breeze
### 山風
　夜間、山頂から谷へ吹き降ろす風。これは、夜間になると山が放射冷却し、山の斜面に沿う空気の温度が下がり、その結果、密度が周囲の空気よりも重くなって山の斜面を滑り降りるようになるためである。

## mountain wave：MTW
### 山岳波
　風が山脈に直角に吹くとき山岳波が発生する。山岳波の強さ及び形は、気流の速さ、地形、大気の安定度により左右される。例えば、50kt以上の風が吹くとき、山岳波の高さは成層圏にまで及び、長さは100km以上になることがある。気流にある程度以上の湿度がある場合、笠雲、レンズ雲、ロール雲が発生し、山岳波の存在を知ることができる。また、レンズ雲が風下にいくつも重なっているときは強い。
　飛行障害として、次の3つがあげられる。
1. 山を越える乾燥断熱的に上昇冷却した密度の高い気流が、その重さのため山頂を過ぎた所で降下気流となる。
2. 山頂風下の第1波に発生するロール雲では、水平軸の回転気流が起こる。
3. ロール雲付近では、気流の鉛直加速度のために重力が変化し、気圧高度計に誤差を与える。

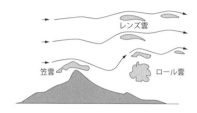

## movement area
### 移動区域

航空機の離着陸、及び地上移動のために使用される飛行場の一部分で走行区域とエプロンからなる。⇒ ICAO

## movement on the ground
### 地上移動
航空機は空港等内において地上を移動する場合は、下記の基準に従って移動しなければならない。
1. 前方を十分に監視すること。
2. 動力装置を制御すること、又は制動装置を軽度に使用することにより、速やかかつ安全に停止することができる速度であること。
3. 航空機その他の物件と衝突のおそれがある場合は、地上誘導員を配置すること。
⇒施規188条

## moving target indicator：MTI
### 移動目標指示装置
レーダー・スコープ上を移動するターゲット（飛行中の航空機等）のみを映し出し、山などの地形は映さない電子装置。地形からの反射波による映像の乱れ（ground clutter）を取り除くことができる。

## MRA：minimum reception altitude
### 最低受信可能高度
minimum reception altitude 参照。

## MRBM：middle range ballistic missile
### 中射程弾道ミサイル
IRBM 参照。

## MRO：maintenance repair and overhaul
### MRO、エム・アール・オー
エアラインが自社機の整備を外注するケースが多くなったため、そのための整備専門会社が多くなった。それらの会社の総称、又は業務を表す用語が MRO である。

## MSAS：MTSAT Satellite Augmentation System
### MSAS
GPSの信頼性や精度を向上させるため、MTSATを利用して補強情報を提供するための地上システム。

## MTBF：mean time between failure
### 故障発生間隔
故障の発生が、どの程度の頻度で起きるかを表す用語。エンジンなどの信頼性を統計的手法でデータをとって示される（飛行中のエンジン停止の確率が、100万飛行時間当たり1回など）。

## MTSAT:multi-functional transport satellite
### 運輸多目的衛星
我が国航空局及び気象庁によって運用されている静止衛星。航空機と地上管制機関を衛星通信で結ぶことにより、山などによる通信障害を排除するとともに、洋上では通信品質の劣るHFに変わり、品質の向上とともに通信容量を増大するなどの役目を担う衛星。

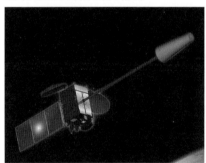

軌道上のMTSAT衛星（概念図）

## multicellular wing
### 多区画翼
翼構造の一形式。多数の隔壁型の桁と同じく、隔壁型の小骨を結合して翼内を多数の枡型に区切り、これらの桁、小骨のフランジに外皮が鋲着してある。この構造は片持単葉に好んで用いられ、翼全体を1本の梁とみなすことができる。屈曲荷重は主として上下のフランジ及び外皮の圧縮及び延伸応力で受け、捩じり荷重はほとんど全部、外皮の剪断応力で受ける。

## multi-engine aircraft

## 多発機

搭載エンジンが2発以上の機体。現在見ることのできる飛行機の場合、双発機、3発機（例：ビジネス機のファルコン900など）、4発機（例：エアバスA380、ボーイング747など）、8発機（ボーイングB-52）などが挙げられる。ヘリコプターの場合は、双発機が多数を占めるが、一部3発機もある。single-engine aircraftの対語。

数少ない3発ヘリ、海自のCH-101(JMSDF Photo)

## multiplane
## 多葉機

2枚以上の主翼を上下に重ねた飛行機。2枚（複葉）が一般的だが、過去に三葉機、四葉機、さらに10枚以上の機体もあった。

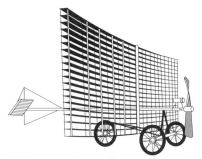

多葉機の一例（フィリップスNO.1 − 1904年）

## multi-row radial engine
## 多重星型エンジン

シリンダー数を増すため、2重、3重、4重にシリンダーを配置した星型エンジンの総称。

## multi-stage rocket
## 多段ロケット

アリアン5ロケットの夜間発射(Photo：ESA)

数段の補助的ロケットを有するロケット。すなわち、第1段が作動し、それが燃え尽きると切り離して第2段ロケットに点火し、燃え尽きると再度切り離して第3段に点火というように移行する。

## MVA：minimum vectoring altitude
## 最低誘導高度

minimum vectoring altitude 参照。

### N 1
**エヌ・ワン、N 1**
　2軸タービン・エンジンの場合、低圧圧縮機の回転速度を表す用語

### N 2
**エヌ・ツー、N 2**
　2軸タービン・エンジンの場合、高圧圧縮機の回転速度を表す用語

### NACA cowling
**NACA カウリング**
　カウリングの一種。米国のNACA（NASAの前身）が研究発達させた。このカウリングは、タウネンドリング型に比べ前後に長くなっており、これに整流板又は圧力板を付着するとシリンダーの冷却が一層よくなる。また、カウリング後端にフラップを設け、これを開閉することによりエンジンの温度を調節できる。空気抵抗もタウネンドリング型に比べ少ない。

### nacelle
**ナセル**
　原語は仏語で「吊籠（つるべ）」の意。双発以上の機体でエンジンを翼に直接取り付けたり、翼下面あるいは上面に設置する場合、エンジン・カバーとその後方に続いて設けられる整形部をまとめてナセル（特にエンジン・ナセル）という。また双胴式航空機の場合、乗員の位置する中央胴体を指してナセルということもある。

### NASA：National Aeronautics and Space Administration
**米国航空宇宙局**
　世界を代表する航空宇宙に関する研究機関。NASAの基礎研究から発展して実用化された事例は多く、また人類初の月面有人探査やスペースシャトル、宇宙ステーションなど、大型予算で宇宙開発も推進してきている。

### national carrier
**国営航空、国有航空**
　広義では国が株式の大多数を保有する航空会社で、以前は多くのエアラインが存在したが、世界的に民営化の流れもあり、アエロフロート、タイ航空、エアニュージーランドなど数は少なくなっている。national flag carrier と呼ぶこともある。

### national flight data center：NFDC
**（米国）飛行情報センター**
　米国の政府、産業界、航空団体の活動を支援するものとして、航空情報の収集・流布、また法制化といった中央航空情報業務を行う機関。FAAにより設立された。ワシントンDCの各種情報は "Natinoal flight data digest" の中で発行されている。

### national flight data digest：NFDD
**米国飛行情報要約**
　米国で祝日を除く毎日発行される情報誌。航空図・航空出版物に関する情報、NOTAM、その他安全と航空機の効率的運用に関する情報が含まれる。

### naturally aspirated engine
**自然吸気エンジン**
　ピストン・エンジンにおいて、スーパーチャージャーなどによる過給を行っていないタイプのエンジン。

### nautical mile：nm
**浬、海里、海マイル、ノーティカル・マイル**
　1 nm は 1,852 m であり、航空図等に記載されている距離の単位は、基本的にすべて nm（ノーティカル・マイル）である。statute mile 参照。

### NAVAID：navigation aid
**航行（航法）援助施設**
　電波や視覚を利用して飛行中の航空機に位

置や方向の情報を与え、航行を援助する施設。NDB、VOR、TACAN、ILS、DME、衛星航法補助施設がある。

## NAVAID classification
### 航法援助施設の分類 / 等級
航法援助施設の有効到達距離別に FAA が付けた分類。VOR、VORTAC、TACAN について、次の3クラスに分類している。
・T（terminal）　有効到達距離
　25nm（1,000 〜 12,000ft AGL）
・L（low altitude）　有効到達距離
　40nm（1,000 〜 18,000ft AGL）
・H（high altitude）　有効到達距離
　40nm（1,000ft 〜 14,500ft AGL）
　100nm（14,500 〜 18,000ft AGL）
　130nm（18,000 〜 45,000ft AGL）

## navigation：NAV
### 航法、ナビ
航空機を安全、確実、迅速に、ある地点から目的地に到達させる技術をいう。船舶の航海術に対して空中航法（air navigation）ともいう。

## navigational gap
### 航法間隙
航空路等の各区間のうち、飛行検査の結果、構成無線施設の電波を良好に受信できない恐れがある空域又は受信できない空域をいう。ただし、構成無線施設上空の無信号空域を除く。

## navigational instrument
### 航法用計器
飛行中の航空機が自己の位置を知るための計器。羅針儀、定針儀などによって航路を決定し、対気速度計、対地速度計などにより実航跡を知り、羅針儀、速度計などによって自己の位置を知る。さらに地上の無線局（VOR、DME、TACAN、その他の施設）や GPS を利用すれば、より一層正確で安全な航法を実施できる。

## navigation computer
### 航法計算盤

飛行計画作成から飛行中における各種の計算をするための計算尺の一種。風向風速、距離、速度、高度、所要時間、燃費等の計算ができる。
現在ではスマートフォン、タブレット用のソフトもある（例：MY E6B）
　＝ flight computer

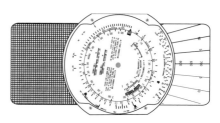

航法計算盤の計算尺面。裏面は風のベクトル面

## navigation light
### 航行灯
aircraft light 参照。

## navigation plotter
### 航法定規、プロッター
航法の際に航空図と共に用いられる定規。方位と距離を測ることができる。25 万分の1、50 万分の1、100 万分の1 などの縮尺で目盛が刻まれている。

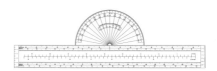

## ND：navigation display
### ND、航法データ表示装置
航法データを表示する主要計器。画面を切り替えて表示する各種モードがある。電子計器ならではの多くの情報を表示する。PFD とともに EFIS を構成している。

## NDB：non-directional beacon
### 無指向性無線標識施設、NDB
NDB は計器飛行の経路上に設置された無指向性の長・中波（190 〜 415K Hz）で、2 文字の識別符号とともに機上の ADF（自動方位測

定機）で受信することにより機軸からのNDB
の方位を知ることができる。また、アウターマー
カーと併設される小出力のNDBはコンパスロ
ケーターといわれる。なお、NDBには電波減
衰誤差、夜間誤差、山岳誤差、海岸線誤差など
がある。

## near miss
**異常接近、ニア・ミス**

　ニア・ミスは米国防省の用語。他に、near
mid-air collision 又は airmiss とも呼ばれる。異
常接近の定義は明確ではないが、「2機の航空
機の間で、明確な空中衝突の恐れがあったと、
少なくとも乗員の1人から危険報告があった」場
合にニア・ミスが発生したとみなされる。

　異常接近が発生した場合、機長は「異常接近
通報」又は "near collision report" として、自
機の無線呼出符号、接近時刻、接近地点、接近
時における自機の姿勢、高度、針路及び対気速
度、相手機の型式及び所属、接近時における相
手機との位置関係、水平距離及び高度差を管制
機関に通報する。

## nebulfrost
**霧氷（むひょう）**

　樹木その他の露出した物体上に生じる氷晶
の層。樹霜、樹氷、粗氷に大別できる。

## negative dihedral
**下反角**

　cathedral angle 参照。

## negative stagger
**逆食い違い**

　複葉機の主翼配置で、下翼が上翼より前方
に出ている形式のもの。= staggered wing

## net thrust
**正味推力**

　ジェット・エンジンの推力には正味推力（net
thrust）と総推力（gross thrust）の2種類が
ある。正味推力はエンジンを通過するある質量
をもった空気、及び燃料の速度変化から生じる

推力、さらにジェット・ノズルではエンジン内
の全圧力を速度に変換できないため、この変更
できない圧力を推力に追加しなければならな
い。正味推力の公式は、

$$F_n = \frac{w_a}{g}(V_j - V_a) + \frac{W_t}{g}(V_j) + A_j(P_j - P_{am})$$

$w_a$ ＝エンジンを通過する空気流量（lb/sec）
$W_t$ ＝燃料流量（lb/sec）
$g$ ＝重力加速度
$V_j$ ＝排気ガス速度（ft/sec）
$V_a$ ＝流入空気速度（ft/sec）
$V_t$ ＝流入燃料速度（ft/sec）
$A_j$ ＝排気ノズル面積（ft$^2$）
$P_j$ ＝排気ノズルから放出される静圧（lb/ft$^2$）
$P_{am}$ ＝排気ノズルにおける外気の静圧（lb/ft$^2$）

## newton：N
**ニュートン**

　1kgの質量に1m/sec$^2$の加速度を与える力
をいう。⇒ICAO

## nickel-chrome molybdenum steel
**ニッケル・クローム・モリブデン鋼**

　ニッケル・クローム鋼に0.3%程度のモリブ
デンを添加した鋼。強靭性（きょうじんせい）を増大し、合わせて
焼き戻し脆性（ぜいせい）の防止に役立っている。主要機構
部分の材料に多用されている。

## nickel-chrome steel
**ニッケル・クローム鋼**

　代表的な構造用特殊鋼で、ニッケル鋼にク
ロームを添加したもの。最も多い組成は、ニッ
ケル3〜3.5%、クローム0.7%、炭素0.3%
前後、残りが鉄となっている。この鋼を鍛練し
たあと820〜850℃で油中に焼き入れ、さら
に550〜650℃で焼き戻すと、非常に細かい
ソルバイト組織となって、その特性を発揮する。
これと同じ炭素量を含有する炭素鋼と比較する
と、強度の点で5〜10割大、衝撃に対する抵

抗力は5〜8割大となり、しかも延伸性はほぼ同程度となる。このように、炭素鋼と同じ強度のものを作るとすれば軽量化が図れるので、航空機の重要部分に多用されている。

### night：NGT
**夜間**

夕暮れの薄明の終わりから朝の薄明の始まりまでの時間、又は当局で定められた日没から日の出までの期間をいう。

注.　夕暮れの薄明の終わりとは太陽の中心が水平線の6度下にある時をいい、朝の薄明の始まりとは太陽の中心が水平線の6度下にある時をいう。⇒ICAO

### night flight/flying
**夜間飛行、ナイト・フライト**

日没から日の出までの間の飛行をいう。薄暮の終わりから薄明の始まるまでの間をいうこともある。日没・日の出の時間は、『天測略歴』などに記載されている。

### nimbostratus：Ns
**乱層雲**

基本雲型10種の1つ。国際記号Ns。層積雲、層雲と共に下層雲に属する。高度が低く、ほとんど一様な雲の層で、暗灰色をなし、通常雨を伴う。高層雲の底が低く厚くなると、この雲になり雨が降る。「あま雲」と俗称される。

### Nitralloy
**ニトラロイ**

窒化鋼（鋼の表面を窒化して硬度を増す処理を施したもの）の代表的なもの。航空用ピストン・エンジンのシリンダー、カム、カム軸や、ゲージブロックなど高度の耐摩性が要求されるものに使用される。

### nitric acid
**硝酸**

ロケットの液体推進剤の酸化剤として用いられる。化学式 $HNO_3$。$NO_2$ 15%含有の赤色発煙硝酸（red fume nitric acid、略称R.F.N.）と $NO_2$ 6%含有の白色発煙硝酸（white fume nitric acid、略称W.F.N.）がある。廉価で変質し難く、化学的・物理的に安定であり、保存貯蔵がきく。ただし、腐食性・毒性が激しい。また炭化水素の燃料、例えばガソリン、ケロシンなどと組み合わせた場合、煤煙を多く発生する。

### noctilucent cloud
**夜光雲**

巻雲又は巻積雲状の雲で、高度約75〜90kmに存在し、宵の口に銀色に輝く。

### no-gyro vectoring
**ノージャイロ誘導**

ジャイロ式方向指示器が故障した航空機に対するレーダー誘導をいう。⇒管制方式基準

### noise abatement
**騒音軽減**

飛行場周辺の騒音を軽減するため、離陸上昇や着陸進入時に、離陸・進入経路の高度やエンジン出力を調整すること。

### noise abatement operating procedures
**騒音軽減運航方式**

空港周辺地域における航空機騒音の影響を軽減するため、あくまで航行の安全確保に支障がない範囲で、各空港周辺の状況にあわせて適用される。下記の方式がある。
1．急上昇方式
2．カットバック上昇方式
3．低フラップ角着陸方式
4．ディレイド・フラップ進入方式
5．リバース・スラスト制限
6．優先滑走路方式
7．優先飛行経路⇒AIP.AD

### noise certification
**騒音基準証明**

耐空証明を受けているターボジェット発動機を装備するすべての飛行機において、航空機の運用限界（最大離陸重量及び着陸重量、動力装置運転限界、自動操縦限界、計器及び操縦装置そ

の他の装置の使用に関する限界）を指定して行い、国土交通省令で定める基準に適合するか検査し、これに適合する場合は航空機基準適合証を交付される。

⇒航空法 10 条、施規 14 条、付属書第 2

### noise-suppressor
**騒音抑制装置**

ジェット・エンジンの騒音を抑制するための装置。民間輸送機のエンジン後部に装備されている例が多い。

また旧式の旅客機等が、厳しい騒音規制値に適合させるため、改造の形で装置を追加で取り付けることもある。

### nondestructive testing
**非破壊検査**

検査する部品を傷つけることなく、X線、超音波、染色探傷法などの手法を駆使して、外部から異常のあるなしを検査する方法。

### non-instrument runway
**非計器滑走路**

有視界進入方式により運航する航空機のための滑走路をいう。⇒ICAO

### non-intersecting runways
**非交差滑走路**

交差滑走路及び平行滑走路以外の滑走路であって、2本の滑走路の中心線の延長線が交差するものをいう。⇒管制方式基準

### non-precision approach
**非精密進入**

精密進入以外の計器進入をいう。
⇒管制方式基準、飛行方式設定基準

すなわち、グライド・スロープの情報が得られない VOR、TACAN、NDB、ASR などによるアプローチのこと。

### non-precision approach runway
**非精密進入滑走路**

視覚援助施設及び直線進入のために適切な方向誘導を行う非視覚援助施設を備えた滑走路をいう。⇒ICAO

### non-radar route
**ノンレーダー経路**

航空機がレーダー誘導を受けずに通常航法で飛行する経路をいう。⇒管制方式基準

### non scheduled air transport enterpriser
**不定期航空運送業者**

特定路線は有するが、旅客・貨物などの運送を不定期に営む業者。現在は不使用の用語。

### non scheduled air transport service
**不定期航空運送事業**

定期航空運送事業以外の航空運送事業であるが、航空法上は定期との区別はなくなった。

### NORDO：non-radio
**ノード**

無線機が故障した航空機、又は無線機を搭載していない航空機。

### normal airplane
**普通飛行機、飛行機普通 N 類**

耐空類別で N 類の飛行機。最大離陸重量 5,700kg 以下の飛行機であって普通の飛行（60度バンクを超えない旋回及び失速〈ヒップ・ストールを除く〉を含む）に適するもの。

N類の一種、ムーニー・アクレイム（Mooney Photo）

### normal climb
**通常上昇**

上昇出力以上、最大出力以下の出力で、最大の上昇率が得られる角度で行う上昇。

**normal glide**
**通常滑空**
　所定の高度低下に対し、最大の水平距離が得られる角度と速度をもった航空機の滑空をいう。

**normal horsepower**
**定格馬力**
　rated horsepower 参照。

**normal landing**
**普通着陸、3点着陸**
　尾輪式飛行機が行う着陸方法の1つ。接地寸前に3点姿勢（機体が地上に静止している時の姿勢）とし、軽く落下して着陸する方法。スロットル完全閉と、ある程度の出力を残しながら進入する2通りある。＝ three point landing

**noramal operating speed**
**通常運用速度**
　エンジン出力75％以下での、水平飛行中の速度。

**normal shock wave**
**垂直衝撃波**
　超音速流に垂直に生じた衝撃波。

**normal spin**
**普通キリモミ**
　通常操作でキリモミに入り、また通常の回復操作で回復するようなキリモミ。

**normal stall**
**普通失速**
　機首上げ状態でひき起こされる飛行機の失速をいう。すなわち、迎え角の増加による失速である。

**nose dive**
**垂直降下、ノーズ・ダイブ**
　機首を下に向け垂直の飛行経路を描く飛行。

**nose down**

**機首下げ**
　定常飛行中、機首が下がる現象。操縦桿を押したり、スロットルを絞ったりした場合に生じる。

**nose gear steering system**
**前輪操向装置**
　前輪式降着装置を有する航空機にあって、地上滑走中に、その向きを変えるために前車輪を左右に動かすための装置。小型機の多くはラダー・ペダルと連動して前輪が向きを変えるが大型機は操縦席横の操向輪（steering wheel）で前輪の方向を変える機体が多い。

**nose heavy**
**機首重、ノーズ・ヘビー**
　通常重心範囲より、前方に重心位置がある状態。対義語がテール・ヘビー。

**nose landing gear**
**前脚、ノーズ・ギア**
　前輪式降着装置を有する航空機の前方降着装置。前輪、操向装置、緩衝支柱、脚引き込み装置などからなる。

**nose over**
**とんぼ返り**
　地上滑走時、機首が地面に付き、尾部が高く持ち上がったり、仰向けに引っ繰り返ったりすること。

**nose rib**
**前縁小骨**

翼構造において、前縁と前桁間に設置される翼小骨のこと。

## nose up
### 機首上げ
定常飛行中、操縦桿を手放し状態にすると機首が上がる傾向にある状態を指す。

## nose-wheel landing gear
### 前輪式着陸装置
重心より前方の前脚と、重心より後方の主脚から構成される着陸装置。尾輪式に比べ、離着陸が簡単で、前方視界がよく、地上滑走も容易である。またブレーキを強くかけても前方にのめることがない。ただし、荒れた滑走路面での運用能力は尾輪式に劣る。3車輪式ともいい、飛行機、ヘリコプターとも、ほとんどの機体に採用されている。

## nose-wheel steering system
### 前輪操向装置
nose gear steering system 参照。

## no-show
### 予約席放棄客、ノーショー
旅客機等の搭乗予約をした人が搭乗に来ないこと、又は来ない乗客。

## NOSIG：no significant change
### ノーシグ
気象用語で「重要な変化」が予想されない場合に実況気象通報式の末尾に付す。

## NOTAM：notice to airmen
### 航空情報、ノータム
航空関係施設、業務、方式及び危険等に係る設定、状態又は変更等に関する情報で時宜を得た提供が運航関係者にとって不可欠なもので、通信回線により配布されるものをいい、提供すべき情報が一時的で、かつ、短期間の場合、恒久的変更又は長期間の臨時的なもので時間的余裕がない場合又は航空路誌改訂版又は航空路誌補足版がエアラック方式により発行された場合に作成・発行される。⇒ AIP

## NPL type wind tunnel
### NPL 風洞
英国の NPL（National Physical Laboratory：英国国立物理研究所）において 1912 年、ベアストー教授らにより作られた 4 ft 四方の風洞。1920 年には 7×14ft の矩形断面の風洞も作られている。NPL 風洞の特長は、構造が簡単で建造費が安いことである。

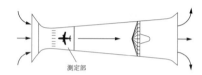

## NSC：nil significant cloud
### NSC
気象用語で、運航上重要な影響を与える雲がないことを表す語。

## NSW：nil significant weather
### NSW
気象用語で、運航に重要な天気の終了が予想されることを表す語。

## NTSB：national transportation safety board
### 国家運輸安全委員会
独立した米国連邦機関の1つ。設置目的は米国運輸の安全を監視することであり、委員長は大統領によって任命される。運輸関連の事故が発生した場合、その原因を究明し、再発防止のための勧告をし、事故の調査・研究の公表を通して再発防止を図る。

## NTZ：no transgression zone
### 不可侵区域
同時並行 ILS 進入のために、2本の滑走路中心線の延長線から等距離の位置に設定される、当該進入のレーダー監視に必要な長さ 610m(2,000ft) 以上の幅を有する区域をいう。
⇒管制方式基準

**nuclear-powered airplane**
**原子力飛行機**
　原子力機関により飛行する飛行機。極めて長大な航続距離が得られる利点がある。ただし、原子炉から発生するγ線や中性子に対する遮蔽防護の問題など、解決しなければならない問題点も多く、構想に留まった。

**NVG：night vision goggle**
**暗視装置**
　夜間や悪天候下での低空飛行を可能にするための双眼鏡のような形状をした装置。この装置は光量を約2万倍にまで拡大できるので、闇に近いような状況でも飛行できることから、主に軍用ヘリコプターの操縦士の装備品となっている。軍用の他に、野性動物の観察や捜索救難、国境警備等、幅広く適用できる。自然光の光量を増加するだけの暗視装置のほかに赤外線を照射するタイプもある。

OAT : outside air temperature

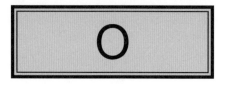

## OAT : outside air temperature
### 外気温度、OAT
航空機が飛行中の大気温度。この温度を測定するのが OAT 計。

## obligation to report
### 報告の義務
1. 機長は下記の事故が発生した場合には、国土交通大臣に報告しなければならない。ただし、機長が報告できないときは、当該航空機の使用者が報告しなければならない。
   (1) 航空機の墜落、衝突又は火災
   (2) 航空機による人の死傷又は物件の損壊
   (3) 航空機内にある者の死亡又は行方不明
   (4) 他の航空機との接触
   (5) 国土交通省令で定める航空機の事故
      ・航行中の航空機が損傷（発動機、発動機覆い、発動機補機、プロペラ、翼端、アンテナ、タイヤ、ブレーキ又はフェアリングのみの損傷を除く）を受けた事態（修理が大修理に該当しない場合を除く）
2. 機長は他の航空機について上記1.を知ったときは無線電信又は無線電話により知ったときを除いて、国土交通大臣に報告しなければならない。
3. 機長は下記の事態が発生した場合には、他からの通報により知ったときを除いて、国土交通大臣に報告しなければならない。
   (1) 飛行場及び航空保安施設の機能の障害
   (2) 気流の擾乱その他異常な気象状態
   (3) 火山の爆発その他の地象の激しい変化
   (4) その他航空機の航行の安全に障害となる事態
4. 機長は飛行中他の航空機との衝突又は接触のおそれがあったと認めたとき、その他事故が発生するおそれがあると認められる

国土交通省令で定める事態（閉鎖中の滑走路からの離着陸、オーバーラン、アンダーシュート、スライドを使用しての非常脱出、緊急操作、発動機の破損・停止、火炎・煙の発生、異常な減圧、乗組員の負傷・疾病による業務の中断等）が発生したと認めたときは、国土交通大臣に報告しなければならない。
⇒航空法76〜76条の2、施規165〜166条の5

## oblique shock wave
### 斜衝撃波
超音速流に対して、斜めに生じた衝撃波。

## oblique wing
### 斜め翼
離着陸や低速飛行時には主翼・尾翼を胴体に直角にし、超音速時には図のように斜めにする翼。超音速旅客機に適合させようと考えられたものだが、実験段階から出ていない。
= slew wing

**斜め翼実験機のAD-1（NASA Photo）**

## observation aircraft
### 観測機
着弾観測、気象観測などの目的に使用される航空機。

## obstacle：OBST
### 障害物
航空機の地上滑走のための区域に位置する、又は飛行中の航空機を保護するために限定された表面から伸びる一時的又は恒久的な固定物件、及び可動物件、又はその部分をいう。
⇒ ICAO

## obstacle clearance limit：OCL
### 障害物クリアランス限界
進入及び進入復行において、障害物件から規定の垂直間隔が限界となる飛行場標高からの高さ。⇒ AIP

## obstacle clearance surface：OCS
### 障害物クリアランス表面、無障害物表面
安全な垂直間隔を維持するため、それ以上には障害物が出てはならない表面をいう。
⇒ AIP

## obstruction light：OBL
### 航空障害灯
夜間、航空機が地上又は空中を移動するに際して、その行動に障害となる恐れのある建造物、地形物に付設される灯火。aeronautical obstruction light 参照。

## occluded front
### 閉塞前線
寒冷前線は温暖前線より進行速度が速いため、寒冷前線の一部が温暖前線に追いついた前線をいい、低気圧の末期の現象である。閉塞前線には、寒冷前線の寒気が温暖前線の寒気より優勢なため温暖前線の下にもぐり込み、温暖前線全体を押し上げてしまう寒冷型閉塞前線と、温暖前線の寒気が寒冷前線の寒気より優勢なため温暖前線の寒気の上に這い上がる温暖型閉塞前線がある。

## oceanic control area：OCA
### 洋上管制区
国際民間航空条約に基づき、わが国が航空交通業務を担当している飛行情報区（FIR）内の洋上空域であって、QNH 適用区域境界線（平均海面上 14,000ft 未満の高度においても標準気圧値により高度計規正を行うものとされている空域と QNH により高度計規正を行うものとされている空域との境界線であって AIP に公示されているものをいう）の外側にあり、原則として海面から 1,700 m（5,500ft）以上のものをいう。（参照 AIP-ENR）⇒管制方式基準

## oceanic transition route：OTR
### 洋上転移経路
陸上の無線施設と洋上管制区内のフィックスとの間に設定された飛行経路であって、洋上転移経路として公示されたものをいう。
⇒管制方式基準

## octane number(rating)
### オクタン価
ガソリンのアンチノック性を示す数値。炭化水素中でオクタン価の最も高いイソオクタンとオクタン価の低いノーマルヘプタンとを選び、これら 2 種の標準燃料を適宜に混合すれば、任意のオクタン価が得られる。そこで測定すべきガソリンを使用して標準のエンジンを標準状態で運転してみて、このガソリンと等しいアンチノック性を有する上記の混合燃料を求め、この混合燃料中のイソオクタンの百分率によって、そのガソリンのオクタン価を表す。つまり、あるガソリンがイソオクタン量 80％の標準燃料と同等のアンチノック性を示す場合、そのガソリンのオクタン価は 80 となる。

## off the shelf
### オフ・ザ・シェルフ
ある製品を、その特定の目的のために新たに開発することなく、市場に出回っている標準的なものでまかなうこと。開発コストがかからず、汎用品なら安価でもある。

## OGE : out of ground effect
### 地面効果外
IGE (in ground effect) の対語。ヘリコプターは、地面効果内（IGE）ならホバリング可能な場合でも、地面からローター直径以上の高度では地面効果が失われ（OGE）、ホバリングできないこともある。

## ogee wing
### オージー翼
三角翼から発展した翼で、前縁が曲線を描いている。同じく三角翼から発展した二重三角翼に比べ、前縁剥離渦をコントロールすること

ができるので空力的には有利であるが、製作に手間がかかるという欠点がある。オージー翼採用の代表例に超音速旅客機のコンコルドがある。

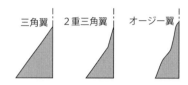

## ohm：Ω
### オーム
　1 V（ボルト）の電位差が導線の2点間にあり、その導線に1 A（アンペア）の電流が流れるときの導線2点間の電気抵抗。ただし、この導線は起電力の元ではないものとする。⇒ ICAO

## oil cooler
### 滑油冷却器、オイル・クーラー、放熱器
　エンジンの回転部分や摺動部分を潤滑して出てきた滑油がタンクに戻る前に冷却する装置。この装置によって滑油は 70 〜 80℃程度に保たれる。空冷エンジンでは普通エンジン下部に、液冷エンジンでは冷却液の冷却器と併設されている。

## oil filter
### 滑油濾過器、オイル・フィルター
　滑油を濾過する装置。

## oiliness
### 油性
　滑油の特性の1つ。液体状油膜による潤滑が形成されていない2つの金属面の摩擦を減らす滑油の性質。例えば、まだ各部分の慣り合わせが十分でない新しいエンジンを始動する際など、互いに接触する金属面の中間には液体状油膜は完全に形成されていない場合がある。このような不完全な潤滑状態においては、粘性とは全く異なった油性という性質が大きな役割を演じることになる。

## oil pressure indicator
### 滑油圧力計
　エンジンの円滑な運転のために滑油を給油する必要があるが、非常に狭い部分に送油するためには滑油に圧力を加える必要がある。この圧力を測定する装置が滑油圧力計である。滑油圧力を計器のブルドン管に導管で伝える直接指示方式、またマグネシン型トランスミッターに伝え、油圧に応じた電気信号に転じて指針の動きで表す遠隔指示方式の2種がある。

## oil pressure warning system
### 滑油圧力警報装置
　滑油圧力が一定値以下に下がると警報を発する装置。滑油圧力の低下は、焼きつきなどエンジンに重大な故障が発生する原因となる。

## oil pump
### 滑油ポンプ、オイル・ポンプ
　滑油を圧送・供給するためのポンプ。主に歯車式が用いられるが、プランジャー式もある。

## oil radiator
### 滑油放熱器
　oil cooler 参照。

## oil resisting rubber
### 耐油性ゴム
　航空機用潤滑油に耐えるゴム。

## oil ring
### 掃油環、オイル・リング
　ピストン・エンジンにおいて、クランク室内からシリンダー内壁へ飛散してくる滑油が燃焼室へ入らないよう掻き出すためのリング。ピストンの裾部に装着されている。piston ring 参照。

## oil system
### 滑油系統
　エンジンにおいて、回転部分や摩擦部分の運動を円滑にし、かつ冷却するための滑油を供給するシステムの総称。滑油タンク、滑油ポンプ、排油ポンプ、滑油温度調節器、滑油冷却器

等の一連の系統からなる。

**oil tank**
**滑油タンク、オイル・タンク**
　滑油を貯蔵するタンク。

**oil temperature indicator**
**滑油温度計**
　滑油の温度を測定する計器。温度受感部と指示器からなる。

**oil temperature regulator**
**滑油温度調節器**
　エンジンに供給される滑油温度を一定に保つ装置。滑油冷却器の後部に開閉扉を設け、滑油温度に応じてこの扉を開閉して自動的に温度調節を行う。

**OJT：on the job training**
**実務訓練、OJT**
　学校や訓練所等での初期訓練を終了後、職場で実際に仕事をしながら指導を受け、技能を向上させていく訓練方法。

**oleo strut**
**オレオ緩衝支柱**
　hydraulic shock absorber 参照。

**omega navigation system**
**オメガ航法装置**
　超長波（VLF）を利用した電波航法システム。GPSの普及で、航空用としての役割は終了した。

**on-condition：OC**
**オン・コンディション方式、OC**
　整備の技法の1つで、機体構造、諸系統及び装備品等の状態を確認するために定期的に点検又は試験等を行い、不具合箇所があれば交換又は修理等の適切な処置を講ずる方式をいう。また、装備品等を航空機から取りおろしても（ハードタイム方式）分解を伴わないものはこの方式に含まれる。航空機の運用中に検査等を行うものはこの方式に含まれない。

⇒整備規程審査要領　TCM-27-001-74

**on course**
**オン・コース**
　航空機が定められた経路の中心を飛行中であることを表す用語。

**on pylon**
**オン・パイロン**
　主に単発機の飛行課目。操縦士の目と翼端と目標物（パイロン）を一致させて、風を修正しつつバンク角とパワーを調整し、目標物から翼端を離さないように旋回を継続する。

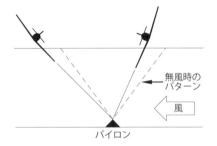

**open circuit wind tunnel**
**開放路風洞**
　風洞の一形式。気流を開放的に循環させている風洞。この形式の風洞のうち、測定部（模型を吊るす部分）が完全に開放されて自由噴流となっているものをエッフェル式、固い壁で囲まれているものをNPL式と称している。

**open cockpit**
**開放型操縦席、オープン・コックピット**
　closed cockpit（閉じ座席）に対する言葉。操縦席の上部まで風防で覆われていないものをいう。無蓋操縦席ともいう。現在では、あまり一般的ではない。

**open jet wind tunnel**
**開放噴流風洞**
　測定部の気流が自由噴流となっている風洞の総称。

## open rotor
### オープン・ローター

プロップファンに同じ。最近はこの名称が主流になった。propfan 参照。

## operating empty weight、OEW
### 運用自重

自重に乗組員、付加装備（食糧・飲料水・サービス用品等）、排出可能潤滑油の重量を追加した重量。乗客・貨物、使用可能燃料は含まない。運航重量ということもある。この重量は航空機の出発にあたり、重量・重心位置算定の基本の重量として用いられる。

## operational ceiling
### 運用上昇限度

上昇性能が 2.5 m /min（500ft/min）になる限度の高度。上昇率は利用馬力と必要馬力の差、つまり余剰馬力によって決まるが、余剰馬力は高度の増加とともにエンジン出力が減少するため上昇率も低下して、ついにはゼロになる。この高度を絶対上昇限度という。しかし、この絶対上昇限度は実際的ではないので、上昇性能が 0.5 m /mim（100ft/min）になる限度を実用上昇限度として定めている。しかし、操縦性の観点等から、より性能に余裕をもたせた運用上昇限度を定めている。

## operational control
### 運航管理

航空機の安全性、及び飛行の定時性、効率性から、飛行の開始、継続、変更、又は終了について権限を行使することをいう。⇒ ICAO

## operational flight plan
### 運航飛行計画

航空機の性能、運航限界、飛行経路の状態、及び関係飛行場（関係ヘリポート）に関連する予想に基づいて、飛行を安全に実施するための運航者の計画をいう。⇒ ICAO

## operational performance category Ⅰ / Ⅱ / Ⅲ
### カテゴリーⅠ、Ⅱ、Ⅲ運用

気象不良な状態での着陸進入を、決心高（DH）及び滑走路視距離（RVR）の組合わせによって区分する。⇒ ICAO
- カテゴリーⅠ：DH 200ft/60 m以上
  RVR 550 m以上
- カテゴリーⅡ：DH 200-100ft/60-30 m
  RVR 350 m以上
- カテゴリーⅢ A：DH 制限なし
  RVR 200 m以上
- カテゴリーⅢ B：DH 制限なし
  RVR 75-200 m
- カテゴリーⅢ C：制限なし

## operation manual
### 運航規程

航空法第 59 条により、航空機に備えることが義務付けられている書類の 1 つ。

運航規程には運航管理の実施方法、航空機乗組員の職務・編成・乗務割、運航管理者の業務に従事する時間制限、航空機乗組員及び運航管理者の技能審査及び訓練の方法、離陸し又は着陸することができる最低の気象状態、最低安全飛行高度、緊急の場合においてとるべき措置など、航空機の運用の方法及び限界、航空機の操作及び点検の方法、飛行場・航空保安施設及び無線通信施設の状況ならびに位置通報などの方法が含まれる。

運航規程は航空運送事業者が国土交通大臣の許可を受け作成するものをいう。使用事業者、自家用運航者には適用されない。また会社によっては、飛行規程を運航規程の中に含めることも、また別々に分けることもある。

## opposed piston engine
### （水平）対向ピストン・エンジン

2 つのシリンダーがクランク軸をはさんで左右相対的に配置されているピストン・エンジン。現用の航空用ピストン・エンジンは、ほとんど全部がこの対向型である。piston engine 参照。

## optical phenomenon
### 光学的現象

異なる密度の気塊による屈折、乱反射による視程障害。

## option approach
### オプション・アプローチ
操縦士が管制機関にリクエストして実施する各種のアプローチで、タッチ・アンド・ゴー、ミスト・アプローチ、ロー・アプローチ、ストップ・アンド・ゴー、フルストップ・ランディングのいずれかをいう。

## ORB：omni directional radio range beacon
### 全方向式無線標識
VOR 参照。

## orbit flight
### オービット飛行
VOR など施設を中心とした一定半径で周回飛行をすることをいう。

## organic glass
### 有機ガラス
アクリル樹脂の俗称。acrylic resin 参照。

## ornithopter
### 羽ばたき機、オーニソプター
揚力及び推力を翼の羽ばたきによって得ようとする航空機。羽ばたき機によって空を飛ぼうとする考えは古くからあるが、模型飛行機以外、実用機として成功した例はない。

## orographic depressions
### 地形性低気圧
山脈の風下側の地形的障害物を風が通過し、力学的にできる低圧部をいう。

## orographic rain
### 山岳性降雨、地形性降雨
地形的に、ある特定区域に限って降る雨。例えば、湿気を有する風の通路に高地があると、その影響によって雨を生じたり、水平気流が山頂に当たって上昇し、冷却凝結して降雨になるなどの現象である。

## ORSR：oceanic route surveillance radar
### 洋上航空路監視レーダー
洋上の航空路を飛行する航空機の管制業務に用いられるレーダー。2次監視レーダーのみであるが、約 250nm の空域をカバーする。

## outer fix
### アウター・フィックス
ターミナル区域内において、ファイナル・アプローチ・フィックス以外のフィックスをいう場合に管制機関によって使われる用語。航空機は通常、ACC 又はアプローチ・コントロールによってアウター・フィックスまで進むことを許され、さらにこのフィックスからファイナル・アプローチ・フィックスあるいはファイナル・アプローチ・コースへと進むことを許可される。

## outer marker：OM
### 外側無線位置標識、アウター・マーカー
計器飛行状態下で着陸する航空機に滑走路末端からの距離を示すために設置された扇形無線位置標識のうち、一番外側（滑走路末端より約7～8 km）に設置されたもの。ILS 参照。

## outer wing
### 外翼、外側翼
内翼又は中央翼に対する言葉。すなわち外方の主翼を指していう。

## out flow
### 流出流
プロペラ回転面直後の気流。又は外側へ流れる気流。

## outside loop
### 逆宙返り
普通の宙返りとは逆に、下方に円形の経路を描く飛行。大きな「負」の荷重がかかるため、パイロットの負担が大きく、また機体も負の荷重には強度が十分でなく、曲技専用機以外では、一般的には行われない。

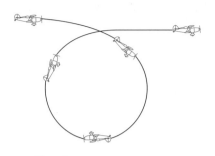

### over-all length
**全長**
航空機の最前端から最後端までの距離。

### over control
**オーバー・コントロール**
航空機の操縦時に、必要以上に大きな舵を使用すること。

### overhaul
**分解検査（修理）、オーバーホール**
一定の飛行時間間隔で、機体、エンジン、装備品等を必要に応じて分解し、あらゆる部分の腐食、磨耗、損傷などを検査、修理すること。

### overhead approach
**直上進入、オーバーヘッド・アプローチ**
主に軍用の小型機（特に戦闘機等）によって行われる進入方法で、滑走路の直上へ進入し、左また右にブレークして着陸する方法。通常の場周経路を通過する着陸に比べ、短時間に着陸でき、特に編隊飛行から連続して着陸する場合に便利である。正式名称は「360度オーバーヘッド・アプローチ」。

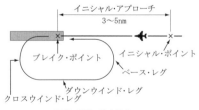

標準 360° 直上進入

### over load
**オーバー・ロード、過積載状態、過負荷状態**
その航空機に定められている最大重量を超えて運航する状態をいう。また設計荷重を超える荷重倍数で運航した場合もいう。この状態での運航は、耐空性を保証されない。

### override
**オーバーライド**
自動制御による効果、あるいは運転を絶つことをいう。その後は手動操作に切り替える。

### overrun
**オーバーラン、過走**
着陸時、又は離陸の失敗などで、滑走路の末端から飛び出してしまうことをいう。

### overrun area marking
**過走帯標識**
陸上飛行場の舗装された過走帯を明瞭な1色で標示する。
1．接続する滑走路の強度と同じ強度の滑走路の場合

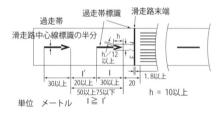

2．接続する滑走路の強度より小さい強度の滑走路の場合
⇒施規79条

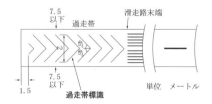

### overrun lights
### 過走帯灯
離陸し又は着陸しようとする航空機に過走帯を示すためにその周辺に設置する灯火。
・航空赤の不動光⇒施規114条、117条

### over shoot
### オーバー・シュート
飛行機の着陸時、所定の進入経路より高く進入したり、速度の超過により、所定の着陸地点より先方に接地する状況。

また、着陸時にベースからファイナルへの旋回半径を見誤って、滑走路中心線の延長線上から外側へ出ること（図）。

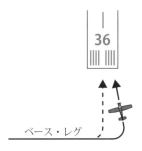

### over the top
### オーバー・ザ・トップ
シーリングを形成している雲あるいは視程障害現象（霧、もやなど）が発生している層の上をいう。

### oxidizer
### 酸化剤
ロケット推進用燃料を燃焼させる役割を果たす酸化性化学薬品の総称。液体酸化剤と固体酸化剤に大別できる。

### oxidizing agents
### 酸化剤
= oxidizer

### oxygen inhalation
### 酸素吸入
空気が希薄な状態の時、人為的に酸素を吸うこと。空気は高度の増大とともに希薄化し、酸素分圧は減少する。そのため、与圧装置を有しない航空機では、高度4,000 m以上の高度（旅客機では3,000 m以上）を航行する際には、乗員・乗客は酸素吸入を行う。

### oxygen mask
### 酸素マスク
酸素吸入に際して顔に装着されるマスク。戦闘機など軍用機パイロットが常時装着するもの、非与圧機が高々度を飛行時に使用するもの、また旅客機の急減圧時などに乗客が使用する非常用のものなどがある。写真は戦闘機パイロットのもので、内側にマイクロフォンが装着されている。

### oxygen system
### 酸素系統
乗員・乗客に酸素を供給するための装備。酸素ボトル、酸素調節装置、酸素マスクなどからなる。酸素ボトルの搭載を不要にする機上酸素発生装置（OBOGS：onboard oxygen generation systems）を装備する軍用機もある。

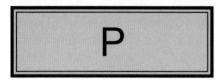

## PAN
**緊急信号、パン**

遭難の恐れまでには至らない航空機の緊急状態の場合に送信する音声信号。3回発声する。

## pancake landing
**平落とし着陸**

着陸に際し、前進速度を減殺するため、地上近くで上げ舵をとり、ほとんど失速姿勢で接地すること。

## panel fastner
**覆止め金具、ファスナー**

機体各部の点検・整備のため頻繁に開け閉めされるパネルには、ボルト、ナット類に変え、開閉が簡単な覆止め金具が使用されている。これがファスナーである。

## pannus
**片乱雲**

国際記号 pan。悪天候下の片層雲又は片積雲。

## PAPI : precision approach path indicator
**PAPI、パピ、進入角指示灯**

精密進入用降下経路指示器。灯器の色は上層が白又は可変白、下層が赤で 7.4 km（着陸帯 G～J は 4.5 km）離れた距離から視認できる。VASIS の後継機器として開発され、その目的は次の5点。
1．精密進入用施設と整合し、かつ同様な目視による降下経路情報を提供できること。
2．対地 200ft 以下の低高度においても機種ごとに正しい進入角を指示できること。
3．大型機に対しホイール・クリアランスの確保に必要な情報が提供できること。
4．多種類の航空機のパイロットが進入角を知ることができること。
5．旧施設の VASIS に比較して施設の設置、運用、保守が経済的であること。

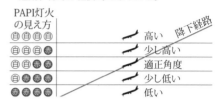

## PAR : precision approach radar
**精密（精測）進入レーダー**

precision approach radar 参照。

## parachute
**落下傘、パラシュート**

飛行中の航空機から安全に緊急脱出・降下するための用具。傘体、吊索、収納袋、開傘装置、装帯等からなる。

装着形式により、背負型、座席型、胸掛型、前掛型がある。緊急脱出用以外に、空のスポーツとしてのスカイダイビング用、落下傘部隊用、弾薬・食糧等の物量投下用、ラジオゾンデ回収用等、様々なものがある。

米空軍の降下救難員 (USAF Photo)

## parallel approach
**平行進入**

平行滑走路への進入であって、それぞれ進入する航空機間に規定のレーダー間隔を設定する平行 ILS 進入及び平行 ILS／精測レーダー進入並びに NTZ（不可侵区域）の設定等の条件

— 218 —

の下で、それぞれ進入する航空機間にレーダー間隔を設定しない同時平行 ILS 進入をいう。
⇒管制方式基準

### parallel ILS approach
### 平行 ILS 進入
ILS 装置により同時に 760m（2,500ft）以上離れている平行滑走路に進入すること。レーダー間隔は最低 2 nm を必要とする。

### parallel offset route
### パラレル・オフセット・ルート
航空路の左右に平行してトラックすること。area navigation において用いられる用語。

### parallel runways
### 平行滑走路
2 本以上の滑走路の中心線が平行な滑走路であって、滑走路の配置形態によって次のとおり分類する。
1．A 型平行滑走路
　滑走路の両端が同列に配置されているもの。
2．B 型平行滑走路
　滑走路両端がともに同列に配置されていないもの。⇒管制方式基準

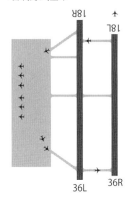

### parasite drag
### 有害抗力
主翼以外の機体各部の空気抵抗。主翼は揚力を発生させるために第一義的に必要なものであるから、主翼の存在によって発生する抗力は有害抗力とは呼ばない。

### parkerizing
### 酸化防錆処理、パーカーライジング
防腐、防錆のため、鉄又は鋼材の表面に燐酸塩皮膜処理を施すこと。

### pascal：Ps
### パスカル
1 N／㎡　の圧力又は応力をいう。
⇒ ICAO。hecto pascal 参照。

### passenger km(mile)
### 旅客キロ（マイル）
航空機など、交通機関による輸送実績を表す尺度。10 人の乗客を 10km の距離を輸送すれば 100 旅客キロとなる（旅客マイルも単位が異なるのみで同意）。

### payload
### 有償荷重、ペイロード
乗客、貨物、郵便物等の、航空輸送において運賃や料金の対象（有償）となる重量をいう。有償荷重の大小は、その航空機の運航上の良否を決定する物差しの 1 つ。ただし、搭載量として扱う以上は 1 つの重量区分であり、無償の乗客、貨物であっても有償荷重に含み、有償・無償の区別はない。

### PBN：performance-based navigation
### 性能準拠型航法
ICAO が主導して進めているもので、センサーの種類でなく、あくまで正確性、完全性、機能性など、性能要件に基づく広域航法。

### percent RPM
### パーセント回転数
ジェット・エンジンの回転速度を示す用語。ジェット・エンジンの圧縮機回転速度は非常に速く、またタイプにより最大回転速度は大きく変化する。このため、回転数をピストン・エンジンのように回転数で表示せず、パーセントで表示するわけである。こうすることにより、ほとんどすべてのジェット・エンジンは様々な標準出力セッティングでもおよそ同じ RPM の読

みとすることができる。

**perfect fluid**
**完全流体**
　粘性も圧縮性もないと仮定した流体。実際の流体には粘性、圧縮性があり、これを無視することはできない。しかし、翼の揚力に関する理論などを論ずる際には、粘性、圧縮性をないものとして扱ったほうが単純化できる。

**performance**
**性能**
　航空機の実用価値の基準となる要素を示したもの。すなわち、安定性能、速度性能（最大水平速度、巡航速度、失速速度）、上昇性能（上昇率、上昇時間、上昇限度）、旋回性能、加減速性能、降下性能、滑空性能（滑空比、沈下率）、離着陸（水）性能（滑走・滑水距離・時間）、航続性能（最大航続距離、航続時間）などの諸要素である。

**performance chart**
**性能チャート**
　航空機の製造メーカーが提供する、様々な条件における機体の性能をチャートで示したもの。

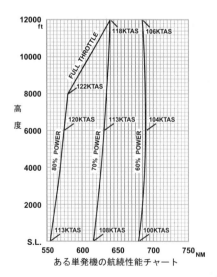
ある単発機の航続性能チャート

**performance class Ⅰ helicopter**
**第1級性能ヘリコプター**
　臨界発動機が故障した場合、故障発生時に応じ、離陸中止区域に着陸、又は適当な着陸区域に安全に飛行を継続できる性能を有するヘリコプターをいう。⇒ ICAO

**performance class Ⅱ helicopter**
**第2級性能ヘリコプター**
　離陸時特定点以前又は着陸時特定点以後に臨界発動機に故障が発生した場合は、強行着陸が必要となるが、それ以外の場合は安全に飛行が継続できる性能を有するヘリコプターをいう。⇒ ICAO

**performance class Ⅲ helicopter**
**第3級性能ヘリコプター**
　動力装置の故障が飛行中のいかなる点で発生しても、強行着陸を実行しなければならないヘリコプターをいう。⇒ ICAO

**performance number**
**パフォーマンス・ナンバー**
　出力に関する航空ガソリンの等級。ASTM航空法とCFR過給法によるもので、指示平均有効圧力に正比例して変化する。パフォーマンス・ナンバーは100/130と表した場合、100はASTM航空法によって測定されたものであり巡航性能を表す。130はCFR過給法によって測定したもので離陸時の性能を表したものである。

**performance test**
**性能試験**
　飛行性能のみでなく、安定性、操縦性、運動性など、広義の分野における性能の試験を行うこと。これらには安定性試験、操縦性試験、部分上昇試験、上昇力試験、速力試験、離着陸試験、燃料消費試験、沈下率試験、操舵力試験、実用試験などが含まれる。

**periodic inspection**
**定期検査、PE**

時間又は期間を定めて定期的に実施される整備。PE（ピー・イー）と言われることもある。

### period light
**周期灯**
　ある期間をおいて交互に点滅する灯火。航空灯台、飛行場灯台などがある。

### permanent echo
**パーマネント・エコー**
　ビル、塔、地形など地表面の固定目標物からのレーダー反射波。パーマネント・エコーは広域的なグラウンド・クラッターとは区別されるもので、レーダーの調整にも使われる。

### petrol
**ペトロール**
　ガソリン、精油、軽油など、原油から精製するもので、米国ではガソリンと称するが、英国ではペトロールという。飽和炭化水素で、パラフィン系、ナフテン系、アロマチック系などがある。

### PF : pilot flying
**ピー・エフ、PF**
　操縦業務を担当中のパイロット。

### P-factor
**P ファクター**
　飛行機が大きな迎え角で飛行中、下がる側のプロペラ（右回りプロペラの場合、右半分）の迎え角が大きくなって推力が増加し、反対側は逆に減少するため機体を左にとられる現象。

### phased array antenna
**フェーズド・アレイ・アンテナ**
　従来のアンテナは、機械的にアンテナの向きを変えて指向性を変更する必要があったが、このアンテナは電気的に指向性を変更するもので、機械的に駆動する必要がなく、信頼性も向上する。また指向方向を高速で変更できるのも特徴。

### phenol resin
**フェノール樹脂**
　フェノールとアルデヒドとの縮合反応により得られる樹脂状合成物。これにアルカリ性触媒を加えるとベークライトができる。ベークライトはベルギー生まれの米国の化学者、ベークランドが 1909 年に発見したもの。ベークライトは電気絶縁性が良好なため、種々の電気絶縁材に用いられている。

### piggy back
**ピギー・バック**
　ミサイルや大型貨物運搬法の１つ。米国で案出されたもので、大型輸送機の背中に積載して運搬する。写真は 747 改造機によるスペースシャトルの過去の運搬例。

### pilot
**操縦士、パイロット**
　航空機の操縦にあたり、国土交通大臣から技能証明を付与された者。准定期、自家用、事業用、定期運送用操縦士の別があり、航空機の種類ごとに技能証明が与えられる。

### pilotage navigation
**地文航法、パイロッテージ**
　地上物標（地形、山、川、湖沼、橋、町、鉄道、高速道路、著名な施設など）を航空図と照らし合わせて、自機の位置を確認しながら飛行する航法。

### pilot baloon
**観測気球**
　大気上層の風向・風速を観測するために放つゴム製又はポリエチレン製の水素入り小気球

(重量20～100g)。毎分約200mの率で上昇する。

## pilot compartment
**操縦室、コックピット**

操縦士が席を占め、操縦に当たる区画。操縦関係の諸装置、計器類が集中配備されている。
＝ flight deck（大型機での用法）

## pilot in command：PIC
**機長**

飛行中、航空機の安全及び運航に責任を有する操縦士をいう。⇒ICAO

## PIO：pilot induced oscillation
**PIO、ピー・アイ・オー**

パイロットの操舵量が大きすぎて、機体の動揺が収まらない状態になること。最悪の場合には制御しきれず墜落に至ることもある。

## PIREP：pilot report
**パイレップ、パイロット・リポート**

航空法及び気象業務法に基づいて行われる気象観測報告で、国内航空路上における特殊な気象状態（雷電、乱気流、着氷、火山の噴煙など）に遭遇したり、航空気象官署が要求した場合に行われ、その気象状態の位置、高度を観測し、報告する。

## piston engine
**ピストン・エンジン**

燃焼ガスから得られる圧力で、密閉したシリンダー内のピストンを往復させ、この往復運動をクランク軸で回転運動に変える内燃機関をピストン・エンジン又はレシプロ・エンジンという。飛行機の場合、この回転運動はプロペラに、ヘリコプターの場合はローターに伝えられる。ピストン・エンジンの種類には、シリンダーの配列により直列型、V型、X型、星型、水平対向型などがある。また冷却方式別に分けると空冷式と液冷式がある。現在の航空機用ピストン・エンジンは、ほとんどが4サイクルの水平対向型の空冷式である。なお、一部の小型機、動力

付き滑空機には2サイクルも使用されている。

直列型　　V型　　水平対向型

X型　　単列星型　　2重星型　　多重星型

## piston pin
**ピストン・ピン**

ピストンと連接棒（コネクティング・ロッド）を結合するピン。鍛造ニッケル鋼で作られている。軽量化のため、中空で作られ、表面硬化して研磨仕上げされている。ピストンと連接棒の相対運動が、人の腕の運動と類似しているところから「リスト・ピン」と呼ぶこともある。ピストン・ピンは、ピストン及び連接棒内で自由に回転する浮動式となっている。またピンが抜け出してシリンダー壁を傷めないようにプラグでピンの両端が止めてある。

## piston ring
**ピストン・リング**

ピストン上部にはめこんである数本のリング。リングはコンプレッション・リング、オイル・コントロール・リング、さらにエンジンによってはオイル・スクレーパー・リングが追加されているものもある。ピストン・リングの役割は、①燃焼室からのガス漏れを防ぎ、ガス圧力を保つ、②ピストンの熱をシリンダーに伝えて発散させる、③燃焼室への滑油の浸出を最小に抑える、というところにある。

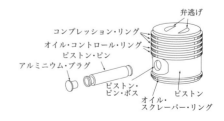

## pitching
### 縦揺れ、ピッチング

機体が左右軸まわりに回転する運動。すなわち機首が上下する運動である。

## pitch up（phenomena）
### 頭上げ現象、ピッチ・アップ

高速機で急降下から引き起こした時に操縦士の予期した以上に頭（機首）上げになる現象など。著しい場合には機体の分解に至ることもある。高速機での発生原因には次のようなものがある。

1. 昇降舵トリム・タブの使用。急降下中に衝撃失速（shock stall）を起こし、後流の中にタブが入ると効きが悪くなるため過度にタブを用いる。次に引き起こしに移ると抵抗の増加で減速し、衝撃失速が消失してタブの効きが回復し、激しい頭上げになる。
2. 音速になるにつれ衝撃波の位置が次第に後退し、高マッハ数で静安定が増加するため。
3. 昇降舵の効きが高速になるにつれ悪くなるため。
4. 主翼の捩じれによるもの。後退した可撓翼では高速により翼端に向かって取り付け角を減じるように捩じれ、引き起こしにより揚力が翼の前方に移行するため頭上げになる。
5. 翼端失速によるもの。

## pitot heater
### ピトー・ヒーター

ピトー管への氷の付着を防止するための加熱装置。ピトー管の頭部や管内に氷が付着すると全圧が正確に取り入れられなくなるため、電熱ヒーターで氷の付着を防ぐ。計器飛行を行う航空機の速度計はピトー・ヒーター付きでなければならない。

## pitot static system
### ピトー静圧系統

ピトー管から全圧（動圧＋静圧）、静圧孔から静圧（大気圧）を探知し、速度計、昇降計、高度計等にそれぞれ必要な情報（圧力）を供給する系統をいう。昇降計、高度計は静圧のみの系統で作動するが、速度計はベルヌーイの定理（静圧＋動圧＝一定）により、全圧と静圧の差から動圧を探知し、指示対気速度として速度計に表される。

ピトー管は気流の影響を受けにくい飛行方向に正対する位置に1つ又は複数、設置され、静圧孔は胴体の左右両側又は片側に設置される。また誤差の防止、安全性のために水抜き、代替系統等が装備されている。また一部の航空機には、ピトー管の側面に静圧孔の設けられたピトー静圧管が取り付けられたものもある。

## placard
### プラカード

コクピット内の計器板周辺など見やすい場所に、様々な注意書きを記したもの。

**CAUTION !**
CONTROL LOCK
REMOVE BEFORE STARTING ENGINE

プラカードの一例。操縦装置ロック解除の件

## plain flap
### 単純フラップ

フラップ前縁のヒンジ部分から単純にフラップを下方へ下げる形式のフラップ。

## planform

## 平面形

上から見た主翼の形状。この形状が主翼の効率や失速特性を決定することになり、重要である。

## planing bottom
## 滑水底面

飛行艇の艇体、水上機のフロートの下面でステップ付近の比較的平らな部分。すなわち水上を滑る部分である。

## plasma engine
## プラズマ・エンジン

宇宙航行用のエンジン。推進剤ガスを電気放電によってプラズマにし、これを電磁的に加速して噴射する。推力は小さいが効率が高く、長時間にわたる軌道の制御などに適している。

## plastic
## プラスチック

本来は可塑性物質のこと。すなわち温度、外力などにより、容易に任意の形状にすることのできるものの総称であるが、一般には単に合成樹脂を指す。

## plexiglass
## プレキシグラス

いわゆるアクリル樹脂の商品名。風防ガラスなどに用いる。

## plotter
## プロッター、航法定規

navigation plotter 参照。

## pneumatic system
## 空気圧系統

タービン・エンジンのコンプレッサーから抽気（ブリード・エア）して、与圧、空調、防氷など幅広く使用されているが、駆動源としては非常用ブレーキなど、一部の利用に留まり、あまり一般的ではない。

## PNF : pilot not flying

## ピー・エヌ・エフ、PM

主として操縦業務以外を担当中のパイロット。PM（pilot monitoring）ともいう。

## POH：pilot operating handbook
## パイロット・オペレーティング・ハンドブック

航空機製造メーカーにより個々の型式別に作成され、航空当局の認可を得た書物。

## point of no return：PNR
## 不帰投点

航路の途中のある点から、もとの出発空港へ引き返した場合、着陸時の残存燃料がゼロになる最大進出点。つまり PNR を越えれば目的空港の天候いかんに関わらず、洋上では引き返すことは不可能になる。

## point of safety return：PSR
## 安全引き返し点

PNR（上記参照）が最大限の進出距離であるのに対し、PSR は航路上のある点から引き返した場合、出発空港が天候悪化で着陸できなくても、残存燃料により代替空港に変針して着陸可能な最大進出距離。

## poisson's ratio
## ポアソン比

ある材料に垂直外力を加えた場合に生じる横歪みと縦歪みの比。ポアソンはフランスの数学者（1781 ～ 1840 年）。

## polar air
## 寒帯気団

下層は低温で逆転があり安定している高緯度域に発生する気団。下記のように区分される。
1．大陸性寒帯気団（cPw）：下層で安定
2．大陸性寒帯気団（cPk）：気温減率が大
3．海洋性寒帯気団（mPw）：下層で安定
4．海洋性寒帯気団（mPk）：気温減率が大

## polar curve
## 揚抗曲線、極線図、ポーラー・カーブ

ある迎え角の場合の揚力係数 $C_L$ と抗力係数

CDとの関係を表した図。揚力係数CLを縦軸に、抗力係数CDを横軸に取り、それらの諸点を結んで得られた図のこと。

### polar front
**寒帯前線、ポーラー・フロント**

南方より暖気、北方より寒気が流入する寒帯気団と熱帯気団との間にできる前線。

極地方に蓄積された寒冷な空気が極気団を形成し、"極頂"から寒冷気団が温帯地方に突き出してくる。このため形成される不連続線をいう。

### polar front jet stream
**寒帯前線ジェット気流**

寒帯前線付近の圏界面に近いところで寒気と暖気の流入による温度差のため、温度風が発生する。季節により形状、強度が異なり、冬期において日本付近北緯35度では最大風速が200kt以上になることもある。

### polarization effect
**偏波効果**

不要偏波成分がコースに与える影響をいう。

### polar navigation
**極地航法**

極地、つまり南極点・北極点付近の上空を通過して飛行する際の航法。

### polar night jet stream
**極夜ジェット気流**

11月下旬から1月中旬には、緯度90度付近では太陽日射がなくなるため極低温となり、そのために緯度70度以下の地域とで強い温度差を生み、これが温度風となる。春以降、太陽が出始めると、このジェット気流は消滅する。

### polar stereographic chart
**極地立体平画法図**

極を接点とした投影面に、反対側の極から投影して描かれた図。ランバートもメルカトールも極地方では歪曲が大きく、航空図として利用できないため、極地方の航法ではこの図が使用される。長所として、大圏コースがほぼ直線となるが、航程線が極に近づくにつれて螺旋状になるという短所がある。

### polar trough aloft
**ポーラー・トラフ・アロフト**

10,000ft以上の寒帯トラフで東側の中・高層に雲を多く作る。地上の気圧系には影響を与えないが、熱圧域の南端に低圧域を作り、トラフから切り離され西向きに移動し多量の雨をもたらすこともある。

### pontoon
**ポンツーン**

陸上機を水上機に変更するためのフロート。

### pop out float
**ポップ・アウト・フロート**

緊急用フロート。通常はヘリコプターの胴体下部左右、スキッドに格納されており、水上に緊急着水する場合にボトル内の窒素又はヘリウムを急放出してフロートを膨らませて浮力を得る。

### porpoise
**ポーポイズ**

着陸のための降下率が大きく、前輪から接地し、接地直後の操舵が適当でない場合、イルカが海面上を跳ねるような、接地と再浮揚を繰り返すことがある。このような状態をポーポイズという。収束しない場合、事故の危険につながる。

非正常着陸

### position error
**位置誤差、ポジション・エラー**

航空機の姿勢変化により発生する速度計の誤差。航空機の姿勢変化により静圧が正しい数値から誤差を生じるようになり、これが速度計

の指示値に誤差を及ぼす。位置誤差は個々の航空機の飛行規程、運航規程等に表示されている。

## position light
### 位置灯、ポジション・ライト
　地上に停止又は空中を航行中の航空機の所在又は進行方向を示すための灯火。尾部、左右翼端などにそれぞれ設置されている。

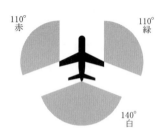

## position report
### 位置通報、ポジション・レポート
　どこを飛行中かの通報。計器飛行方式で飛行する航空機は、国土交通大臣が指定した位置通報点において、その他は航空路管制業務を行う機関が指定した地点において定められた通報を行うことになっている。

## positive control area：PCA
### 特別管制区
　航空交通管制区又は航空交通管制圏のうち国土交通大臣が告示で指定する空域で、航空交通の混雑する空港の計器進入経路付近に特別に設定される。この空域は当該空港の進入管制所による進入管制業務が行われており、計器飛行方式で飛行する航空機の安全と効率のよい運航を目的としている。
　この空域は計器飛行方式によらなければ飛行してはならない。ただし、国土交通大臣の許可を受けた場合は、この限りではなく、許可を受けた有視界飛行方式による航空機は、下記の基準に従って飛行しなければならない。
１．有視界気象状態を維持する
２．当該空域の管制業務を行う機関と常時連絡を保つ
　この空域を飛行しようとする航空機はアプローチ（レーダー）、タワー、又は ACC に連絡し、コールサイン、現在位置、高度及び意図を通報し、指示を受けなければならない（詳細は AIP を参照）。⇒航空法 94 条の 2、施規 198 条の 5

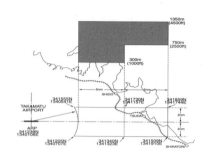

## power dive
### 動力急降下
　ある程度以上の出力で急降下すること。空中戦や対地攻撃などで行われる。

## powered flight control
### 動力操縦装置
　操縦索と舵の間に油圧装置、電動装置を組み込み、人力を油圧又は電気の力で拡大して操縦する装置。航空機の大型化、高速化により、舵の重さが大きくなり、また衝撃波の影響を受けると人力での操舵は困難になる。そこで、この対策として動力操縦系統が操縦系統に採用されるようになった。＝ powered control

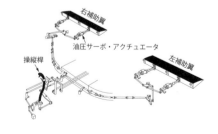

## powered lift
### パワード・リフト
　重航空機で、垂直離着陸と低速飛行の能力を有し、これらの領域における揚力は基本的にエ

ンジン駆動の揚力装置又はエンジン推力に、水平飛行中の揚力は固定翼によるもの。
⇒耐空性審査要領

この用語は、ベル・ボーイング社が開発したティルト・ローター機、V-22 オスプレイなど新しいカテゴリーの航空機の登場によって誕生したもので、イギリスのハリアー戦闘機、ロッキードF-35B もパワード・リフトになる。今後、軍用機を中心にパワード・リフト機が増加する傾向にある。

VTOLで着艦するF-35B（USN Photo）

### power landing
### 動力着陸、パワー・ランディング
エンジンの出力をある程度入れたままで行う着陸。power on landing ともいう。しかし接地の際には出力は全閉にされる。

### power loading
### 馬力荷重、推力荷重、パワー・ローディング
航空機の総重量を、搭載している全エンジンの最大馬力（推力）で割った値。この値は、単位馬力（推力）が負担する機体の重量を示すものであり、数値が小さいほど重量の割にパワフルな機体であることを示す。

### power plant
### 動力装置
航空機を推進させるための所要機関ならびに、その付属装置一切の総称。簡単にいえばエンジンである。

### power (on) stall
### 動力失速、パワー・オン・ストール
基本操縦技術体得のための課目の1つ。ま た特定の機体の特性（癖）を知るために動力を入れた状態で行う失速。

### power unit
### 動力装置
航空機を推進させるために航空機に取り付けられた動力部、部品及びこれらに関連する保護装置の全系統をいう。
⇒耐空性審査要領

### precipitation
### 降水
大気中で凝結した水分が地表まで落下する現象。雨、霧雨、雪、霧雪、雪あられ、ひょう、細氷、凍雨などの総称。

### precipitation fog
### 降水霧
持続性の雨が落下途中に過飽和状態となりできる霧。

### precipitation static
### 降水空電、コロナ空電
0℃層付近の気流が不安定な雲中では、帯電した水滴、氷晶などが機体に衝突して静電気を集積し、放電する。この放電が空電障害をもたらす。

### precipitation static interference
### 降水空電妨害
雨、雪、みぞれ、雹などにより、航行中の航空機が受ける電波妨害。

### precision approach
### 精密進入
アジマス（Azimuth）及びグライドパス（Glide path）の情報又は指示を受けることができる計器進入（ILS 進入及び精測レーダー進入）をいう。⇒管制方式基準

### precision approach procedure
### 精密進入方式
ILS 又は PAR による進入方向と降下経路の

情報を受ける計器進入方式をいう。⇒ ICAO

### precision approach radar：PAR
### 精測進入レーダー
　最終進入コースにある航空機の進入方向・進入角度のずれと、接地点までの距離を測定するためのレーダー。管制官は、レーダー管制室にあるスコープで目標航空機を識別し、無線電話を用いて航空機を滑走路（対地200ftを誘導限界とする）まで誘導する。

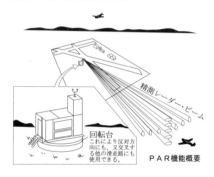

PAR機能概要

### precision approach runway、category Ⅰ
### カテゴリーⅠ精密進入滑走路
　決心高が60m（200ft）まで、かつ、RVRが800mまでの運航を目的とする、ILS及び視覚援助施設を備える計器滑走路をいう。
　⇒ ICAO

### precision approach runway、category Ⅱ
### カテゴリーⅡ精密進入滑走路
　決心高が30m（100ft）まで、かつ、RVRが400mまでの運航を目的とする、ILS及び視覚援助施設を備える計器滑走路をいう。
　⇒ ICAO

### precision approach runway、category Ⅲ
### カテゴリーⅢ精密進入滑走路
　滑走路表面まで有効なILSを備える計器滑走路で次のように区分される。
　ⅢA：着陸の最終段階の間、視覚援助施設を使用して、RVR200mまで（決心高は適用されない）の運航を目的とするもの
　ⅢB：地上滑走のために視覚援助施設を使用して、RVR50mまで（決心高は適用されない）の運航を目的とするもの
　ⅢC：着陸及び地上滑走のための信頼できる視認目標なしに、運航できることを目的とするもの⇒ ICAO

### predominant tropopause
### 卓越圏界面
　天気図上で数個のトロポポーズが存在する場合、そのうち最も有用な1つの卓越圏界面をいう。ゾンデ観測により気温逓減率が2℃/km、又はそれ以下に減少する最低の安定点か、あるいは安定点の上の最初の2kmの間は平均2℃/km又はそれ以下の逓減率で減少する最低の安定点に最もよく見られる圏界面をいう。

### preflight briefing
### 飛行前説明、飛行前指示、ブリーフィング
　飛行内容について、教官が飛行前に要領等を説明すること。飛行の任務、目的、要領等について、指揮官等が前もって説明すること。また通常の飛行前に操縦士が気象関係者や運航管理者等から飛行経路その他に関する状況説明を受けること。

### preflight check
### 飛行前機体点検、プリフライト・チェック
　飛行前にパイロットがチェック・リストに基づいて行う機体、エンジン、燃料、滑油等の点検。＝ preflight inspection

### preignition
### 早期着火、プリイグニッション
　ピストン・エンジンにおいて、混合気が点火栓により着火する前に着火する現象。すなわち、ピストンが上死点に達する前に起きる爆発現象で、混合気の圧縮による温度上昇での自然発火、燃焼室の過熱部分の存在、高温排気ガスの多量な残留などにより発生することがある。

### preset system
### 予調方式
　ミサイル等の無人飛翔体の誘導方式の1つ。

目標までの飛行経路をあらかじめ設定して、飛翔体の操縦装置に経路をセットしておく方法。従って、飛行中に変更することは不可能である。

## pressure accumulator
### 蓄圧器、アキュムレーター
油圧系統において、作動油のエネルギー（圧力）を蓄えておく容器（通常は円形）。

## pressure altitude：PA
### 気圧高度
高度計の高度修正窓（コールスマン・ウインド）を29.92in（1,013.2hPa）にセットした時に表示される高度。標準大気圧に対応した高度。

## pressure cabin altitude
### 与圧高度、与圧機室高度、キャビン高度
与圧装置付きの航空機が与圧を行った際、その機体内部の圧力に相当する標準大気の高度。

## pressure drag
### 圧力抗力
流れの中に置かれた物体の前面では、流体の圧力が高まり、後方では止水域を生じて圧力が下がる。このため生じる圧力差を圧力抗力という。これは流体に粘性があるため生じる現象である。また物体の形状によって異なることから形状抗力ともいう。

## pressure fueling
### 圧力給油
大型機の燃料給油に用いられる方法で、主に主翼下部の1箇所から燃料タンク全部に給油できる。

## pressure gradient force
### 気圧傾度力
気圧傾度力とは、気塊を高圧部より低圧部に移動させる力をいう。等圧線が接近している場合には気圧傾度力が強い。すなわち、風が強いということになる。

## pressure pattern flying
### 気圧配置飛行
気圧配置などを考慮し、上層風を利用して経済的に飛行する方法。

## pressurization system
### 与圧系統
高々度飛行を行う航空機の機内を与圧するための一連の系統。与圧はタービン機では主に圧縮機から空気を抽出して、またピストン機ではターボチャージャーから空気を得ている。

## pressurized cabin
### 与圧機室、与圧キャビン
高々度飛行を快適に行うため、機内の圧力を外部より高くできる与圧系統付きのキャビン。気密構造で内外の圧力差に耐えられるように作られている。

## prevailing visibility
### 卓越視程
全方向の視程を観測した場合、象限により視程の値が同じでない場合に、それぞれの象限の視程値中、半分以上（180度以上）の象限に共通した最大視程で、範囲は隣合う象限でなくてもかまわない。

## preventive maintenance
### 予防整備
オイル交換、点火栓やフィルターの洗浄など、主に軽微な整備。これを実施することにより、航空機を良好な状態に維持する。

## primary air
### 1次空気
タービン・エンジンにおいて、燃焼室へ送られる空気。

## primary flight control
### 1次操縦装置
航空機を3軸回りに回転させる動翼。つまり、通常は補助翼、昇降舵、方向舵である。

## primary glider
### 初級滑空機
滑空機の一種。滑空の初歩練習に用いられる機体でゴム索又は自動車で引っ張って浮上させる。glider 参照。

## primary structure
### 一次構造
故障又は破損した場合に航空機に重大な影響を与える重要構造部分。フェアリングなどが二次構造（secondary structure）になる。

## primary trainer
### 初級練習機
基本操縦技術を体得するために使用される航空機。通常は小型単発機が使用される。例えば日本の場合、航空自衛隊は T-7、海上自衛隊は兄弟機の T-5 を使用している。ヘリコプターを主体とする陸上自衛隊では TH-480B を使用して訓練している。

海上自衛隊の富士T-5（JMSDF Photo）

## (fuel) primer
### 始動用燃料注入装置、プライマー
ピストン・エンジンの始動を容易にするため、吸気系統に一定の燃料を供給する装置。手動ポンプ式と電動式がある。フロート型キャブレターの場合は寒冷時に、インジェクション・ポンプ方式の場合は始動時は常に使用する。

## private pilot
### 自家用操縦士
いわゆるアマチュア・パイロットの資格。航空機に乗り組んで次の行為を行うことを認められている。航空法によれば「航空機に乗り組んで、報酬を受けないで、無償の運航を行う航空機の操縦を行うこと」となっている。同じ自家用操縦士でも、航空機の種類により、飛行機、回転翼航空機、滑空機（さらに動力滑空機と上級滑空機に分かれる）、飛行船に分かれている。

## procedure turn：PTN
### 方式旋回
旋回を行って指定トラックを離れ、引き続いて反対方向へ旋回し当該指定トラック反方位に会合しこの上を飛行する方式。
注 1- 方式旋回は最初の旋回方向により「左方式旋回」及び「右方式旋回」とに区分される。
注 2- 状況に応じ、方式旋回は水平飛行中もしくは降下中いずれにおいても行うことができる。
⇒飛行方式設定基準、AIP

## profile
### 翼型、翼断面
airfoil 参照。

## profile descent
### プロファイル降下
精密進入では巡航高度からグライド・スロープにインターセプトするまで、非精密進入では巡航高度から初期進入あるいは中間進入のために指示された最低高度までの降下が連続していて何の妨害も受けない降下をいう。ただし、速度調整のため水平飛行が要求されるところは除く。

## profile drag
### 翼型抗力、プロファイル・ドラッグ
翼の抗力のうち、摩擦抗力と圧力抗力をいう。共に空気の粘性によってできる抗力であり、翼型によって発生する抗力であるために翼型抗力と称される。断面抗力ともいう。

## profile thickness
### 翼厚
翼型の最大の厚さ。翼弦に垂直に測る場合と中心線に直角に測る場合の 2 通りある。翼弦長に対する百分率で表す。例えば翼厚 12％といえば、翼型の最大厚さが翼弦長の 12％に当

たるということである。

### progressive overhaul
**段階的分解検査、プログレッシブ・オーバーホール**
　全体を一度に分解検査すると多くの日数と工数を要するため、部分的に分けて分解検査する作業方式。

### prohibition of changing VFR cruising altitude
**高度変更禁止空域**
　航空機は、航空交通が輻輳する空域として国土交通大臣が告示で指定する空域を有視界飛行方式で飛行する場合は、その巡航高度を変更してはならない。ただし、下記の場合はこの限りでない。
1．離陸した後、引き続き上昇飛行を行う場合
2．着陸するため降下飛行を行う場合
3．悪天候を避けるために必要な場合
4．その他やむを得ない事由がある場合
　　⇒法82条

### propellant
**推進剤、プロペラント**
　ロケットの推進に用いられる推薬の総称。固体、液体、混合プロペラントなどがある。液体、固体の均一体（酸化剤と燃料が均一化されているもの）が単独で使用されるものを一元推進剤といい、液状の酸化剤と燃料が別々に貯蔵されて使用するものを二元推進剤という。

### propeller
**プロペラ**
　プロペラ本体、プロペラ補機、プロペラ付属品をすべて含むものをいう。
　　⇒耐空性審査要領
　　= airscrew

### propeller accessories
**プロペラ補機**
　プロペラの制御及び作動に必要な機器であって、運動部分を有し、プロペラに造りつけでないものをいう。⇒耐空性審査要領

### propeller governor
**プロペラ調速器、プロペラ・ガバナー**
　定速プロペラにおいて、エンジンの回転数を一定に保つ装置。電気式と油圧式があるが、現在では油圧式が一般的である。油圧式のプロペラ調速は次のような仕組みで行われる。操縦士がプロペラ・ピッチ・レバー①を図のような位置にセットすると、プロペラはこれに対応したピッチで一定回転するので、フライ・ウエイト②は図のように中立位置にあり、従ってパイロット・バルブ③も中立位置である。しかし、飛行状態や気流の影響でプロペラの回転速度が速くなると、②は右図のように遠心力の作用で外側に開く。そのため③は上に上がり加圧ポンプ④で加圧された滑油が矢印の方向へ流れ、シリンダーの前面（左側）へ入る。従ってピストン⑤はスプリング⑥の力に打ち勝って後方（右側）へ動かされるため、プロペラは矢印の方向、つまり高ピッチになる。
　高ピッチになるとプロペラの抵抗が増大するので回転速度は減る。逆にプロペラの回転速度が低下すると左の図のようになり、プロペラの回転速度は増える。このようなことを間断なく繰り返して、常にエンジンの回転速度を一定に保つのがプロペラ調速器の役割である。

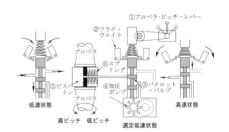

### propeller ice-control system
**プロペラ防氷装置**
　プロペラに氷が付着するのを防ぐ装置。プロペラ表面にアルコールとグリセリンの混合液を流して着氷を防止する方法と、プロペラ前縁に電熱層を設置し加熱する方法とがある。

### propeller synchronizer
**プロペラ同調器**

双発以上の機体の各プロペラの回転速度を同調させる装置。

**propelling nozzle**
推進ノズル、排気ノズル

タービン・エンジンの尾端に設置されるノズルで、排気コーン、尾管を経てきたガスが尾管から出る際の噴流を調整し、十分な推力が得られるようにする役割を果たす。大別して固定面積推進ノズル（出口の面積が一定）と可変面積推進ノズル（出口の面積が調節できるもの。写真）とがある。排気ノズル（exhaust nozzle）ともいう。写真は米海軍の F/A-18 のもの。

**propfan**
プロップファン

ジェット機は高速が出せる反面、燃料消費が大きい欠点がある。このため、省エネルギーの観点から考えられたのがプロップファンである。プロペラ・ブレードに大きな後退角をもたせ、低騒音とジェット機なみの高速性を実現させようというもの。各国で研究されたが、実用機は一部に留まっている。プロップファンは別名 ATP（advanced turboprop）また最近では「オープン・ローター」ともいわれる。

**propjet**
プロップジェット

ターボプロップに同じ。英国あるいは会社によってはこの名称を使う。

**propulsive efficiency**
推進効率

ジェット・エンジンの効率の1つ。ジェット・ノズルに対して有効な形で供給されたエネルギーに対する、ジェット・ノズルから発生した推力の量。

**prototype**
原型機、試作原型機、プロトタイプ

新しく航空機を設計・製作する場合、最初にできた試作機。通常は数機作られ、飛行性能、荷重試験、安定性・操縦性試験などが評価・検討される。本来は最初の1機であるが、開発試験に投入される数機全部を指して称されることが多い。

**prototype engine**
原型エンジン

新しく設計試作されたエンジンで、型式証明を受けるため様々なテストに用いられる。

**prove and drougue method**
プローブ・アンド・ドローグ方式

空中給油の一方式。給油母機は先端にラッパ型のツバを付けたホースをもち、機内から繰り出す。受油機側は受油パイプをもち、母機のホースの受油口に差し込み給油を受ける。ホースの数を増やせば一度に数機を給油できる。米海軍ほかで広く行われている方式である。flying boom system 参照。

## provisional weight
## 暫定許容重量
　該当機の離陸性能及び強度上の見地から、離陸は許されるが着陸は許されない総重量。

## pull out
## 急降下引き起こし、プル・アウト
　機体を急降下から引き起こして、水平又は上昇に移ること。

## pull up
## 引き起こし、プル・アップ
　水平又は降下飛行からの短期急上昇。

## pulse jet
## パルス・ジェット、脈動ジェット
　第2次世界大戦でドイツがＶ１ミサイルの動力源として使用した。ラム・ジェット同様、圧縮機やタービンはない。前端近くに自動的に開閉する弁（シャッター）が付き、発射機又はブースターで初速を与えるとラム圧が生じるため弁が開き、空気が吸い込まれる。弁に続く導管部はディフューザーになっており、吸い込まれた空気は圧力が高められ、そこへ燃料を噴射して点火する。燃焼が起きると、その圧力で弁は閉じる。ガスは必然的に開口された尾部に向かって流れ、尾端から高速度で排出され推力を発生する。このような作動が繰り返されて運転を継続する。点火は始動の際だけでよい。他のジェット・エンジンとの大きな違いは、燃焼と排気が間欠的である点である。

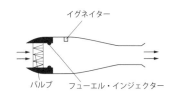

## purser
## 客室乗員長、パーサー
　航空機のキャビン・アテンダントの監督を行い、主として国際線において乗客の事務管理、調理、機内サービスの一切を管理する職責。

## pusher airplane
## 推進式飛行機
　プロペラがエンジンの後方にある飛行機。牽引式（tractor）飛行機の対語。ライト機も推進式を採用しているように、初期の飛行機には多くみられた。しかし、現代の飛行機では推進式は少数派である。

推進式の一例(PIAGGIO AEROSPACE photo)

## push pull rod
## 押し引き棒、プッシュ・プル・ロッド
　操縦装置その他の操作装置にあって、操作の伝達に使用される円管。ワイヤと違い、１本で押し・引き両方の力を伝えることができる。

## pylon
## 支持架、パイロン
　エンジンを支持している部分。航空機メーカーによってはエンジン・ストラットと呼んでいるところもある。航空機の翼や胴体から離してエンジン等を支持する場合、これらの表面から突き出された構造物をいう。

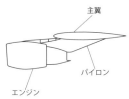

## 目標塔、パイロン
　エア・レースなどにおいて、旋回地点やコースの末端などの基準点を示すため、地上に設置された塔状の目印。アラウンド・パイロンやオン・パイロンの科目を実施する場合に、旋回中心の目標としても使用される。

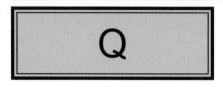

## QFE
　高度計規正の一種。滑走路面に航空機がいる時、高度計の針がゼロを指すようにセットする方法。初心者の操縦士の離着陸練習の時などに用いることが多い。またヨーロッパのように起伏の少ない地形帯で低高度では QFE を使用することが多い。

## QNE
　高度計規正の一種。航路上に気象観測所がない（洋上等）ところでは、気圧の変化が不明なため、一律にすべての航空機が 29.92in（1,013.2hPa）に高度計を規正して飛行する。また、高々度では気圧精度が低下するため、14,000ft 以上を飛行する場合は QNH から QNE に切り換えることを要求される。この場合、気圧高度は altitude とはいわず、Flight Level の語を使用する。

## QNH
　高度計規正の標準方式。最も普通の高度計規正方式。各空港測候所で平均海面に較正した気圧値を各機に与える。高度計は地上ではその滑走路の標高を示す。飛行中は、平均海面からの真高度（true altitude）が得られ、航空管制上、他機との垂直間隔が確保できる。

## quantity gauge (indicator)
### 容量計
　燃料やオイルの容量を測定する計器であり、電気抵抗式、フロート式、ガラスゲージ式、さし棒式に測定方式が大別される。

## quardrant：QUAD
### 象限
　航行援助施設、空港などある地点を中心に、円を四分割した各部分をいう。北から時計回りに次のようになる。NE quardrant = 000 ～ 089 度、SE quardrant = 090 ～ 179 度、SW quardrant = 180 ～ 269 度、NW quardrant = 270 ～ 359 度。

## quart
### クォート
　液体の容量を表す単位。1 クォートは 1/4 US ガロンで 0.94 リッターになる。航空界ではオイルの容量等で使用されている。

## quarter-chord point
### 四半弦点
　翼弦に関して使用する用語。翼弦に沿って前縁から翼弦長の 1／4 後方の点。

## quick look
### クイック・ルック
　他の管制席で追尾中の航空機の表示データを読み取ること又はその機能をいう。
　⇒管制方式基準

## quick release
### 離脱器、クイック・リリース
　グライダーのウインチ曳航などに使用される曳航索から迅速に離脱するための装置等のように、着脱が簡単な装置。
　また油圧などの配管でワンタッチで着脱可能なもの。

**rad：rd**
ラッド
　1 kg 当たり、$10^{-2}$ J（ジュール）のエネルギーが放射線により照射された場合の吸収線量の単位をいう。⇒ ICAO

**radar：radio detecting and ranging**
電波探知機、レーダー
　高周波の電波を空中に発射し、ビーム・パス内の目標物に反射した電波を受信する装置。目標物との距離（range）は、電波が物体に発射されて受信アンテナに戻るまでに要した時間を測定して求められる。レーダー・サイトからの目標物への方位は、目標物からの反射波が受信された時の回転しているアンテナの位置から決定される。レーダーには大別して次の2種類がある。
1．1次レーダー（primary radar）
　目標物から反射されるわずかなパルス波を直接受信してスコープ上に映し出す装置である。
2．2次レーダー（secondary radar）
　レーダー・サイトから発射された電波が目標物に当たると、目標物は同一又は異なる周波数の電波を自動的に発射する。レーダー・サイトは、この電波を受信してスコープ上に写し出す。
　電波法ではレーダーを、「ある特定の位置から反射され、又は再発射される無線信号と基準になる無線信号との比較を基礎として、位置を決定し、また位置との関連における情報を取得するための無線設備をいう」と定義している。

**radar advisory service**
援助業務
　防空レーダーによる援助業務。航空機が緊急状態に陥り援助を必要とする場合に、防空レーダー本来の目的に支障のない限り、援助を受けることができる。この業務は援助業務でありレーダー側は最終責任を有しない。また本来の目的を遂行するため場合によっては予告なく援助業務を中断することがある。
　⇒ AIP.RAC 2-1-3

**radar approach**
レーダー進入
　IFR 機が行う次の進入をいう。
1．精測レーダー進入（PAR approach）
　　精測レーダーによるレーダー着陸誘導を受けて行う計器進入。
2．捜索レーダー進入（surveillance approach）
　　捜索レーダーによるレーダー着陸誘導を受けて行う計器進入。⇒管制方式基準

**radar approach control facility**
ターミナル管制所
　飛行場に設置されているターミナル管制業務及び進入管制業務を行う機関をいい、下記の業務を行う。
1．計器飛行方式により管轄空域内の飛行場から出発する航空機又は計器飛行方式により進入復行を行う航空機で、飛行場管制所又は着陸管制所から引き継ぎ、管制区管制所、進入管制所又は着陸管制所に引き渡すまでのものに対する管制許可及び管制指示
2．特別有視界飛行許可
3．計器飛行方式により出発する航空機の位置通報、その他の通報の受理

横田基地の進入管制レーダー（USAF Photo）

4. (1) 他の管制機関が行った管制承認、管制許可及び管制指示の中継
   (2) 航空機からの位置通報その他の通報の中継
5. 航空機に対するレーダーによる監視及び助言
6. 飛行情報業務及び捜索救難を必要とする航空機に対する通信捜索
7. 緊急業務

コールサインは、出域管制席にあっては「DEPARTURE」、入域管制席にあっては「ARRIVAL」、「RADAR」が割り当てられている。

## radar approach guidance
### レーダー着陸誘導

最終進入中の航空機に対するレーダー誘導をいう。⇒管制方式基準

## radar arrival
### レーダー到着機

最終進入コースまでレーダーにより誘導されて到着する航空機をいう。

## radar contact
### レーダー・コンタクト

航空管制で用いられる用語で、管制官がレーダー画面上で当該航空機を確認したことを表す。

## radar control
### レーダー管制業務

レーダーを使用して行う管制業務であって、レーダー識別を行った航空機に対して次に掲げる業務を行うことをいう。
1. レーダー間隔（radar separation）の設定
   レーダー画面上に表示された航空機間の水平面上における間隔を設定すること
2. レーダー監視（radar monitoring）
   (a) 通常航法により飛行している航空機に対しレーダー追尾を行い、当該機が承認された飛行経路から逸脱し、又は逸脱するおそれがある場合に当該機に対しその旨通報すること

(b) 同時平行 ILS 進入又は LDA 進入中の航空機に対して、当該機が NTZ に侵入するおそれのある場合にローカライザーコースに戻るよう指示すること、及び当該機が NTZ に侵入した場合又は侵入することが確実な場合に、隣接するローカライザーコース上の関連機に対して回避指示を発出すること
(c) 精測レーダー進入中の航空機に対して当該機がレーダー安全圏を逸脱し、又は逸脱するおそれのある場合に助言すること及び接地点との関連位置を通報すること

3. レーダー誘導
（radar navigational guidance）
航空機に対し、磁針路を指示して飛行経路の誘導を行うこと ⇒管制方式基準

## radar control service
### 着陸誘導管制業務

航空交通管制業務の1つ。計器飛行方式により飛行する航空機に対して、レーダーにより着陸の誘導を行う管制業務で精密誘導になる。
⇒施規 199 条

## radar fix
### レーダー・フィックス

電気的又は機械的にレーダー画面上に表示された特定フィックス（無線施設の利用によって得られるものに限る）でレーダー識別及びレーダー移送のため使用できるものをいう。
⇒管制方式基準

## radar flight following
### レーダー追尾

レーダー識別を維持しながらレーダー・ターゲットを追尾することをいう。⇒管制方式基準
航法は第1にパイロットが行うものであるが、レーダー識別の維持などからコントローラーとは相関関係にある。

## radar handoff
### レーダー・ハンドオフ

通信の移管を伴うレーダー移送をいう。
⇒管制方式基準

## radar identification
**レーダー識別**

特定の航空機のレーダー・ターゲットをレーダー画面上に確認することをいう。
⇒管制方式基準

## radar interference
**レーダー障害現象**

レーダー追尾の妨げとなるレーダー画面上の映像（固定映像、気象障害区域の映像、環状現象等）をいう。⇒管制方式基準

電波の特性上、次のことがなければ直進する。①気温の逆転のような異常大気現象により曲げられる場合：レーダー・パルスの屈折はしばしば、anomalous propagation（変則的伝播）あるいは ducting と呼ばれる。ビームが地上方向に曲げられるとスコープ上に多くのブリップ現象が現れる。また電波が下方に曲げられると探知距離が減少する。②厚い雲、降水現象、地上障害物、山などの"密"な目標物による反射又は吸収：密な物体に当たったレーダー・エネルギーは反射されスコープ上に写し出される。もし、目標物までの距離が大きければスコープ上に現れない。また気象現象あるいは地上からの反射による障害には MTI（moving target indicator）装置が有効である。③高い地形による遮蔽：相対的に低高度の航空機は山に遮蔽されたり、地球の曲率のためレーダー・ビームの下になり、レーダーには映らない場合が多い。このような遮蔽現象には複数のレーダーで対処する。

## radar point out
**レーダー・ポイント・アウト**

通信の移管を伴わないレーダー移送をいう。
⇒管制方式基準

## radar safety zone：RSZ
**レーダー安全圏**

航空機が精測レーダー進入を行う場合に、安全な進入の継続が期待できるグライド・パスに係るレーダー画面上に表示された範囲であって次のものをいう。

上限：接地点から滑走路の内側 1,000ft の地点を基点としてグライド・パスより 0.5 度高い角度で延びる直線。

下限：滑走路進入端からグライド・パスより 0.5 度低い角度で延びる直線及び最終降下開始高度より 250ft 低い高度を示す線で構成される線。⇒管制方式基準

## radar service
**レーダー業務**

レーダーを使用して行う管制業務、飛行情報業務、警急業務。

## radar target
**レーダー・ターゲット**

1 次レーダー・ターゲット又は 2 次レーダー・ターゲットをいう。⇒管制方式基準

## radar vector
**レーダー誘導**

レーダーによる誘導で、管制間隔の設定や騒音低減など、管制業務上や航空機運航上、有益かつ必要な場合、航空機から要求があり、業務上支障がない場合などに行われる。

## radar weather echo intensity levels
**気象レーダー・エコー強度**

レーダーではタービュランスの存在は発見できないが、サンダーストームによる気象状況あるいは気象レーダー・エコー強度とタービュランスには直接相関関係がある。米国の National Weather Service では気象レーダー・エコー強度を次の 6 段階に分類している。

・レベル 1（weak）、レベル 2（moderate）
：ライトニングを伴う light から moderate のタービュランスの可能性がある。

・レベル 3（strong）：severe タービュランス、ライトニングの可能性がある。

・レベル 4（very strong）：severe タービュランス、ライトニングがある。

・レベル 5（intense）：severe タービュランス、

ライトニング、突風、雹がある。
- レベル6（extreme）：severe タービュランス、大粒の雹、ライトニング、強度の突風とタービュランスがある。

## radial：RDL
**ラジアル**

VOR 又は TACAN からの放射磁方位をいう。このラジアルは地上局から各方位に対して発射された位相差の異なる電波を、機上の VOR 受信機で受信することによって得られる。

## radial engine
**星型エンジン**

クランク室の周囲にシリンダーを放射状に配置したエンジン。3、5、7、9 シリンダーの単列のものと、14、18 シリンダーの複列（2重）のものがある。また、大馬力のエンジンには4重のものもある。シリンダーの冷却方式は空冷方式である。大出力のエンジンはタービン化されたため、現在は小馬力単列のロシア製の M14P などが量産されているのみ。piston engine 参照。

## radian：rad
**弧度、ラジアン**

半径に等しい長さの円弧を円周上で分ける円の2つの半径間の平面角をいう。⇒ICAO

## radiation
**放射**

波動として空間を伝わる方法をいう。短波である太陽放射（日射）と長波である地表及び大気から出る赤外放射（熱反射）に区分される。

## radiation fog
**放射霧**

地表の放射冷却のため下層の気塊が凝結温度まで冷やされ発生する霧。

## radiator
**放熱器、ラジエター**

oil cooler 参照。

## radio altimeter/radar altimeter：RA
**電波高度計、レーダー高度計**

航空機から地表に向け電波を発射し、その反射波が機体に戻ってくるまでの時間を測定して地表と航空機との間の垂直距離、すなわち絶対高度を知る計器。気圧に関係なく正確な高度を得られることから、着陸時や軍用機の低空飛行時に使用される。

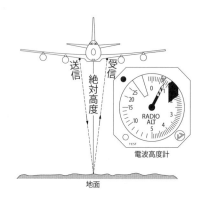
電波高度計

## radio beacon station
**無線標識局、ラジオ・ビーコン局**

RF（radio facility）信号を送る固定地上局。通常、局を特定するための信号も送付する。移動局は、この電波を受信して、無線標識局との関係位置を知る。通常は NDB 局を指す。

## radio compass
**ラジオ・コンパス**

機上無線装備の一種。ADF と磁気コンパスを組み合わせた計器で、無線標識局からの電波を受信して、その標識局の方位を示すようになっている。すなわち、2台の受信機を用いて別々の標識局の方位を測り、1個の指示器の2本の指針に指示させることにより、自機の位置が分かるようになっている。

## radio-controlled aircraft
**無線誘導航空機、ラジオ・コントロール機、R/C 機**

無線電波により遠隔操縦される仕組みの航空機。受信機を搭載し、地上又は飛行中の航空

機などからの送信電波によって操縦されるようになっている。無人標的機、誘導弾などがある。

### radio direction finding station
### 無線方向探知局、DF 局
　無線航行援助施設の一種。すなわち、移動中の航空機の方向を探知する受信局のこと。

### radio equipment
### 無線装備
　航空機が搭載している無線関係装備類一切の総称。通信用（COM）と航法用（NAV）に大別され、通信用は長距離通信用の短波（HF）、一般的な超短波（VHF）、主に軍用機用の極超短波（UHF）の各送受信機がある。航法用にはVOR、ADF、ILS、TACAN、オメガ、GPS などがある。

### radio magnetic indicator：RMI
### 無線磁方位指示器、RMI
　ジャイロ・コンパスと組み合わせて、選択された航法援助施設（VOR 局や NDB 局）の方向を示す航法計器。航空機の機首と関連した方位を示す。

### radio marker beacon
### 無線位置標識
　marker beacon 及び ILS 参照。

### radio navigation
### 無線航法
　航法の一種。各種の航空保安無線施設を利用して行う航法。VOR/DME、NDB、TACAN、GPS など各種の方法がある。

### radio navigational aids
### 無線航行援助施設
　航空機の航行及び離着陸を、安全・確実にするために、地上に設置され、無線電波を発射する無線設備の総称。

### radio navigation system
### 無線航法方式

ミサイル又は無人機誘導方式の一種。各種の無線航法装置を利用して、あらかじめ定めた経路を飛行する方式。射程が電波の到達範囲に限定され、また他からの電波妨害を受けやすい。

### radio rack
### ラジオ・ラック
　機上装備の各種無線装置類を設置する架台。振動防止などが考慮されている。

### radiosonde
### ラジオゾンデ
　高層気象の状態（気圧、気温、温度など）を知るための観測用気球。ゴム製気球の下に観測器及び小型無線発信装置を装着したものを上昇させ、高層気象要素の変化を随時報じる。地上に対する無線電波の送波方法に、周波数変化方式と符合方式がある。

### radome
### レドーム
　radar と dome の合成語。航空機に搭載されているレーダー・アンテナを覆い、空気抵抗を減少するとともに、アンテナを保護するためのもの。

ロッキード F-35 戦闘機の機首レドーム

### RAG：remote air-ground facility
### RAG 局、遠隔空港対空通信施設
　管制機関、管制通信機関が配置されていない飛行場に設置され、当該飛行場を管轄する空港事務所の管制通信機関から飛行場対空通信局に準じた業務を遠隔運用する施設。

## rain
### 雨
水滴の形の降水で、直径 0.5mm 以上のものをいう。

## ram air
### ラム・エア
航空機の高速度前進飛行の結果として、空気がエア・スクープ又はインレットに押し込まれるようにして入ることになる。このような空気の流れをラム・エアという。ram rise 参照。

## ram air turbine、RAT
### ラム・エア・タービン、ラット
エンジンが停止して油圧ポンプや発電機を駆動できなくなった場合、機体から展開させてそれらのポンプや発電機をラム・エアで回転するプロペラで駆動する緊急用の装備。

## ram effect
### ラム効果
物体が空気中を運動する場合、物体の運動によって生じる空気の圧力をラム効果又はラム圧力という。航空機が滑走を開始して速度が増すにつれ、ラム効果も増大し、ジェット・エンジンに入る空気量は増大する。すなわち航空機の運動は空気を押し込む作用をする。ラム効果は航空機の速度に比例するため、戦闘機のような高速機は推力が顕著に増加する。このため高々度を巡航する亜音速ジェット機でも、ラム効果による推力増加は重要なものとなっている。

## ram jet
### ラム・ジェット
ダクト・エンジンの一種。圧縮機もタービンもない。空気は前端の取入口から流入するが、この取入口は前後に絞られており、続いて燃焼室に相当する部分までは内部に向かって拡散している。従って流入高速気流は、圧縮機がなくても流入するだけで速度が圧力に変わって高圧に達する。そこへ燃料を噴射して点火、連続燃焼させる。このエンジンは、ある速度域に達するまで加速してやらないと始動できない難点があり、加速のための補助機関が必要になる。

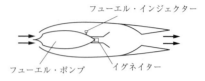

## ramp
### ランプ
飛行場内において、主に乗客の乗降、荷物の積み卸し、及び駐機に利用される区域。

## ramp weight
### ランプ重量
特定の航空機に許容された最大重量ということもでき、地上滑走で消費される燃料を含むため最大離陸重量より大きな数値になる。

## ram rise
### ラム上昇
航空機が高速で飛行する場合、温度感知器に当たる空気の摩擦と圧縮により外気温度計は実際の free air temperature（自由大気温度）より高い値を示す。これがラム上昇である。

## range
### 航続距離
航空機が、その搭載燃料で飛び続けることができる距離。
### 射爆場
陸上・水上に設けられた、航空機からの射爆撃、ミサイル・無人機のテストなどの目的に使用されるエリア。
### 距離
同心円の中心に地上局（又は自機）を置き、レンジ○ nm といった例で距離を数える。

## range lights
### 境界誘導灯
離陸し、又は着陸しようとする航空機に離陸及び着陸に適する方向を示すために境界灯に

併列して設置する灯火。
・航空緑の不動光⇒施規 114 条、117 条

## RAPCON：radar approach control
### レーダー進入管制、ラプコン
　飛行場を離発着し、また上昇降下する航空機に対し、レーダーを用いて管制を行う方法。ラプコンはレーダーの表示が平面で行われるので高度差が確認できない。そのため、さらに進んだ方法に変わりつつある。

## RAPID
### ラピッド、早い、急な
　天候の変化が 30 分以内に急に起きると予想するときに用いる。現在では使われていない。

## RAS：rectified air speed
### 修正対気速度
　rectified air speed 参照。

## rate altitude
### 定格高度
　critical altitude 参照。

## rated horsepower
### 定格馬力
　エンジンの最大馬力。= normal horsepower

## rated maximum continuous augmented thrust
### 増大連続最大推力定格
　ターボジェット発動機の、各規定高度の標準大気状態において流体噴射又は別個の燃焼室で燃料を燃焼させることにより、発動機の運転限界内で静止状態又は飛行状態で得られ、かつ、連続使用可能なジェット推力をいう。
　⇒耐空性審査要領

## rated maximum continuous power
### 連続最大出力定格
　ピストン発動機、ターボプロップ発動機、及びターボシャフト発動機の、各規定高度の標準大気状態において、「耐空性審査要領第Ⅶ部」で設定される発動機の運転限界内で静止状態又

は飛行状態で得られ、かつ、連続使用可能な軸出力をいう。⇒耐空性審査要領

## rated maximum continuous thrust
### 連続最大推力定格
　ターボジェット発動機の、各規定高度の標準大気状態において流体噴射及び別個の燃焼室で燃料を燃焼させることなしに、「耐空性審査要領第Ⅶ部」で設定される発動機の運転限界内で静止状態又は飛行状態で得られ、かつ、連続使用可能なジェット推力をいう。⇒耐空性審査要領

## rated output
### 定格出力
　海面上国際標準大気状態において流体噴射を使用することなしに、通常の運用状態の離陸を行う場合の発動機の最大出力／推力をいう。推力は k N（キロ・ニュートン）で表せられる。
　⇒ ICAO

## rated take-off augmented thrust
### 増大離陸推力定格
　ターボジェット発動機の、海面上標準状態において、流体噴射又は別個の燃焼室で燃料を燃焼させることにより、「耐空性審査要領第Ⅶ部」で設定される発動機の運転限界内で得られる静止状態におけるジェット推力であって、その使用が 5 分間に制限されるものをいう。
　⇒耐空性審査要領

## rated take-off power
### 離陸出力定格
　ピストン発動機、ターボプロップ発動機、及びターボシャフト発動機の、海面上標準状態において「耐空性審査要領第Ⅶ部」で設定される発動機の運転限界内で得られる静止状態における軸出力であって、その使用が 5 分間に制限されるものをいう。⇒耐空性審査要領

## rated take-off thrust
### 離陸推力定格
　ターボジェット発動機の、海面上標準状態において、流体噴射又は別個の燃焼室で燃料を燃

焼させることなしに、「耐空性審査要領第Ⅶ部」で設定される発動機の運転限界内で得られる静止状態におけるジェット推力であって、その使用が5分間に制限されるものをいう。
⇒耐空性審査要領

## rated 30-minute OEI power
### 30分間出力定格
回転翼航空機用タービン発動機に設定された運用限界内の規定の高度及び大気温度の静止状態で得られる承認された軸出力であって、1発動機不作動後の使用が30分間に制限されるものをいう。⇒耐空性審査要領

## rated 2 1/2-minute OEI power
### 2分30秒間出力定格
回転翼航空機用タービン発動機に設定された運用限界内の規定の高度及び大気温度の静止状態で得られる承認された軸出力であって、多発回転翼航空機の1発動機不作動後の使用が2分30秒に制限されるものをいう。
⇒耐空性審査要領

## rate of change reversal
### チェンジ・リバーサル率
グライドパス・ゾーン2及び3においてラフネス、スキャロッピングなどの影響を受け任意の1,500ft（457m）区間内におけるグライドパスの逆転する変化率をいう。

## rate of climb
### 上昇率
航空機が上昇する際の垂直方向の速度。上昇率をwとすれば、次の式になる。
つまり余剰馬力／飛行重量である。

$$上昇率 w = \frac{利用馬力 Pa - 必要馬力 Pr}{飛行重量 W}$$

## rate of climb indicator
### 昇降計
機体が上昇又は降下する際の垂直方向の速

度を知る計器。レート・カプセルと呼ばれる空盒の毛細管により大気静圧の変化する度合を感じとらせ、計器の指針の振れとして表示する。
最近の機体はデジタル計器化されている。
= vertical speed indicator

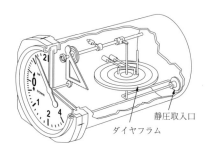

## rate of descent
### 降下率
機体が降下する際の垂直方向の速度。

## rate turn
### 標準旋回比、標準率旋回
毎秒3度の割合で行う旋回であって、特に指定のない限り計器飛行方式に係わる旋回はすべて標準旋回比によるものとする。⇒AIP

## rawin：radio wind observation
### レーウィン
無線を利用して高層風の測定を行うこと。無線発信器を装備した気球を上昇させ、電波で追跡する。方向探知器によるものとレーダーによるものがある。

**RCAG：remote center air-ground communication**
**RCAG、遠隔対空通信施設**

　航空路管制機関から遠隔運用される航空路用の対空通信施設をいう。有効範囲 65nm。

**RDP：radar data processing system**
**航空路レーダー情報処理システム、RDP**

　飛行計画処理システム（FDP）からの情報とレーダー（ARSR、SSR）情報の組み合わせにより、航空機の識別を行い、レーダー・スコープ上に、便名、高度、対地速度などを表示できる装置。

**rear engine**
**後部／尾部エンジン、リア・エンジン**

　ジェット機におけるエンジン装備形式の1つ。胴体後部にエンジンをポッド式又は埋め込み式に装着したもの。ビジネス機に適用例が多い。フランスのカラベル旅客機が始祖。

**RECCO**
**レッコー通報式**

　meteorological reconaissance aircraft reports（気象偵察機通報）の合成語。

**reciprocating engine**
**レシプロ・エンジン**

　piston engine 参照。

**reconaissance aircraft**
**偵察機**

　敵兵力の移動、集結、配置状況や敵地の地形、攻撃後の破壊状況などの情報を収集するための航空機。写真画像による偵察機以外に、電子偵察機もある。

**rectified air speed：RAS**
**修正対気速度**

　対気速度計の指度に対気速度計系統の各種誤差（ピトー圧、静圧管系、指示計に関する）の補正を施した速度。

**redundant construction**

**リダンダント構造**

　fail safe construction 参照。

**Redux**
**リダックス**

　金属接着剤の一種。英国のエアロ・リサーチ社が 1941 年に創製したものの商品名。

**reel antenna**
**巻き込み式空中線、リール・アンテナ**

　使用の際には機外に繰り出し、使用後はリールで機内に巻き込む方式のアンテナ。

**（air）refuelling system**
**空中給油装置**

　飛行中の航空機に他の航空機より燃料を供給する装置。空中給油は航続時間、距離を延伸させる目的のためで、給油用の機体には通常、大型機が転用される。プローブ・アンド・ドローグ方式とフライング・ブーム方式（米空軍、航空自衛隊が採用している）がある。空中給油を受ければ、小型の戦闘機でも太平洋横断すら可能となり、一刻も早く目的地に到着したい有事の際など、極めて有用である。受油装置は、機体に格納されるタイプと固定式の両方がある。そして搭載位置も機首、胴体上部に大別できる。

**regenerative cooling**
**再生冷却**

　ロケット燃焼室冷却方式の一種。プロペラントをいったん燃焼室の外套（ジャケット）に流し、その後において燃焼室に噴射する方式。長時間の飛翔を企図するロケットは、多くがこの方式を採用している。

**regional airline**
**地域航空会社**

　小都市間、また小都市とハブ空港間を結ぶ路線を比較的小型な機体（コミューター機）で運航する航空会社。

**registration certificate**
**航空機登録証明証**

航空機登録原簿に航空機の登録を行い、日本の国籍を取得することにより、航空機は第三者対抗要件（所有権）を得ることができる。また、国籍を得ることは耐空証明を受ける要件ともなる。

1．新規登録（new registration）

航空機登録原簿に記載されていない航空機の登録

2．変更登録（alteration of registration）

航空機の定置場、所有者の氏名又は名称及び住所変更のあった場合の登録

3．移転登録（transfer of registration）

所有者の変更のあった場合の登録

4．抹消登録（cancellation of registration）

(1) 航空機が滅失又は解体したとき

(2) 航空機の存否が2か月以上不明になったとき

(3) 航空機が登録の要件に該当しなくなったとき

以上の4種類の登録がある。

⇒法3〜8条の3、施規7〜11条

## registration mark
### 航空機登録記号、登録記号

航空機が新規登録されると与えられる記号。日本の場合は、国籍記号の JA に続き、4個のアラビア数字、又はアラビア数字と2個までのローマ字の大文字が付けられる。従来は4個のアラビア数字のみで付与されていたため、機種別に、レシプロ単発飛行機の場合は3001〜4999、レシプロ回転翼航空機は7001〜7999といったように、数字で区別が可能であったが、希望の記号が付けられるようになって、現在では当てはまらないケースがほとんどになった。

## reinforced laminated wood
### 強化積層材

積層材を、さらに強化したもの。

## reinforced wood
### 強化木材

木材に合成樹脂をしみ込ませ、加熱・加圧して作りだしたもの。強化積層材の積層の利点を除いたようなもの。比重が1.3以上、強度が大で、伸縮性が少なく、耐湿性に富む。プロペラ、桁材などに用いられる。

## rejected take-off distance required：RTODR
### 必要離陸中止距離

ヘリコプターが離陸を開始してから発動機の故障後、離陸決定点において離陸を中止してから完全停止するまでの水平距離をいう。

⇒ ICAO

## relative bearing
### 相対方位、関係方位

航空機からある物標また地点への方位を、機首方向を基準に表した角度。

## relative humidity
### 相対湿度

大気中の水蒸気圧とその温度に対する飽和水蒸気圧との比をいう。相対湿度 H は次の式で表す。

$$H = e ／ F（100\%）$$

e ＝水蒸気圧、F ＝飽和水蒸気圧

## relay
### 継電器、リレー

一種のスイッチ。電気回路を開閉すると共に、故障発生の場合、その故障が他に波及することを防止する役割を果たす。

## release time
### リリース・タイム

航空管制において、他の航空機とのセパレーションをとる必要がある場合、出発時間を制限することがある。リリース・タイムは、この制限が解除される時間。

## relighting
### 再着火

タービン・エンジンの火炎が、飛行中に何らかの原因で消失した場合（フレーム・アウト）に、再び着火・燃焼させること。

**rem**
**レム**
　10J／kg（ジュール／キログラム）に相当する放射能の生体吸収量をいう。
　⇒ICAO

**reporting point**
**位置通報点、リポーティング・ポイント**
　位置通報を行うように管制機関から定められた点。位置通報点は義務位置通報点と非義務位置通報点に大別される。義務位置通報点の上空通過の際は、通過時間、高度、飛行状態、行く先、次の位置通報点への到着予定時間等を管制機関に通報する。位置通報点は、主に航空保安無線施設上空に設けられている。位置通報点は、次の2つに分かれる。
　▲：義務位置通報点
　△：非義務位置通報点

**rescue co-ordination center：RCC**
**救難調整本部**
　捜索救難業務（SAR）の組織を能率的に促進し、捜索救難区域内における捜索救難活動の実施の調整の責任を有する機関をいう。東京国際空港事務所に本部を置き、警察庁、防衛省、国土交通省航空局、海上保安庁及び消防庁が協同してその実施に当たる。

**reserve parachute**
**予備傘、予備パラシュート**
　主傘が故障で開かない場合に使用する落下傘。軍の落下傘部隊、スカイダイバーが装備している。

**resistance(drag)**
**抵抗**
　運動力に逆らう力。すなわち、空気中を進もうとする物体が、空気のために前進を妨げられる現象。抗力に同じ。

**resonance test**
**共振試験**
　機体各部（主翼、胴体、尾翼等）の振幅を測定する試験。各部にそれぞれの固有振動数を与えると共振して大きく揺れる。その際の各部の歪みの分布を測定する。これは強度上から検討するわけであるが、同じように剛性上の検討（フラッター対策）も行われる。そのほか、エンジン・マウントも共振試験されプロペラ、エンジンに対しても共振の検討が行われる。

**retractable landing gear**
**引込み脚、引込み式降着装置**
　飛行中の空気抵抗を減少するため、機体の中に引込む形式の脚。固定脚に比べ機構が複雑になり、重量も増えるが、高速になるほど引込み脚のメリットは大きく、小型機以外は引込み脚を採用している。ヘリコプターも高速化にともない、引込み脚機が増加した。

**retracting mechanism**
**引込み機構**
　着陸装置を引込めるための機構。種々のリンク機構が案出されている。油圧、電機モーター、人力（グライダーなど）などで作動させる。

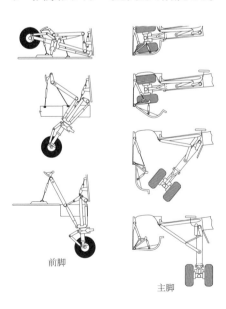

前脚

主脚

## retracting system
### 引込み装置
　着陸装置を引込めるための一連の機構系統全体を指していう。

## retreating blade
### 退行羽根、後退羽根、リトリーティング・ブレード
　上方から見て反時計方向に回転しているヘリコプターのローターの場合、前進方向の左側に位置するローター・ブレード。ローターの方位角を $\psi$ とすると、$\psi = 180 \sim 360$ 度の範囲内にあるブレードを後退羽根又は退行羽根という。

## retrofit
### リトロフィット
　機体の導入時に取付られていた装置等とは別の、技術の新たな進歩により製造された装置等を後になってキット等の形で入手して取り付けること。例えば、機械式の計器類を、大型のデジタル計器類に換装するなどのこと。

## reversal effect
### 逆効き
　補助翼又は昇降舵を操作した場合、その結果（機体の動き）が正常の場合と逆になる現象。高速飛行中、機体各部の剛性が低いと、このような現象が発生することがある。
　aileron reversal 参照。

## reversal pitch
### 逆ピッチ
　羽根角が零を越えた位置にあって逆推力を得るために用いられる負の羽根角をいう。
　⇒耐空性審査要領
　負の推力を生じ、着陸滑走中、ブレーキ作用を働かせて減速する場合やエプロンでタクシーバックする場合に用いる。

## reversal speed
### 逆効き速度
補助翼の逆効き現象を発生せずに済む限界速度。

## reverse flow combustion chamber
### 逆流燃焼室
　タービン・エンジン燃焼室の一形式。ウォーキング・スティック（walking stick）を用いて燃料を燃焼室の後方から前向きに送り込む。ジェット・エンジンの創世期にホイットルのW－1、－2などに採用された。エンジン全長を短くできる長所があるが、反面で抵抗の増加、エンジン外径の増大を免れず、燃焼器の進歩と共に現在では直流型に落ちついている。ただし、小型エンジンでは現在でも多用されている。

## reverse flow region
### 逆流範囲
　ヘリコプターの前進中、その前進速度がある程度以上になると、ローターの回転半径の小さい部分（内側）では相対風速が負になる。このように、相対風速が負になる範囲を指して逆流範囲という。

## reverse turn
### リバース・ターン
　immelmann turn 参照。

## reversible pitch propeller
### 逆ピッチ・プロペラ
　制御ピッチ・プロペラの一種で、プロペラを逆ピッチにできるもの。着陸滑走距離の短縮のため、スラスト・リバーサーと同じ目的で用いられる。

## reynold's number
### レイノルズ数
　1879 年、英人レイノルズの発見による。流体内の物体の抗力係数は、流体の密度、粘性係数、速度及びその物体の形状や大きさに関係する、というもの。「R」で表し、次の関係が成り立つ。

$$R = \frac{\rho v l}{u}$$

ρ：流体の密度、v：流体（あるいは物体）の速度、l：物体の形状、大きさ（代表的なものとして長さ）、u：流体の粘性係数

飛行機を設計する場合、縮尺模型を使用して揚力、抗力を測定するが、この際、レイノルズ数を実物と同じようにしなければならない。しかし、今のところ同じにするような風洞実験は不可能である。

### rhumb line
**航程線航路**

地球上の2地点を結ぶ線で、各子午線と等しい角度で交わる曲線。2点間の最短距離ではないが、各子午線との交角が等しいため、磁気コンパスで飛行する時に保針が容易である。

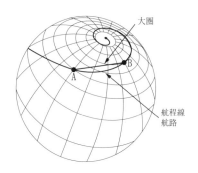

### rib
**翼小骨、リブ**

翼内にあって、翼断面を保ち、外皮にかかる風圧を桁に伝える役割を果たす骨をいう。薄板を肉抜きしたものや円管又は型材で組み立てたものなどがある。

### ribbon parachute
**リボン傘、リボン・パラシュート**

パラシュートの一種。ナイロン製のリボンを数本組み合わせて作ったもの。高速機の着陸距離短縮のために用いられる抵抗傘（ドラッグ・シュート）等に使用されている。

### rich blowout
**濃厚消炎**

タービン・エンジンにおいて、燃料過多のために火炎が消失する現象。高空飛行に際し酸素不足で生じることがある。

### ridge
**リッジ、（気圧の）峰、尾根**

高気圧から伸びた気圧の最も高い細長い地域。山岳地形の峰又は尾根に相当する部分になる。通常、この部分では天気が良い。

### riding light
**停泊灯**

水上機又は飛行艇が水上に停泊している際、その存在を示すために機体に付設される灯火。

### rigging
**組立調整、リギング**

張線、支柱構造航空機の機体各部、全体又はその組立に要する治具類などの組立を行い、調整を施すこと。一般的に調整全般も指す。

### right of way
**進路権**

1. 飛行の進路が交叉するか、又は接近する場合における航空機相互間の進路権は、下記の順序である。
   (1) 滑空機
   (2) 物件を曳航している飛行機
   (3) 飛行船
   (4) 飛行機、回転翼航空機及び動力で推進している滑空機
2. 飛行中の同順位の航空機相互間にあっては、他の航空機を右側に見る航空機が進路を譲らなければならない。
3. 正面又はこれに近い角度で接近する飛行中の同順位の航空機相互間にあっては、互いに進路を右に変えなければならない。
4. 着陸のため最終進入の経路にある航空機及び着陸操作を行っている航空機は、飛行中の航空機、地上又は水上において運航中の航空機に対して進路権を有する。
5. 着陸のため飛行場に進入している航空機相互間にあっては、低い高度にある航空機が

進路権を有する。ただし、最終進入の経路
にある航空機の前方に割り込み、又はこれ
を追い越してはならない。

6．前方に飛行中の航空機を他の航空機が追い
越そうとする場合（上昇又は降下による追
い越しを含む）には、後者は前者の右側を
通過しなければならない。

7．進路権を有する航空機は、その進路及び速
度を維持しなければならない。
⇒施規 180 ～ 186 条

## rigid airship
### 硬式飛行船

飛行船の一形式。船体がジュラルミンと鋼
線の枠組みからなる骨格に外皮を張って構成さ
れており、内部にガス嚢が収められている。こ
れに水素又はヘリウムを満たし、浮力を得る。
ドイツのツェッペリンが代表的な機体である
が、現存機はない。

## rigidly mounted rotor
### 固定型回転翼機構、リジッド・ローター

回転翼のローター構造の一種。フェザリン
グ・ヒンジはあるが、ドラッグ・ヒンジもフラッ
ピング・ヒンジもなく、ハブと回転軸がしっか
りと結合されているもの。フラッピングとド
ラッギングは、ハブ、ブレードの弾性で得てい
る。

## rime ice
### ライム・アイス、樹氷

雨粒や霧粒など比較的小さい過冷却の水滴
が航空機の表面に衝突して急激に氷結し広がっ
た白色の水滴で、その中に空気を含む。層雲型
の雲の中、あるいは弱い霧雨の中で発生する。
雨氷より軽く簡単に除去できるが、空力特性を
悪化させ、抵抗を増加させるため危険である。

## RNAV：Area navigation
### アールナブ、RNAV

area navigation 参照

## RNP type：Required Navigation Performance
### 航法性能要件値

航空機の航法性能を数値により示したもの
で、航空機の全飛行時間の少なくとも95％以
上の飛行時間に対して、その意図した位置と実
際の位置との変位が当該要件値の数値の距離
（海里）に含有される値。⇒管制方式基準

## Robinson anemometer
### ロビンソン風速計

風速計の一種。半球状をした金属製の風杯
4個が回転軸を中心にして直角に配置され風を
受けて回転する。回転数は配線を経て電気盤に
表示される仕組みとなっている。この回転数は
風速 100 mの場合、1 秒間に 43 回に達する。

## rocket
### ロケット

燃料と酸化剤とを同時に機体内に携行し、
その両者を反応させて高温・高速のガス噴流を
作り、ノズルから外部に噴射し、その反作用で
推進する飛翔体。燃料の種類により、固体、液
体に大別できる。

## rocket launcher
### ロケット発射装置

一般にロケットを発射する装置。航空機で
は、ロケット弾を翼・胴体の下面に装着し、発
射する。

## rocket pod
### ロケット・ポッド

航空機にあってロケット弾を収容する装置。
主翼・胴体下等に設置される。

## rocket sounding
### ロケット探測

ロケットを使用して高層、超高層の気圧・
気温・宇宙線などの観測を行うこと。第2次世
界大戦中、ドイツが使用した V-２ミサイルを、
戦後になって高層気象の観測に転用したのが始
まり。

roentgen：R
レントゲン
　$2.58×10^{-4}C/kg$（クーロン／キロ・グラム）に等しい放射線をさらす単位をいう。⇒ ICAO

roll
横転、ロール
　機体を前後軸の回りに回転させる飛行。急横転、急半横転、緩横転などがある。

rolling
横揺れ、ローリング
　機体の前後軸回りの運動。

roots-type supercharger
ルーツ式過給機
　過給機の一種。互いに反対方向に高速回転する２個の回転子があり、一方の吸い込み口から空気又は混合気を吸い込み、他方の吐出口から吸気管によって各シリンダーに送り込む仕掛けのもの。現在では、ほとんど使用されない。

rotary engine
回転式エンジン
　一部の自動車に使用されているエンジンと同じ名称だが別物で、初期の星型空冷エンジンの一種。クランク軸の周囲をシリンダーが回転し、シリンダーは機体の前進による風と回転による風の両方で冷却される。仏人ノームによって考案され、主として第１次大戦時代に使用された。現在は使用例はない。

rotating loop aerial
回転ループ空中線
　無線受信アンテナの一種。ループ空中線を１つの軸の回りに回転できるようにしたもの。従って航空機は、その向きに無関係に、このループを発信局の方向に回転し、その方位を求めることができる。

rotation point
引き起こし点
　飛行機が離陸のため機首の引き起こしを開始する滑走路の地点。

rotor
回転翼、ローター
　ヘリコプターにおいて、回転軸の回りに羽根を回転させ、揚力と推力を得る装置。羽根（ブレード）の数には２枚、３枚、４枚、５枚などがある。機体上部の主回転翼と尾部の補助回転翼に大別され、また回転軸と羽根の結合方式により、固定羽根、通し羽根、関節羽根、半関節羽根などの諸形式がある。また駆動方式により、ピストン・エンジン駆動、タービン・エンジン駆動、ジェット翼端駆動などの諸方式がある。

rotor blade
回転羽根、動翼、ローター・ブレード
　回転翼航空機において、主に揚力を生じさせる回転羽根。
　一方、タービン・エンジンにおいては、圧縮機のディスクの外周に何段にもわたって取り付けられている羽根（動翼）。動翼の間には静翼が取り付けられている。

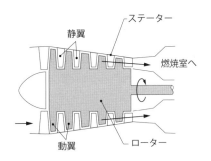

## rotor brake
### ローター・ブレーキ
ヘリコプターのローターは、エンジン停止後も、かなり長い時間、慣性で回転を続ける。そのため、機械式、又は油圧式のブレーキでローターを強制的に停止させる装置。

## rotor cloud
### ローター雲、ロール雲
山岳波発生時に山頂高度付近の風下、第1波の波動地点、又は、スコールライン付近にできる雲。激しい水平軸の回転気流をもち、この雲付近では気圧が極度に低下する。

## rotorcraft
### 回転翼航空機
ヘリコプター、ジャイロプレーン、ジャイロダインなど、その重要な揚力を1個以上の回転翼から得る重航空機をいう。⇒耐空性審査要領

## rotor disc
### 回転翼円板
回転翼が回転する際、その回転翼先端により描かれる円形に包まれる平面。

## rotor mast
### 回転翼支柱、マスト
回転翼を支える柱。

## rotor stall
### 回転翼失速
ヘリコプターの回転翼が高速飛行において失速する現象。回転翼はヘリコプターの前進方向と同じ方向に回る翼は相対速度が増し、前進方向と反対方向に回る翼は相対速度が減って揚力が減り、ついには失速してしまう。

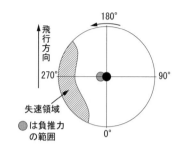

= blade stall

## round out
### ラウンド・アウト
着陸接地の際の引き起こし、機首上げ操作。通常の進入姿勢から着陸姿勢へ、ゆっくりと滑らかに移行することをいう。flare 参照。

## round robin
### 周回飛行、回遊飛行、ラウンド・ロビン
飛行計画書提出の際、ある飛行場から出発して他の飛行場へ立ち寄り、再び元の飛行場に引き返して着陸すること。本来、米軍の用語。

## route forecast：ROFOR
### 航空路予報
ある特定航空路に関して発表される気象予報。予報内容は、その航空路の区間、高度、平均風速・風向、気温、雲量、雲形、雲頂、雲底、視程、着氷など。飛行場付設の気象機関が担当範囲の航空路の予報を行う。

## RPV：remotely piloted vehicle
### 遠隔操作無人航空機
無人操縦の航空機。偵察、地上標的確認などの目的に使用される。無線又は、内蔵の操縦装置で操縦されるため、小型化が可能であり、また有人機では不可能な任務も実施できる。UAV 参照。

### ruddavator
**ラダーベーター**

rudder と elevator の合成語。V型尾翼（V tail）の飛行機の動翼は、昇降舵と方向舵の両方の役目を果たす。こうした飛行機は操縦桿を前後に動かすとラダーベーターは左右一緒に上方又は下方に動く。また方向舵を操作すると、右側のラダーベーターが上方に動いた場合は左側は下方に動く。

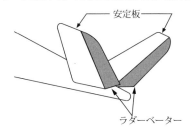

### rudder
**ラダー、方向舵**

垂直安定板の後部にヒンジで取り付けられている操縦翼面。片揺れモーメントを生じさせ、機体を旋回又は横滑りさせる。

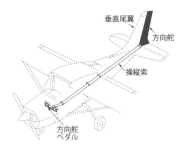

### rudder angle
**方向舵角、ラダー・アングル**

方向舵翼弦が垂直尾翼翼弦の基準線となす角度。

### rudder bar
**方向舵ペダル、ラダー・バー**

方向舵を操作するため足で踏む棒又はペダル。

### rudder pedal
**方向舵ペダル、ラダー・ペダル**

方向舵を操作するため足で踏むペダル。

### rudder post
**方向舵支柱、ラダー・ポスト**

胴体後端に立っている支柱又は垂直安定板の桁。共に方向舵を支持する役目を果たす。

### rude operation
**粗暴な操縦**

粗暴な操縦とは、「航空機が運航上の必要がないのに低空で飛行を行い、高調音を発し、又は急降下し、その他、他人に迷惑を及ぼすような方法で操縦すること」をいい、航空法第85条により、このような方法で飛行することは禁じられている。

### running landing
**滑走着陸、ランニング・ランディング**

ヘリコプターがホバリングから通常の着陸ができない時（密度高度の高い時、着陸地の標高が高い時、総重量が大きい時、テール・ローター故障時など）に、速度を残して接地する着陸をいう。

### run up
**試運転、ランナップ**

エンジンを回転させて行う各種の点検。離陸前の試運転はピストン・エンジン機の場合、ミクスチャーや点火系統の点検などを暖気運転を兼ねて行うため長時間(5〜10分)を要する。タービン機の場合は、短時間で終了する。

### runway：RWY
**滑走路**

航空機が離着陸に際して使用する長く平滑な直線の路面。航空機の重量に耐えられるように、厚い舗装がなされている。長さによりAからJまで9等級（Iは不使用）に分かれる。

### runway centerline light：RCLL
**滑走路中心線灯**

### runway distance marker lights：DML

航空機に滑走路の中心線を示すためにその中心線に設置する灯火。
1．滑走路終端から 300 m までは航空赤の不動光
2．滑走路終端から 300 m を超え 900 m までは交互に航空赤及び航空可変白の不動光
3．その他のものは航空可変白
　⇒施規 114 条、117 条

### runway distance marker lights：DML
### 滑走路距離灯

滑走路を走行中の航空機に滑走路の先方の末端からの距離を示すために設置する灯火。
・航空黄、航空白、航空可変白の不動光
　⇒施規 114 条、117 条

### runway end safety area：RESA
### 滑走路端安全区域

アンダーシュート又はオーバーランした飛行機の損傷の危険を減少させるため設けられた滑走路中心線の延長線に対称で、着陸帯端に隣接した区域をいう。⇒ ICAO

### runway light
### 滑走路灯

離陸し、又は着陸しようとする航空機に滑走路を示すためにその両側に設置する灯火で非常用滑走路灯以外のもの。
1．計器着陸用滑走路に係わるものにあっては高光度式滑走路灯：航空可変白の不動光
2．その他のものにあっては低光度式滑走路灯：航空白、航空可変白の不動光
　⇒施規 114 条、117 条

### runway marking
### 滑走路標識

滑走路標識には、指示標識、滑走路中心線標識、滑走路末端標式、滑走路中央標識、目標点標識、接地帯標識、滑走路縁標識、積雪離着陸区域標識の種類がある。⇒施規 79 条
1．指示標識（runway designation marking）
　陸上空港等の滑走路の、滑走路の末端に近い場所に、進入方向から見た滑走路の方位を磁北から右まわりに測ったものの 10 分の 1（小数点以下第 1 位を 4 捨 5 入する）及び平行滑走路の場合は左側からの順序を明瞭な 1 色で数字により標示し、滑走路の番号とする。

指示標識の数字および文字の書体

1 2 3 4 5
6 7 8 9 10
L R C

2 本の平行滑走路の場合：L（左側）, R（右側）
3 本の平行滑走路の場合：L, C（中央）, R
4 本の平行滑走路の場合：L, LC, RC, R
5 本の平行滑走路の場合：L, LC, C, RC, R

2．滑走路中心線標識
　（runway center-line markings）
　陸上空港等の、滑走路の縦方向の中心線上に、滑走路の縦方向の中心線を明瞭な 1 色で標示する。
3．滑走路末端標識
　（runway threshold markings）
　陸上空港等の計器着陸用滑走路の、滑走路の末端から 6 m の場所に、滑走路の末端を明瞭な 1 色で標示する。
4．滑走路中央標識
　（runway center marking）
　陸上空港等の滑走路（滑走路距離灯が設置されているものを除く）に、滑走路の横方向の中心線を明瞭な 1 色で標示する。

滑走路中心線標識、滑走路末端標識、滑走路中央標識
(1) 計器着陸用滑走路
　(a) 幅が 30 m 以上の滑走路

線の幅　1.5m以上
間　隔　2.0m以上

(b) 幅が30m未満の滑走路

(2) 計器着陸用以外の滑走路
　(a) 幅が30m以上の滑走路

　(b) 幅が30m未満の滑走路

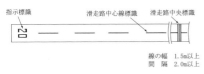

5．目標点標識（fixed distance markings）
　陸上空港等の長さが1,200m以上の滑走路上の着陸接地点の、滑走路の末端から150m以上の場所に、滑走路上の着陸接地点を明瞭な1色で標示する。接地点標識から名称変更した。

6．接地帯標識（touchdown zone markings）
　幅が30m以上の陸上飛行場にあっては滑走路末端から150m以上922.5m以下の場所、陸上ヘリポートにあっては滑走路の中心に滑走路上の着陸接地区域を明瞭な1色で標示する。

接地点標識、接地帯標識
(1) 陸上飛行場
　(a) 長さが2,100m以上の滑走路

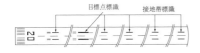

　(b) 長さが1,500m以上2,100m未満の滑走路

(c) 長さが1,200m以上1,500m未満の滑走路

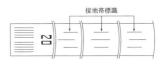

(d) 長さが900m以上1,200m未満の滑走路

(e) 長さが900m未満の滑走路

(2) 陸上ヘリポート

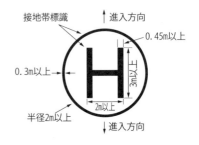

7．滑走路縁標識
　（runway edge markings）
　陸上空港等（精密進入を行う計器着陸用滑走路及びその他の滑走路で境界が明確でないもの）の滑走路の長辺に、滑走路の境界線を明瞭な1色で標示する。

舗装された滑走路
　(a) 幅が30m以上の滑走路

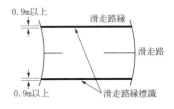

（b）幅が30m未満の滑走路

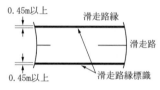

8．積雪離着陸区域標識

（edge markers for snow covered runway）

　陸上飛行場（積雪時において滑走路の境界が明確でない場合に限る）の滑走路の離着陸可能の区域に、黒及びだいだいの2色で標示する。
　⇒施規79条


（runway）threshold
**滑走路末端**

　着陸のために使用する滑走路の始まりの部分をいう。


**runway threshold indication lights**
**滑走路末端識別灯**

　着陸しようとする航空機に滑走路末端の位置を示すために滑走路の両末端付近に設置する灯火であって滑走路末端補助灯以外のもの。
・航空白の閃光
・閃光回数：1分間に60〜120回
　⇒施規114条、117条


**runway threshold lights**
**滑走路末端灯**

　離陸し、又は着陸しようとする航空機に滑走路の末端を示すために滑走路の両末端に設置する灯火で非常用滑走路灯以外のもの。
1．計器着陸用滑走路に係わるものにあっては高光度式滑走路末端灯。
2．その他のものにあっては低光度式滑走路末端灯。
・滑走路進入端：航空緑の不動光
・滑走路終端：航空赤の不動光
　⇒施規114条、117条


**RVR：runway visual range**
**滑走路視距離、RVR**

　滑走路の中心線上に位置する航空機からパイロットが滑走路標識又は滑走路灯若しくは滑走路中心線灯を視認できる距離。
　⇒管制方式基準
　気象庁の観測は約2.5mの高さで行われている。観測地点によりタッチダウンRVR、ミッド・ポイントRVR、ストップ・エンドRVRの3種類がある。

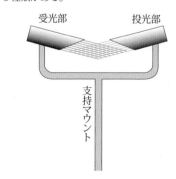

RVR測定機器


**RVSM：reduced vertical separation minimum**
**短縮垂直間隔**

　高々度での垂直間隔を従来の2,000ftから1,000ftに短縮するもの。これにより高度帯が倍になるほか、より最適な巡航高度を選択できる。1997年に北大西洋ルートで導入が開始され、日本でも2005年9月から実運用されている。

SAS：stability augmentation system

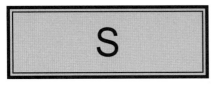

### safety area
### 安全区域
　最終進入・離陸区域の周辺のヘリポートの障害物のない限定された区域で、航法のためには必要とはしないが、最終進入・離陸区域から逸れてしまうヘリコプターの損害の危険を減少させるための区域をいう。⇒ ICAO

### safety belt
### セイフティ・ベルト、安全帯
　搭乗者を座席に縛りつけるベルト。航空機の離着陸時、乱気流発生時、事故などに際して搭乗者を保護する。

### safety wire
### 安全線、セイフティ・ワイヤー
　ボルト、ナットなどが緩むことがないように、ボルト同士、又はボルトと他の部分を、締めつける方向（通常は時計回り）にからげるスチール製の針金。

### sagging
### サギング
　水上機が２つの波に乗った場合、艇体又はフロートが前後軸の方向に下向きの凸型に変形する現象。

### sailplane
### セールプレーン
　高性能滑空機（ソアラー）の別称。

### SAM：surface to air missile
### 地対空ミサイル
　地上から航空機等の飛翔体に向かって発射されるミサイル。

### sand storm
### 砂じんあらし
　直径 0.08mm 〜 1 mm の砂が風により 10ft 以下に吹き上げられた現象。dust storm 参照。

### sand whirl
### じん旋風
　dust devil 参照。

### sandwich construction
### サンドイッチ構造
　２枚の表面板の間に、軽量の蜂の巣状の心材を挟んだ構造。この構造は軽くて強度があり、剛性に富み、衝撃にも強い。表面材にはアルミ合金や複合材が使用される。心材には主としてハニカムが採用される例が多い。

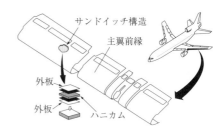

### SAS：stability augmentation system
### 安定性増強装置
　航空機の安定性を増強して操縦士の負担を軽減する装置。基本的には、ジャイロを利用して機体の動揺に対してサーボ機構を働かせ適正な修正操舵を行う。control augmentation

saturation

system 参照。

## saturation
### 飽和

　一定気温の一定容積中の最大水蒸気量は一定であり、それ以上の水蒸気は含めなくなる。このような状態を飽和という。温度が上がれば水蒸気の含有可能量は増し、温度が下がれば水蒸気の含有可能量は減る。

## saturation adiabatic
### 湿潤断熱

　飽和気塊が上昇する場合、凝結の潜熱が気塊の温度を高めるため乾燥気塊が上昇する場合より温度の低下率は小さい。また、温度が低いと一定量の気塊に含まれる絶対水蒸気量は少ないので凝結熱は少なくなり、逓減率は乾燥断熱率に近くなる。温度が高くなると、一定量の気塊に含まれる絶対水蒸気量は乾燥気塊より多くなるので、逓減率は乾燥断熱率より小さくなる。

## saw cut
### 鋸刃状切欠、ソー・カット

　翼前縁に鋸の刃で切り込みをつけたような形状の切り欠き。高速ジェット機のように前縁後退角の強い機体に使用される。大迎え角時にはソー・カットを起点として、翼後縁方向に広がる強力な円錐状の渦が発生し、翼上面にエネルギーを与えるので、補助翼の効きが向上し、低速時の安定性が増大するなど多くの効果がある。dog tooth 参照。

## SB：service bulletin
### 技術通報、SB

　航空機又は装備品製造業者が発行する技術通報。法の規制は受けないが、その内容が耐空性に影響するもの、修理改造検査あるいは型式設計変更又は耐空性改善通報（TCD）の発行を必要とするものなどがある。

## SBAS：Satellite Based Augmentation System
### 衛星航法補助施設

　航法衛星の精度を向上する目的のため、日本では運輸多目的衛星（MTSAT）の機能の一部として機器が搭載され、運用が開始されたシステム。新たに航空保安無線施設の１つに加えられた。

## scale effect
### 寸法効果

　模型と実機の大きさの違いにより、揚力係数、抗力係数の測定値に違いが現れること。これは幾何学的に相似した模型を作って風洞試験をしても、レイノルズ数を実物と等しくすることが困難なために生じる。

## scale model
### 縮尺模型、スケール・モデル

　実機と幾何学的相似に作られた模型。特に風洞試験に用いられる。

## scan
### スキャン

　操縦の場合においては、計器を継続的に順序立てて監視すること。＝ cross check

## scheduled air transport service
### 定期航空運送事業

　１つの地点と他の地点との間に路線を定めて、一定の日時により航行する航空機により行う航空運送事業をいい、ある特定航空路区間を、規定された時刻に従って航空機を運航し、所定の料金を徴収して旅客又は貨物の搬送を行う。

## scheduled maintenance
### 定期整備

　規定により定められた時間又は期間に到達した場合に実施される整備。

## SCN：self contained navigation
### 自蔵航法

　航法上、地上物標又は航空保安無線施設を利用しないで機内装備の機器による独立した航法をいう。INS、IRS やドップラー自蔵航法装置を利用する。

## SCN (self contained navigation) device
### SCN 装置、自立航法装置
　航法援助施設に頼ることなく、機上の装置のみで自機の位置を確認できる装置で、慣性航法（規準）装置及びドップラー装置が該当する。

## scramble
### 緊急迎撃発進、スクランブル
　敵機が自国領空に接近した場合、待機させている戦闘機を迎撃のために急発進させること。

## scramble corridor
### 緊急迎撃発進専用通路
　緊急迎撃発進機が民間機に優先して上昇する場合の専用空域。民間機の航行を制限する。

## scramjet(supersonic combustion ramjet)
### スクラムジェット
　超音速に対応できるラムジェットの一種。現在はまだ実験機レベル。

B-52の翼下に吊り下げられたスクラムジェット推進のX-51A (USAF Photo)

## scraper ring
### 掃油環
　oil ring 参照。

## scud
### 飛雲（ひうん）、スカッド
　悪天候の際に発生する片層雲、片積雲。気流の乱れが激しく、いわゆる「通り雨」を伴うことが多い。

## SDF：simplified directional facility
### 簡易方向指示施設
　非精密計器進入のための航法援助施設をいう。ILSのローカライザーと似ているが、滑走路の延長線に対し通常３度を超えない範囲でオフセットされていて、コースの幅はローカライザーより広く、精度はやや落ちる。⇒ FAA

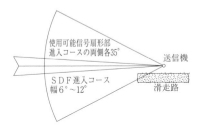

## sea anchor
### 錨、アンカー
　飛行艇又は水上機が水上に停泊中、機首を適正な方向に保つために使用されるキャンバス製のバケツ状の錨。

## sea fog
### 海霧
　移流霧の１つで湿度の高い温暖な海面上の気塊が寒冷な海面上へ移動し、下方の層が露点以下に冷却されてできる霧。日本においては北海道、三陸沖で夏期に多く発生する。冷たい海面で東風の海陸風に乗り、内陸部に海霧が進入し、平野部を覆い山脈部に迫ることがたびたびあり、飛行に重大な影響をもたらす。発生海面では水面と海霧は接しており、視界不良である。

## seal
### 洩れ止め、シール
　洩れ止め又は緩衝包装の役割をするもの。

## sealant
### シール剤、シーラント
　インテグラル・タンク、胴体などで、液体・気体が洩れるのを防止するために、リベットの接合部等に使用する塗料。

## sealed cabin

## 機密室
pressurized cabin 参照。

## sea level altitude
### 海抜高度
アネロイド高度計による海面からの高度。

## seaplane
### 水上飛行機、水上機
水面を滑走路として離着水できる飛行機。陸上機の車輪を外してフロートを取り付けた機体、最初から水上機として設計された機体、胴体をフロートとした機体（飛行艇）がある。水上に加え陸上飛行場でも離着陸できる水陸両用機（amphibian）もあり、引き込み式の車輪を備えている。

## seaplane trim
### 水上トリム
水上機のフロート又は艇体が水面となす角度。第一ステップ前方のキール線と平均水面とのなす角度で表す。

## search and rescue region：SRR
### 捜索救難区
捜索救難業務が行われる区域で、ICAO により定められている。わが国は、福岡 FIR 内の区域を東京捜索救難区（TOKYO SRR）として、その業務を担当する。

## search and rescue service unit
### 捜索救難業務機関
救難調整本部、副救難本部、警急所の総称をいう。⇒ ICAO

## seasaw rotor
### 通し羽根回転翼、シーソー・ローター
偶数枚の羽根が回転軸にユニバーサル・ジョイント、球ジョイント又はジンバルで連結され、相対する羽根が互いにシーソー的な作動をしながら回転する回転翼。代表的なシーソー・ローター機にベル 206 がある。

ベル206（Bell Helicopter Photo）

## seat pack parachute
### 座席型落下傘
落下傘の一形式。落下傘の収納袋を座席のクッション代わりにするもの。

## second：s
### セコンド、秒
セルシウム原子（質量 133）の 2 つの基底状態の超微細準位間の遷移に対応する放射周期の 9、192、631、770 倍の時間をいう。
⇒ ICAO

## secondary air
### 2 次空気
タービン・エンジンにおいて、圧縮機を通過するが、冷却に用いられる空気で、燃焼には用いられない。

## secondary depression
### 副低気圧
低気圧発達初期に寒冷前線が温暖前線に追いつき、地形等の影響により閉塞点に新たにできた低気圧をいう。

## secondary flight control
### 2 次的操縦装置
タブ、スラット、フラップ、スポイラ、エア・ブレーキなど、いわゆる 2 次的操縦翼面を操作する操縦装置。

## secondary glider
### 中級滑空機
滑空機の一種。初級滑空機と上級滑空機の間に位置する。初歩のソアリングもできる。

glider 参照。

## secondary radar target
## 2 次レーダー・ターゲット
　2 次レーダーの応信装置の応答波によりレーダー・スコープ上に映し出されるスラッシュをいう。

## secondary stall
## 2 次失速、セカンダリー・ストール
　一度失速に入り、その回復操作のまずさから再び失速に入ること。

## secondary surveillance radar：SSR
## 2 次監視レーダー
　SSR 参照。

## SELCAL system：selective calling system
## セルコール装置
　各航空機に特定のコードを持たせ、航空機と通信する無線電話チャンネルを通じてコード化した信号を発信することにより、機上において信号音及び信号灯で自機の呼び出しを事前に知ることができる装置。この装置によりパイロットは連続聴守の負担から解放される。

## self launch glider
## 自力発航式滑空機、モータグライダー
　グライダーは通常、航空機又はウインチにより離陸させるが、小型のエンジンを搭載し、自力で離陸、上昇が可能なグライダー。通常の飛行機タイプ、背中に格納式の小型エンジンを搭載したタイプに大別できる。日本では「モータグライダー」の呼称が一般的。

## self locking nut
## セルフ・ロック・ナット、緩み止めナット
　ボルトをナットで締め付けたあと、振動などで緩むことを防止するナット。ネジ山の切ってない樹脂部で固定するもの、また外側に内径の小さい部分を設けたものなどがある。

## self-recording altimeter
## 自記高度計
　航空機の上昇高度を時間的経過と共に自動的に記録する計器。

## semi-articulated rotor
## 半関節羽根回転翼
　回転翼形式の一種。フラッピング・ヒンジのみでドラッグ・ヒンジのない回転翼をいう。ほとんどのヘリコプターはこの回転翼を採用している。

## semi-cantilever monoplane
## 半片持単葉機
　単葉機の一種。主翼が左右一対の支柱で支持されている単葉機。セスナ 172 などが代表的な半片持単葉機である。

## semi-monocoque construction
## セミモノコック構造
　モノコック構造は、外板とフレームのみで構成されているが、これらに縦通材（ストリンガー）が加わった構造をいう。モノコックは、例えば円筒構造にして、この構造に曲げ応力を加えると圧縮側が座屈してしまう。そこで外板を厚くしなければならないため、結局は機体重量が重くなる欠点がある。この欠点を補ったものがセミモノコック構造である。軽量で空気抵抗が少なく、そのうえ各種荷重に強いことから、ほとんどの飛行機に採用されている。

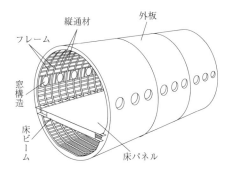

## semi-rigid airship
### 半硬式飛行船
　船体形状の保持を内圧のみに頼らず、ガス袋の下に船首から船尾まで竜骨を通して形状を保つようにした構造の飛行船。現代の機体にツェッペリンNTなどがある。

ツェッペリンNT半硬式飛行船

## semi rigid rotor
### セミ・リジッド・ローター
　ヘリコプターのローターの一形式。ブレードはフラッピング及びフェザリングをする。通常は2枚ローターのシーソー式。

## separable parachute
### 分離式落下傘
　落下傘の一種。傘体と装帯は分離されており、所要の場合には装帯に傘体を連結できるようになっている。

## separation
### 管制間隔
　航空交通の安全かつ秩序ある流れを促進するため航空交通管理管制官又は航空管制官が確保すべき最小の航空機間の空間をいう。
　　⇒管制方式基準
### 剥離
　境界層は物体の表面に沿って流れているが、これが物体の表面から離れると逆流を生じ、それが渦となって流れ去る。この現象を剥離と呼

び、その後方の流れを伴流（wake）という。

## separation point
### 剥離点
　境界層が剥離を起こす点。

## serious injury
### 重大傷害
　事故時に、人間が受ける傷害で下記のものをいう。
1．傷害を受けた日から7日以内から48時間以上の入院。
2．すべての骨折。ただし、指、かかと、鼻の単純な骨折を除く。
3．著しい出血を原因とする裂傷、神経、筋肉又は腱の損傷。
4．すべての内臓に関わる傷害。
5．第2度、第3度の火傷、又は皮膚の5％以上に影響を及ぼす火傷。
6．伝染病、又は有害な放射能にさらされたことの確認。⇒ICAO

## service bulletin
### サービス・ブレティン、SB
　機体、エンジン、装備品等の製造メーカーにより発行される小冊子。製造物がより安全で寿命も延長できるよう、保守手順等が説明されている。

## service ceiling
### 実用上昇限度
　ある航空機の標準大気内での最大上昇率が0.5m/sec又は100ft/minになる高度。

## service life
### 寿命
　ある装備が、安全を維持して運用できる時間をいう。

## service load
### 運用荷重
　applied operating load 参照。

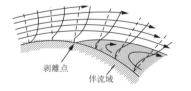

剥離点　伴流域

### servo tab
サーボ・タブ

tab 参照。

### settling with power
セットリング・ウイズ・パワー

ヘリコプターの危険な飛行状態の１つ。対気速度がゼロ、又はゼロに近い時、垂直降下に入った場合に発生する可能性がある。エンジン運転落下ともいい、風車状態となり、回転翼本来の機能を失う。回復方法は機首を下げ、ローターのピッチ・レバーを下げて前進加速するが、相当な高度を失い、低高度で遭遇すると危険である。

### shaft horsepower：SHP
軸馬力

エンジンが、回転軸を通して外部に発生する有効馬力のことで、brake horsepower に同じ。ピストン、ターボシャフト、ターボプロップの各エンジンの出力を知るには、エンジンの回転軸に動力計を取り付けて測定するが、このようにして測定された出力を軸馬力又は軸出力という。

### shallow water tank
浅底水槽

浅く水を張った水槽で、高速状況下における翼型その他の物体の周りにおける気流の模様を調べるために使用する。

### shear line
シアー・ライン、シアー線

風向風速の変化する線、また収束する地域であり積雲型の雲を作る。

### shed
格納庫

hangar 参照。

### shimmy damper
シミー・ダンパー

地上滑走中、前輪又は後輪に発生する首振り現象をシミーといい、特に３車輪式の機体の前輪に発生し易く、この現象を減衰防止するためにシミー・ダンパーを取り付ける。

### shock absorber
ショック・アブソーバー、緩衝装置

着陸装置の一部で、離着陸時に受ける振動や衝撃を吸収緩和するための装置。ゴム、空気、バネ、油圧・空気などの各緩衝装置がある。

### shock chord
緩衝ゴム索

脚のゴム式緩衝装置に用いられるゴム製の索。現在では適用機は少ない。

### shock chord launching
ゴム索離陸

グライダーを離陸させる方法の１つ。主に初級グライダーの離陸に用いられる。ゴム索を機体に結び付けて、これを引っ張って張力を与え、ゴムの弾性によって離陸させる。

### shock strut
緩衝支柱

着陸接地時、滑走中に受ける振動や衝撃力を吸収緩和する支柱。

### shock wave
衝撃波、ショック・ウェーブ

物体が音速に到達すると、圧縮波の前縁は物体の前面で固着し、この固着した圧縮波は、さらに前方の空気を固着するため、そこに新たに強烈な波が発生する。これが衝撃波である。衝撃波が地上に伝わると「ドドーン！」と爆発したような音になって聞こえる。

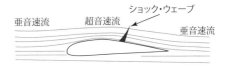

### short（field）take-off/and landing：STOL
短距離離着陸

滑走路が短い場合や障害物が存在する場合

に短い距離で離着陸すること。

### shoulder
ショルダー

舗装と隣接面との間のつなぎになる舗装面の縁に接続した区域をいう。⇒ ICAO

### shoulder belt
肩掛け安全帯、ショルダー・ベルト

飛行姿勢が大きく変化しても、確実に乗員を座席に保持するための肩掛式のベルト。

### shoulder wing
肩翼

名称が示すように、主翼が胴体の上部近く、人間でいえば肩のあたりに取り付けられている飛行機。

### shower
しゅう雨

急に降りだしてすぐ止む対流雲からの降水。

### SID：standard instrument departure
標準計器出発方式

計器飛行方式により飛行する出発機が、秩序よく上昇するため設定された飛行経路、旋回方向、高度、飛行区域等の飛行の方式をいう。
　⇒管制方式基準

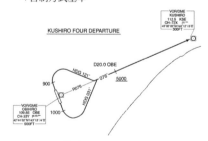

SIDの一例（KUSHIRO FOUR DEPARTURE）

### side-by-side
並列、サイド・バイ・サイド

操縦席が左右に配置されている形式。縦列（タンデム）の対語。小型機から大型機まで幅広く採用されている。

### side by side twin rotor type helicopter
双回転翼式ヘリコプター

laterally disposed dual rotor type helicopter 参照。

### side load
横荷重

航空機の前後軸方向に直角に作用する荷重の総称。

### side slip
横滑り、サイド・スリップ

飛行中の航空機が左右いずれかの側に傾いて、その方向に滑るように降下する状態をいう。

### sidestep maneuver
サイドステップ・マニューバー

平行滑走路の片側へ進入している航空機が、隣の滑走路へ直線進入着陸することをいう。管制機関からは "cleared for ILS runway 07 left approach, sidestep to runway 07 right" のように許可が発出される。操縦士は滑走路視認後、できるだけ早くサイドステップ・マニューバーを行って着陸する。ランディング・ミニマはプライマリー滑走路よりは高いが、サークリングよりは低い（わが国では実施されていない）。

### sidestick
サイドスティック

従来の操縦桿、操縦輪を、1本の小型の棒（スティック）に変えたもの。FBW（参照）の登場とともに、サイドスティックを採用する機体が登場してきた。戦闘機のF-16が初めて採用

F-16はいち早く採用した (USAF Photo)

し、旅客機ではエアバス社の A320 に採用されたのが初。

## siemens：S
### ジーメンス
1 V（ボルト）の電位差により 1 A（アンペア）の電流が生じる導線の導電率をいう。⇒ ICAO

## sierra wave
### シエラ波
米国カリフォルニア州シエラネバダ山脈の東側山麓に発生する極めて強力な長波山岳波。この山岳波は 1948 年のクリスマス頃からグライダーのソアリングに利用され始めたので、クリスマス・ウェイブとも呼ばれる。

## SIGMET：significant meteorological information
### 空域気象情報、シグメット
主として、航空機の運航の安全に重大な影響を与える気象現象に関する気象情報をいう。気象庁が発表し、有効時間は 4 時間以内（熱帯低気圧、火山の噴煙は 6 時間以内）で、福岡飛行情報区の空域において、次の現象が観測され、又は予想された場合を発表の基準とする。
1．活発な雷電
2．熱帯低気圧
3．強い線状スコール
4．強いひょう
5．強い乱気流
6．強い着氷
7．顕著な山岳波
8．広範囲な砂じんあらし
9．火山の噴煙

## signal area
### 信号区域
地上信号を表示するため使用される飛行場内の区域をいう。⇒ ICAO

## significant point
### 重要地点
ATS 経路、航空機の飛行経路を定めるため、又は航法及び ATS の目的のための特定の位置

をいう。⇒ ICAO

## simple approach lighting system
### 簡易式進入灯
非精密進入を行う計器着陸用滑走路に設置される。
・航空赤、黄、白又は航空可変白の不動光
　⇒施規 114 条、117 条

## simple flap
### 単純フラップ
フラップの一種。補助翼の作動と同じように、翼後縁の一部が折れ曲がるようになっており、キャンバーの増加により揚力係数を増加する。flap 参照。

## simulated approach
### 模擬計器進入
計器進入の訓練等のため VFR 機が行う飛行をいう。⇒管制方式基準

## simulated flameout：SFO
### 模擬エンジン停止、SFO
ジェット機（通常は軍用機）がエンジンのフレームアウトを模擬して行う飛行のこと。単発のジェット戦闘機等では、フレームアウトが生じて再点火ができない場合、双発機と違い滑空して着陸しなければならない必要性が出てくるために訓練するもの。訓練ではエンジンの推力をアイドルに絞って、滑走路上空のポイント（ハイ・キー、ロー・キー）を通過しロー・アプローチで訓練を終了する。

## （flight） simulator
### 模擬飛行訓練装置、シミュレーター
航空機の運動を地上で再現し、操縦訓練に使用する装置をいう。この装置は実機と寸分変わらないように作られた操縦室とモーション装置、画像表示装置から構成され、音や振動も実機に忠実に再現できる。燃料価格の高騰、安全性、訓練の自由度の高さ等から、シミュレーターの利用は盛んになる一方である。
synthetic flight trainer 参照。

— 263 —

## simultaneous ILS approaches
### 同時 ILS 進入
　滑走路中心線で少なくとも 4,300ft の間隔をもつ平行滑走路へ同時に ILS 進入することをいう。

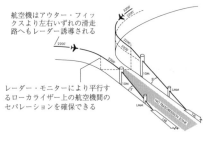

## single engine aircraft
### 単発機
　エンジンが 1 基の航空機。

## single-entry compressor
### 片側吸込圧縮機
　タービン・エンジンに使用される遠心式圧縮機の一種。圧縮機に流入する空気の吸い込み口が 1 つのもの。両側吸い込みのものに比べ、空気量、推力が同じであれば、空気通路の口径が大きく、工作が容易なこと、動圧を利用しやすくなるなどの利点がある。

## single float
### 単フロート
　水上機でフロートが胴体下に 1 つの機体。翼端左右に補助フロートが付く。双フロートが一般的で単フロートの機体は少ない。

## single rotor helicopter
### 単回転翼式ヘリコプター
　ヘリコプターの一形式。世界的に最も多い形式で、通常の機体（動力を機内に装備し、駆動軸を介してローターを駆動する形式）では、回転翼の反トルクを打ち消すために尾部ローター（テール・ローター）が必要になってくる。MD ヘリコプターズ社の機体の中には、テイル・ブーム内に設置したファンの空気流により反トルクを打ち消し、尾部ローターを廃した機体（NOTAR 機）もある。

## sinking rate
### 沈下率
　rate of descent 参照。

## sinking speed
### 沈下速度
　滑空するグライダーが単位時間内に失う高度。m /sec で表す。

## six-component balance
### 六分力天秤（てんびん）
　風洞実験に用いられる天秤。揚力、抗力、横力、縦揺れモーメント、横揺れモーメント、偏揺れモーメントの 6 成分がそれぞれ測定できる。

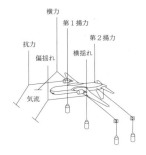

## skew aileron
### 斜めヒンジ補助翼
　補助翼取り付けのヒンジ軸線が翼幅方向に対して大きく前傾又は後傾している補助翼。

## skid
### そり、スキッド
　航空機の降着装置の一種。ヘリコプターや一部のグライダーに用いられている。
### 外滑り、スキッド
　旋回中に正常な経路から外側に滑る現象。機首が内側に向き、旋回経路に対して機軸の外側から気流が入るために生じる。バンク時に方向舵ペダルの踏み込みが過多か、方向舵の量に対しバンクが不足しているか、いずれかが原因。

## ski landing gear

### スキー着陸装置（雪上着陸装置）

雪原又は氷原地帯での離着陸のため、車輪に替えスキーを取り付けたもの。スキーの材質としては軽合金、複合材などが用いられる。自衛隊機の冬期運用、またカナダやアラスカなど積雪の多いところでも使用される。車輪を外してスキーだけにした機体、スキーを上げて車輪での運用も可能にした機体もある。

### slant line distance
### スラント距離、スラント・レンジ

地上に設置されているアンテナから航空機までの斜距離。DMEの距離数値もスラント・レンジである。

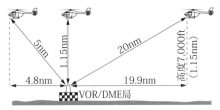

### slant visibility
### 斜め視程

水平面と傾きをもった、観測者が視認できる最大視程でグライド・パスのような斜方位視程。

### slash
### スラッシュ

2次レーダーの応信装置（トランスポンダー）の応答波を構成する個々のパルスによりレーダー画面上に映しだされる映像をいう。⇒ 管制方式基準

### slat
### スラット

高揚力装置の一種。主翼前縁に装着する。迎え角を増すと翼上面に剥離が生じて失速を起こす。スラットを開くと気流は隙間から翼上面に流れ、境界層にエネルギーが補給され、剥離を防止できる。

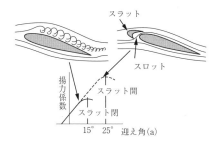

### sleet
### みぞれ

低い凍結高度以下の層から降る雨と雪が混じっている降水現象。水分を含んでいるため機体などに付きやすい。= rain and snow

### slip
### 内滑り、スリップ

図のような旋回を定常（釣り合い）旋回と呼ぶが、ここで方向舵を緩めたり、逆に踏み込みすぎたり、あるいは補助翼を動かしすぎたりすると、旋回の釣り合いが破れ、機体は機軸と異なる方向に飛行する。このうち、傾いている方向、つまり円の内側に滑る旋回飛行を内滑り旋回、逆に円の外側に滑る旋回を外滑り旋回と呼んでいる。内滑り旋回の原因は機体の傾け方（バンク）が大きすぎるか、方向舵の踏み込み不足による。逆の場合には外滑り旋回となる。

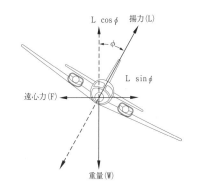

### slip stream
### 後流、スリップ・ストリーム

back wash 参照。

## slip tank
### 落下タンク
ドロップ・タンクと同様のもので、飛行中に落下させることができるタンク。

## slot
### 隙間翼、スロット
主翼の前縁（時として後縁）付近に設ける隙間。大迎え角になると、翼下面の空気流の一部が翼上面に流れて剥離しかけた上面の流れを抑制し、最大揚力係数を高める働きをする。

## slotted flap
### 隙間フラップ、スロット・フラップ
フラップの一種。主翼とフラップ前縁の間に隙間があるフラップ。隙間的効果で翼上面の気流の剥離を防ぐ。flap参照。

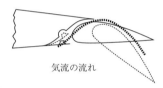

気流の流れ

## slow turn
### 緩横転
曲技飛行の一種。補助翼と方向舵、特に補助翼を慎重に操作して、機体を進行方向に緩やかに1回転させる飛行操作。= slow roll

## small aircraft
### 小型航空機
アメリカFAAの規定では、最大離陸重量が12,500ポンド（5,670kg）までの航空機。

## small end
### スモール・エンド
ピストン・エンジンの連接桿の両端部のうち、ピストン・ピンと連結する方の端をいう。

## smog
### スモッグ
煤煙を含んだ汚染された霧。smokeとfogの合成語。飛行場付近に発生すると、航空機の離着陸に障害となる。

## smoke
### スモーク、煙、fumee（仏語）
光の透過率を悪くする排気放出物中の炭素物質をいう。⇒ICAO
排気放出物中の炭素質の物質が大気中に浮遊している現象で、光の透過を不鮮明にする（火山灰を含む）。臭いを持ち、都市煤煙は褐色、黒味がかった灰色、黒であり、その他のものは青味がかった灰色。風が弱い時には極度に視程を悪くする。

## smoke in cockpit
### スモーク・イン・コックピット、コックピット・スモーク
操縦室内に煙が発生した状態をいう。電気系統の故障などで、配線が焼けたりすると、操縦室内に煙が充満することがある。視界不良、有毒ガスの発生、さらには火災に至るおそれがあるので、状況が解決できない場合、直ちに出発飛行場に引き返すか、最寄りの飛行場に着陸する。

## smoke tunnel
### 煙風洞
物体周囲の気流状況を調べるための風洞。気流の通路の途中に櫛型ノズルより煙を層流状に吹き出させ、模型に当てて流れを見るようにしてある。一種の開放路風洞である。

## snap roll
### 急横転、スナップ・ロール
曲技飛行の一種。水平方向におけるスピンと考えてもよい。方向舵を一杯に使用することにより揚力のバランスが崩れ、通常より高い速度で飛行機は失速に至る。そして方向舵を踏んだ方向に加速失速により急旋回する。停止操作はスピンの回復操作と同じである。

**S-N curve**
**S-N 曲線**

　金属材料は、ある一定レベル以上（疲労限界以上）の引っ張り応力を繰り返し負荷すると、回数の増加と共に疲労が蓄積し、最終的に破断に至る。この応力（stress）と回数（number）の関係を示した図がＳ－Ｎ曲線である。疲労限界以下の応力では疲労は蓄積しないので、この範囲内で航空機を設計すれば、より安全である。このＳ－Ｎ曲線は、応力集中によって変化するので、基礎的な実験の積み重ねによって得られたデータの活用が必要である。

**snow**
**雪**

　氷の結晶の降水現象。板状結晶、星状結晶、柱状結晶、針状結晶、立体樹枝状、鼓状結晶、及び不規則な結晶、またそれらを組み合わせた結晶（雪片 "snow frake"）がある。
　積雪は下記の区分により分類している。
1　Dry snow：乾燥した雪及び水分をあまり含まない普通の雪（２～４以外の雪）。比重 0.35 未満
2　Wet snow：水分をかなり含んでおり、手袋をした手で握ると水がにじんだりしみ出る状態の雪。比重 0.35 以上 0.5 未満
3　Slush：水分を十分に含んでおり、かかと又はつま先で踏みつけたりするとスプラッシュが上がる状態の雪。比重 0.5 以上 0.8 以下
4　Compacted snow：除雪機材等で押し固められた状態の雪。比重 0.5 以上
　⇒ AIP.AD1、ICAO

**snow grain**
**霧雪（きりゆき、むせつ）**

　微細な乳白色の氷粒の降水現象で、直径１mm 以下のものをいう。

**SNOWTAM**
**スノータム**

　移動区域上の雪、氷、べた雪、雪に関連する水たまりによる危険な状態の存在、又は除去を特定の書式で通知するノータムの特別なものをいう。SNOW と NOTAM による造語。
　⇒ ICAO

**SOAP : spectrometric oil analysis program**
**ソープ**

　エンジン・オイルの試料を燃焼させ、その光の波長を解析してオイルに含まれている金属原子を特定することにより、異常に摩耗している部品の故障を探知する検査法。

**soaring**
**滑翔、ソアリング**

　滑空機が上昇気流を捕らえ、高度を獲得しながら長時間に渡り飛翔すること。

**soaring plane（soarer）**
**ソアラー**

　大気の動きを利用して、長時間又は長距離の飛行を行う高性能な滑空機をいう。sailplane 参照。

**soft field take-off/landing**
**不整地離着陸**

　凹凸の激しい路面、柔らかい路面、積雪・草地上での離着陸。こうした路面からの離陸は、早めに機首を上げて前輪の負担を減らす。着陸はエンジン出力をある程度使いながら最少の速度で接地させ、前輪は可能な限り上げた姿勢で滑走する。

**soft hail**
**雪あられ、氷あられ**

　soft hail は雪あられ（snow pellet）と氷あられ（snow hail）に区分される。
１．雪あられ
　球形又は円錐形の乳白色の氷粒の降水現象で、直径５mm 程度のものをいう。雪の結晶に微細な氷粒が一面に付着したもの。

２．氷あられ
　雪あられがさらに成長したり、過冷却の水滴が付着して氷の層に包まれたもの。

## soft rime
### ソフト・ライム、樹氷
　過冷却した小水滴を含む雲中を飛行する時、翼前縁、支柱、アンテナ等に付着する氷。気化器やエンジンの孔を塞ぐことがあり、雨氷ほどではないが、危険な存在である。

## solid oxidizer
### 固体酸化剤
　ロケット用固体推進剤に酸化剤として使用されるもの。硝酸ナトリウム、硝酸カリウム、硝酸アンモニア、過塩素酸カリウム、過塩素酸アンモニアなどがある。

## solid propellant
### 固体推進剤
　固体状のロケット用推進剤。黒色火薬（シングル・ベースとダブル・ベースがある）、過塩素酸系、硝酸塩系などがある。

## solid propellant rocket
### 固体推進ロケット
　推進剤と酸化剤が固体状に収納されているロケット。液体推進ロケットに比べ、比較的小型のものが多い。

## solid propeller
### むくプロペラ
　ブレード内部が中空でなく、むくになったプロペラ。

## solo flight
### 単独飛行、ソロ・フライト
　航空機にパイロット一人搭乗した状態での飛行。

## sonar : sound navigation and ranging
### ソナー
　水中の物体を探知する電子装置。潜水艦の探知のほか、魚群の発見などにも使用される。

## sonic boom
### ソニック・ブーム
　飛行速度が音速付近になると、機首や翼の後縁で衝撃波が発生する。この衝撃波のエネルギーは地上に達すると窓ガラスを割るなどの被害を起こす。この状況をソニック・ブームという。

## sound barrier
### 音の壁、サウンド・バリアー
　航空機の速度が音速に近づくと、衝撃波の発生や境界層の剥離など、様々な障害が生じる。その航空機の設計が適切でない場合は、音速を超えようとしても、あたかも目に見えない壁に突き当たったようになることがある。こうした音速付近で発生する現象を音の壁と称する。
　人類が初めて音の壁を突破したのは、1947年10月14日、ベルX-1実験機に搭乗したチャック・イェーガー (Chuck Yeager) による。

初めて音速の壁を突破したベルX-1

## sounding balloon
### 探測気球
　高層気象を探るために使用される自由気球。種々の自記計測器を吊り下げる。

## sound velocity
### 音速
　一般に音の伝わる速さであるが、特に空気中を伝わる速さをいうことが多い。海面上、気温15℃で340m/s。これより気温が高ければ速くなり、低ければ遅くなる。

— 268 —

## spar
### 桁、スパー

翼内構造で翼幅方向に配置されている主要部材。翼に作用する曲げ（圧縮力、引っ張り力）に対して剛性の高い材料、及び形状に加工してあり、曲げモーメント、捩りモーメントに耐える。桁は1本から数本まで、機体によって様々である。

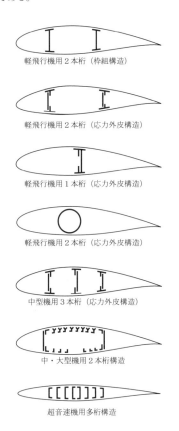

軽飛行機用2本桁（枠組構造）

軽飛行機用2本桁（応力外皮構造）

軽飛行機用1本桁（応力外皮構造）

軽飛行機用2本桁（応力外皮構造）

中型機用3本桁（応力外皮構造）

中・大型機用2本桁構造

超音速機用多桁構造

## spare parts certification
### 予備品証明

航空機の重要装備品に対し、国土交通大臣（航空局）から検査のあと出される合格票。航空機の耐空性に重要な影響を及ぼす装備品（エンジン、プロペラ、計器など）を交換する際は、安全性確保のため航空局の検査を受けて合格する必要があるが、そのつど検査を受けていては人的・物的にも大変である。そこで重要装備品に対しては、あらかじめ性能検査をして合格票を取得しておく。この合格票を予備品証明といい、機種限定、有効期限などが明記されている。なお、修理改造認定工場で発行される確認票は予備品証明と同等の効力を有する。

## spark plug
### 点火栓、スパーク・プラグ

ピストン・エンジンのシリンダーに設置され、混合気に点火する部品。絶縁された電極間に火花放電させて点火する。電極は中央電極、接地電極と呼ばれ、絶縁材としては雲母、陶磁器などが使用されている。シリンダー1つに通常2本が取り付けされる。

## spat
### 車輪覆い、スパッツ

固定脚の車輪や脚柱に覆せる流線型の覆い。小型機では価格を抑えるため、また整備性を考慮し、固定脚を採用している機体が多い。しかし固定脚の抗力は無視できないので、可能な限り抗力を少なくするため、車輪や脚柱に覆いを被せる。ホイール・カバーともいう。

## spatial disorientation
### 空間識失調

視覚、平衡感覚など様々な錯覚により、自分の操縦する航空機の姿勢、位置などが客観的に判断できなくなる状態。＝バーティゴ

## SPECI：special observation
### 指定特別航空実況通報式

定時航空実況気象通報式（METAR）で通報された状況から基準値以上の変化があった場合に、気象状況の急変を含み、METARと同じ型式で定時観測時刻以外に発表するもの。

## special VFR
### 特別有視界飛行方式

計器飛行気象状態において、操縦士が管制機関からの許可を受けて、管制圏（特別管制

圏を除く）又は情報圏をVFRで飛行すること。航空法施行規則により、次の基準に従って飛行する。①雲から離れて飛行すること、②飛行視程1,500m以上を維持して飛行すること、③地表又は水面を引き続き視認できる状態で飛行すること。⇒施規198条の4

## special VFR condition
**特別有視界気象状態**

管制圏及び情報圏内で有視界飛行気象状態以下の気象状態において、VFRで飛行することが許可される気象状態。地上視程が1,500m以上で雲から離れて飛行でき、かつ、操縦者が地表又は水面を引き続き視認できることが必要。

## specific fuel consumption：SFC
**燃料消費率**

ピストン・エンジンにあっては、1時間の消費燃料の流量を、その際のエンジン出力で除した値。ジェット・エンジンにあっては、単位推力当たり単位時間の消費燃料の重量で表し、特に比燃費と称する。

## specific humidity
**比湿**

1kgの混合空気に対する水蒸気のグラム数をいう。比湿Sは次の式で表す。

$$S = 622\ e\ /P - 0.378\ e\ (g/kg)$$
$$e = 蒸気圧、P = 全気圧$$

## specific impulse
**比推力**

ロケット推進剤の単位時間の消費量が出し得る推力の値。Isp略記される。

## specific propellant consumption
**比プロペラント消費率**

ロケット推進剤の単位時間の消費量と、得られた推力との比。Wspと略記される。

## speed adjustment
**速度調整**

管制機関が管制間隔設定のために管制下の航空機に対し速度の増減を指定すること。指定された航空機は、指定速度の±10kt、マッハ±0.002の範囲内で飛行しなければならない。

## speed brake
**スピード・ブレーキ**

飛行速度の減少、また速度を増加させないで大きな降下率で降下させるために使用される抵抗増加装置。

## spin
**キリモミ、スピン**

飛行機が揚力を失い、自転しながら螺旋状の経路を描いて落下する状態。降下状況により、垂直キリモミ、水平キリモミ、背面キリモミなどに分かれ、翼の平面形、水平尾翼位置、背びれや胴体の形状、翼荷重、重心位置などにより、キリモミの姿勢等は変化する。

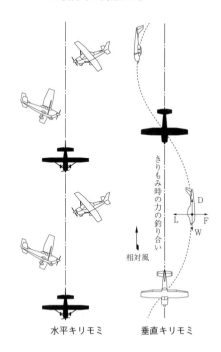

水平キリモミ　　垂直キリモミ

## spinner
**スピンナー、スピナー**

プロペラ羽根取付部のハブに被せる流線型の覆い。空気抵抗を減じ、空冷エンジンでは冷却を良好にする。

## spinning instability
### 螺旋不安定
spiral instability 参照。

## spinning tunnel
### キリモミ風洞
自由飛行風洞の一種で、開放噴流型ゲッチンゲン風洞を縦にしたような構造を有している。この風洞内でキリモミ実験用の模型に適当な風速の上向き気流を当て、キリモミを行わせ、その時の状況を調査研究する。この実験に使用される模型は実機と幾何学的に相似であるばかりでなく、重心点も合致し、また慣性配置も正しく比例させる必要がある。

## spiral
### 螺旋降下、スパイラル
螺旋状の経路を描きながら降下する飛行。エンジンを絞って旋回滑空する。

## spiral instability
### 螺旋不安定
水平飛行中、機体が傾き横滑りした際、横滑りと同時にその方向に旋回して次第にバンク角が増し、旋回半径を縮小しながら螺旋状の経路をたどって高度を下げていくような飛行状態。上反角又は後退角に対して垂直尾翼が大きすぎると往々にして発生する。

## split flap
### スプリット・フラップ
フラップの一種。翼後縁下面の一部がヒンジによって結合され、これが開いて折れ下がり、翼下面の気流に下向きの分速度を与えて揚力を増加させる。フラップを下げると、揚力の増大と共に、抗力も著しく増大する。そのため、このフラップはエア・ブレーキの役目も果たすことになり、着陸時に際してのみ効果的である。
flap 参照。

## spoiler
### スポイラー
翼面上（主として上面）に突き出し、干渉抗力を増大させると共に、揚力を減少させる役割をする板状のもの。従来、滑空機に使用されていたものだが、現在では高速機において補助翼と併用したり、着陸滑走時の減速に用いられる。また横操縦をスポイラーのみによって行う機種（三菱 MU-2、T-2 等）もある。

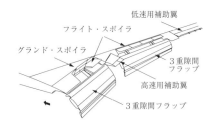

## sponson
### スポンソン、水鰭（ひれ）
比較的厚い短翼全般を指す。ヘリコプターの場合、胴体左右に張り出した車輪収納部もス

spool

ポンソンと呼ばれる。この部分を追加の燃料タンクとした機体もある。

## spool
### スプール
軸流圧縮機のこと。

## spot
### スポット
空港などで旅客機を停めておく地点。旅客の乗降、燃料の搭載、軽微な整備などをここで行う。スポットには印として黄色の丸が表示されている。

## spray strip
### 飛沫止め
水上機の離着水、滑走に際し、飛沫が高く上がらないように抑えるためにフロート又は艇体に設置されている装置。通常、チャインに設置する。

## spring shock absorber
### バネ緩衝装置
緩衝装置の一種。振動や衝撃力をバネにより吸収緩和する。初期の飛行機には多く用いられたが、現在では一部の軽飛行機のみに採用されている。shock absorber 参照。

## spring tab
### スプリング・タブ
tab 参照。

## squall
### スコール
最大瞬間風速が突然8 m/s（16kt）以上増大して 11m/s（20kt）以上となり、少なくとも1分間継続する風の繰り返しをいう（ガストとは最大風速が違う）。

## squall line
### スコール・ライン
前線を持たない活発な雷雨の狭い区域をいう。暖気流の収束により積乱雲が発達したもので、気圧の谷、シアー・ライン、偏東風波動などに起こる。

## squawk
### スコーク
航空管制官からパイロットに、トランスポンダーのモード、コードを要求する際に使用される用語。コードは管制機関別、また IFR、VFR の別、不法妨害を受けている航空機、通信機故障中、緊急状態化の航空機など、自動的な割り当てもある。

## SSM：surface to surface missile
### 地対地ミサイル
surface to surface missile 参照。

## SSR：secondary surveillance radar
### 2次監視レーダー
航空機からの応答波を利用してレーダー・スコープ上に表示を行うシステム。従来の1次レーダーは、地上から発射された電波が航空機に反射してできる反射波をレーダー・スコープ上に表示するのみであったが、航空機に ATC トランスポンダーを搭載することにより、地上からの質問電波を機上で処理し、応答波として地上に返送することが可能となった。ATC transponder 参照。

## stabilator
### スタビレーター
飛行機の水平安定板として、また昇降舵としても作動する一体になった水平尾翼。

## stability
### 安定性
航空機が操舵又は突風等によって方向・姿勢等が乱されたとき、元の状態に復元する性質。静安定と動安定に大別できる。

## stabilizer
### 安定板、スタビライザー
航空機に方向安定と縦安定を与える固定翼面。すなわち、垂直安定板（vertical stabilizer）

と水平安定板（horizontal stabilizer）のこと。

## stagnation point
### 岐点（澱み点）
　流体中の物体表面で、流れが止まってしまう点。換言すれば、流れの速さが零になる点のこと。流線が物体の両側に分かれ、境をなしているような所で生じる。翼の前縁などになる。

## stagnation pressure
### 岐点圧
　岐点における圧力。

## stainless steel
### ステンレス鋼、不銹（ふしゅう）鋼
　クロムニッケル、クロムを含有した耐蝕性に優れた鋼。英人ハーリー・ブレアリーが発明し、ドイツ人クルップが改良した。現在、種類は多岐に渡り、航空機用以外に自動車、鉄道用、建築用、家庭用など、幅広く使用されている。

## stall
### 失速、ストール
　翼の迎え角が増大し、翼上面の気流が剥離し、揚力が急減し、反対に抗力が急増する現象。高速機では、この他に圧縮性失速現象がある。これは、高亜音速において、翼表面から衝撃波が発生し、そこに剥離を生じて、迎え角を大きくとった場合と同様、揚力が減少、抗力が増大して生じる。

正常飛行時の気流の流れ

失速時の気流の流れ

## stall flutter
### 失速フラッター
　失速が原因で機体（特に翼）に発生する振動現象。

## stalling speed
### 失速速度
　失速状態に入る時の速度。タービン機は Vs、フラップを着陸位置にした場合は Vso、所定の形態での失速速度は Vs1 など、各種の失速速度がある。

## stall landing
### 失速着陸
　正常着陸より高めの位置で機首を水平に引き起こし、失速直後に接地着陸すること。

## stall recovery
### 失速回復
　失速状態から正常な飛行状態に回復すること。操縦桿を緩めて迎え角を小さくし、エンジン出力を最大にして加速する。低空での失速は致命的な事故につながるので、十分な高度をとり、さらに高度のロスを最小にして回復できるよう訓練される。

## stall strip
### ストール・ストリップ
　飛行機の主翼前縁で翼付け根近くに取り付けられている三角形の小片。翼端側が失速すると補助翼の効きが損なわれるため、ストール・ストリップにより翼根側の失速を早め、失速による機首下げで速度を増加させ、失速から安全に回復させるためのもの。

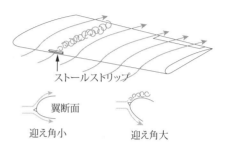

## stall warning
### 失速警報装置

stall without power（power off stall）

操縦者に失速速度に近づいたことを知らせる装置。小型機では失速速度の5〜9 kt手前で作動する。警報装置には、ブザーやライト、人工的に操縦桿を振動させるスティック・シェーカーが一般的に使用されている。

## stall without power（power off stall）
### パワー・オフ・ストール、無動力失速

定常飛行中、エンジンをほとんど絞って故意に入れる失速。失速特性慣熟のため、操縦訓練では必ず行われる。

## standard approach lighting system
### 標準式進入灯、SALS、サルス

精密進入を行う計器着陸用滑走路に設置され、カテゴリーⅠ、Ⅱ、Ⅲ精密進入用滑走路用に分かれる。

アプローチセンターライト、クロスバー：航空可変白の不動光、航空白の閃光

サイドバレット：航空赤の不動光

⇒施規117条

## standard atmosphere
### 標準大気

1．耐空性審査要領

次の状態の大気をいう。
   ⑴　空気が乾燥した完全ガスであること。
   ⑵　海面上における温度が15℃（56 ℉）であること。
   ⑶　海面上における気圧が水銀柱760mm（29.92in）であること。
   ⑷　海面上から温度が−56.5℃（−69.7 ℉）になるまでの温度の勾配は、−0.0065℃ /m（−0.003566 ℉/ft）であり、それ以上の高度ではゼロであること。海面上における密度が0.12492kgS$^2$/㎥（0.0023771lb・S$^2$/ft$^2$）であること。

2．ICAO
   ⑴　空気が乾燥した完全ガスであること。
   ⑵　物理常数
     ・海面上1モルの重量
       $M_0$＝28.9644×$10^{-3}$kg mol$^{-1}$
     ・海面上大気圧

$P_0$＝1013.250hPa
   ・海面上温度
     $t_0$＝15℃
     $T_0$＝288.15K
   ・海面上大気密度
     $\rho_0$＝1.2250kgm$^{-3}$
   ・氷の融解点
     $T_i$＝273.15K
   ・ガス常数
     R＝8.31432JK$^{-1}$mol$^{-1}$
   ⑶　気温減率

| 高　度（km） | 気温減率（k／km） |
|---|---|
| −5.0〜11.0 | −6.5 |
| 11.0〜20.0 | 0.0 |
| 20.0〜32.0 | +1.0 |
| 32.0〜47.0 | +2.8 |
| 47.0〜51.0 | 0.0 |
| 51.0〜71.0 | −2.8 |
| 71.0〜80.0 | −2.0 |

注．標準ジオポテンシャルメーターは9.80665m$^2$s$^{-2}$である

## standard rate turn
### 標準旋回、標準率旋回

1秒間に3度の割合の旋回。つまり、360度を2分で旋回する方法。計器進入やホールディングなど、計器飛行によく使用される。高速機の場合は4分旋回計（1秒に1.5°）により、180°を2分、360°を4分で旋回する。

## standing wave
### 長波

海面又は広い平地を経てきた強い風（季節風など）が高い山脈に吹き当たると、湿気を含んだ空気は上空に押し上げられ、山脈の風下側の上空に極めて高い（山の高さの3倍程度）上昇風帯が形成される。この上昇風帯を長波という。この山を乗り越えた風に平原での熱気流の影響が加わって高度10㎞以上もの高空に達する波ができるのである。

## STAR：standard instrument arrival
### 標準計器到着方式

計器飛行方式により飛行する到着機が、航空路から着陸飛行場の進入フィックスまで秩序

よく降下するため設定された飛行経路等をいう。⇒管制方式基準
AIP 小型版により、詳細を知ることができる。

### starter generator
### スターター・ジェネレータ
比較的小型のタービン・エンジンに適用例が多い。エンジン始動時はスターターとして働き、エンジンが始動した後は発電機の役目を負うもの。

### starting system
### 起動（始動）装置
エンジンの始動に使用される一連の系統。バッテリー、APU 又は外部の空気・電力源によりエンジンが自力回転できるまで駆動する。

### static buoyancy
### 静力学的浮力
buoyancy 参照。

### static ceiling
### 静上昇限度
軽航空機が上昇し得る最高高度。

### static discharger
### 静電気放出装置
航空機が大気中を飛行すると空気との摩擦で静電気が発生する。そこで静電気を各翼の後縁から逃がす装置。

### static load test、static test
### 静荷重試験
胴体・翼などの強度、剛性を確認するため、静的荷重をかけて行う試験。弾性試験と強度試験があり、荷重は砂袋、鉛弾帯、油圧ジャッキなどでかける。

### static port(vent)
### 静圧口
速度計、高度計、昇降計など用の圧力測定のため、航空機の静圧を取り入れる口。気流の乱れのない機体表面に取り付けられる。

### static pressure
### 静圧
大気圧のように、前後、左右、上下から同じように働く圧力。つまり気体又は液体の及ぼす圧力で、その気体、液体の運動には無関係な圧力。

### static seal
### スタティック・シール
シールの一種。不可動個所に使用されるシールの総称。

### static stability
### 静安定
突風、操舵によって、その運動の方向・姿勢が乱されたとき、元の姿勢に戻ろうとする復元性。図は、かく乱を受けた場合の静安定の各性質を示している。
1．静安定「正」(positive)
釣り合い状態から、かく乱を受けたとき、図(a)曲線のように、次の瞬間に元の姿勢に戻ろうとするもので、静的安定ともいう。
2．静安定「中立」(neutral)
釣り合い状態から、かく乱を受けたとき、図(b)曲線のように、変化した姿勢をそのまま維持するもので、中性安定ともいう。
3．静安定「負」(negative)
釣り合い状態から、かく乱を受けたとき、図(c)曲線のように、変化した姿勢がますます大きくなるもので、静的不安定ともいう。dynamic stability 参照。

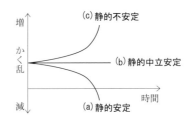

### static system
### 静圧システム

飛行計器に静圧を供給するシステム。

## static thrust
### 静止推力
航空機が地上で静止状態の際に出されるプロペラまたジェットの推力。

## stationary front
### 停滞前線
寒暖両気団が接触するとき、両気団の勢力が同等で、わずか（5 kt 未満）しか移動しない前線。構造的には温暖前線のように暖気団が寒気団の上に滑り上がる形になる。暖気が安定している場合には層雲型の雲を形成し、霧雨、弱い雨が降る。暖気が不安定な場合は積雲型の雲を形成し、雷、しゅう雨になることもある。この前線に気圧の谷などが通ることにより、渦度を作ると低気圧が発生する。

## stator vane
### 静翼
rotor blade 参照。

## statute mile：sm
### 哩、陸マイル、法定マイル
1sm ＝ 1.609 kmに相当する。米国では車の速度計の表示に使用されている。航空機でも小型機は sm が多用されていたが、現在ではノット（kt）が使用されることが多い。

## STC：supplemental type certificate
### 追加型式証明、STC
型式証明を取得済みの航空機が、改造などを受けた場合に取得する型式証明。

## stealth aircraft
### ステルス機
敵防御網に探知され難い航空機。レーダー波を反射しにくい機体形状にするとともに、レーダー波吸収材を機体に張ったり、また赤外線の放射・エンジン音も最少にするなどの技術を総合して機体が設計される。ロッキードF-22 や爆撃機のノースロップ B-2 が有名。

ステルス戦闘機のF-22（USAF photo）

## steam fog
### 蒸気霧
寒気が暖かい水面に移動すると、水面から水蒸気が蒸発し寒気により冷やされ凝結してできる霧。ただし、この霧ができるためには水温と気温の間に 7 ℃以上の差があることが必要である。

## steep approach
### 急角度進入、スティープ・アプローチ
着陸地域が障害物のため、通常の角度で進入できない場合等に、大きな角度で進入すること。

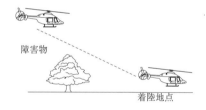

## steep turn
### 急旋回、スティープ・ターン
大きな旋回傾斜角で行う旋回。普通旋回は傾斜角 30 度の旋回をいい、急旋回は通常、45 度以上の傾斜角で行う旋回をいう。なお、60 度以上の旋回を行うためには耐空類別 U・A 類であることが必要。

急旋回中のF/A-18（US NAVY photo）

### stellite
**ステライト**

タングステン 4 ～ 16％、クロム 30％、コバルト 54 ～ 66％含有の硬質鋳造合金。航空エンジンの排気弁の弁座に使用されている。

### step
**ステップ**

艇体又はフロートが離水時に水離れをよくするため、下面に設ける段。

また機体への乗降のための足場。

US-2のステップ（JMSDF photo）

### stepdown fix
**ステップダウン・フィックス**

計器進入方式のルート内で、障害物を安全に飛び超えた後、さらに降下が許されるようなフィックスをいう。VOR／DME アプローチで適用される。

### steradian：sr
**ステラジアン**

球面上の、球の半径の 2 乗に等しい面積が中心に対して張る立体角をいう。⇒ICAO

### stereo route
**ステレオ・ルート**

日常決まって使われるルートについて使用者と ARTCC（air route traffic control centers）の間で決定されるルートであり、コード番号で呼ばれるものである。

例：ALPHA　2

これらのルートはフライト・プランの処理及び通信を簡素化するためのものである。

### stewardess
**スチュワーデス、女性客室乗務員**

旅客機に搭乗勤務し、緊急時の必要事項の伝達、航行の説明、その他乗客の一切の世話をする女性の呼称。なお、男性の場合はスチュワードという。航空会社によっては、別に独自の呼称を採用している会社もある。

現在ではキャビン・アテンダントの呼称に移行している。

### (control) stick
**スティック、操縦桿**

飛行機のエルロン及びエレベーターをコントロールする操縦装置。操縦輪とは異なり、片手で 1 本のスティックを握って操作するため、機動性の高い航空機に適しており、軍用機、曲技用飛行機に使用されることが多い。

### stiffening bead
**補強ビード**

平板の剛性を増強するためにつける溝。小型機に適用されることが多い。

### stop and go
**ストップ・アンド・ゴー**

航空機が着陸した後、滑走路上でいったん完全停止し、その地点から再び離陸を始める方式をいう。

### stop bar light
**停止線灯**

地上走行中の航空機に一時停止すべき位置を示すために設置する灯火であって、誘導路停

止位置灯及び誘導路交差点灯以外のもの。
・航空赤（点滅可能なもの）
・その他のものは航空黄の不動光
⇒施規 114 条、117 条

## stop end RVR
ストップ・エンド RVR
　航空機から見て先方の接地帯付近で観測されるRVRをいう。

## stop way：SWY
ストップ・ウェイ
　離陸に失敗した場合に飛行機を減速させるために使用する滑走路延長部分であって、滑走路の中心線の延長を中心として滑走路幅以上の幅及び離陸失敗の際、構造上の損傷を与えることなく機体を支持し得る強度を有するものをいう。⇒耐空性審査要領

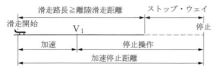

## stored fuel
ライン残存燃料
　機体の燃料系統のライン内に残存している燃料で、吸引しないと抽出不可能なものをいう。

## STOVL：short takeoff and vertical landing
短距離離陸・垂直着陸、STOVL
　燃料搭載量の多い離陸時は短距離を滑走して離陸し、着陸時は燃料が減少して機体重量が軽くなっているので垂直に着陸すること。

## straight-in approach：STA
直線進入
1.　計器飛行方式の場合
　方式旋回又は基礎旋回を行わないで最終進入を開始する計器進入をいう。
2.　有視界飛行方式の場合
　場周経路の他の部分を経ないで、直接最終進入に入ることによって行う着陸の方式をいう。⇒管制方式基準

## straight-in landing
直線着陸
　滑走路の中心線から 30 度以内の角度で設定された計器進入に続く最終進入コースから直接行われる着陸をいう。⇒管制方式基準

## straight line engine
列型エンジン、直列エンジン
　in-line engine 参照。

## strain
歪み
　物体に外力が加わった際、その物体に発生する長さ、体積、形などの変化をいう。学術的には、その変化量を元の長さで除した値をいう。

## strake
前縁張り出し、ストレーキ
　高速ジェット機において、主翼の付け根から前方に長く張り出した前縁延長部をいう。ストレーキは、それ自体が揚力を発生して機体の安定、トリム補正に役立つばかりでなく、ストレーキから発生する強い円錐渦が主翼付け根上面及び垂直尾翼等にエネルギーを与え、揚力増大、補助翼の効きや方向安定の増大等の効果を発生する。

大きなストレーキのF-18（USN Photo）

## strand wire
撚り線
　操縦索など、何本もの鋼線を撚り合わせた線のこと。

## strategic airplane
戦略機

戦略目的に使用される航空機。戦略爆撃機を指すことが多いが、その行動を支援する戦略偵察機、給油母機なども包含される。

### stratocumulus：Sc
### 層積雲
基本雲形10種の1つ。国際記号Sc。下層雲に属する。暗く灰色で、厚ぼったい曇空になるが、雨になることは少ない。種として層状雲、レンズ雲、塔状雲、変種として半透明雲、すき間雲、二重雲、波状雲、放射状雲、蜂の巣状雲がある。通称は「曇雲」。

### stratosphere
### 成層圏
大気圏の一部で、対流圏上部に広がる高度11,000～50,000 mの範囲の気層。この圏内では高度約32,000 m程度までは気温はほぼ一定であり、それ以上の高度では上昇する。

### stratus：St
### 層雲
基本雲形10種の1つ。国際記号St。下層雲に属する。いわゆる霧雲で、地面に接してはいない。乱層雲に似ているが、こちらの雨は小粒で密集して降る。種として霧状雲、断片雲、変種としては不透明雲、半透明雲、波状雲がある。

### streamline
### 流線形
空気抵抗が最も少ない形。気流が物体の形状の途中の表面から剥離して渦を生じることのないよう、流れやすい形状にしたもののこと。

### streamline wire
### リボン線
複葉機の張り線に使用される線。気流にさらされるため断面は流線形に加工されている。

### stress
### 応力
物体が外力を受けた際、これと釣り合うため物体内に生じる反発力。引っ張り、圧縮剪断、捩じり、曲げなどの応力がある。単位面積当たりの力で表す。

### stressed skin construction
### 応力外皮構造
機体構造の一形式。胴体、翼などの外板にも曲げ応力・剪断応力に抗する力を受け持たせるようにしたもの。胴体断面の形をした胴枠と胴体の前後方向に通した縦通材とからなる骨組みに外板を張った構造である。モノコックとセミ・モノコックがある。

### stringer
### ストリンガー
セミ・モノコック構造において、主縦通材と並行して外板に設けられている補強材。図はストリンガーの種類を示している。

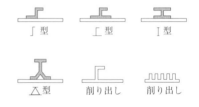

### strip
### ストリップ
最小限の設備を有し、不時着などの際に使用される簡易飛行場。＝ airstrip

### stroke
### 行程、ストローク
ピストン・エンジンにおいて、ピストンの上・下死点間の距離。

### structure
### ストラクチャー
ラフネス、スキャロッピング、ベンド等を含めたコース及びパスの特性をいう。
また機体構造全般のこと。

### strut
### 支柱、ストラット

機体に使用される構造部材で、長さの方向に圧縮又は引っ張りを受けるもの。例えば複葉機の翼間支柱、主脚の脚支柱など。

## stub plane/wing
### 短翼

sponson 参照。

## student pilot
### 操縦練習生、キャデット

操縦訓練生、操縦学生等。通常、操縦士の資格を取得するため訓練中の者。キャデット（cadet）ともいう。

## stunt
### 曲技飛行

acrobatic flight 参照。

## sub-assembly
### 部分組立

単一部品を組み立てたもの。

## subsonic
### 亜音速

マッハ0.5 ～ 0.7程度の速度。この亜音速域では空気の圧縮性の影響は無視し得る範囲である。

## sub-stratosphere
### 亜成層圏

成層圏下部の高度 7,000 ～ 8,000 m程度の大気層をいう。気象学的には中緯度地方で高低3つの圏界面に挟まれた気層のこと。

## sub-tropical high
### 亜熱帯高気圧

緯度 30 度付近で発達する背の高い温暖高気圧。持続性があり夏期に北方に偏り中心気圧が高くなる。

## sub-tropical jet stream
### 亜熱帯ジェット気流

赤道付近での上昇気流が圏界面で極側に流れ、緯度 30 度付近の圏界面高度をほぼ地球1周するジェット気流をいう。

## suction valve
### 吸気弁

intake valve 参照。

## super adiabatic lapse rate
### 超断熱減率

乾燥断熱減率（1 ℃ /100 m）より大きな温度減率。通常、起きえない現象ではあるが、地表が強い日射により極度に加熱された場合に起きることがある。

## superalloy
### スーパーアロイ

ジェット・エンジンなどに使用される耐熱合金の総称。

## supercharged engine
### 過給機付きエンジン

過給機を装備しているエンジン。

## supercharger
### スーパーチャージャー、過給機

一種の空気圧縮機。空気密度は高度が高くなると次第に減少し、これにともないエンジンの出力も低下する。この出力低下を補う装置が過給機である。過給機は容積式と遠心式があるが、航空用にはもっぱら後者が使われている。駆動方式は、エンジンのクランク・シャフトよりギアで駆動する機械駆動方式と、排気ガスのエネルギーを利用する排気タービン駆動方式（turbo supercharger）がある。高級ピストン機のエンジンに装備されている。

## supercharger gauge
### 過給機圧力計

過給機を作動させた場合の吸気圧力（ブースト圧）を指示する計器。

## supercritical airfoil
### スーパー・クリティカル翼型

— 280 —

層流翼は、もともと高速機の翼として開発されたものであるが、マッハ0.7を超えると図(a)のように衝撃波が発生し、抗力の増大を招く。そこで、衝撃波の発生を抑えるか、あるいは発生しても、できるだけ小さくできる翼型が必要となってきた。その結果、開発されたのが図(b)のピーキー翼型、あるいは図(c)のスーパー・クリティカル翼型である。ピーキー翼型は英国国立物理研究所のピアシにより、またスーパー・クリティカル翼型はNASAのホイットカムらによって研究されたものである。現在就航中の多くのジェット機に採用されている翼型である。

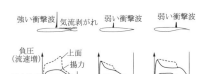

### super duralumin
### 超ジュラルミン

高力アルミ合金の一種。ジュラルミンの強度を、さらに増大させた軽合金である。銅4.5％、マグネシウム1.5％、マンガン0.6％、残りがアルミとなっている。焼入温度400～500℃、水中冷却後、常温放置2～4日間、又は190℃で8～12時間焼戻しを施す。代表的なものに米国の24S合金があり、航空機の構造用部材として多用されている。

### supersonic
### 超音速

音速以上の速度。学術的には音速付近（マッハ0.8～1.2）を遷音速といい、それ以上の速度を超音速といっている。

### supersonic flight area
### 超音速飛行空域

自衛隊機による水平超音速飛行が実施される空域で、自衛隊機以外のVFR機がこの空域を飛行しようとする場合は、当該空域を管理する使用統制機関との事前の調整が必要である。

### supersonic flow
### 超音速流

超音速の流体の流れ。

### supersonic transport
### 超音速輸送機、SST

マッハ1.2～5で巡航する旅客機。旧ソ連のTu-144が68年12月、英仏共同開発のコンコルド（巡航速度マッハ2）が69年3月に初飛行した。Tu-144は短期間の運航に留まったが、コンコルドはエールフランスと英国航空が導入し、03年10月まで飛行を続けた。衝撃波を抑えた超音速ビジネス機の計画が数機種進行中。

### supersonic wind tunnel
### 超音速風洞

風洞の一種。超音速における空力特性を研究するためのもので、超音速気流を得るために吸い込み型、吹き出し型、密閉連続型など様々な方式のものがある。

### surface to air missile：SAM
### 地対空ミサイル

ミサイルの用途別分類の一種。地表面から発射して空中に存在する目標を破壊するミサイル全般をいう。低高度用の小火器のような小型から、高々度用の大型まで多種に渡る。

### surface to surface missile：SSM
### 地対地ミサイル

ミサイルの用途別分類の一種。地表面から発射して地表面に達するミサイル全般をいう。

### surface wind
### 地上風

地表近くで吹く風。この風は地上10m付近で計測される。風速計は障害物がある場合はその障害物の高さの10倍の距離以上の位置に設置される。

### surging
### サージング

## surveillance radar
### 捜索レーダー

監視レーダーともいい、GCA の地上設備の 1 つ。非常に鋭い指向性電波を一定速度で回転させつつ発射し、GCA 施設を中心とした周囲の空間（通常約 48 km）を周期的に走査し、所在航空機の位置と距離とを知るレーダーである。

## survey airplane
### 測量機

国土開発、鉄道建設などのため空中から測量を行うために使用される航空機（高翼機が床に撮影窓の追加などの改修をされて使用されることが多い）。測量は主として空中写真による。

## survival equipment
### 救急用具

航空機には、飛行に際し各種の救急用具の搭載が義務付けられている。搭載用具の品目は多発か単発か、また飛行機かヘリコプターか、航空運送事業か否か等によって異なる。例えば、非常信号灯、携帯灯、救急箱は最低限の装備として要求されており、そのほかに機種、運航の形態によっては救命ボート、非常食料等を追加しなければならない。また曲技飛行を実施する際には落下傘を装備することを要求されている。

救急用具のうち、非常信号灯、救命胴衣、救命ボート等は国の承認を受けた性能と構造のものであることが要求される。また、非常の際に使用不可では困るので点検期間が定めてあり、落下傘・救急箱は 60 日、救命胴衣・非常食料は 180 日、救命無線機は 1 年ごととなっている。⇒航空法 62 条、施規 150 ～ 152 条

## swash plate
### スワッシュ・プレート

ヘリコプターのローターのピッチの周期的制御、また、同時的制御を行う装置。固定スターと回転スターとからなっている。

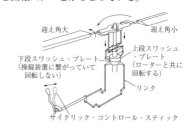

## sweep back angle
### 後退角

翼平面形において翼端に向かって翼が後退している場合、横軸に立てた垂線と翼平面形の基準線（通常 25％翼弦）とのなす角度。別に横軸に立てた垂線と翼前縁とのなす角を指すこともあるが、これは特に翼前縁の後退角と呼ぶ。後退角を付けると衝撃波の発生を遅らせる利点がある反面、翼端失速の傾向を招きやすい。なお、一部の低速機でも 10 ～ 20 度程度の後退角を有する機体もあるが、これは主として方向安定や横安定増大、また上反角効果を狙ってのことである。sweep forward angle 参照。

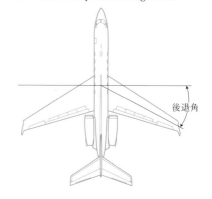

## sweep forward angle
### 前進角

翼平面形において翼端に向かって翼が前進している場合（前進翼）、横軸に立てた垂線と

synthetic oil

翼平面形の基準線（通常 25％翼弦）とのなす角度。翼端失速を防ぐ利点があるが、反面で翼根失速を招きやすい。

前進翼実験機 X-29（NASA Photo）

### swinging base
### コンパス修正台
　航空機に装備されているコンパスの自差を修正するための施設。通常、飛行場に設置されている半径 15 〜 20m 程度のコンクリート舗装の円形施設。機体をこの台上に乗せてコンパスを修正する。

### swing nose
### スウィング・ノーズ
　貨物の積み卸しが迅速に行えるように、機首が折り曲がる機体。

### swing tail
### スウィング・テイル
　スウィング・ノーズに対して、尾部が側方に折れ曲がるようにした機体。目的はスウィング・ノーズと同じ。ボーイング社は大型部材を空輸するため、747 を改造してスウィング・テイルとした「ドリーム・リフター」を日本に寄港させている。

### SYNOP：international synoptic surface observation
### 地上実況気象通報式、シノップ
　地上の観測所・自動観測所から日付、時刻、地点番号を受け、最低雲の高さ、視程、雲量、風向風速、気温、露点温度、気圧、気圧変化傾向、気圧変化量、降雨量、現在天気、過去天気、雲の状況を表すものである。観測回数は観測内容により異なるがほぼ毎時である。地上天気図の作成、予報のための資料となる。

### synoptic weather chart
### 概況気象図、気象図
　ある地域における特定の時刻の気象状態の概況を地図に書き込んだもの。

### synthetic flight trainer
### 総合飛行訓練装置
　飛行状態を地上で模擬的に表現できる次の3種類の装置。
　1．飛行模擬装置（flight simulator）
　特定型式の航空機操縦室を機械的・電気的・電子的に実機に忠実に製作し、機能系統、操縦機能、通常の航空機乗組員の状況、飛行性能・特性の範囲まで現実的に再現し、精密に表現するものをいう。

H145 の飛行模擬装置外観（Airbus Photo）

　2．飛行方式訓練装置（flight procedures trainer）
　特定型式の航空機の現実的な操縦室の状況（計器の反応、簡単な機械的・電気的・電子的な操縦機能、機能系統、飛行性能・特性）を提供するものをいう。
　3．基本計器飛行訓練装置（basic instrument flight trainer）
　適切な計器類が装備され、計器飛行状態における飛行中の航空機の操縦室の状況を表現するものをいう。⇒ ICAO

### synthetic oil

## 合成油

初期のタービン・エンジンには石油系の鉱物油が使用されていた。しかし、エンジンの発達に対応して、より粘度指数が高く、酸化安定性がよく、耐熱性に優れた合成油系の滑油が開発された。この合成油には、タイプⅠ、タイプⅡ、アドバンスト・タイプⅡの3種類がある。

## synthetic resin
### 合成樹脂

プラスチック（有機高分子物質に属する可塑性物質）のうち、フェノール樹脂、アクリル樹脂、ユリア樹脂など伸びの少ない合成物質の総称。

## synthetic rubber
### 合成ゴム

ブタジェン、スチレンを主原料として、これに助剤を加えて人工的に作りだしたゴム。ブチル・ラバー、ブナ N（GR － N）、ブナ S（GR － S）、ネオプレンなどがある。

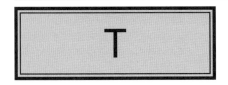

## tab
### タブ

　補助翼、昇降舵、方向舵の各動翼の後縁に取り付けられている小さな固定又は可動の翼面。操舵力や保舵力を減らす目的のほか、タブの種類によっては他の目的にも使用される。タブは次のような多くの種類に大別されるが、1つで複数の役目をする種類のタブもある。

1. 調整タブ、固定タブ（fixed tab）
　動翼の後縁に小さな固定板を設け、この板の角度を地上であらかじめ調節する。小型機に使用されている。

2. トリム・タブ（trim tab）
　動翼の後縁にヒンジ止めされた小さな翼面。操縦席のタブ操作装置と繋がっている。水平飛行中、操縦装置を手放し状態にすると右へ傾く場合は、右補助翼のタブを上方に、左補助翼のタブを下方に動かせば機体は水平飛行する。

3. バランス・タブ（balance tab）
　固定翼面とリンクで結合し、操舵力の調整を行うもの。タブは舵面と逆に動くため、タブにかかる空気力によって操舵力は軽減される。

4. アンチバランス・タブ（anti-balance tab）
　バランス・タブとは逆に、舵の重さを増す

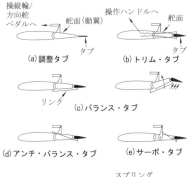

役目をするタブ。

5. サーボ・タブ（servo tab）
　操縦桿、方向舵ペダルで直接操作するタブ。操縦桿を操作すると、タブも操作した方向に動かされ、その結果生じたヒンジ・モーメントは舵面を動かすことになる。

6. スプリング・タブ（spring tab）
　飛行機が失速した場合には操舵力は舵面に加わらないし、空気力も作用しないため操縦不能になる欠点がある。この欠点を救うタブ。

## TACAN：UHF tactical air navigation aid
### タカン、戦術航法装置

　UHF波を使用し、地上局からの距離と方位を表示する航法装置。戦術航法装置の名が示すように、主として軍用機の航法装置である。利用方法は、VOR／DMEと同様である。方位は、各方位ごとの位相変化を利用し、また距離は質問電波を利用して機上のHSI（水平位置指示器）に表示する。地上から電波を発射する側がタカン局になる。

## tachometer
### 回転計、タコメーター

　エンジンの回転数を知る計器。遠心式、時計式、電気式などがある。現在では電気式が主流である。

## TACO：tactical coordinator
### 戦術航空士、タコ

　哨戒機に搭乗して全般の指揮を執る乗員。タコが機長を務めることもある。TACCOと記される場合がある。

## tactical airplane
### 戦術機

　戦術行動任務に当たる軍用機。戦術輸送機の場合、前線の狭い滑走路から運用できることが求められる。戦術に対する語として戦略がある。

## TAF：terminal airport（aerodrome）forecast
### タフ、運航用飛行場予報

和名が運航用飛行場予報となった。飛行場標点から半径約9kmの気象を通報する。長距離用をTAF-L、短距離用をTAF-Sといっていたが、区別はなくなった。

## tail boom
**尾部支材、テイル・ブーム**

尾翼を支持し、胴体と結合している長い部材。シングル・ローター・ヘリコプターの場合は、胴体後部とテイル・ローター間の細長い部分をいう。

## tail float
**尾部フロート**

水上機の胴体尾部に設置されている小型のフロート。初期の水上機の多くに付けられていた。

## tail heavy
**尾部過重、テイル・ヘビー**

飛行中、尾部を下げる傾向のある機体や状態をいう。機首下げには大きな操舵力を要するが、わずかな上げ舵で過大な迎え角の機首上げ姿勢になりやすく、危険である。一般に適度なテイル・ヘビーの機体は、舵が敏感になり、不安定な要素を持つ。逆にノーズ・ヘビー（機首重）の機体は、舵が重くなり安定するが、どちらも重心が許容範囲にある場合であり、これを越えると危険な状態になる。

## tailless airplane
**無尾翼機**

普通の飛行機の主翼に相当する翼だけで、水平尾翼をもたない飛行機。主翼に後退角と捩じり下げを与え、主翼のみで縦の釣り合いと安定を保つことが可能。翼後縁を左右互い違いに操作すれば補助翼として作用し、左右同時に操作すれば昇降舵として作用する。垂直尾翼は、持つ機体と持たない機体がある。

## tail pipe
**尾管、尾筒、テイル・パイプ**

タービン・エンジンにおいて、タービンから排気ノズルに至るまでの管。

## tail plane
**尾翼面**

水平尾翼と垂直尾翼の総称。また特に水平尾翼のみを指していう場合もある。

## tail rotor
**尾部回転翼、テイル・ローター**

ヘリコプターの尾部に設置されたローターで、メイン・ローターにより生じる反動トルクの打ち消しと、機体の方向安定、操縦を受け持っている。

## tail setting angle
**尾翼取付角**

水平尾翼の翼弦線が機体機軸となす角。

## tail skid
**尾ソリ、テイル・スキッド**

尾脚に設置されたソリ。過去に複葉機に見られたが尾輪に移行し、さらに前輪式の機体の登場で、ほとんど姿を消した。なお現代では、前輪式の機体やヘリコプターが、過度の機首上げ姿勢で胴体尾部を直接滑走路に擦りつけないよう、保護するために取り付けているケースもある。

## tail surface
**尾翼面**

tail plane 参照。

## tail undercarriage
**尾脚、尾輪**

胴体末端に設置されている着陸装置。固定式のものと引っ込み式のものがある。緩衝装置はゴム、バネ、オレオ式等がある。

## tail volume
**尾翼容積**

尾翼の面積及び主翼からの距離を、主翼との相対関係において表示した数値をいう。尾翼容積が大きいと安定性良好の傾向を示すが、操

縦性や機体の重量、抵抗との兼ね合いがあるので、必要最小限の値にするのが最良である。

## tail wheel
### 尾輪、テイル・ホイール
尾脚に設置された車輪。方向舵と連動して操向できるようになっているものがある。尾輪式の飛行機を tail dragger という。

## tail wheel landing gear
### 尾輪式着陸装置
前輪（3車輪）式着陸装置の対語。2組の主脚と1組の尾脚からなる。飛行機の場合、現在では小型機の一部しか適用されていないが、荒れ地での運用に適するため、特に軍用ヘリコプターでは尾輪式の機体が多数ある。

## tail wind
### 追い風
航空機の後方から前方に吹く風。

## take-off：TKOF
### 離陸
航空機が地面を離れて飛び上がること。

## take-off aiming lights：AIM
### 離陸目標灯
離陸しようとする航空機に離陸の方向を示すために目標として設置する灯火。
・航空赤、航空黄、航空白、航空可変白の不動光⇒施規114条、117条

## take-off and initial climb phase
### 離陸・初期上昇段階
出発又は離陸から最終進入・離陸区域の標高上300m（1,000ft）までの飛行の一部分をいう。⇒ICAO

## take-off decision point：TDP
### 離陸決心点
発動機の1つが故障し、離陸の中止、又は離陸が安全に継続できるかの離陸判断をするのに用いられる点をいう。⇒ICAO

## take-off distance
### 離陸距離
静止出発点から飛行機を加速し、この飛行機が離陸して規定の高度に達するまでの水平距離。この場合、「規定の高度」はT類のタービン機の場合10.7m（35ft）、それ以外の機体では15m（50ft）となっている。

## take-off field length
### 離陸滑走路長
耐空性類別が飛行機輸送Tの輸送機に設定されている離陸のために必要な滑走路長で、加速停止距離及び高度10.5m又は15mに達するまでの水平距離の双方から決められる。加速停止距離と離陸に要する距離が等しい場合を釣り合い滑走路長（通常、離陸滑走路長という）、そうでない場合を不釣り合い滑走路長という。

## take-off phase
### 離陸段階
発動機が定格出力で運用されている段階をいう。⇒ICAO

## take-off power
### 離陸出力
1．ピストン発動機
海面上標準状態において、離陸時に常用可能なクランク軸最大回転速度及び最大吸気圧力で得られる軸出力であって、その連続使用が発動機仕様書に記載された時間に制限されるものをいう。
2．タービン発動機
各規定高度及び各規定大気温度において、離陸時に常用可能なローター軸最大回転速度及び最高ガス温度で得られる静止状態における軸出力であって、その連続使用が発動機仕様書に記載された時間に制限されるものをいう。
⇒耐空性審査要領

## take-off run
### 離陸滑走距離
地上の出発位置から滑走を始め、ある速度に達して機体が浮揚し始める寸前までに機が走

行した距離。

### take-off runway
**離陸滑走路**
　離陸専用の滑走路をいう。⇒ ICAO

### take-off safety speed：V₂
**安全離陸速度**
　飛行機が安全に浮揚後の上昇を続けられる速度。ジェット機とピストン機では内容が異なるが、いずれにしても浮揚後、離陸操作を安全に継続できる速度。$V_2 = 1.2 V_s$ である。

### take off speed
**離陸速度**
　飛行機が浮揚する時の速度。つまり、車輪が地面を離れることができる最少の速度。

### take-off surface
**離陸表面**
　通常の地上滑走又は水上滑走が特定の方向に可能と飛行場当局が発表した飛行場の表面部分をいう。⇒ ICAO

### take-off thrust
**離陸推力**
　タービン発動機の各規定高度及び各規定大気温度において、離陸時に常用可能な発動機ローター軸最大回転速度及び最高ガス温度で得られる静止状態におけるジェット推力であって、その連続使用が発動機仕様書に記載された時間に制限されるものをいう。⇒耐空性審査要領

### tandem propeller
**タンデム式プロペラ**
　飛行機の前方に引っ張り式のプロペラ、後方に推進式のプロペラを装備したタイプのプロペラ。古くは1929年に作られた巨人機の元祖、ドルニエDoxがあり、その後、セスナ337など数機種が製作されている。

### tandem rotor helicopter
**タンデム式ヘリコプター**
　ヘリコプターの一形式。機体前後に互いに逆回転するローターを配置した機体。米国のフランク・パイアゼッキが初めて製作した。重心の許容範囲が大きいのが利点だが、運動性はシングル・ローター機より悪い。一例がCH-46、CH-47。

航空自衛隊のCH-47チヌーク（JASDF Photo）

### tandem wing airplane
**串型翼飛行機**
　2枚の同程度の面積の主翼を前後に配置した飛行機。初期の機体に稀にみられた。

### tapered wing
**先細翼、テーパー翼**
　翼の平面形が中央部から先端にいくに従って次第に小さくなっている翼。この翼は翼根部の曲げモーメントが少ないため翼構造を軽量化できる。したがって、一部の小型機にみられる矩形翼機を除き、ほとんどの機体はテーパー翼を採用している。ただし、矩形翼より製造コストがかかる。

### tare weight
**風袋（ふうたい）**
　機体重量測定時に、固定用の車輪止めなど、別の重量物が存在する場合、これらの重量を測定値から引く必要がある。そうした、機体重量以外のものを風袋という。

### target symbol
**ターゲット・シンボル**
　航空路レーダー情報処理システム（radar data proceessing system：RDP）のデジタルモードにおいて表示されたレーダー・ターゲットをいう。

⇒管制方式基準

## TAS：true air speed
### 対気速度
true air speed 参照。

## taxi
### 地上滑走、タキシー
航空機が自力で地上又は水上を低速で移動すること。ヘリコプターが浮上した状態でタキシーすることは「エア・タクシー」と呼ぶ。

## taxi-channel lights
### 誘導水路灯
航空機に誘導水路を示すために配置する灯火。
・航空青の不動光⇒施規114条、117条

## taxi fuel
### 地上滑走用燃料
予備燃料の一種。ランプ・アウトしてから離陸するまでに消費する燃料。ジェット機の場合、相当多量に消費するので、あらかじめ計算して搭載燃料に加える。

## taxi holding position
### （地上滑走）停止位置
地上滑走中の航空機、車両が滑走路からの間隔をとるため、待機を要求させる位置をいう。
⇒ICAO

## taxiing
### 地上走行、タキシング
航空機が自力で飛行場面において移動すること(離着陸を除く)をいう。ただし、ヘリコプターにあっては一定の高さで地上走行に準ずる速度で行う飛行場面上の運航（エア・タクシー）を含む。⇒管制方式基準

## taxiway：TWY
### 誘導路
航空機の地上滑走及び飛行場の一部と他の部分との連結のための陸上飛行場の限定された

ものをいい、下記のものを含む。
1．航空機駐機場誘導通路
（aircraft stand taxiline）
エプロンの一部で、誘導路として指定された、航空機駐機場へのアクセスのみを目的とされるもの
2．エプロン誘導路（apron taxiway）
エプロンの誘導路のシステムの一部で、エプロンを横断する地上滑走の通路を目的とするもの
3．高速離脱誘導路（rapid exit taxiway）
滑走路に対して鋭角に接続された誘導路で、着陸する飛行機が他の誘導路より高速で脱出し、滑走路占有時間を最小限にできる目的とするもの　⇒ICAO

## taxiway center line lights
### 誘導路中心線灯
地上走行中の航空機に誘導路（転回区域を除く）の中心線及び滑走路又はエプロンへの出入経路を示すために誘導路の中心線及び滑走路又はエプロンへの出入経路に設置する灯火。
・航空緑の不動光⇒施規114条、117条

## taxiing guidance system：TXGS
### 誘導案内灯
地上走行中の航空機に行先、経路、分岐点等を示すために設置する灯火。
・航空赤、航空黄、航空白、航空可変白の不動光⇒施規114条、117条

## taxiway lights：TWYL
### 誘導路灯
地上走行中の航空機に誘導路（転回区域を除く）及びエプロンの縁を示すために設置する灯火。
・航空青の不動光⇒施規114条、117条

## taxiway markings
### 誘導路標識
誘導路標識には、下記の種類がある。
1．誘導路中心線標識
（taxiway centerline markings）

陸上飛行場の、誘導路の縦方向の中心線及び滑走路の出入経路上を黄色で標示する。

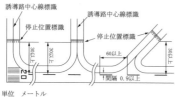

2．停止位置標識
（taxiway holding position markings）
　陸上飛行場の、誘導路上の滑走路の縦方向の中心線から30 m以上離れた場所に、航空機が滑走路に入る前に一時停止すべき位置を黄色で標示する。次の種類がある。
(1)　少なくとも一方向においてカテゴリーⅠ精密進入を行う計器着陸用滑走路の場合は図(1)に示すとおり。
(2)　少なくとも一方向においてカテゴリーⅡ精密進入又はカテゴリーⅢ精密進入を行う計器着陸用滑走路の場合
　イ　滑走路に接続する各誘導路上に1基のみ設置する場合は図(2)イに示すとおり。
　ロ　滑走路に接続する各誘導路上に2基設置する場合は図(2)ロに示すとおり。
(3)　(1)及び(2)以外の滑走路の場合は図(2)イの停止位置標識から滑走路中心線までの距離「90 m以上」を「着陸帯の短辺の長さの2分の1以上」としたもの。

図(1)

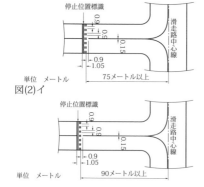

図(2)ロ

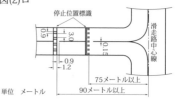

3．誘導路縁標識（taxiway edge markings）
　陸上飛行場（誘導路の境界が明確でない場合に限る）の、誘導路の縁に、誘導路の境界線を黄色で標示する。

(1)　舗装された誘導路の場合

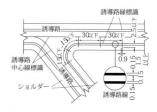

(2)　舗装されていない誘導路の場合

⇒施規79条

**taxiway strip**
**誘導路帯**
　誘導路を含む、誘導路を航行する航空機を保護し、誘導路を逸脱した航空機の損傷の危険を減少させるための区域をいう。⇒ICAO

**TBO：time between overhaul**
**オーバーホール時間間隔、TBO**
　分解整備を繰り返す一定の時間。時間で区切られるため、hard timeによる整備ともいう。このTBOによる整備方式は、正常な部品であっても、一定の時間に達した場合、オーバーホールするため、機体の稼働時間の減少、整備コスト増加などの問題があるため、オン・コンディ

ション、コンディション・モニタリングなどの
整備方式が広く採用されるようになっている。

## TCA：terminal control area
**ターミナル・コントロール・エリア、TCA**

進入管制区内の公示された空域であって、有
視界飛行方式により飛行する航空機（以下「VFR
機」という）に対して TCA アドバイザリー業務が
実施される空域をいう。⇒管制方式基準

## TCA radar advisory service
**TCA アドバイザリー業務**

TCA 内において、レーダー識別した VFR 機
に対して実施される次の業務。
1．当該機の要求に基づくレーダー誘導
2．当該機の位置情報の提供
3．進入順位及び待機の助言
4．補足業務　⇒管制方式基準

## TCAS：traffic alert and collision avoidance system
**航空機衝突防止装置、ティーキャス**

航空機の空中衝突を防止する機器。操縦士
に伝達する情報は、TA（traffic advisory：脅威
機の情報）と RA（resolution advisory：脅威
機からの回避指示)から成り、トランスポンダー
の機能を利用している。

## TCD：Ministry of Land,Infrastructure, Transport and Tourism, Civil Aviation Bureau Directive
**耐空性改善通報、TCD**

機体、エンジン、装備品などに不具合が生じ
た時、その個所が国土交通省令で定められた安
全性を確保するための技術上の基準に適合しな
いと判断された場合には、航空局長は、適用す
る航空機所有者に対して通達を出す。この通達
を耐空性改善通報、通称 TCD という。TCD の
内容には、検査、修理、交換方法、実施時期な
どが含まれており、その実施を有資格整備士が
確認し、航空日誌に記録することと、その旨を航
空局航空機安全課へ報告しなければならないこ
とになっている。

## TCDS：type certificate data sheet
**TCDS、型式証明仕様書**

FAA など航空当局が、機体、エンジン、プ
ロペラの別に、型式証明を認可した時の仕様書。

## TDP：touch down point
**接地点**

着陸の際、航空機の車輪が滑走路上に接し
た点。精測レーダー（PAR）の場合、グライド・
パスの交点をいう。

## teardrop procedure turn
**テアードロップ方式旋回**

中間進入における出航経路の終了部分と最終
進入の開始部分の間で行う旋回の方法であって、
出航経路と入航経路は反方位にならない旋回。
注．テアードロップ方式の旋回は、各計器進入
　　方式の内容により、水平旋回及び降下旋回
　　のいずれでもよいが、障害物クリアランス
　　の指定値を維持するものとする。⇒ AIP

## telemetering
**テレメータリング**

ロケット、航空機などに搭載された計測装
置により得られたデータを、自動的に地上に送
信する方法。無人偵察機も得られた情報を地上
に送信するために用いる。

## temper brittleness
**焼戻し脆性（ぜいせい）**

焼入れ、焼戻し操作を施した材料に現れる
脆性現象。この脆性現象の防止策として普通、
少量のモリブデンを加える。

## tempering
**焼戻し**

焼入れ処理を施した鋼をある温度に加熱後、
空気中に放置して自然冷却する操作。硬度なら
びに内部歪みをある程度取り除くのが目的であ
る。

## TEMPO：temporally
**テンポ**

— 291 —

気象状態の一時的変動が決められた基準に達するか又は超え、それぞれの一時的変動が1時間以上続かず、いくつもの気象状態がある場合、全体としては一時的変動が生じていると予想される期間が全予報時間の1/2未満であることを意味する。

## tensile strength
### 抗張力

ある材料が、引っ張り力に耐えられる最大の強さ。

## tension pad
### テンション・パッド

強度試験に用いられるパッド。厚いキャンバスの布地を丸く切り取って張り合わせ、中心にボルトを通したもの。試験の際、これを機体表面の荷重をかけたい箇所に取り付ける。

## terminal air traffic control facility
### ターミナル管制機関

ターミナル管制所、飛行場管制所及び着陸誘導管制所の総称をいう。⇒管制方式基準

## terminal radar
### ターミナル・レーダー

進入管制区をIFRで飛行する航空機に対し、進入管制を実施する施設をターミナル管制所といい、この目的に使用されるレーダーをターミナル・レーダーという。管制官は、このレーダーにより航空機の位置を監視し、経路、方位、上昇降下、待機などの指示を与える。

## terminal radar control service
### ターミナル・レーダー管制業務

航空交通管制業務の1つで、ターミナル管制所により行われるもの。計器飛行方式により飛行する航空機及び特別管制空域を飛行する航空機で離陸後の上昇飛行を行うもの、もしくは着陸のため降下飛行を行うもの、又はこれらの航空機と交錯しもしくは接近して計器飛行方式により飛行する航空機に対してレーダーを使用して行う管制業務であって、着陸誘導管制業務

以外のもの。⇒施規199条

## terrestrial reference system
### 地測航法方式

ミサイル、無人機誘導方式の一種。あらかじめ設定しておいた飛行経路を飛翔するために、地球引力、地磁気、電場、大気圧など、地球に関連するいくつかの現象を利用する誘導方式。

## tesla：T
### テスラ

1 Wb／㎡（ウェーバー／平方メートル）の磁束密度をいう。⇒ICAO

## test hop
### テスト・ホップ

「ホップ」の名称が示すように、エンジンや機体の整備作業の後、耐空性を確認するために行う簡単な試験飛行。比較的軽微な機能点検などを行う意味で用いる。

## tetra ethyl lead
### 四エチル鉛

分子式（C2H5）4P6の無色の液体。ガソリンの制爆剤（アチノック剤）として用いられる。適当量添加すればよく、ガソリン約1英ガロン中に3㎤の四エチル鉛を添加すれば、ガソリン中に容積60％のベンゾールを混入した場合に匹敵する。これをオクタン価からいえば、ガソリン1英ガロン中に3㎤の四エチル鉛を添加混入することによって、オクタン価を66から81まで上げることができる。また本剤は高温でのオクタン価の低下が少ない利点も有している。ただし、本剤は混入量が多すぎても、オクタン価はあまり上昇せず、腐食性ばかり大きくなる。なお、本剤は極めて有毒であり、取り扱いには細心の注意が必要である。

## tetrahedron
### テトラヒドロン

風向指示器の1つ。幾何学的には四面体で、上空からは底面を除いた3面が見える。風の吹

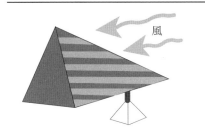

いてくる方向を指示するように360度に回転できるようになっている。

## thermal low
### 熱低気圧
地表面が局地的に日射により熱せられ上昇気流が起こり、地表面の気圧が下がるため発生する低気圧をいう。

## thermal soaring
### 熱上昇気流滑翔、サーマル・ソアリング
グライダーが熱上昇気流を利用してソアリングを行うこと。

## thermal wind
### 温度風
温帯地方の温度は緯度が高い地域が低く、緯度が低い地域が高いのが一般的であり、温度差がある場合は、上空で気圧差ができ風が吹く。また、偏向力の影響により北半球では右に吹く。つまり、低温側を左に等温線に平行に吹く。この風の風向風速と地上の風向風速のベクトル差を温度風という。

## thermic
### 熱上昇気流、テルミック
通常、好天の日、地表面が局地的に暖められて発生する上昇気流。市街地、乾燥した砂地、田畑などは速やかに暖められて上昇気流を発生するのに対し、森林、沼地、海面などは温度変化が小さく、下降気流を生じる。ただし、これは日中のことで、日没時には逆になる。熱上昇気流は日中熱上昇気流と薄暮熱上昇気流に大別される。

## thermograph
### 自記温度計、サーモグラフ
温度の時間的変化を自動的に記録する装置。膨張係数の異なる金属を張り合わせたバイメタルが使用される。

## thickness ratio
### 翼厚比
翼断面にあって、その最大の厚さと翼弦長との比。

## three comporment balance
### 三分力天秤
風洞天秤の一種。揚力、抗力、縦揺れモーメントの3成分を測定する。

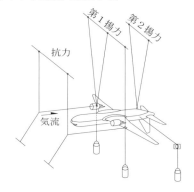

## three point landing
### 3点着陸
尾輪(尾橇)式飛行機における着陸方法の1つ。主輪と尾輪を同時に接地させる着陸。
= normal landing

| 3点着陸失速 | 上舵を引いて速度を殺す | 水平に戻る 0.5～1m | 引き起こし中高度が下がる | 引き起こし開始 3～5m |

## threshold
### 滑走路進入端
着陸のために使用する滑走路の始まり部分をいう。⇒管制方式基準

過走帯のある滑走路の場合は、滑走路と過走帯との間にスレッシュホールド・ラインを引

き、表示する。過走帯のない滑走路の場合は、滑走路の末端がスレッシュホールドである。

### threshold crossing height
**末端通過高度、TCH**

ILSのグライド・スロープの滑走路末端上空の高さをいう。

### throttle lever
**絞り弁レバー、スロットル・レバー**

エンジン出力を調整するレバー。通常は進行方向に押せば出力が増す。

### throttle valve
**絞り弁、スロットル・バルブ**

ピストン・エンジンにあって、気化器とシリンダーとの間に設置される加減弁で、シリンダーに送られる混合気の流量を加減する。すなわち、この弁の開閉によってエンジンの出力が調整される。

### thrust axis
**推力軸**

エンジンが発生する推力の方向を示す線。ジェット・エンジンではタービンが推力軸、プロペラ機ではプロペラ・シャフトが推力軸である。推力軸が機軸から離れるほど、推力の増減による姿勢変化が大きくなる。

### thrust horsepower
**推力馬力**

ターボジェットが発生する出力を馬力に換算する方法。ターボプロップ、ピストン・エンジンでは飛行機が地上で静止していてもプロペラを回して仕事をするが、ターボジェットは静止中は仕事をしていないことになる。しかし、機体が動きだせば仕事をすることは分かる。このためターボジェットでは推力馬力を用いて、仕事量の比較をする。1馬力に等しい仕事量は、375マイル/時間である。375マイル/時間の対気速度をもった1lbの推力は1馬力に等しい。これが推力馬力である。

$$THP = \frac{推力 \times MPH}{375}$$

THP＝与えられた速度で運動しているジェット・エンジンが発生する推力馬力
推　力＝飛行中のジェット・エンジンが発生する推力
MPH＝対気速度（マイル／時間）

### thrust line
**推力線**

機体を押し進める力の作用する点。

### thrust loading
**推力荷重**

ジェット機の重量を推力で割った値。戦闘機では、この値が1より小さいものもある。

### thrust reverser
**逆推力装置**

ジェット機の着陸滑走距離を短縮するために、エンジンの排気ガスを逆方向に噴出させる装置。エンジンにより様々な形式のものが使用されているが、耐熱材料と強度が最も重要である。一部の機体を除き、地上でしか作動させられない。

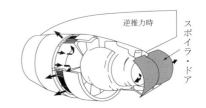

### thrust specific fuel consumption：TSFC
**推力燃料消費率**

ジェット・エンジンの燃料消費を正確に比較するためのもの。1lbの推力を発生させるのに要する1時間の燃料消費を示す。

$$TSFC = \frac{Wf}{Fn}$$
$$(lb/h/lbFn)$$

Wf＝1時間あたりの燃料流量
Fn＝正味推力(lb)

## thunderstorm
### 雷電

水蒸気量が多く不安定である大気が上昇気流により断熱冷却され発生するもので気団雷（熱性雷、対流性雷、収束性雷、地形性雷、夜間性雷）と界雷（寒冷前線性雷、スコールライン性雷、温暖前線性雷、閉塞前線性雷）に区分される。発達中で強い上昇気流のある積雲段階、上下の気流が混在し降水現象の起こる成熟段階、上昇気流が弱くなり下降気流が強まり、加熱と乾燥のため降水及び雲が消滅する消散段階へと発達し消滅する。飛行障害としては強い雨、雪、ひょう、着氷、乱気流（アップ／ダウンドラフト、ガスト）、初期突風、気圧変化などがある。

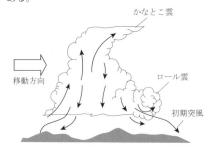

## tilt
### チルト

ローカライザー・コース幅両端におけるグライドパス角度をいう。⇒航空保安施設設置基準

## tilt rotor
### チルト・ローター

チルト・ローター機(AGUSTA WESTLAND photo)

角度を変えることのできるローター。写真のAW609は巡航中で、ローターは前方に向けられているが、垂直離着陸時には上へ向けられVTOL機となる。実用機は、今のところベル／ボーイングのV-22オスプレイのみ。

## timed turn
### 時間旋回

時計と旋回傾斜計を使って、特定時間内で特定の方向変換を行う旋回。標準旋回で90度旋回すれば1分かかるが、標準旋回の1/2バンクでは2倍。1/3バンクなら30秒で30度旋回する。

## time in service
### 実飛行時間（使用時間）

航空機が浮揚してから接地するまでの時間をいう。⇒TCL-41A-71

## tip path plane
### 翼端通過面

ローター・ブレードの先端が描く円形の軌跡を含む平面翼。

## tip stall
### 翼端失速

翼に発生する失速の1つ。失速現象が翼端から始まり、次第に内側に進むもの。後退翼や著しい先細翼に発生しやすい。これを防止するには、翼に捩り下げを付けるとか、翼端部の翼型に失速を起こし難いものを採用する。

## TIT : turbine inlet temperature
### タービン入口温度、TIT

タービン・エンジンの燃焼室出口でのガスの温度。タービン・エンジン内部では一番の高温になる箇所である。

## titanium
### チタニウム、チタン

軽量で強度の大きい金属材料の1つ。四塩化チタニウム蒸気を熔融状マグネシウムと反応させる、クロル（Kroll）鉱山局方式で作られる。

製造は塩化、蒸留、還元、分離、破砕の各工程に大別される。チタンの強度はアルミ合金の2～3倍、マグネシウム合金の5倍、硬度は弾性係数は鋼の約1／2であるがアルミ合金、マグネシウム合金に比べ、はるかに大きい。また高温性質が良好で軽量でかつ錆びない。従って、航空機の機体及びエンジン材料として多用されている。ちなみに元素のチタニウムは1789年R. グレゴーが英国の海岸で発見したもの。名称の由来はギリシャ神話に出てくる titan（巨人）による。

### top dead center
### 上死点
　ピストン・エンジンのピストンがシリンダー内で達する最上点。

### top overhaul
### 頂部分解手入れ、トップ・オーバーホール
　ピストン・エンジンのシリンダー部分を、エンジンは機体に装着したまま、あるいは取り外して行う分解手入れ。

### tornado
### トルネード、竜巻
　ろうと雲の地面に達したものをいう。急激に気圧が下がり大気中の水蒸気が吸い込まれて雲を作る。また、このため地上の物件、水などを吸い上げることもある。

### torque
### トルク
　エンジンやプロペラ、ローターなどを一定方向に回転させようとする力。

### torque reaction
### トルクの反作用
　トルクの反力で、トルクの反対方向に回転させられようとすること。トルクの反作用を打ち消すため、主翼に左右非対称の捩じり下げを付けたり、プロペラやローターを2重反転式にしたり、通常の単ローター・ヘリコプターではテール・ローターを装備している。

### torque wrenches
### トルク・レンチ
　ボルトやナットの締め付けトルクを規定値にするための測定工具。トルク値をプリセットできるもの、目視でトルク値を確認できるものなど数種類ある。最近のトルク・レンチの中にはデジタル式を採用し、音や光で規定のトルク値に達した場合に知らせたり、トルク値を記録できるものもある。

### torsion box
### トーション・ボックス
　主翼構造の1つ。前後の主桁と、その間にある上下両面の外板とで箱形構造を形成し、主翼にかかる曲げ・捩じり荷重に耐えられるようにしている。図は軽飛行機のトーション・ボックスの一例。

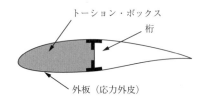

### torsion nose
### 抗捩前縁
　グライダーなど縦横比の大きな主翼にみられる構造で、桁から前縁まで合板又は金属外板で覆って筒状のものを形成し、捩じりに耐えられるようにしてある。

### torsion tube
### トーション・チューブ
　操縦力が、この系統を通じて舵面に伝えられる場合、チューブに捩じりが加わるため、このように呼ばれる。航空機のトーション・チューブにはレバー形式とギア形式が用いられている。

## touch and go（landing）：TGL
### タッチ・アンド・ゴー（着陸）
　航空機が着陸後、停止せずにそのまま加速して離陸すること。離着陸の操作を繰り返して行えるため、訓練飛行で多く行われる。

## touchdown
### 接地、タッチダウン
　航空機が最初に滑走路に接地したポイント。また GCA による精測進入では、グライドパスが滑走路と交差する点。

## touch-down and lift-off area：TLOF
### 接地・上昇区域
　ヘリコプターが接地又は上昇することが可能な荷重支持区域をいう。⇒ICAO

## touchdown point
### 接地点
　精密進入のグライドパスと滑走路の交点をいう。⇒管制方式基準
　また航空機の車輪が滑走路に接した点。

## touchdown RVR
### タッチダウン RVR
　進入しようとする航空機からみて手前の接地帯付近で観測される RVR をいう。

## touchdown zone
### 接地帯
　滑走路末端から始まる最初の 3,000ft をいう。この区域は計器進入のためのストレイト・イン・ランディング・ミニマムを決定する際に使われる接地帯を決めるものである。

## touchdown zone elevation：TDZE
### 接地帯標高
　接地帯の標高のうち最も高い標高をいう。

## touchdown zone lights
### 接地帯灯
　着陸しようとする航空機に接地帯を示すために接地帯内に設置する灯火。
・航空可変白の不動光⇒施規 114 条、117 条

## towing
### 曳航、トーイング、けん引
　グライダー、宣伝用の旗、射撃訓練に用いられる標的などを航空機により曳航すること。また専用の車両で航空機をけん引すること。

## towing basin
### 走行試験水槽
　model basin 参照。

## townend ring
### タウンエンド・リング
　エンジン・カウリングの一種。英国のタウネンド氏により考案されたもので、比較的前後の幅が狭い。

## track：TR
### 輪距、トラック、トレッド
　主着陸装置の左右の車輪の間隔。車輪の中心で測る。

### 航跡、トラック
　航空機が実際に飛行した地表上の航跡（地上に投影した飛行経路）。
### 軌跡、トラッキング
　ヘリコプターのローター・ブレードの空力

的性質を同一、つまり、それぞれの先端が描く軌跡を同一のものにするために行う検査。かつてはブレードの先端を異なった色のチョークで色を付け、白布をブレードの先端で切らせて、布に付いたチョークの色で各ブレードの上下のズレを判断し、その上下間隔を近づけるよう調整していた。現在では、電気的な方法やストロボ・ライトを用いて行われている。

### コースの維持、トラッキング
航路上の中心線を正しく飛行するため、風の修正をしながらコースを維持する飛行法。計器飛行では VOR などによるトラッキングでコースを維持する。

### tractor airplane
### 牽引式飛行機
プロペラがエンジンや主翼の前方に付き、機体を引っ張る形式の飛行機。プロペラ機の主流の形態である。別の形態が推進式（プッシャー式）になる。

### trade wind
### 貿易風
地球の自転作用による大気循環の一部として、北緯又は南緯それぞれ 30 度付近に存在する、中緯度高気圧帯から赤道に向かって吹く風。すなわち北半球では北東貿易風であり南半球では南東貿易風である。

### traffic information
### 交通情報
航空機の航行に影響を及ぼすと思われる他の航空機の情報であって、レーダー、目視その他の方法により知り得たものをいう。
⇒管制方式基準

### traffic pattern
### 場周経路、トラフィック・パターン、サーキット
着陸する航空機の流れを整えるために滑走路周辺に設定された飛行経路で、通常、人家の少ない海側等、地上障害物の少ない方で、左回りの経路である。対地高度は、大型機で 1,000ft、小型機で 800ft 前後である。アップウィンド・レグ、クロスウィンド・レグ、ダウンウィンド・レグ、ベース・レグ、ファイナル・アプローチからなる。英国ではサーキットと呼ぶ。

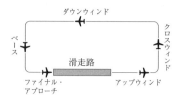

### trail
### 航跡雲、飛行機雲
飛行機の排気口から後方に発生する雲。生因はエンジン排気中の水分が凝結したり、排気が核となり雲が発生する場合と、また翼の後面の急激な気圧の減少による断熱冷却でできるものがある。

### トレール
編隊飛行の隊形の1つで、先頭の編隊長機から1列に縦に並ぶ縦列編隊のこと。

### trailing antenna
### 垂下空中線
機体装備の無線受信用アンテナの一種。機体内に備えたリールにアンテナを巻きつけておいて、必要な場合に、これを垂下して使用する形式のアンテナ。

### trailing edge
### 後縁
翼（又は翼型）の後の縁。前縁の対語。

### trailing vortex
### 後縁渦
翼を通過する流れは翼端渦の影響により、翼上面の流れは翼中央部へ流れようとするのに

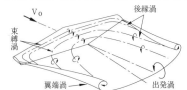

対し、翼下面の流れは翼端へ流れようとする。このような翼面上下の流れの方向の違いによって後縁に生じる渦を後縁渦という。

### trainer airplane
**練習機、訓練機**

操縦練習、訓練に使用される航空機の総称。

### training/testing areas
**訓練／試験空域**

曲技飛行等（曲技飛行、試験飛行、著しい高速の飛行）、操縦練習飛行等が行われ、公示された航空路、直行径路、SID、STAR、計器進入経路、レーダー誘導経路ならびにそれらの保護空域を除いた公示された空域をいう。

### training/testing area（for JSDF aircraft）
**自衛隊訓練／試験空域**

自衛隊機のための訓練及び試験の空域。この空域を自衛隊機以外の訓練・試験機が使用する場合には、同空域を管轄する部隊の長と調整を行う。訓練及び試験の目的以外の航空機は、原則として当該空域を飛行することはできない。また、自衛隊の訓練・試験空域周辺の航空路、ジェット・ルートなどを航行する航空機が雷雲の回避など止むを得ない事由により、この訓練空域に進入する場合には、使用統制機関として公示された管制機関などの周波数を使用してその旨通報しなければならない。

### transfer of radar identification
**レーダー移送**

レーダー識別を移送することであって、レーダー・ハンドオフ及びレーダー・ポイントアウトをいう。⇒管制方式基準

### transferring facility or controller
**移管機関**

業務の移管を行う管制機関（管制官を含む）をいう。⇒管制方式基準

### transition point
**遷移点**

層流境界層から乱流境界層に移り変わるとみなされる個所。

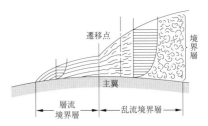

### transition route
**転移経路**

SIDを補足するものとして、SIDの終了するフィックスから航空路上のフィックスまでの間に設定された飛行経路などをいう。
⇒管制方式基準

### transition surface
**転移表面**

進入表面の斜辺を含む平面及び着陸帯の長辺を含む平面であって、着陸帯の中心線を含む鉛直面に直角な鉛直面との交線の水平面に対する勾配が進入表面又は着陸帯の外側上方へ7分の1（ヘリポートにあっては、4分の1以上で国土交通省令で定める勾配）であるもののうち、進入表面の斜辺を含むものと当該斜辺に接する着陸帯の長辺を含むものとの交線、これらの平面と水平表面を含む平面との交線及び進入表面の斜辺又は着陸帯の長辺により囲まれる部分をいう。
⇒航空法2条

### translational lift
**転移揚力**

ヘリコプターがホバリングから前進飛行へ移行する過程の低速度域（16〜24ノット）で、流入空気の増加と誘導速度の減少により揚力が増加する現象。

### transonic
**遷音速**

マッハ0.8〜1.2程度の速度を指している。

## transponder
### トランスポンダー、応答機
ATCトランスポンダーともいい、ATCRBS（air traffic control radar beacon system）を構成する機上装置であり、機上レーダー・ビーコン受信及び送信のための装置である。地上装置であるATCイントロゲーター（ATC interrogator：質問機）から発射されるパルス信号を受信すると、機上のATCトランスポンダー（ATC transponder：応答機）はあらかじめ識別のためにセットされたモードでパルス電波を自動的に発射する。トランスポンダーは2次レーダーであり、電波は1次レーダーによる反射波より強く、地上レーダーの映像もそれだけ鮮明になる。ATC transponder参照。

遭難信号の「7700」にセットされた状態

## transport airplane
### 輸送機
人員、物資を搭載、搬送するために使用される飛行機。

## traveling high
### 移動性高気圧
通常、大規模な高気圧はほとんど移動しないが、大陸性寒帯高気圧の一部が分離するなどしてできた小規模な高気圧で、低気圧の後面を低気圧とともに移動する。背が低く移動速度の速い寒冷型と、背が高く移動速度の遅い温暖型がある。

## tread
### トレッド、輪距
track参照。

## TREND
### 着陸用飛行場予報、トレンド
成田国際空港、羽田国際空港、中部国際空港、関西国際空港で通報される傾向型着陸予報。毎正時、毎30分に発表され、有効時間は2時間。

## triangular parachute
### 三角形落下傘
開傘した場合の傘体が三角形状の落下傘。

## tricycle landing gear
### 3輪式着陸装置
nosewheel landing gear参照。

## trim strip
### トリム板
tab参照。

## trim tab
### トリム・タブ
tab参照。

## triplane
### 三葉機
主翼が3枚の飛行機。第1次世界大戦の戦闘機に見られた。フォッカーDrIが有名。

## troop carrier airplane
### 兵員輸送機
軍用機の一種。武装兵員あるいは物量を搭載して前線又は敵地内に急派することを主目的とする飛行機。

## tropical cyclone：TC
### 熱帯低気圧
緯度5～25度の水温26℃以上の多量の水蒸気を含む気塊が偏東風の谷の東側などで上昇して雲を作り、暴風雨をもたらす低気圧で、最大風速17.1m/s（33kt）以下のものをいう。その多くは、タイフーン（台風）、サイクロン、ハリケーンなどに発達する。このうちタイフーンは南支那海はじめ太平洋南西部、サイクロンはベンガル湾、アラビア海、インド洋、ハリケーンは西インド洋やメキシコ湾などにそれぞれ発生する。

## tropical front
### 熱帯前線
北半球と南半球の2つの熱帯気団の境界。

## tropopause：TROP
### 圏界面
対流圏から成層圏へ移行する境界面。圏界面の高さは赤道で最も高く約18 kmに及ぶ。高緯度、特に極付近は低く約8 km。赤道付近の圏界面では−80℃あたりなのに対し、高緯度の圏界面では−50℃あたりになっている。

## troposphere
### 対流圏
地表面から圏界面に至るまでの大気層。

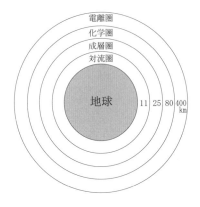

## trough
### 気圧の谷、トラフ
2つの高気圧の間や、低気圧から伸びた気圧の最も低くなった部分が細長く線状になった部分。

## true air speed：TAS
### 真対気速度、タス
かく乱されていない大気に相対的な航空機の速度。従って $TAS = EAS\,(\rho_0/\rho)^{1/2}$ となる。ここに $\rho$ は、そのときの大気状態における空気密度をいい、$\rho_0$ は海面上標準大気の空気密度をいう。⇒耐空性審査要領

## true air speed indicator
### 真対気速度計
TASを直接読み取れるようにした速度計。

## true altitude
### 真高度
平均海面からの実際の高度。計器高度に気温の修正をすれば得られる。

## true bearing：TB、QTE
### 真方位
航空機の位置から、ある地点への方向を機位を通る子午線の真北を基準に測った水平角度。この場合、機首の向きは関係ない。

## true heading：TH
### 真針路、機首真方位
真北を基準にした機首の方向。

## true north：TN
### 真北
真子午線の北。

## true weight
### 空重
航空機重量のうち、機体構造、動力装置、固定バラスト、使用不能燃料、抜き出し不能滑油、作動油、固定装備を合計した重量。

## truss
### トラス
各部材が三角形を形成している骨組み構造。

## TSO：techinical standard order
### TSO
FAAがメーカーに対し与える、型式証明を取得済みの航空機への部品搭載の認可。

## T-tail
### T型尾翼、T尾翼
水平尾翼が垂直尾翼の上端に取り付けられているもの。T型尾翼は主翼の後流から水平尾翼を離すことができるほか、エンジン後流との

干渉回避、水平尾翼の地面との間隔増大等、様々な利点がある。

## tuck under
タック・アンダー

加速による頭下げ現象。減速中に起きるピッチ・アップの逆の現象である。速度を上げていくと、ピッチ・アップと逆の理由により機首を下げる傾向が出てくる。操縦士は加速に従って機首下げになるため、下げ舵を減じるか、逆に上げ舵にする。

## turbine engine
タービン・エンジン

正式にはガス・タービン・エンジン。吸入、圧縮、燃焼、排気の行程はレシプロ・エンジンと同じであるが、連続的な流れであり、タービンにより直接、回転仕事を得る。大きく、ターボジェット、ターボシャフト、ターボプロップに大別できる。

## turbine helicopter
タービン・ヘリコプター

タービン・エンジンを動力とするヘリコプター。ピストン・エンジンに比べ、エンジン重量が軽く、出力が大きく振動が少ない。このためペイロードが大きく、性能も向上する。

## turbofan engine
ターボファン・エンジン

タービン・エンジンの一種。ターボジェットの圧縮機の前方に大直径のファンが設置されており、またこのファンを駆動するためにファン・タービンが圧縮機タービンの後方に取り付けられている。ファンの内側を通った空気は燃焼室に入るが、ファンの外側を通った空気は、加速されてそのまま排出される。ターボジェットに比べ、低燃費、低騒音なのが特徴。

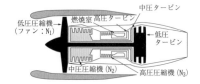

## turbojet
ターボジェット

タービン・エンジンの一種。圧縮機、燃焼室、タービン、排気コーンからなる。空気取入口から入った空気は、圧縮機で圧縮されて燃焼室に送りこまれる。燃焼室では空気は燃料と混合されて点火され、燃焼ガスはタービンに吹きつけられてタービンを駆動し、排気コーンを経て尾管（テール・パイプ）から高速で排出される。

## turboprop
ターボプロップ、ターボプロペラ

タービン・エンジンの一種。作動原理はターボジェットと同一だが、タービンでほとんどのガスのエネルギーを回収し、回転力として取り出してプロペラを駆動する。

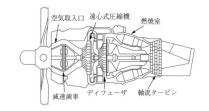

## turbulence：TURB
乱気流

渦の集合体である不規則な乱れた状態の気流をいう。対流性乱気流、地形性乱気流、ウィンドシアー、晴天乱気流、航跡乱気流などの種類がある。渦の大きさが航空機と同じくらいである場合に航空機に動揺を与える。

## turbulent boundary layer
乱流境界層

流れが乱れた状態になっている境界層。

## turn
旋回、ターン

航空機の飛行方向を変える運動。水平旋回、上昇旋回、降下旋回に大別できる。

## turn indicator
旋回計

旋回する際の角速度を示す計器。ジャイロスコープの歳差運動を利用するもので、機体の旋回に伴う水平ジンバルの回転が計器の振れとして示される。

## turning autorotation
旋回オートローテーション

ヘリコプターのオートローテーション着陸の一種。風及び着陸地域の状況により旋回を必要とする場合の旋回オートローテーションをいい、90度、180度、360度がある。

## turning pad
ターニング・パッド、180度回転部

平行誘導路が設置されていない場合、滑走路又は過走帯上での180度回転を容易にするため滑走路末端部を拡幅した部分で、舗装強度は当該滑走路と同一である。

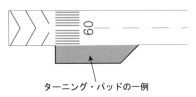

ターニング・パッドの一例

## turning point indicator lights：TPIL
転回灯

地上走行中の航空機に転回区域における転回経路を示すために転回区域の周辺に設置する灯火。

・航空青の不動光⇒施規114条、117条

## turret
銃架、旋回砲塔、タレット

航空機に搭載されている旋回機銃を設置する架台。

## twin spool engine
2軸エンジン

タービン・エンジンで、圧縮機が低圧と高圧に分かれており、それぞれ別のタービンで駆動されるようになっている形式のもの。

## two cycle engine
2サイクル・エンジン

ピストン・エンジンで、2行程で吸入、圧縮、爆発、排気の1サイクルが完了するエンジン。つまり吸入圧縮行程、爆発排気行程からなる。一部の小型機、モーターグライダー、無人機に採用されている。

## two phase supercharger
2速過給機

回転速度を低速、高速の2段に切り換えられる歯車駆動過給機。

## two rank radial engine
2重星型エンジン

double-row radial engineに同じ。大馬力の星型エンジンに適用されている。

## two stage supercharger
2段過給機

過給機の翼車に前段低速、後段高速の2つを有する形式のもの。

## two-way radio
無線送受信装置

スイッチを入れると選択した特定の周波数を受信でき、送信はマイクのボタンを押している間、電波が発射される。その間の受信は中断される。

## type certificate
型式（かたしき）証明、TC

ある型式の航空機を量産する場合、航空機メーカーは最初の1号機について審査を受け合格すれば2号機以降の機体については設計審査を受ける必要がないが、この審査を型式証明という。日本の場合は国土交通省、米国の場合はFAAが審査して付与する。この証明のためには、静強度試験、疲労強度試験、フェイル・セイフ試験、非常脱出試験、飛行試験などの各試験が製造過程、完成後の過程などにおいて行われる。type certificateの頭文字とって「ティー・シー」と通称されることが多い。

type rating

## type rating
**型式限定、タイプ・レイティング**

　大型機は、特定の型式ごとに試験を受けて
合格しないと操縦と整備ができない。その試験
に合格して操縦又は整備の資格を有すること。


## typhoon：TYPH
**台風**

　熱帯低気圧のうち、中心付近の最大風速が
17.2m/s（34kt）以上のものをいう。台風が発
達するためには水温が高いことが必要で、上陸し
て摩擦の影響を受けたり、冷たい水面に移動し
エネルギーの供給を断たれたりすると衰弱し温帯
低気圧に変化する。北半球では台風の円の右側
で風が強く危険半円といわれている。飛行障害と
して台風の眼付近の壁雲、乱気流、着氷などが
ある。また、台風と同様なものに、ベンガル湾
に発生するサイクロン（cyclone）、メキシコ湾に
発生するハリケーン（hurricane）がある。
　世界気象機関（WMO）では、下記のように
区分している。

- tropical depression　　　　　33kt 以下
- tropical storm　　　　　　　34 〜 47kt
- severe tropical storm　　　48 〜 63kt
- hurricane　　　　　　　　　64kt 以上
- typhoon　　　　　　　　　　64kt 以上
- tropical cyclone（南西インド　64 〜 90kt
　洋）
- tropical cyclone（ベンガル湾、　34kt 以上
　アラビア海、南東インド洋、
　南太平洋）

## U：utility airplane
### 飛行機実用 U

耐空類別でU類の飛行機。最大離陸重量5,700kg以下の飛行機であって、飛行機普通Nが適する飛行及び60度バンクを超える旋回、キリモミ、レージーエイト、シャンデル等の曲技飛行（急激な運動及び背面飛行を除く）に適するもの。

## UAV：unmanned air vehicle
### 無人機

RPV（参照）と同様無人機だが、遠隔操縦に頼ることなく、内蔵した装置により自動的に目的の飛行を行う機体が登場してきたため、UAVの用語が多用されるようになってきている。ただし、遠隔操縦可能な機体も含め、最近は無人機全体がUAV（日本では正式名称「無人航空機」、通称ドローン）の名称で呼ばれている。

米空軍のUAV、MQ-9 Reaper(USAF Photo)

## UHF：ultra-high frequency
### 極超短波

300〜3,000MHzまでの周波数帯の電波。TACANやDME、ILSのグライド・スロープなどに使用されている。また軍用機の無線機もUHFが主体である。

## ultimate load
### 終極荷重

制限荷重に安全率（一般に1.5）を乗じたもの。航空機の各部また全体は、終極荷重が3秒間働いても破壊しない強度を持つように要求されている。

## ultimate load factor
### 終極荷重倍数

終極荷重に対応する荷重倍数をいう。
⇒耐空性審査要領

## ultra light plane：ULP
### 超軽量動力機

文字どおり、超軽量の航空機。わが国においては、耐空証明も取得できず、登録記号（JAナンバー）も与えられない。そして、運航には様々な制限が付く。＝ microlight plane

## unbalanced field length
### 不釣り合い滑走路長

take-off field length 参照。

## uncertainty phase：INCERFA
### 不確実の段階

航空機及び搭乗員の安全に関し不確実性が存在する状態での緊急状態の1つで、下記の状態をいう。
1．位置通報又は運航状態通報が予定時刻から30分過ぎてもない場合。
2．航空機がその予定時刻から30分（ジェット機にあっては15分）過ぎてもない場合。

緊急状態を知った管制機関は、第1段通信捜索（計器飛行方式による航空機については、その予定経路上における同機と交信し得る管制機関の有する施設を利用して行う捜索をいう。有視界飛行方式による航空機については、その予定経路上における飛行場について行う捜索を

undercarriage

いう）を行い、救難調整本部（RCC）に通報し、可能ならば当該航空機の使用者に通報する。
⇒管制方式基準

## undercarriage
### 脚
航空機の脚のこと。＝ landing gear。

## undershoot
### アンダーシュート
航空機の着陸において、所定の進入経路より低く進入し、また所定の着陸地点の手前に接地すること。オーバーシュートの対語。アンダーシュートの原因は出力コントロールのミス、風の影響、目測の誤り等様々であるが、事故に結びつく危険がある。

## underwater to air missile：UAM
### 水中対空ミサイル
ミサイルの用途別分類の１つ。水中より発射され、空中の目標物を破壊するために使用される。

## underwater to surface missile：USM
### 水中対地ミサイル
ミサイルの用途別分類の１つ。水中より発射され、地上の目標物を破壊するために使用される。

## underwater to underwater missile：UUM
### 水中対水中ミサイル
ミサイルの用途別分類の１つ。水中より発射され、水中の目標物を破壊するために使用される。

## unfeather
### アンフェザー
フェザーさせたプロペラを低いピッチ角に戻すこと。

## unimproved/unpaved airport
### 未舗装空港
滑走路がコンクリートやアスファルトで舗

装されてなく、芝生や土の空港。

## unlock
### アンロック
TACAN 又は DME の電波が機上受信不能となり正確な方位又は距離の情報の取得ができなくなった状態をいう。
また、脚などの固定（ロック）を解除することをいう。

## unscheduled maintenannce
### 計画外整備
故障の発生により、時間点検などの計画整備以外で実施される整備。

## unserviceable area lights
### 禁止区域灯
航空機に飛行場内の使用禁止区域を示すために設置する灯火。
・航空赤の不動光⇒施規 114 条、117 条

## unusable fuel
### 使用不能燃料
燃料系統内で、燃焼に使用できない燃料。通常、この燃料の重量は機体の自重に含める。

## upper front
### 上空の前線
前線が地上に達していない上空の前線で、前線が山脈を越えるとき、地上に伸びていた前線が山頂高度で途切れてしまったものをいう。

## upper surface blowing
### アッパー・サーフェス・ブローイング
boundary layer control 参照。

## upper wind
### 上層風
大気圏上層に吹いている風。

## up slope fog
### 滑昇霧
湿度の高い安定した気塊が斜面に沿い上昇

— 306 —

すると断熱冷却し凝結するため発生する霧。

## urea resin
### 尿素樹脂
　尿素とフォルムアルデヒドの縮合反応によって得られる合成樹脂。主として家庭用の雑貨器具の材料として用いられる。

## usability factor
### 利用可能率
　横風分力のため滑走路又は滑走路のシステムが制限されない時間をパーセントで表したものをいう。⇒ ICAO

## useful load
### 積載量
　航空機の総重量から自重を除いたものをいう。付加装置、排出可能潤滑油、乗組員、乗客・貨物、使用可能燃料の合計重量。

## UTC：coordinated universal time
### 協定世界時
　航空機の運航、航空管制、気象通報式などに世界共通の標準として用いられる時間。Z の略語で表される。現在、GMT に代わって使用されている。

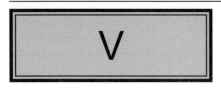

## valley breeze
### 谷風
　晴れた風の弱い日、谷より山の斜面に沿って吹き上げる風。日中、山腹の空気が暖められて密度が周囲の空気よりも小さくなることから生じる。夜間は反対に山風が山上から谷に向かって吹き下ろす。

## valve
### 弁、バルブ
　ピストン・エンジンのシリンダー頭部にあって、混合気の吸入ならびに燃焼ガスの排気をコントロールするもの。弁の種類は各種あるが、排気弁は吸気弁に比べ高温に曝されるため、内部を中空にして金属ナトリウムを入れ、高温による弁の損傷を防いでいる。

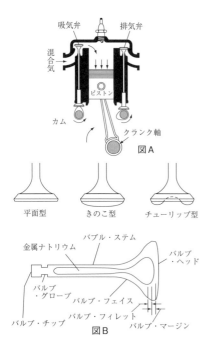

## valve spring
### 弁バネ、バルブ・スプリング
　ピストン・エンジンのシリンダー頭部における吸入弁、排気弁の開閉をつかさどり、弁頭を弁座に押さえつけるためのバネ。航空エンジンでは大事をとって、このバネを2重、3重にしている。

## Van Allen radiation belt
### バン・アレン帯
　地球を2重に取り巻いている強烈な放射能帯。磁気赤道に平行して地上 2,400～4,800 km にあるものと、12,800～88,000 km にドーナツ状に地球を包んでいるものがある。アメリカ　アイオワ大教授のバン・アレンが発見した。

## vane type pump
### ベーン型ポンプ
　燃料ポンプ、また低圧の空気ポンプの一部などに使用されている。

## vapour(vapor) cycle air cooling system
### ベーパー・サイクル冷却システム
　基本的に家庭のエアコンと同じ原理で機内を冷却するシステム。

## vapour (vapor) lock
### 蒸気閉塞、ベーパー・ロック
　燃料系統に発生する現象。高温下、高々度において、ガソリンに蒸気が発生し、燃料系統の配管を詰まらせる現象。

## vapour (vapor) pressure
### 水蒸気圧
　水蒸気の圧力で、その圧力は 40hPa 程度であり、気圧の一部となっている。また、この圧力は温度により最大値があり、この最大値を飽和水蒸気圧という。

## vapour(vapor) trail
### 飛行機雲
　= condensation trail

### variable area propelling nozzle
可変面積推進ノズル、バリアブル・ノズル

ジェット・エンジンの尾管のノズル面積が可変式になっているもの。再燃焼装置（アフターバーナー）付きのエンジンは、すべて可変面積式になっている。

### variable area wing
可変面積翼

離着陸に際して面積を変化できるようにした翼。翼はスパン方向に伸縮あるいは翼弦方向に開閉する。

### variable camber wing
可変キャンバー翼

飛行中、翼のキャンバーを変えられるようにしたもの。フラップ、スラット等が付いている翼が相当する。

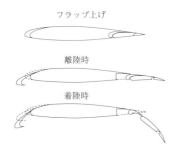

### variable incidence wing
可変取付角翼

飛行中（特に離着陸時）に主翼の取付角を変えられるようにしたもの。艦載機に存在した。

### variable pitch propeller
可変ピッチ・プロペラ

手動または自動の制御装置により羽根角をプロペラ回転中にも変更できるプロペラをいう。
⇒耐空性審査要領
常に最良のプロペラ効率を保つことができる。constant speed propeller 参照。

### variable sweep-back wing、variable wing
可変後退翼

飛行中また地上において後退角の角度を変えられるようにした翼。離着陸時や低速飛行時は主翼を前進させ、巡航飛行時は後退させる。機構的に複雑になり、重量も増加するが、常に最適な主翼角度が選択できる利点があり、B-1爆撃機やパナビア・トーネード、ロシア製の戦闘爆撃機 Su-24 などに適用されている。

主翼を広げた状態のB-1爆撃機(USAF photo)

### variation：VAR
偏差、バリエーション

経度線上の北（真北）と、地磁気上の北（磁北）との差。偏差は地域により異なり、日本付近では西寄り3〜9度程度であるが、米国のサンフランシスコ付近では東寄り17度前後である。偏差の等しい点を結んだ線を等偏差線といい、航空図に記載されている。地磁気は年々少しずつ変化しているので、数年の周期で等偏差線も変更される。

### vario meter
バリオ・メーター

グライダー用の極めて鋭敏な昇降計。バリオと通称されることが多い。信号音により、上昇中であるか下降中であるかをパイロットに知らせる。

### VASIS：visual approach slope indicator system
進入角指示灯、バシィス

進入中の航空機に最適の進入角を表示する装置。現在ではVASISはPAPI（参照）に置き換えられ、運用されていない。

### vector
ベクター

レーダー誘導において航空機に対し指示する磁針路をいう。⇒管制方式基準

### vectored thrust
**推力偏向、ベクタード・スラスト**
ジェット・エンジンの排気口の向きを飛行中に変更できるもの。新しい機体ではアメリカ海兵隊のF-35B VTOL戦闘機に適用例がある。

アメリカ海兵隊のF-35B（USN Photo）

### venturi tube
**ベンチュリー管**
気流の通過する途中を絞った管。入口から次第に狭まり、再び次第に直径を拡大してある。流速・流量の測定に使用される。最も管の狭い部分では流速が最大となり、静圧が最低となるから、この部分に空気管を接続して計器等の動力源（ジャイロ作動用）に利用する。

### vertical antenna
**垂直空中線、垂直アンテナ**
アンテナの一形式。胴体の上部など、機外に垂直に設置した棒状のアンテナ。

### vertical navigation
**垂直航法、V-NAV**
RNAV機器の機能の一つで、垂直面のガイドをする。

### vertical speed indicator
**昇降計**
= rate of climb indicator

### vertical stabilizer
**垂直安定板、バーティカル・スタビライザー**

機体後部に垂直に設置されている固定翼面で、機体に方向安定を与える。

### vertical tail（fin）
**垂直尾翼、バーティカル・テイル**
垂直安定板と方向舵からなる機体尾部の部分。

### vertical take-off and landing plane
**垂直離着陸機、VTOL機**
垂直に離着陸が可能な機体。ヘリコプターもVTOL機の一種である。ベル社が軍事用に開発したV-22や、民間向けにテスト中のアグスタ・ウエストランド社のAW609のような転換ローター式、ハリアー戦闘機のようなジェット・エンジンの推力方向変更式、VTOL用の専用のリフト・エンジンを装備する機体などがある。
短距離で離陸し、着陸は垂直に行うことをSTOVL（short take-off/vertical-landing）という。

### vertical turn
**垂直旋回**
垂直（90度）に近いバンク角で行う旋回。

### vertical wind tunnel
**垂直風洞**
風洞の一種。エッフェル型風洞を垂直にしたようなもの。模型を気流中に落下させ、キリモミ状態を撮影し、動的安定を求める。

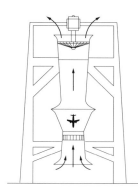

### vertigo
**空間識失調、バーティゴ**

空間において、荷重（G）、視覚、精神的な影響によって、自己の姿勢・方向等の認識（空間識）を失うこと。飛行中の航空機においては、夜間飛行、計器飛行のときに発生することが多く、航空機の実際の傾斜と体感傾斜が異なる傾斜感覚異常、又は方向感覚が異なる方向感覚異常等があり、大事故につながる危険な現象である。

### very light jet、ＶＬＪ
**ベリー・ライト・ジェット、VLJ**

従来の小型ビジネスジェット機より、さらに小型の新しいカテゴリーとして登場したジェット機。NBAAの定義では、1人で操縦できる最大離陸重量1万ポンド（約4.5トン）以下のジェット機となっている。中には単発ジェットもある。アメリカ中心に各国で生産されている。

VLJの一種、ヘノム100（EMBRAER Photo）

### VFR：visual flight rules
**有視界飛行方式**

有視界気象状態（VMC）を維持して飛行する方式をいう。この飛行方式は有視界気象状態でなければ行ってはならない。

### VFR radar advisory service
**VFR レーダー・アドバイザリー・サービス**

下記の事項を条件として操縦士にとっての飛行の安全と航空機の動向に関する情報の提供が実施される。
1．管制官の業務量に余裕があること
2．通信設定ができること
3．必要な航法機器及びトランスポンダーを装備していること
4．低高度において小型機をレーダー上で監視できること

### VHF data link information service
**VHF データ・リンク情報提供業務**

データ・リンク装置を備える航空機に対してATIS情報及びAEIS情報を提供する業務。情報を入手しようとする航空機は情報の種類、空域もしくは空港名を選択し、要求することにより機上のプリンターへ提供される。

### victor airway
**VOR 航空路**

通常2個のVOR、VORTAC、VOR／DMEを結んだ線上に設定された航空路で日本における航空路の主流。

### VIFNO（void clearance）
**ビフノー**

指定時間以降になるとクリアランスが失効してしまう意味をもつ用語。

### viscosity
**粘性**

気体又は液体の粘りつく性質。空気の粘性は摩擦抗力の原因になる。

### viscosity index
**粘度指数**

温度によって変化する粘度の変化を表す尺度。任意の滑油と同じ粘度をもつ2つの標準油を210°Fにおいて比較したもの。1つの標準油は温度による粘度変化の少ないパラフィン族潤滑油（粘度指数100）で、もう1つは粘度の大きなナフテン族潤滑油（粘度指数0）である。いま100°Fにおけるパラフィン族標準油をP、ナフテン族潤滑油をN、試験油の粘度（セーボルト秒）をXとすると、

$$粘度指数 = \frac{N-X}{N-P} \times 100$$

で表される。粘度指数が高いことは粘度変化が少ない、つまり粘度温度係数が低いことである。

## visibility
### 視程

大気の状態を、昼間においては顕著な物件を照明されていない状態で、夜間においては顕著な物件を照明を与えた状態で観測したものを距離の単位で表したもの。⇒ICAO

## visual approach
### 視認進入

IFRにより飛行する航空機がターミナル管制所の管制下にあって行う進入の方法であって、計器進入を所定の方式によらないで、地上の物件を視認して行うものをいう。視認進入は、航空機が目的飛行場又は通報された先行機を視認でき、常に地上目標を視認することが可能であり、かつ、視認進入許可後、VMCを維持して飛行できる時であって、次に掲げる両条件が満足される時、航空交通の流れを促進する方法の1つとしてターミナル管制所により許可される。①雲高が最低誘導高度よりも500ft以上高いこと。②地上視程が5km以上ある場合。

注．目視進入（contact approach）は操縦士の要求により管制機関が許可するもので、通常ノンレーダー空港において行われるが、視認進入は、操縦士の要求なしにレーダー空港においてターミナル管制所が許可するものである。

## visual descent point：VDP
### 目視降下点

非精密進入により直線進入を通常降下により行う場合において、進入灯又は滑走路末端を識別できる視覚援助施設を視認できたときに、最低降下高度以下に降下を開始できる位置をいう。⇒飛行方式設定基準

過早な降下による障害物との異常な接近や視認時期の遅れによる急降下着陸の危険性を排除するためのもの。通常、目視降下点はDMEによって距離で識別される。目視降下点到達以前に最低降下高度以下に降下してはならない。目視降下点は、滑走路末端から300m内側を接地点とし、降下角を3度として、降下経路と最低降下高度との交点を目視降下点としている。アプローチ・チャート上では「V」のマークで示される。

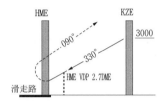

## visual reporting point：VREP
### 目視位置通報点、ブィレップ

1．飛行場管制業務（TOWER）が実施されている空港における目視位置通報点
  (1) 有視界飛行方式により飛行する航空機が着陸その他の目的で管制圏に進入しようとするときは、許可又は指示を受けるため各空港ごとに定められている管制圏外の目視位置通報点又は任意の地点の上空で、現在位置、高度、機長の意向及びその他必要な事項を通報すること。
  (2) 有視界飛行方式又は特別有視界飛行方式により管制圏内を飛行するときは、管制圏内の目視位置通報点での通報等を指示されることがある。
2．飛行場アドバイザリー業務が実施されている空港における目視位置通報点
  (1) 有視界飛行方式により飛行する航空機が着陸その他の目的で飛行場標点を中心とする半径5nmの円内の空域を飛行場の標点から3,000ft以下の高度で飛行しよ

VOR : VHF omnidirectional radio range

うとするときは、各飛行場ごとに定められている目視位置通報点、又は飛行場標点から5nm以遠の任意の地点の上空で、現在位置、高度、機長の意向及びその他必要な事項を飛行場アドバイザリー業務実施機関に通報すること。

## visual segment
### 視認区域
操縦席より視認可能な範囲をいう。

## visual separation
### 目視間隔
航空機と航空機の接触又は衝突を防止し、かつ航空交通の秩序ある流れを維持するため、管制官が関係航空機を視認することにより、又は航空機が他の航空機を視認することにより確保すべき最小の航空機間の空間をいう。

## VMC：visual meteorological condition
### 有視界気象状態、VMC
計器気象状態の対語で、次の表の気象状態。
※他の物件との衝突を避けることのできる速度で飛行するヘリコプターについては、1.5km未満の視程で飛行できる。

| 管制区または管制圏内 | | |
|---|---|---|
| 高度区分 | 視程 | 雲からの距離 |
| 平均海面から3,000m(10,000ft)を超える高度 | 8,000m | 水平 1,500m<br>垂直 300m(1,000ft)<br>　　　below and above |
| 平均海面から3,000m(10,000ft)未満 | 5,000m | 水平 600m(2,000ft)<br>垂直 150m(500ft)below<br>　　　300m(1,000ft)above |
| 管制区または管制圏外 | | |
| 高度区分 | 視程 | 雲からの距離 |
| 3,000m(10,000ft)の高度または地表・水面から300m(1,000ft)の高度のうちいずれか高い高度 | 8,000m | 水平 1,500m<br>垂直 300m(1,000ft)<br>　　　below and above |
| 地表・水面から300mを越える高度 | 1,500m | 水平 600m(2,000ft)<br>垂直 150m(500ft)below<br>　　　300m(1,000ft)above |
| 地表・水面から300m以下の高度 | ※<br>1,500m | 雲からはなれ、かつ地表・水面を引き続き視認できること |

## V-n diagram
### V-n 線図
強度上、航空機が安全飛行し得る限界を示す線図。飛行速度 v を横座標に、荷重倍数 n を縦座標にそれぞれとって描かれる。運動包囲線図と突風包囲線図とがある。

## volatility
### 気化性、揮発性
液体（又は固体）が気体に変じる程度。航空燃料としてのガソリンの有する気化性は特に重要である。

## VOLMET：voice meteorological broadcast
### ボルメット
気象庁予報部から J3E HF 電波で 0 時、6 時、12 時、18 時に主要空港の飛行場実況報及び飛行場予報報を放送する気象業務であって、飛行中、当該時間に聴取して気象状況を確認することができる。

## volt：V
### ボルト
1 A（アンペア）の定常電流が流れる導線上の2点間において 1 W（ワット）の電力が消費されるときの電位差をいう。⇒ICAO

## voltol oil
### ボルトール油
潤滑油の一種。鉱油と油脂との混合物の酸素の供給を絶ち、高圧電気放電によって濃厚にしたもの。この油は温度による粘度の変化が著しく少なく、また凝固点の低いことが特徴。

## VOR：VHF omnidirectional radio range
### 超短波全方向式無線標識、VOR
VHF 帯のうち 108 ～ 117.975M Hzの電波を使用し VOR 局を中心に 360 度すべての方位に飛行コースを与える航空保安無線施設。通常DME と併設される。NDB に替わり、航行援助施設の主流となったが、衛星航法に替わりつつある。

## VORTAC（VOR／TACAN）
### ボルタック

VORとTACANを併置した航空保安無線施設。VORまたTACANのいずれの機上受信機でも利用可能。VOR受信機にDME受信装置が装備されていれば、距離情報はTACANの距離情報から得ることができる。

VORTACの記号

## vortex generator
### 渦流発生装置、ボルテックス・ジェネレーター

気流の剥離を遅らせ、動翼の効きをよくする抵抗板。翼の表面には境界層があるが、これは後縁にいくにしたがい翼面から剥がれてしまい、動翼の効きを低下させる。これを回復するため、動翼の前に小さな抵抗板を並べてエネルギーを補給し、剥離を遅らせ、動翼の効きをよくする。

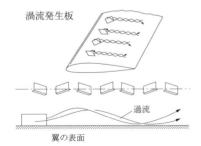

## vortex ring state
### ボルテックス・リング状態

ヘリコプターがホバリングから垂直に降下していく場合、ある出力のところで発生する現象。ローターによって生じる下向きの増速気流の速度とヘリコプターの降下率が等しくなった場合、ローターの吹き降ろし気流がローターの円周に沿って逆に吹き上げられ、ドーナツ状の渦ができて、急激に揚力を失う。操縦士はこれを「パワー・セットリング」と呼んで警戒している。

## V speeds
### V 速度

航空機の様々な速度を、アルファベットの「V」と、下付きのアルファベットの組合せで表したもの。代表的なものに次がある。

- $V_A$：設計運動速度
- $V_B$：最大突風に対する運動速度
- $V_C$：設計巡航速度
- $V_D$：設計急降下速度
- $V_{FE}$：フラップ下げ速度
- $V_{LE}$：着陸装置下げ速度
- $V_{LO}$：着陸装置操作速度
- $V_{LOF}$：リフトオフ速度
- $V_{MC}$：臨界発動機不作動時の最小操縦速度
- $V_{NE}$：超過禁止速度
- $V_R$：ローテーション速度
- $V_{REF}$：参照着陸速度
- $V_S$：失速速度
- $V_{SO}$：フラップ着陸位置での失速速度
- $V_X$：最良上昇角に対応する速度
- $V_Y$：最良上昇率に対応する速度
- $V_1$：離陸決定速度
- $V_2$：安全離陸速度

## V-tail
### V 尾翼

尾翼の形状がアルファベットの「V」をしたもの。適用例はあまり多くない。2つの動翼が昇降舵、方向舵の両方の役割を果たす。写真の機体は、エンジンの排気を避けるため、必然的にV尾翼を採用している。

V尾翼を採用したVision Jet(CIRRUS AIRCRAFT Photo)

## VTOL：vertical takeoff and landing
### 垂直離着陸、VTOL

前進速度がゼロの状態での離着陸。

### wake
**伴流**

流体中を物体が動く時、その後に生じる複雑な渦流領域。separation 参照。

### wake turbulence
**後方乱気流、ウエイク・タービュランス**

航空機の運航に伴い引き起こされる航空機周辺の大気のじょう乱をいい、次のものが含まれる。スラスト・ストリーム・タービュランス、プロップ・ウォッシュ、ウイング・チップ・ヴォーティシーズ、ローター・ヴォーティシーズ又はヘリコプター・ダウンウォッシュ。

⇒管制方式基準

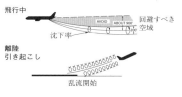
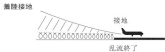

### warm air mass
**暖気団**

発生源から移動してこの気団より冷たい地域に移った気団をいう。下層から冷やされて気団はより安定となりその性質は持続する。特徴として大気は安定、気温減率は小、層雲系の雲、霧雨、視程不良である。

### warm front
**温暖前線**

寒暖両気団が接触するとき、暖気団の勢力が強く寒気団の上に滑り上がる前線で、傾斜は1/150 程度で寒冷前線より緩やかである。暖気が安定なときは層雲型の雲、暖気が不安定なときは積雲型の雲を作る。

### warm high
**温暖高気圧**

広範囲の下降流をもち、背の高い高気圧である。また温度も高く、移動速度は遅い。

### warm type occluded front
**温暖型閉塞前線**

閉塞前線の1つで、温暖前線の前方の寒気が寒冷前線後方の寒気より冷たい場合に、温暖前線の上に滑り上がる形となる閉塞前線。

### warm up
**暖気運転、ウォーム・アップ**

エンジンを始動した後に、高速運転に入る前に行う運転で、滑油を十分各部に行き渡らせるために行う。

### warning light
**警報灯**

パイロットに不安全な状況が発生していることを知らせるコクピットのライト。半ドア、脚のロック不全、各種圧力の低下など。

### wash-in
**捩じり上げ**

翼の迎え角を翼端にいくに従い、次第に増加させること。見かけ上の幾何学的捩じり上げと、実質的な空気力学的捩じり上げがある。

### wash-out
**捩じり下げ**

翼の迎え角を翼端にいくに従い、次第に減少させること。見かけ上の幾何学的捩じり下げと、実質的な空気力学的捩じり下げがある。これは先細翼などの翼端失速発生を防止する手段として、また無尾翼機では後退角と併用される。

### water boundary lights
**水上境界灯**

離水し、又は着水しようとする航空機に離水及び着水の可能な区域を示すためにその周囲に設置する灯火。

・航空緑の不動光　⇒施規 114 条、117 条

## water cooled engine
### 水冷エンジン

ピストン・エンジンの冷却方式の 1 つ。各シリンダーを水で冷却するもの。現在ではほとんど適用例はない。

## water glider
### 水上グライダー

グライダーの一種。水上から離陸し、水上へ着水する機体。離水は水上機又はモーターボートによる曳航により行う。

## water injection
### 水噴射、流体噴射

エンジンの性能向上のため、吸入空気に水（又はエチルアルコール、メチルアルコール）を噴射すること。ピストン・エンジン、タービン・エンジンの両方で行われる。ピストン・エンジンでは過給機の吸い込み口又はディフューザーの入口へ、タービン・エンジンでは圧縮機入口又は燃焼室へ行われる。

## water line
### 水線、喫水線

フロート又は艇体の第 1 ステップで、キールに引いた切線に平行な線。

## water load
### 水上荷重

水上機又は飛行艇が運用中に受ける荷重のうち、水上滑走、離着水に際して受ける荷重。

## water loop
### ウォーター・ループ

水上機又は飛行艇に発生する異常現象で、陸上機のグラウンド・ループに相当し、水上滑走中に発生する方向不安定の運動である。

## water range lights
### 水上境界誘導灯

水上境界灯に併列して航空機の離水及び着水に適する方向を示すために特に色別して配置する灯火。

・航空黄の不動光⇒施規 114 条、117 条

## water resistance
### 水抵抗

水面を滑走する物体に働く水による抵抗。摩擦抵抗と造波抵抗に大別される。

## water rudder
### 水中舵

水上機又は飛行艇の低速水上滑走時における旋回を容易にするためフロート又は艇体末端に取り付ける舵。飛行中は引き上げるようになっている機体もある。

## water spout：WTSPT
### 竜巻、水柱

大気中に発生する細長い渦巻。中心は周囲に比べて気圧が低く、一種の低気圧現象であるが、高さに比べ直径が非常に小さいのが特徴。大気の成層が不安定な時にできやすく、積雲や積乱雲の底から漏斗状の細長い雲が降りてきて、この雲が地表（水面）に達すると、付近のものが激しく吸い上げられる。

## watt：W
### ワット

1 J/sec（ジュール / 秒）の割合のエネルギーを生ずる力をいう。⇒ ICAO

## wave cyclone
### 波動低気圧

前線に沿って形成され、移動する低気圧で、低気圧の中心の流れが前線の波形に変形を与える傾向がある。

## wave resistance
### 造波抵抗

物体が水面を波を蹴立てて進行する際に引

weather symbol

き起こされる抵抗。あるいは物体が空気中を遷音速又は超音速で衝撃波を発生しながら進行する際に引き起こされる抵抗。

## waypoint
### ウェイポイント
RNAV ルート又は RNAV による航空機の飛行パスを定めるために使用する地理上の点。ウェイポイントは次のいずれかとして指定する。
- フライバイウェイポイント（Fly-by waypoint）：ルート又は方式上、後続セグメントに接線で会合するために旋回予期を必要とするウェイポイント。
- フライオーバーウェイポイント（Fly-over waypoint）：ルート又は方式上、後続セグメントに会合するためにその直上において旋回を開始するウェイポイント。

⇒飛行方式設定基準
下記の記号及び area navigation 参照。

フライバイウェイポイント

フライオーバーウェイポイント

## weather analysis symbol
### 気象解析記号
天気図の気圧配置、前線状態等を示すために記入される記号。

| 現　　象 | 一色の場合 | 多色の場合 |
|---|---|---|
| 高気圧 | Ｈまたは高 | 青色 |
| 低気圧 | Ｌまたは低 | 赤色 |
| 弱い熱帯低気圧 | ＴＤまたは熱低 | 赤色 |
| 台風 | Ｔまたは台 | 赤色 |
| 温暖前線 |  | 赤線 |
| 寒冷前線 |  | 青線 |
| 停滞前線 |  | 交互に青と赤 |
| 閉塞前線 |  | 紫線 |
| 連続降水域 | 影または網目 | 緑色 |
| 断続降水域 | 斜　　線 | 緑色 |
| 雷電の区域 | 記　　号 | 赤色 |
| 霧の区域 | 記　　号 | 黄色 |

## weather chart
### 気象図、天気図
synoptic weather chart 参照。

## weathercock stability
### 風見安定
飛行機の機首が相対風の風向に一致しようとする性質。

## weather forecast
### 気象予報
気象通報の1つ。ある特定地域に関し、その時までに入手された気象データをもとに、その地域に関する気象状況を解析し、予報を行うこと。短期と長期の予報があり、予報の通知される対象により一般予報、鉄道予報、海上予報、航空予報などがある。

## weather information
### 気象通報
気象に関する各種の情報を通知すること。すなわち天気概況、現況及び予報、気象注意報、気象警報などを一般ならびに特定の機関に通報する。

## weather minimum
### 最低気象条件
ある飛行場を使用し得る気象的限界。つまり、その飛行場に離着陸する航空機の視程、シーリング、RVR よりなる安全限界である。

## weather observation aircraft
### 気象観測機
気象観測を任務とする航空機。他の用途の航空機から転用される。

## weather radar
### 気象レーダー
meteorological radar 参照。

## weather symbol
### 気象（天気）記号
天気図に記入される各種の気象記号。普通

# weather warning

一般には風向、風速、天気模様を示す記号である。掲載した図は日本式。

| 天気記号 | | | |
|---|---|---|---|
| ○ | 快晴 | ● | 雨つよし |
| ⦶ | 晴 | ⦶ | にわか雨 |
| ◎ | 曇 | ⦶ | みぞれ |
| ∞ | 煙霧 | ⊗ | 雪 |
| ⓢ | ちり煙霧 | ⊗ | にわか雪 |
| Ⓢ | 砂じんあらし | △ | あられ |
| ⊕ | 地ふぶき | ▲ | ひょう |
| ● | 霧 | ⦶ | 雷 |
| ● | 霧雨 | ⊗ | 天気不明 |
| ● | 雨 | | |

| 風の記号 | | | | | |
|---|---|---|---|---|---|
| ○ | 風力 0 | | 風力 5 | | 風力 10 |
| | 風力 1 | | 風力 6 | | 風力 11 |
| | 風力 2 | | 風力 7 | | 風力 12 |
| | 風力 3 | | 風力 8 | | |
| | 風力 4 | | 風力 9 | | |

## weather warning
### 気象警報

特に通報することが必要と認められた場合に発表される警報。台風の接近来襲が予想される場合に発表される警報など。

## weber : Wb
### ウェーバー

1回巻きの回路とつないだときに、1秒間で一定に減少し、0となる1V（ボルト）の起電力を生ずる磁束をいう。⇒ICAO

## weight and balance
### 重量重心計算

航空機の重量・重心位置を実測又は計算により計測すること。自重と重心位置は実測により決定しておき、運航のたびに変化する搭載物による重量・重心位置の変化が、許容範囲内にあることを確認する。W／Bと略記される。

## weight per horsepower loading
### 馬力荷重

プロペラ機に関する用語。あるプロペラ機の重量を、その装備動力の出力で割った値。power loading 参照。

## weight per thrust
### 推力荷重

ジェット機に関する用語。あるジェット機の重量を、その装備動力の推力で割った値。

## welded steel tube fuselage
### 鋼管溶接胴体

胴体構造の一種。鋼管を溶接して作った骨組に整形材を設け、羽布又は金属外板を張ったもの。通常、鋼管部材にはクローム・モリブデンが使用される。軽量・廉価なので小型機の一部に採用されている。

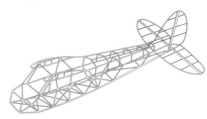

## westerly wave
### 偏西風波動

極を中心とした中緯度の波状の西風をいう。対流圏全体に及ぶ長波と対流圏下層の短波により構成され、この偏西風波動が地上の気圧系に大きく影響を与える。この波動を観測することにより地上の高気圧、低気圧の動きを予想することができる。

## westerly wind
### 偏西風

地球を取り巻く大気の大循環の一部として、緯度30～60度の範囲で西寄りに卓越して吹く風。

## wet wing
ウエット・ウイング

翼に漏れ止めのシールを施し、内部を燃料タンクとした主翼。＝ integral fuel tank

## wheel base
軸距、ホイール・ベース

着陸装置の前後の車軸中心間の距離。

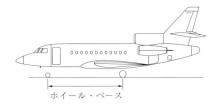

## wheel brake
車輪ブレーキ

地上における減速に使用される制動装置。小型機は単純なディスク・ブレーキで、ラダー・ペダルの上部を踏み込むと作動する。まれにハンド・ブレーキ式のものもある。大型機では多重ディスク・ブレーキを採用しており、アンチ・スキッドなども備えている。

## wheel well
車輪格納庫

脚引き込み式航空機において、主翼、エンジンナセル、胴体に設けられた脚を格納する部分。

## whip antenna
鞭型アンテナ、ホイップ・アンテナ

アンテナの一種。一端が機体に固定され、鞭状をなして、たわむようになっているもの。

## whirling arm
旋回腕

空力学的実験装置の一種。模型を腕(アーム)に取り付け、回転させながら測定する装置。主として航空の初期に用いられた。

## whirlwind
旋風、つむじ風

急速に生じた低気圧の中心に周囲から急速に螺旋を描いて吹き込んでくる風。規模の小さいものをつむじ風、大きなものは竜巻、トーネードと呼ばれる。

## whisky airway
ウイスキー航空路

航空路のうち、航空保安施設の不完全、また運用時間の制限などで 24 時間の使用が不可能な航空路。以前は white airway(ホワイト航空路)と呼んでいた。

## white metal
ホワイト・メタル

2 種以上の軟質金属からなる合金。錫基、鉛基、亜鉛基などがあり、ベアリング用材料として使用される。

## white out
ホワイト・アウト

雪に覆われた地域で雲が低く、太陽光線が浅い角度で当たるとき、太陽光線が雪や雲に乱反射して影が無くなる現象。

また、航空機が舞上げた雪により、操縦士が視界を失う現象。

## winch launching
ウインチ離陸

グライダーの離陸方法の1つ。離陸方向前方に設置した巻取機で、えい航索を巻き取り、グライダーを急速に離陸させる。えい航索は長さ 700 ～ 1,000 m 程度、太さは直径 3.5mm 程度のものを使用する。ウインチ離陸により 200 ～ 300 m まで上昇させたところで、索を切り離す。

## wind
風

地球を取り巻く大気の気圧差を均等化しようとして生じる気流のうち、水平方向の動き。大気大循環によるものと局部的なものがある。大気大循環によるものは地球の自転に伴う偏向力、い

わゆる、コリオリの力による影響を受け、また地上近くでは地表との摩擦による影響を受ける。

## wind correction angle：WCA
### 偏流修正角
真航路（予定航路）に対して、機首を風上に向ける角度。これは飛行中の航空機が風下側に流されないための操作である。

## wind direction indicator：WDI
### 風向指示器
飛行場の、付近の物件により空気のかく乱の影響を受けず、かつ、航空機からの識別が容易な場所に、1色又は数色の背景と反対色で風向を示すように設置する。＝wind sock。
⇒施規 79 条

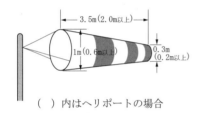

（　）内はヘリポートの場合

## wind direction indicator lights
### 風向灯
航空機に風向を示すために設置する灯火。夜間において少なくとも 300 m の上空から明瞭に視認できる照明。⇒施規 114 条、117 条

## wind milling
### 風車状態、ウインド・ミリング
プロペラがエンジン故障停止時に風圧によって回転すること。大きな空気抵抗となるので、通常はフェザリングにして抵抗を減らす。

## wind rose
### 風配図
風向風速を 32 又は 36 方位、5 kt 単位で、その頻度を観測して図示したもの。この風配図は空港建設計画時、滑走路の方向を決定するため 1 日 8 回（毎時 3 時間）以上、3 年以上観測しなければならないものである。

## wind shear：WS
### ウィンド・シアー
風向風速の突然の変化。低空でウインド・シアーに遭遇すると墜落に至ることもある危険な気象現象である。ウインド・シアーは、温暖な空気の流れが冷たい凪だ空気の上を通過する時、2 つの境界にシアー・ゾーンが形成される。また寒冷前線が発生しているような状況ではタービュランスが発生し、渦を巻いている風やウインド・シフトがあらゆる方向で発生している。この種のシアーに遭遇すると、航空機は上昇降下や針路の変化など不規則な風向風速の影響を受ける。low level wind shear 参照。

## wind T
### ウインド・ティー
飛行場に設置されている T 字形の設備で、航空機に風向や離着陸方向を示す。

## wind tunnel
### 風洞
人工的に空気の流れを作り、実機と相似の模型、又は実機を使用して、その機体の空気力、モーメント等を実験的に測定する装置。気流の循環方法で閉回路型と開放路型に大別できる。測定部の様式別では開放噴流式と閉鎖噴流式に分けられる。これらにはゲッチンゲン型、エッフェル型、NPL 型などがあり、特殊風洞として、実物風洞、高圧風洞、高速風洞（遷音速風洞、超音速風洞）、垂直風洞、煙風洞などがある。

## wind tunnel balance
### 風洞天秤
風洞実験に際し、模型（実機）に作用する各種の力を測定する装置。三分力天秤、五分力

天秤、六分力天秤がある。

## wing
### 主翼、翼

飛行機に揚力を発生させるもの。主翼は飛行機の性能に最も大きな影響を与える部分であり、その形状は用途により多種多様なものがある。また後縁には通常、操縦装置、高揚力装置等が付く。翼内部は構造のほか燃料タンクとして利用されることが多い。

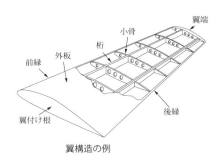

翼構造の例

## wing area
### 翼面積

翼の面積で、通常は主翼の面積を指す。

## wing bar lights
### 滑走路末端補助灯

滑走路末端灯の機能を補助するためにその付近に設置する灯火。
・航空緑の不動光　⇒施規114条、117条

## wing chord
### 翼弦、ウィング・コード

翼型の前縁と後縁を、直線で結んだ線。
chord length、chord line 参照。

## wing clearance angle
### 翼端接地角

主着陸装置の接地点から主翼端に引いた切線が地面となす角度。

## wing drop
### ウィング・ドロップ

高速飛行時に衝撃波の発生により、飛行機が補助翼の操作では防ぎきれない左右のロールを起こす現象。これは衝撃失速の発生が両翼同時に発生しない場合、揚力のアンバランスが生じるためである。

## wing incidence
### 翼取付角

翼弦と機体基準線のなす角度。

## winglet
### ウィングレット

主翼端に立てられた小翼。翼上面の圧力は低く、下面の圧力は高いことから、翼端では下面から上面へ回り込む気流が生じる。これは翼端渦と呼ばれ、誘導抗力を発生させ、翼の空力特性を悪化させる。そこでウィングレットにより誘導抗力を抑え、揚力を増大させて抗力を減少させ、空力効率を向上させる。ウィングレットの小さなものは、ウィングチップ・フェンスの名称の場合もある。最近の旅客機は、ほとんど装備している。

## wing load
### 主翼荷重、ウィング・ロード

飛行中、主翼にかかる荷重。すなわち主翼に作用する空気力と主翼の自重による慣性力との和。

## wing loading
### 翼面荷重、ウィング・ローディング

飛行機の重量を主翼面積で除した値。通常、高速機では大きく、低速機では小さい。この翼面荷重は速度性能、離着陸性能を左右する因子である。

## wing power

## 翼面馬力

その飛行機の装備動力の全馬力を主翼面積で除した値。

## wing setting angle
### 翼取り付け角

wing incidence 参照。

## wing span
### 翼幅

翼の左右端の距離。通常は主翼の長さをいう。

## wing spar
### 翼桁

飛行機の翼を構成する主要構造。翼構造にあって翼幅方向に設置される主要構造で、翼に作用する空気力、重力、慣性力を負担し、胴体に伝える役目をする。一般に前後に2本配置する2本桁構造が多いが、1本の単桁、3本以上の多桁構造の機体もある。

飛行機の極めて重要な部材であり、古くは木製、その後は金属製の時代が長く続いたが、最近では軽量かつ高強度の複合材製のものが登場している。

## wing tip float
### 翼端フロート

水上機、飛行艇の翼端両側に設置されるフロート。水上での静止・滑水時の安定を保つ。

## wing tip vortex
### 翼端渦

翼端から発生する渦。正圧の翼下面から負圧の翼上面へ流れる渦は、機体が前進しているため次から次へと後に残され、翼端渦が形成される。

翼端渦の例

## wing tip vortices
### 翼端渦流

後方乱気流の一種。翼端渦の発生は小型機では大きな問題とならなかったが、広胴ジェット輸送機の出現により、その渦のエネルギーが大きいため、注目されるようになった。渦の強さと大きさは、機体重量、速度、翼型等によって影響され、広胴機の残した渦は小型機を横転させるほど強いものである。

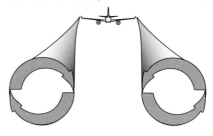

## wing walk
### 翼道板

翼面上の歩行に備えて、翼面上に張ってある板。金属板、ゴム板などが使用され、滑り止め処理が施されている。大型機になると、翼からの転落は大怪我につながる。

## wire cutter
### ワイヤ・カッター

ヘリコプターが低空域を飛行中に、電線やワイヤなど線状物を回避できない場合、胴体前面上部（下部に取り付けた機体もある）に設置した刀状の器具で切断し、機体への損傷を最小限に留めるためのもの。

— 322 —

**WMO:world meteorogical organization**
**世界気象機関**
　国際連合の機関で、気象業務の統一、調整、改善、発展を目的として、1950年にジュネーブを本部に設立された機関。

**W-type engine**
**W型エンジン**
　列型エンジンの一種。シリンダーが正面から見てW型の3列に配置されている。

X：experimental

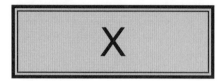

## X：experimental
### 特殊航空機 X

耐空性基準に規定する標準耐空類別に属さない航空機を総称していい、取扱い上、次に該当する航空機に限定する。

1．特殊な設計による航空機であるため標準耐空類別の耐空性基準を適用できない場合
2．標準耐空類別の耐空性基準に一部適合しないが、当該航空機の運用限界について適当な制限を付する等の方法により、その安全性を十分に確保できる場合
（例：農薬散布装置またカーゴスリング装置を装備した航空機）
3．標準耐空類別の耐空性基準への適合性を完全に証明するには申請者に過大なる負担となるため、当該基準への適合性の証明の一部を省略する場合であって、当該航空機の運用限界について適当な制限を付する等の方法により、その安全性を十分に確保できる場合（2の例と同じ）
4．研究及び開発等を目的とした航空機で申請者が機体製造会社又は公的試験研究機関である場合

また、NASAが進めてきた一連の実験機（Xプレーン・シリーズ）。初の超音速機、X-1から写真のX-15（マッハ6.7に達した）など高速度へ挑戦する機体のほか、様々なX機がある。最新の機体は電気飛行機のX-57。

NASAのX-15実験機（NASA Photo）

X-57の完成予想図（NASA Photo）

### X-axis
### 前後軸、X 軸

longitudinal axis 参照。

### X-ray inspection
### X 線検査

X線を用いて航空機を検査すること。エンジンを機体に取り付けたまま、エンジン内部の検査ができ、また胴体や翼の重要構造部も、そのままの状態で検査できる。

**Y − axis**
**左右軸、Y軸**
　lateral axis 参照。

**yaw**
**ヨー、偏揺れ**
　航空機の垂直軸回りの偏揺れ。

**yaw damper**
**ヨー・ダンパー**
　機体の偏揺れを抑える装置。後退角の大きな飛行機は偏揺れがひどく、操縦士の操縦で修正することは難しい。そこで、機体の偏揺れ角を検知し、方向舵と連動させた特殊な自動操縦を付けて偏揺れを防ぐ。

**yawing**
**ヨーイング、偏揺れ**
　機体の垂直（上下）軸周りの運動。すなわち、機首を左右に振ることである。

**yaw meter**
**ヨー・メーター**
　飛行中の機体の横滑り角、すなわち機体の縦軸線と飛行方向とのなす角度を測定する装置。

**yaw string**
**ヨー・ストリング**
　航空機の中心線に取り付けられる紐。相対風の方向が判明する。グライダーに取り付けられていることが多く、滑りの修正に便利である（図参照）。

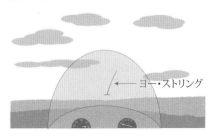

**yellow sand**
**黄砂**
　中国大陸の黄土地帯の砂塵が吹き上げられて空中を浮遊している現象。飛行障害として視程障害、砂粒帯電のための空電障害、航空機の機器に砂粒子が侵入するための故障の発生などがあげられる。

**yellow arc**
**イエロー・アーク**
　計器に付けられるマークで、注意を要する速度、回転数、圧力等であることを示している。

**yield point**
**降伏点、イールド・ポイント**
　物体に荷重をかけると変形するが、荷重を取り去ると元の形状に戻る。しかし、限界を超過する荷重がかかった場合、荷重を取り除いても物体の形状は元に戻らなくなる。この限界点を降伏点という。

**yoke**
**ヨーク**
　操縦輪が取り付けられている支柱。

### Z－axis
**上下軸**

axis of airplane 参照。

### Z marker：ZM
**Zマーカー、Z無線位置標識**

航空保安無線施設の一種だった。NDB、レンジなどの上空の無音帯をカバーするため、航空機が上空を通過した際、その位置を知らせる施設。発射電波の電界は発信局の直上に逆円錐形をしており、操縦士は機上の受信機の標示灯が数秒点灯することで、また3MHzの音を発することで直上通過を確認する。

### Zap flap
**ザップ・フラップ**

フラップの一種。ザップ氏の考案による。flap 参照。

### zero fuel weight
**零燃料重量**

航空機が燃料、滑油を搭載していない時に許容される重量。無燃料重量ともいう。この重量が設定されたのは、燃料、滑油は翼内に収容されることが多く、そのため翼付け根に働くモーメントは、揚力によるモーメントを減らす方に作用する。従って、翼内に燃料、滑油が搭載されていない場合には、翼付け根の曲げモーメントは最大になり、上向きの突風を受けた場合は、強度上、最も厳しい状況に置かれることになる。このため、翼内の燃料、滑油を減らして、その分だけ有償重量を増すことは許可されない。この零燃料重量は大型機にのみ適用される重量である。

### zero-lift angle
**零揚力角**

揚力係数零に相当する迎え角。

### zero reader flight director
**ゼロ・リーダー・フライト・ディレクター**

flight director 参照。

### zoom-up
**ズーム・アップ**

全速水平直線飛行で機体を加速し、その余勢で一気に急上昇を行い、高度を獲得する飛行法。戦闘機の迎撃時等に用いられる。

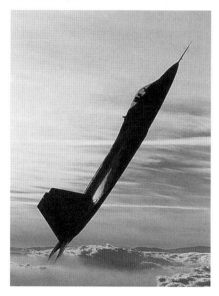

### Z-time
**協定世界時、ズールー**

時間の後に「Z」の文字を付記して協定世界時を表す。ズールー・タイムと通称される。

## 主要参考文献

○『航空六法』 鳳文書林出版販売株式会社

○『管制方式基準』 鳳文書林出版販売株式会社

○『飛行方式設定基準』 鳳文書林出版販売株式会社

○『耐空性審査要領』 鳳文書林出版販売株式会社

○『AIM-j』(公社) 日本航空機操縦士協会

○『Dictionary of Aeronautical Terms』ASA

```
禁無断
転　載
```

編集：青木　孝、辻　秀樹

平成 5 年 3 月 1 日　初版発行
平成30年 1 月27日　改訂第16版発行

# 航空用語辞典
*Dictionary of Aeronautical Terms*

発行　　鳳文書林出版販売株式会社

〒 105-0004　東京都港区新橋 3 － 7 － 3
Tel 03-3591-0909　　Fax 03-3591-0709　　E-Mail info@hobun.co.jp

ISBN978-4-89279-439-1 C3550 Y3700E　　　　　定価　本体3,700 円＋税